ÉLÉMENS

DE MINÉRALOGIE

APPLIQUÉE

AUX SCIENCES CHIMIQUES.

IMPRIMERIE DE HUZARD-COURCIER,
rue du Jardinet, n° 12.

ÉLÉMENS
DE MINÉRALOGIE
APPLIQUÉE
AUX SCIENCES CHIMIQUES;
OUVRAGE BASÉ SUR
LA MÉTHODE DE M. BERZÉLIUS,
CONTENANT
L'Histoire naturelle et métallurgique des Substances minérales, leurs applications à la Pharmacie, à la Médecine et à l'Économie domestique;
SUIVI D'UN
PRÉCIS ÉLÉMENTAIRE DE GÉOGNOSIE.
PAR J. GIRARDIN ET H. LECOQ,
PHARMACIENS INTERNES DES HÔPITAUX CIVILS DE PARIS.

TOME PREMIER.

PARIS,
THOMINE, LIBRAIRE, RUE DE LA HARPE, N° 78.
1826

A

M. N.-E. HENRY,

CHEF DE LA PHARMACIE CENTRALE DES HÔPITAUX ET HOSPICES CIVILS DE PARIS, EX-PROFESSEUR DE CHIMIE A L'ÉCOLE SPÉCIALE DE PHARMACIE, MEMBRE TITULAIRE DE L'ACADÉMIE ROYALE DE MÉDECINE, DE LA SOCIÉTÉ DE PHARMACIE, DE LA SOCIÉTÉ CENTRALE D'AGRICULTURE DU DÉPARTEMENT DE LA SEINE, etc., etc.

De respect et de reconnaissance.

H. Lecoq. J. Girardin.

INTRODUCTION.

De toutes les parties de l'Histoire naturelle, la Minéralogie est sans contredit celle qui, par ses nombreuses applications dans les arts et l'économie domestique, mérite le plus de fixer l'attention des personnes même étrangères aux sciences; aussi depuis un demi-siècle compte-t-on une multitude d'auteurs qui ont tour à tour fait éprouver à cette science des accroissemens considérables. D'abord réduite à un petit nombre de faits mal connus, et entravée dans sa marche par une méthode empirique qui a retardé les progrès de toutes les sciences naturelles, elle s'est élevée peu à peu au rang des autres parties de ces connaissances humaines (la Botanique et la Zoologie), depuis surtout qu'empruntant à la Géométrie et aux Mathématiques la précision des calculs, à la Chimie et à la Physique les lois qui régissent la nature et les propriétés de la matière, elle a marché, avec leur appui, d'un pas plus assuré et, pour ainsi dire, gigantesque. Nous ne chercherons pas à prouver combien son étude est nécessaire à celui qui s'occupe des sciences physiques et naturelles : assez d'autres avant nous ont fait ressortir son utilité dans des écrits remplis de justesse et d'éloquence; nous dirons seulement qu'il n'est aucun des arts chimiques qui ne lui soit redevable de ses matières premières ou de ses instrumens; que, sans le secours de son flambeau, l'homme serait encore privé de ces métaux précieux dont la cupidité s'est emparée, ou que le soin de sa conservation lui a appris à transformer en ustensiles et en armes, et qu'il fait servir ainsi tout-à-la-fois à l'entretien de sa vie et à sa destruction. Mais en Minéralogie, comme dans tout, l'art a précédé la science ; la pratique a été connue avant que la théorie ait établi ses bases scientifiques. Déjà des applications multipliées avaient eu lieu, qu'on ignorait encore qu'elles se rattachaient à une branche des connaissances humaines ; déjà des corps nombreux et variés avaient été découverts, des faits particuliers et exacts établis avec habileté, qu'on se doutait à peine qu'ils pourraient un jour faire partie d'un corps de doctrine. C'est avec la lenteur des siècles que la Minéralogie est sortie du sein des ténèbres : ce n'est qu'au milieu du 17e siècle qu'on a commencé à envisager l'ensemble des corps bruts d'une manière un peu systématique, et c'est de cette époque seulement que le nom de RÈGNE MINÉRAL fut affecté aux nombreuses substances privées de la vie, dont la terre est couverte ou qu'elle recèle dans ses entrailles.

Depuis cette époque, l'impulsion ayant été donnée aux sciences naturelles par un homme dont le génie embrassait la nature entière (*), la Minéralogie a partagé avec la Zoologie et la Botanique, mais non avec le même avantage, le soin des hommes adonnés à l'étude des productions de notre globe. Une suite d'observateurs et de savans ont cherché à l'envi à étendre son domaine et à mieux faire connaître ses lois. Depuis Wallérius, qui, parmi les modernes, est un des premiers qui aient tenté de soumettre les minéraux à un arrangement méthodique, il a paru un grand nombre d'ouvrages qui ont tous servi, avec plus ou moins de succès, à propager le goût de cette science et à faciliter son étude. Il serait hors de propos de les énumérer tous, et d'ailleurs ce que nous pourrions dire n'ajouterait en rien à la réputation dont ils jouissent : nous n'indiquerons que ceux d'entre eux qui, dans ces derniers temps, ont le plus contribué aux progrès de la Minéralogie, tels sont ceux de Werner, d'Haüy, de MM. Brochant de Vil-

(*) Linné.

liers, Brongniart, Berzélius, Beudant, etc. Ces divers auteurs, mus par des idées différentes, ont envisagé la Minéralogie sous des points de vue quelquefois très opposés, mais leurs efforts ont toujours été dirigés vers le même but, celui de mieux faire connaître les merveilleuses productions de la nature inorganique et de les présenter dans un ordre aussi scientifique que le permettait l'état actuel des connaissances. Tous ont rempli l'objet qu'ils s'étaient proposé, tous ont fait époque, tous sont encore et seront toujours les guides les plus fidèles et les plus profitables à suivre.

Mais, malgré tant de savans traités sur un sujet aussi bien connu que l'est actuellement la Minéralogie, on aurait peine à s'imaginer qu'il manquât un ouvrage, d'un ordre bien inférieur, il est vrai, à ceux que nous venons de mentionner, puisqu'il n'en doit être, pour ainsi dire, que le résumé, mais cependant d'une utilité réelle : nous voulons parler d'un ouvrage de Minéralogie élémentaire appliquée aux sciences chimiques. Ce livre, tel que nous nous en formons une idée, doit avoir pour but de présenter un exposé succinct des principales espèces minérales, d'en faire connaître les propriétés caractéristiques, la manière d'être dans le sein de la terre ou à sa surface, de dire les moyens que l'on emploie pour les extraire de leurs mines, d'indiquer les procédés à l'aide desquels on les amène à l'état le plus propre à leurs usages dans les arts, la Médecine ou l'économie domestique; enfin, de rassembler en un seul corps d'ouvrage tout ce qu'il est important de savoir sur les corps inorganiques qui ont droit à notre étude, soit à cause de leur abondance dans la nature, soit à cause des services qu'ils nous rendent. Un pareil livre doit être entrepris particulièrement pour tous ceux qui s'occupent de Chimie, de Métallurgie, de Pharmacie, etc., ou pour les personnes qui, étrangères aux sciences par leur position, veulent cependant prendre une idée de celles qui sont les plus éminemment utiles, ou qui présentent le plus d'agrémens à l'esprit. S'il est fait d'après le plan que nous venons d'esquisser, il doit abréger singulièrement l'étude de la MINÉRALOGIE APPLIQUÉE, puisqu'il évitera de longues et fastidieuses recherches. Nécessairement il ne pourra tenir lieu des ouvrages généraux de MINÉRALOGIE PURE, mais, tout en faisant suffisamment connaître ce que ceux-ci renferment de plus essentiel, il aura sur eux l'avantage de présenter une masse de faits non moins nécessaires à savoir et dont ils ne pouvaient traiter, en raison même de leur nature. Parmi ceux que nous avons cités plus haut, un seul présente les conditions que nous venons d'établir pour un ouvrage de MINÉRALOGIE APPLIQUÉE, c'est le savant traité de M. Brongniart. Mais depuis qu'il a paru des années se sont écoulées; il est toujours resté parfait (car un pareil ouvrage n'a rien à craindre du temps), mais les sciences chimiques ont été continuellement en augmentant, les procédés ont changé ou ont été améliorés, de nombreuses espèces ont été découvertes; en un mot, il est arrivé ce qui se présentera toujours pour les ouvrages de sciences, il ne se trouve plus en rapport avec les connaissances actuelles. Il est vrai que de vastes dépôts de savoir se sont formés depuis; des encyclopédies périodiques, telles que le *Dictionnaire des Sciences naturelles* et de *Technologie,* ont paru, et jamais rien de plus complet n'a été offert, et avec plus de talent. Mais les élèves, dont le temps est si précieux, mais les amateurs, n'ont pas toujours le loisir ou la patience de compulser tant de volumineux ouvrages, en sorte qu'ils ne sont réservés qu'à une certaine classe, celle des savans et des hommes entièrement adonnés aux sciences.

Ce sont ces divers motifs qui nous ont enhardis à entreprendre le livre élémentaire que nous offrons, persuadés d'avance que nous ne pourrons avoir atteint le but que nous avons assigné nous-mêmes plus haut; mais, déterminés par cette considération, qu'au moins notre livre permettra d'attendre un traité parfait de MINÉRALOGIE APPLIQUÉE. N'ayant pour tout mérite que la seule volonté de bien faire, et ne voulant élever en notre faveur que ce seul genre de recommandation, nous espérons qu'on ne verra dans notre essai qu'un motif d'utilité générale, et non l'envie de faire parler de nous; et d'ailleurs, pour dissiper tout doute sur ce point, nous avertissons d'avance que ce que la critique pourra trouver de bon dans notre ouvrage, nous le rapporterons aux maîtres qui nous ont servi de guides, et que ce qu'elle condamnera, nous le supporterons comme venant entièrement de nous. Cet ouvrage, en effet, ne nous appartient réellement pas; ce n'est qu'une suite d'*extraits* des meilleurs auteurs de notre époque : il n'y a que le plan que nous puissions revendiquer, et la coordonnation du sujet. Si la véracité et l'abnégation de tout amour-propre sont des titres capables d'inspirer l'intérêt et l'indulgence des lecteurs, nous croyons, par la déclaration que nous venons de faire, mériter ces deux genres de faveur, les seuls que nous ambitionnions.

Disons maintenant quelques mots de la marche que nous avons cru devoir suivre dans la disposition des matières. Nous divisons l'ouvrage en quatre livres. Le premier renferme les prolégomènes de la Minéralogie. Là nous avons exposé avec le plus de clarté possible les caractères que présentent les minéraux à l'observation, caractères que nous avons distingués en PHYSIQUES et CHIMIQUES. On verra que nous avons donné la prééminence à ces derniers, et en effet ils la méritent à plus d'un titre. Sans leur secours, il est impossible d'acquérir une idée précise des corps que l'on veut reconnaître : ils peuvent bien varier par quelques légères nuances, mais ils ne se perdent jamais. Il n'en est pas de même des caractères que l'on perçoit par l'action des sens, et qui ont été nommés, pour cette raison, CARACTÈRES PHYSIQUES. La cause la plus faible peut les changer totalement, et d'ailleurs la manière de percevoir les sensations étant, pour ainsi dire, personnelle, il en résulte que leur emploi se trouve encore singulièrement restreint. La Chimie analytique, qui, dans les mains des savans de notre siècle, a acquis dans ses résultats une certitude que l'on pourrait appeler mathématique, a permis d'affecter aux diverses substances inorganiques des signes plus constans et d'une aussi facile vérification que les caractères physiques, en sorte que ce dernier avantage, que ceux-ci pouvaient revendiquer en leur faveur, a cessé enfin d'exister.

C'est encore par suite des progrès de la science de l'analyse que la composition chimique des corps a été mieux connue et soumise à des lois aussi simples que générales dans leur application. Nous avons tâché de donner une idée précise de ces lois lumineuses à l'aide desquelles on peut rapprocher les uns des autres, sans crainte d'errer, des corps qui, au premier abord, très différens, sont reconnus bientôt, par les caractères chimiques et leur composition, pour n'appartenir qu'à un seul groupe : tels sont les grenats, les amphiboles, les pyroxènes, etc. Le système atomistique, que nous avons développé d'après les principes si savans et si sages du célèbre Berzélius, a fourni les moyens d'arriver à de tels résultats. C'est surtout par ce côté que la Minéralogie est tellement liée maintenant à la Chimie, qu'on ne peut espérer de faire quelques pas fructueux dans la première de ces sciences sans posséder des connaissances assez étendues dans la seconde. C'est aussi ce que sent la presque universalité des naturalistes modernes, et l'impulsion communiquée par notre illustre Haüy, répétée par le chef de l'école suédoise, s'est étendue sur tous les points du monde savant. C'est encore à M. Berzélius que nous avons emprunté les signes ingénieux à l'aide desquels on parvient à exprimer, avec quelques lettres majuscules, la composition des minéraux même les plus compliqués. Les formules qu'il a fait connaître nous ont exemptés de présenter avec détail les résultats fournis par la Chimie, et qui déterminent la nature des corps que l'on étudie. Nous avons, par ce moyen, ménagé bien du temps et beaucoup simplifié un sujet si important. On verra que nous n'avons fait que représenter par des signes la composition des substances inorganiques; et nous prévenons que nous avons choisi les formules qui ont été présentées par les hommes les plus connus par leur exactitude et les plus propres à entraîner la conviction : c'est assez dire que ce sont celles de MM. Berzélius, Beudant, H. Rose, etc.

Mais ici nous croyons devoir répondre à une objection qu'on ne manquera pas de nous faire. Pourquoi employer des signes dont l'usage n'est pas encore bien répandu, et qui offrent une certaine difficulté à traduire en langage ordinaire? Pourquoi exiger par là une nouvelle étude qui peut paraître fastidieuse, lorsqu'à l'aide de la composition en chiffres, on pare à un pareil inconvénient? Notre réponse est toute faite à cette objection, plus spécieuse que fondée. L'utilité des formules chimiques ne sera véritablement sentie que par ceux-là mêmes qui auront essayé d'en faire usage, et nous ne balançons pas à dire que l'avantage qu'elles présentent est immense, si on le compare aux inconvéniens qu'elles entraînent. Et, pour fortifier cette assertion par un exemple, comment faire apercevoir les différences qui existent entre les nombreux silicates d'un même oxide, ou entre les divers oxides d'un même corps simple, lorsqu'on se borne à présenter seulement en poids le résultat de leurs analyses? Nécessairement l'esprit ne pourra saisir de suite les véritables rapports de composition que ces analyses sont destinées à faire connaître; et ce n'est qu'après les avoir discutées pendant fort long-temps qu'on parviendra peut-être à en déduire la composition exacte de ces corps, en supposant toutefois qu'on soit déjà assez versé dans la science de l'analyse. Ces analyses en poids font bien voir que les composés dont il s'agit sont des silicates ou des oxides différens les uns des autres, mais elles n'expriment nullement dans quels rapports leurs élémens sont combinés entre eux. Les formules chimiques, au contraire, basées sur le poids relatif des atomes, principe qui ne peut jamais varier, indiquent à l'instant même la nature des combinés, et désignent quels sont les corps que l'on doit considérer comme essentiels à la composition, et ceux qui ne sont qu'accidentels. Elles font connaître, en outre, la répartition exacte de ces élémens les uns avec les autres, en sorte que leur simple lecture apprend et la nature de leurs élémens et leur proportion respective. Il suffira de retenir une fois pour toutes les signes affectés à chaque corps simple, ce qui n'exige qu'un bien faible travail de mémoire, et la valeur que l'on est convenu d'affecter aux exposans en chiffres qui les précédent ou qui les suivent. Cette discussion, que nous ne faisons qu'effleurer maintenant, recevra de plus amples développemens dans le courant de l'ouvrage : nous avons voulu seulement exposer ici les motifs qui nous ont engagés à faire usage de signes abréviatifs si utiles. Revenons maintenant à notre premier sujet.

Le livre Ier est terminé par l'exposé des principes généraux de la classification, où nous avons cherché à établir d'une manière lucide et succincte ce que l'on doit entendre, en Minéralogie, par les mots INDIVIDUS, ESPÈCES, GENRES, FAMILLES et CLASSES. Nous avons ensuite présenté une analyse rapide des divers systèmes ou méthodes suivis en Minéralogie, et discuté les raisons qui nous ont engagés à préférer celui que M. Berzélius a publié en 1819. Tout récemment, le même auteur a fait connaître un nouvel Essai de classification, établi sur un principe entièrement opposé à celui sur lequel repose son ancien Essai, guidé par des idées théoriques que les belles expériences de M. Mitscherlich, sur la substitution des bases entre elles, ou l'*isomorphisme*, lui ont suggérées. Il ne nous appartient pas de juger les travaux d'un homme aussi profond; mais puisqu'il faut que nous exposions les raisons qui nous ont déterminés à suivre l'un de ces systèmes plutôt que l'autre, nous dirons que, tout en reconnaissant que celui proposé en dernier lieu est peut-être plus en rapport avec les idées les plus généralement admises en ce moment, et par cela est plus scientifique que le premier, il nous a paru que celui-ci offrait plus d'avantage dans l'application à la pratique, et nous n'avons pas balancé un seul instant. Cherchant les moyens d'arriver à un but unique, la connaissance des espèces, il importe peu, au reste, d'adopter telle ou telle méthode; seulement il est préférable de suivre la plus simple et la plus facile : c'est ce que nous avons fait.

Le second livre comprend la description des espèces minérales. On peut les diviser en deux groupes bien distincts, les *espèces métalliques* et les *espèces pierreuses* ou *terreuses*. Cette distinction grossière, empruntée pour un instant aux anciens ouvrages de Minéralogie, nous permet de démontrer l'importance de chacun de ces groupes. Le premier est, sans contredit, celui qui fournit le plus de corps usuels ; car il comprend les métaux anciens dont les arts réclament l'assistance, et la Médecine les propriétés curatives. Parmi les espèces terreuses, un petit nombre d'entre elles sont employées. Aussi avons-nous cru devoir traiter avec détail des substances métalliques, dont cependant nous avons omis des espèces de peu d'importance, et, au contraire, insisté beaucoup moins sur les substances non métalliques. Voici l'ordre que nous avons adopté dans l'exposé des caractères des espèces : SYNONYMIE, CARACTÈRES PHYSIQUES, CARACTÈRES CHIMIQUES et COMPOSITION; CARACTÈRES TIRÉS DE LA CRISTALLOGRAPHIE, VARIÉTÉS DE STRUCTURE, CARACTÈRES D'ÉLIMINATION, GISEMENT, EXTRACTION OU PRÉPARATION DES CORPS COMPOSÉS FOURNIS PAR LES ESPÈCES DÉCRITES; USAGES DANS LES ARTS, LA MÉDECINE, LA PHARMACIE, LES SCIENCES

CHIMIQUES ET PHYSIQUES, L'ÉCONOMIE DOMESTIQUE, etc.; OBSERVATIONS PARTICULIÈRES, et APPENDICE, lorsqu'il s'en trouve. Quelquefois il nous est arrivé d'intervertir cet ordre pour la facilité des descriptions, et rendre par cela même le style plus concis.

Le troisième livre est consacré à des notions générales de Géognosie, appliquées à la Minéralogie. Restreints par la nature de cet ouvrage, nous n'avons pu donner que des aperçus généraux sur les points principaux qui se rattachent immédiatement à notre sujet; ainsi nous avons exposé le tableau des principales roches, rangées d'après la même méthode que les espèces minérales, donné leur manière d'être dans la nature, ce qui constitue les *couches*, décrit la manière d'être de celles-ci ou les *terrains*, énuméré les dérangemens et accidens qui se présentent dans la stratification des terrains, tels que les amas, les filons, etc.; enfin, nous avons terminé par l'âge relatif des terrains et leur structure extérieure. Peut-être aurions-nous dû placer ces élémens de Géognosie avant la description des espèces dont nous donnons le gisement immédiat, comme nous l'avons déjà dit, à la suite de leurs caractères, ou, en suivant une marche opposée, aurions-nous dû rejeter tout ce que nous avons dit sur leur manière d'être par rapport aux corps qui les environnent, à la suite de la description des roches et des terrains. Pour justifier la distribution que nous avons crue la plus convenable, nous dirons seulement que, voulant donner un ouvrage à la fois commode et élémentaire, nous avons cherché autant que possible à éviter à nos lecteurs l'ennui de feuilleter les diverses parties des volumes pour compléter l'histoire générale d'une substance minérale : nous avons réuni en un seul groupe tout ce qui peut se lier à l'étude de chacune d'elles, en sorte que, par ce moyen, nous avons encore épargné une foule de redites. Que ceux qui n'ont aucune idée de Géologie commencent par lire le troisième livre où nous en traitons; lorsqu'ils auront acquis la connaissance des détails qui sont nécessaires pour bien entendre la description des espèces, qu'ils retournent à celles-ci; ils auront alors toutes les données propres à leur en faciliter l'étude.

Dans le quatrième livre, nous avons compris les détails relatifs à la Métallurgie et à la Docimasie. Savoir reconnaître à l'aide d'essais très simples et prompts la nature des minerais exploités en grand, et par cela même apprécier leur valeur intrinsèque, c'est un des points les plus importans de la Minéralogie appliquée aux travaux des mines. Nous avons cru indispensable de traiter avec quelque soin un sujet d'une application si utile, d'autant plus que les procédés que nous avons rapportés sont, grâce aux lumières fournies par la Chimie, d'une très facile exécution. Les essais docimastiques sont suivis des diverses préparations métallurgiques que l'on fait subir aux matières métallifères avant de les soumettre au traitement direct des fourneaux; elles ne sont pas d'une moindre importance que les premières, et souvent la réussite des opérations subséquentes tient à la manière plus ou moins fidèle et soignée dont on les a pratiquées. Dans le chapitre suivant, nous traitons des agens chimiques et des appareils employés pour obtenir les métaux réduits et convenablement appropriés aux besoins du commerce; c'est bien certainement la partie la plus essentielle de la Métallurgie : ce que nous en disons sert comme de complément aux notions générales que nous avons cru devoir donner sur cette branche intéressante de la Minéralogie appliquée.

Enfin nous terminons l'ouvrage par un tableau des formes cristallines sous lesquelles se présentent les différentes substances artificielles employées dans les arts chimiques, et qui par conséquent ne se trouvent pas décrites dans le cours de l'ouvrage. Ce tableau sera, nous le pensons, d'un usage commode aux élèves en Pharmacie et en Médecine, qui trouveront réunis, sous un seul coup d'œil, des détails minutieux épars dans une foule de livres.

Ici se termine l'exposé du plan et de la distribution de l'ouvrage que nous offrons. Peut-être l'ordre que nous avons suivi paraîtra-t-il arbitraire, et peu en harmonie avec les matières diverses dont nous traitons; mais sans répéter les motifs qui nous ont fait agir, et que nous avons exposés plus haut, nous dirons qu'il est impossible d'en suivre un plus conforme à l'esprit de cet ouvrage élémentaire; en effet, nous avons été toujours progressivement dans l'étude des diverses parties qui complètent le cercle des connaissances minéralogiques: ainsi, après la description des substances minérales simples, nous avons dû nécessairement placer celle des substances minérales mélangées ou *roches,* faire succéder à celles-ci les notions de Géognosie, qui ont pour objet de faire connaître la situation respective et des unes et des autres dans le sein de la terre: de là les terrains, les filons, etc.; enfin, terminer par l'exposé des divers moyens que la Chimie procure pour arriver avec certitude à la connaissance des espèces simples, et les procédés qu'elle emploie pour les rendre propres aux nombreux usages auxquels l'industrie humaine est parvenue à les appliquer. Nécessairement ces diverses parties, à cause de la liaison intime qu'elles ont entre elles, ont dû empiéter fort souvent les unes sur les autres; mais c'est la faute des choses, et non la nôtre. Il serait impossible, et même absurde, de vouloir y remédier; d'ailleurs toutes les redites auxquelles nous avons été forcés tournent encore à l'avantage des personnes qui nous liront; car en présentant les faits sous plusieurs jours différens, elles les gravent bien plus sûrement dans la mémoire.

C'est le lieu d'indiquer les sources nombreuses où nous avons puisé la plus grande partie des matériaux qui ont servi à la rédaction de notre ouvrage. Nous n'avons eu d'autre mérite que de présenter dans un ordre particulier les faits que nous avons empruntés pour la description des espèces aux savans ouvrages de MM. Haüy, Brochant de Villiers, Brongniart, Beudant, etc.; pour la disposition méthodique des espèces et leurs caractères chimiques, au *Nouveau système de Minéralogie*, de M. Berzélius, et à son traité sur l'*Emploi du chalumeau*. La *Richesse minérale* de Héron de Villefosse, la *Minéralogie appliquée aux arts* de M. Brard, nous ont servi pour les applications des minéraux aux usages de la vie, et leur valeur commerciale. Nous avons emprunté à la *Géognosie* de M. d'Aubuisson de Voisins, aux savans articles de MM. de Humboldt et Brongniart, insérés dans le *Dictionnaire des Sciences naturelles*, à *divers mémoires* de M. Cordier, publiés dans le *Journal de Physique* les notions de Géologie que nous avons exposées. Pour les détails relatifs au traitement des métaux et aux essais docimastiques, nous avons eu recours aux articles de MM. Laugier et Guenyveau, si bien traités dans le *Dictionnaire technologique* et dans le *Dictionnaire des Sciences naturelles*. Enfin pour les préparations chimiques, et une foule d'autres détails trop longs à rapporter, nous nous sommes servis du *Traité de Chimie* de M. Thénard, des *Annales de Chimie et de Physique*, des *Annales des Mines*, où nous avons surtout mis à contribution les beaux travaux de MM. Berthier, Chevreul, Dufresnois, Laugier, Vauquelin, etc.

On voit, par cette liste des ouvrages que nous avons consultés, que nous n'avons rien négligé pour rendre notre livre aussi complet que possible. Nous ne croyons point avoir à redouter le blâme ou la critique, en avouant combien nous sommes redevables aux savans auteurs que nous venons de citer. Nous serions fiers d'être considérés comme leurs élèves; et si notre faible production peut être de quelque utilité, c'est à eux que nous en rapporterons le mérite. Encore peu formés dans l'art d'écrire pour le public, nous avons sans doute laissé échapper bien des locutions qu'un goût sévère pourra rejeter, commis des négligences dans le style, des inexactitudes, ou omis des détails plus ou moins intéressans. Nous prions nos juges de traiter avec indulgence un ouvrage dont les auteurs n'ont été mus que par le seul motif d'être utiles, et qui, loin de compter sur les suffrages des savans, n'en attendent que les avis.

TABLE DES MATIÈRES

CONTENUES DANS LE PREMIER VOLUME.

LIVRE PREMIER.

De la Minéralogie et des caractères des minéraux.

CHAPITRE PREMIER.

Caractères des minéraux.

Pages.

Caractères physiques.... 3
Cristallisation ou forme régulière des minéraux.... 4
De la mesure des angles des cristaux.... 9
Des formes dominantes des cristaux.... 11
De la structure des cristaux. Passage d'une forme dominante à plusieurs autres. Causes qui ont pu déterminer ce passage.... 13
Pesanteur spécifique.... 23
Dureté.... 26
Action de la lumière.... 27
Éclat.... *ibid.*
Couleur.... 28
Transparence.... *ibid.*
Réfraction.... 29
Irisation.... *ibid.*
Chatoiement.... 30
Dichroïsme.... *ibid.*
Polarisation.... *ibid.*
Phosphorescence.... *ibid.*
Électricité.... 31
Magnétisme.... 34
Structure.... *ibid.*
Texture.... 35

Pages.
Cassure.... 36
Ténacité.... 37
Ductilité.... ibid.
Élasticité.... 37
Flexibilité.... 38
Happement à la langue.... ibid.
Son.... ibid.
Formes irrgulières ou accidentelles des minéraux.... 39

CHAPITRE II.

Caractères chimiques.

Caractères perçus par les sens.... 45
Odeur.... ibid.
Saveur.... 47
§ II. *Caractères fournis par l'altération des corps*.... ibid.
Essai par la voie sèche.... ibid.
Essai par la voie humide.... 55

CHAPITRE III.

De la composition chimique des minéraux, et des signes employés pour la représenter. — Théorie atomistique. — Formules chimiques et minéralogiques.

CHAPITRE IV.

De la classification en général, et des méthodes minéralogiques.

Classification de M. Hausmann.... 87
Classification de M. Haüy.... 89
Classification de M. Beudant.... 90
Classification de M. Brongniart.... 92
Classification de M. Berzélius.... 96

LIVRE II.

Description des espèces minérales.

PREMIÈRE CLASSE.

OXIGÈNE.

CORPS COMBUSTIBLES.

Ier ORDRE. *MÉTALLOIDES.*

Pages.

Ire FAMILLE. Soufre 102
 1re *espèce.* Soufre natif .... *ibid.*
 2e *espèce.* Acide sulfureux 109
 3e *espèce.* Acide sulfurique 110
IIe FAMILLE. Chlore 113
 Espèce unique. Acide hydrochlorique .... *ibid.*
IIIe FAMILLE. Azote 115
 1re *espèce.* Air atmosphérique .... *ibid.*
 2e *espèce.* Acide nitrique 116
IVe FAMILLE. Bore 117
 Espèce unique. Acide borique .... *ibid.*
Ve FAMILLE. Carbone 120
 1re *espèce.* Carbone pur ou diamant .... *ibid.*
 2e *espèce.* Acide carbonique 126
VIe FAMILLE. Hydrogène 129
 1re *espèce.* Hydrogène sulfuré .... *ibid.*
 2e *espèce.* Hydrogène phosphoré 130
 3e *espèce.* Hydrogène carboné 131
 4e *espèce.* Eau 135

IIe ORDRE. *MÉTAUX ÉLECTRO-NÉGATIFS.*

Ire FAMILLE. Arsenic 162
 1re *espèce.* Arsenic natif .... *ibid.*
 2e *espèce.* Arsenic sulfuré rouge 164
 3e *espèce.* Arsenic sulfuré jaune 166
 4e *espèce.* Arsenic oxidé 169
Traitement métallurgique des minerais d'arsenic 172
IIe FAMILLE. Chrôme 173
 Espèce unique. Chrôme oxidé vert .... *ibid.*

Pages.
Extraction du chrôme 175
IIIe FAMILLE. Molybdène 177
Espèce unique. Molybdène sulfuré .... *ibid.*
Extraction du molybdène 179
IVe FAMILLE. Antimoine 180
1re *espèce.* Antimoine natif .... *ibid.*
2e *espèce.* Antimoine sulfuré 183
3e *espèce.* Antimoine oxi-sulfuré 186
4e *espèce.* Antimoine oxidé 188
Traitement métallurgique des minerais d'antimoine 190
Ve FAMILLE. Titane 193
1re *espèce.* Titane rutbile 194
2e *espèce.* Titane anatase 196
Extraction du titane 199
VIe FAMILLE. Silicium .... *ibid.*
1re *espèce.* Silicium oxidé 201
2e *espèce.* Silicium oxidé hydraté 221

IIIe ORDRE. *MÉTAUX ÉLECTRO-POSITIFS.*

1re SOUS-DIVISION.

Ire FAMILLE. Iridium 224
Espèce unique. Iridium osmié .... *ibid.*
IIe FAMILLE. Platine 225
Espèce unique. Platine natif .... *ibid.*
Traitement métallurgique du minerai de platine 228
IIIe FAMILLE. Or 235
1re *espèce.* Or natif .... *ibid.*
2e *espèce.* Or telluré 239
Traitement métallurgique des minerais d'or 244
IVe FAMILLE. Mercure 250
1re *espèce.* Mercure natif 251
2e *espèce.* Mercure sulfuré 254
3e *espèce.* Mercure chloruré 259
Traitement métallurgique des minerais de mercure .... *ibid.*
Ve FAMILLE. Palladium 261
Espèce unique. Palladium natif .... *ibid.*
VIe FAMILLE. Argent 262
1re *espèce.* Argent natif .... *ibid.*

Pages.
2e *espèce.* Argent ioduré. 264
3e *espèce.* Argent sulfuré.................... 265
4e *espèce.* Argent rouge.................... 267
5e *espèce.* Argent arsenié.................... 270
6e *espèce.* Argent antimonial.................... 271
7e *espèce.* Argent aururé.................... 273
8e *espèce.* Amalgame d'argent. .... *ibid.*
9e *espèce.* Argent chloruré.................... 275
10e *espèce.* Argent carbonaté.................... 276
Gisement général des minerais d'argent 277
Traitement métallurgique des minerais d'argent.................... 279
VIIe Famille. Bismuth.................... 291
1re *espèce.* Bismuth natif .... *ibid.*
2e *espèce.* Bismuth sulfuré 293
3e *espèce.* Bismuth oxidé.................... 294
4e *espèce.* Bismuth carbonaté.................... 295
Traitement métallurgique des minerais de bismuth.................... *ibid.*
VIIIe Famille. Étain.................... 297
Espèce unique. Étain oxidé.................... 298
Extraction de l'étain.................... 301
IXe Famille. Plomb.................... 305
1re *espèce.* Plomb natif.................... 306
2e *espèce.* Plomb sulfuré.................... *ibid.*
3e *espèce.* Plomb sulfuré stibio-cuprifère.................... 311
4e *espèce.* Plomb sulfuré bismuthifère.................... 314
5e *espèce.* Plomb séléniuré.................... 315
6e *espèce.* Pomb oxidé jaune.................... 316
7e *espèce.* Plomb oxidé rouge.................... *ibid.*
8e *espèce.* Plomb sulfaté.................... 317
9e *espèce.* Plomb hydro-chloro-carbonaté 319
10e *espèce.* Plomb phosphaté.................... 321
11e *espèce.* Plomb arseniaté.................... 324
12e *espèce.* Plomb carbonaté.................... 326
13e *espèce.* Plomb chromaté.................... 329
14e *espèce.* Plomb molybdaté.................... 332
15e *espèce.* Plomb tungstaté.................... 333
16e *espèce.* Plomb hydro-aluminaté.................... *ibid.*
Traitement métallurgique des minerais de plomb.................... 334
Xe Famille. Cuivre.................... 342

Pages.
1re *espèce.* Cuivre natif.... 343
2e *espèce.* Cuivre sulfuré.... 345
3e *espèce.* Cuivre sulfuré argentifère.... 347
4e *espèce.* Cuivre pyriteux.... *ibid.*
5e *espèce.* Cuivre gris.... 351
6e *espèce.* Cuivre sulfuré bismuthifère.... 354
7e *espèce.* Cuivre sulfuré stannifère.... 355
8e *espèce.* Cuivre sulfuré plombo-bismuthifère.... 356
9e *espèce.* Cuivre sélénié.... 357
10e *espèce.* Cuivre sélénié argental.... *ibid.*
11e *espèce.* Cuivre oxidulé.... 360
12e *espèce.* Cuivre oxidé.... 363
13e *espèce.* Cuivre sulfaté.... 364
14e *espèce.* Cuivre sous-sulfaté.... 367
15e *espèce.* Cuivre hydrochloraté.... *ibid.*
16e *espèce.* Cuivre phosphaté.... 369
17e *espèce.* Cuivre carbonaté vert.... 370
18e *espèce.* Cuivre carbonaté bleu.... 373
19e *espèce.* Cuivre carbonaté anhydre.... 375
20e *espèce.* Cuivre arseniaté.... 376
21e *espèce.* Vauquelinite.... 379
22e *espèce.* Cuivre dioptase.... 380
23e *espèce.* Cuivre siliceux.... 381
Gisement général des minerais de cuivre.... 382
Traitement métallurgique des minerais de cuivre.... 383
XIe FAMILLE. Nickel.... 390
1re *espèce.* Nickel sulfuré.... *ibid.*
2e *espèce.* Nickel arsenical.... 391
3e *espèce.* Nickel sulfo-arsenical.... 393
4e *espèce.* Nickel sulfo-stibiuré.... *ibid.*
5e *espèce.* Nickel oxidé noir.... 394
6e *espèce.* Nickel arseniaté.... *ibid.*
7e *espèce.* Nickel sulfaté.... 395
8e *espèce.* Nickel silicaté.... 396
Gisement général des minerais de nickel.... *ibid.*
Extraction du nickel.... *ibid.*
XIIe FAMILLE. Cobalt.... 399
1re *espèce.* Cobalt sulfuré.... *ibid.*
2e *espèce.* Cobalt arsenical.... 400

Pages.

3e *espèce*. Cobalt arsenical gris noirâtre 401
4e *espèce*. Cobalt gris 40
5e *espèce*. Cobalt oxidé noir 404
6e *espèce*. Cobalt sulfaté .... *ibid.*
7e *espèce*. Cobalt arseniaté 405
8e *espèce*. Cobalt arsenité 406
Gisement général des minerais de cobalt .... *ibid.*
Extraction du cobalt 407
XIIIe Famille. Urane 410
1re *espèce*. Urane oxidulé 411
2e *espèce*. Urane oxidé hydraté 412
3e *espèce*. Urane phosphaté .... *ibid.*
4e *espèce*. Urane sulfaté 414
Extraction de l'urane .... *ibid.*
XIVe Famille. Zinc 415
1re *espèce*. Zinc sulfuré .... *ibid.*
2e *espèce*. Zinc oxidé 417
3e *espèce*. Zinc sulfaté 418
4e *espèce*. Zinc carbonaté 420
5e *espèce*. Zinc sous-carbonaté 423
6e *espèce*. Zinc silicaté 424
7e *espèce*. Zinc aluminaté 426
Traitement métallurgique des minerais de zinc 427
XVe Famille. Fer 431
1re *espèce*. Fer natif .... *ibid.*
2e *espèce*. Fer sulfuré 436
3e *espèce*. Fer sulfuré magnétique 444
4e *espèce*. Fer carburé 445
5e *espèce*. Fer arsenical 447
6e *espèce*. Fer oxidulé 449
7e *espèce*. Fer oligiste 452
8e *espèce*. Fer oxidé rouge 456
9e *espèce*. Fer sulfaté 459
10e *espèce*. Fer sous-sulfaté terreux 463
11e *espèce*. Fer phosphaté .... *ibid.*
12e *espèce*. Fer carbonaté 466
13e *espèce*. Fer arseniaté scorodite 470
14e *espèce*. Fer arseniaté cubique .... *ibid.*
15e *espèce*. Fer résinite 471

Pages.
16e *espèce.* Fer chromé.......... 472
17e *espèce.* Fer titaniaté.......... 475
18e *espèce.* Fer craitonite.......... 476
19e *espèce.* Fer silicéo-calcaire.......... 477
20e *espèce.* Fer hydroxidé.......... 478
Gisement général des minerais de fer.......... 483
Traitement métallurgique des minerais de fer.......... 485
XVIe Famille. Manganèse.......... 500
1re *espèce.* Manganèse sulfuré.......... *ibid.*
2e *espèce.* Manganèse oxidé.......... 501
3e *espèce.* Manganèse et fer phosphatés.......... 503
4e *espèce.* Manganèse carbonaté.......... 506
5e *espèce.* Manganèse tungstaté.......... 507
6e *espèce.* Tantalite.......... 510
7e *espèce.* Manganèse hydro-silicaté.......... 512
8e *espèce.* Manganèse bi-silicaté.......... *ibid.*
9e *espèce.* Manganèse sous-silicaté.......... 513
10e *espèce.* Bustamite.......... *ibid.*
11e *espèce.* Manganèse hydraté.......... 514
Extraction du manganèse.......... 518
XVIIe Famille. Cérium.......... *ibid.*
1re *espèce.* Cérium fluaté.......... 519
2e *espèce.* Cérite.......... *ibid.*
3e *espèce.* Allanite.......... 520
Extraction du cérium.......... 521

ÉLÉMENS
DE MINÉRALOGIE
APPLIQUÉE
AUX SCIENCES CHIMIQUES, ETC.

LIVRE PREMIER.

DE LA MINÉRALOGIE ET DES CARACTÈRES DES MINÉRAUX.

1. La Minéralogie a pour objet l'étude des corps inorganisés qui existent dans la nature. Dans son sens le plus vaste, elle embrasse la GÉOLOGIE, la MÉTALLURGIE et la MINÉRALOGIE proprement dite; on a réservé ce dernier nom à la science qui s'occupe de décrire les caractères des différentes espèces, sans avoir égard à leurs rapports entre elles, ou du moins à leurs rapports de position.

2. Les minéraux diffèrent des corps organisés en ce qu'ils n'offrent qu'une structure, tandis que ces derniers présentent une organisation plus ou moins compliquée. On n'aperçoit de traces d'organes dans les substances minérales qu'autant qu'elles se sont moulées sur des corps organisés.

3. Les corps organiques présentent des angles arrondis, des arètes peu vives, et aucune valeur constante dans l'ouverture de ces angles. Dans les corps inorganiques, au contraire, les arètes sont vives en général, et les angles des surfaces placées

entre ces arètes ont une mesure constante qui leur permet de donner naissance à des solides polyédriques réguliers.

4. Il existe aussi une grande différence entre l'*individu minéralogique* et l'*individu organique*. Un individu étant un être que l'on ne peut diviser sans le détruire, il s'ensuit que l'individu minéralogique est invisible à l'œil, et que la moindre parcelle de substance minérale est encore la réunion d'un grand nombre de ces *êtres*, tandis que dans le règne organique on peut presque toujours parvenir à détruire l'individu par une simple division mécanique.

5. Les individus minéralogiques, qui sont les molécules intégrantes, tendent toujours à s'agréger d'une manière régulière, et la forme polyédrique qui en résulte pourrait toujours servir à reconnaître les espèces minérales, si cette forme différait pour chacune d'elles ; mais il n'en est pas ainsi.

CHAPITRE PREMIER.

Caractères des minéraux.

6. Les minéraux nous offrent des propriétés très variées qui tiennent tantôt à l'arrangement de leurs molécules, tantôt à leur nature intime. Les premières de ces propriétés ont reçu le nom de *caractères physiques*, et les secondes celui de *caractères chimiques*.

Les *caractères physiques* sont perçus par nos sens, ou appréciés à l'aide d'instrumens incapables d'altérer le minéral soumis à ce genre d'épreuve ; ils ont aussi été désignés sous le nom de *caractères extérieurs*. On donnait particulièrement ce dernier nom à ceux que l'on peut déterminer par les sens seuls ; on réservait le nom de caractères physiques pour ceux que l'on ne peut reconnaître qu'à l'aide d'instrumens particuliers : tels sont ceux tirés de l'examen des cristaux, de l'état électrique, de la réfraction, etc. Tous ces caractères sont maintenant réunis sous le nom de *caractères physiques*.

Les *caractères chimiques* ne peuvent se manifester qu'en entamant, détruisant plus ou moins le minéral. Telle est l'action du chalumeau, l'action des acides et des différens réactifs.

Caractères physiques.

7. Les caractères physiques peuvent se réduire aux suivans, rangés à peu près dans l'ordre de leur plus grande importance :

La cristallisation,
La pesanteur spécifique,

La dureté,

L'action de la lumière
- a. Éclat,
- b. Couleur,
- c. Transparence,
- d. Réfraction,
- e. Irisation,
- f. Chatoiement,
- g. Dichroïsme,
- h. Polarisation;

La phosphorescence,
L'électricité,
Le magnétisme,
La structure,
La texture,
La cassure,
La ténacité,
La ductilité,
L'élasticité,
La flexibilité,
Le happement à la langue,
Le son.

Cristallisation, ou *forme régulière des minéraux.*

8. La cristallisation est, de tous les caractères physiques, le plus important dans l'examen des minéraux, aussi nous nous y arrêterons bien plus que sur les autres.

Les minéraux sont des assemblages de molécules similaires liées entre elles par la cohésion; ces molécules ont des formes également remarquables par leur régularité et leur simplicité. Or, lorsque celles qui appartiennent à un minéral sont suspendues dans un liquide, et qu'ensuite ce liquide, soit en s'évaporant, soit par quelque autre cause, les abandonne à leur affinité réciproque, et de plus, qu'aucune force perturbatrice ne gêne cette affinité, les molécules, en s'unissant les unes aux autres par les faces les plus disposées à cette réunion, composent par leur assemblage des corps réguliers terminés par des surfaces planes et analogues aux solides de la Géométrie. Ce sont ces corps que l'on a nommés en général *cristaux*, quelle que soit la substance qui en ait fourni les matériaux (*).

9. Il y a différens moyens de faire cristalliser les corps :

1°. En les fondant et les laissant se solidifier lentement ; il faut avoir soin seulement de percer la croûte supérieure qui se forme, afin de pouvoir décanter les parties liquides et obtenir des cristaux bien formés ;

2°. En les gazéifiant et recueillant la vapeur sur un corps plus froid ;

3°. En les dissolvant dans l'eau ou tout autre liquide, et faisant évaporer la liqueur ;

4°. En les dissolvant dans un liquide dont on abaisse la température.

10. De quelque manière que se soient formés les cristaux, ils offrent un nombre plus ou moins considérables de surfaces planes dont l'étendue est extrêmement variable, mais dont les angles ont toujours une ouverture constante dans chaque espèce de cristal. On donne à ces surfaces le nom de *faces* quand elles ont une certaine dimension, c'est-à-dire quand elle déterminent la forme du cristal, et l'on donne celui de *facettes* à des faces plus petites qui masquent plus ou moins la forme donnée par les plus grandes. Les faces et les facettes donnent naissance à des *angles plans*, à des *angles solides* et à des *angles saillans*. Les *angles plans* forment les faces et les facettes des cristaux ; les *angles solides* sont formés par la réunion de plus de deux angles plans, et les *angles saillans* sont ceux que forment entre elles les faces qui se réunissent

(*) Haüy, *Traité de Cristallographie*, tome I.

deux à deux. La ligne produite par la jonction de deux faces prend le nom d'*arète;* on donne le nom de *troncature* aux facettes qui remplacent une arète, et celui de *bisellement* à la facette qui enlève une partie d'une arète ou d'un angle. Ce bisellement peut être *simple, double, triple,* etc. Enfin, on désigne par le nom de *pointement* l'extrémité d'un cristal qui est formée par des faces qui s'élèvent sur celles du noyau, et terminent le cristal; ce pointement peut être à *trois, quatre* ou *six* faces; il prend quelquefois le nom de *biseau* quand il a la forme indiquée par cette expression.

11. La forme polyédrique régulière pourrait servir à reconnaître les espèces minérales, si chaque espèce avait une forme particulière; mais il n'en est pas ainsi, et des substances dont la composition est entièrement différente donnent des cristaux dont les formes sont absolument semblables: tels sont, par exemple, la *chaux fluatée* et le *plomb sulfuré.*

D'un autre côté, on observe plusieurs formes différentes dans les cristaux d'un même minéral, quoique, dans ces divers cas, ses autres caractères et même sa composition chimique soient absolument les mêmes; mais ces formes sont toujours liées entre elles par des rapports géométriques, et sont les résultats différens d'un même système cristallin.

En plaçant un cristal dans une certaine position, on y suppose une ligne que l'on nomme *axe* (*), et en mesurant les angles que forment entre elles les faces qui sont groupées autour de cet axe, on trouve dans la mesure de ces angles une constance qui n'est susceptible d'aucune variation.

Il existe dans les cristaux des joints naturels qui sont quelquefois visibles et souvent invisibles, en sorte que l'on peut casser les cristaux et obtenir plusieurs cassures parallèles entre

(*) On est quelquefois obligé d'admettre plusieurs axes dans un même cristal.

elles, ce qui donne lieu à des lames. La cassure prend alors le nom de *cassure lamelleuse*, que l'on désigne plus ordinairement sous le nom de *clivage*.

Le *clivage* sera donc l'action de séparer un cristal lame par lame, ce qui a lieu plus ou moins nettement et plus ou moins facilement, selon les espèces de cristaux.

Quelquefois le solide que l'on obtient par un premier clivage peut devenir plus simple par un second : cela tient à ce qu'il existe souvent dans le même cristal plusieurs clivages d'ordre différent, c'est-à-dire qu'un clivage pourra avoir lieu dans un cristal, par exemple, parallèlement à son axe, et un autre parallèlement à sa base, etc., en sorte que la forme du solide de clivage pourra changer chaque fois que l'on changera d'ordre de clivage. Supposons un prisme hexagone dont tous les plans sont parallèles aux joints : si au lieu d'enlever successivement des lames sur tous les pans, on n'en enlève que sur trois, on finira par rapetisser tellement les trois faces sur lesquelles on n'enlèvera rien, qu'elles disparaîtront entièrement, et le cristal sera alors un prisme trièdre. Un octaèdre pourra également se transformer, en changeant les plans de clivage, en tétraèdre, en cube, en dodécaèdre. En clivant ainsi les cristaux de toutes les formes, on verrait que l'on pourrait toujours arriver à la forme de la molécule intégrante. M. Haüy admet trois formes de molécules intégrantes, qui sont : le *tétraèdre*, le *prisme trièdre* et le *cube*.

12. Les faces qui composent un cristal sont toujours disposées dans un ordre parallèlement symétrique ; toujours elles sont parallèles deux à deux, excepté dans le tétraèdre régulier.

Le nombre de facettes produites sur le noyau d'un cristal est toujours égal aux faces de ce cristal, ou multiple de ce nombre, en sorte que, sur le tétraèdre, il peut se produire sur les angles quatre facettes, ou un multiple de quatre, et sur les arètes six facettes, ou un multiple de six. La même chose n'aurait pas lieu sur le tétraèdre irrégulier. L'octaèdre pourrait donner naissance, sur ses angles, à six facettes, ou à douze, ou à vingt-quatre; il n'en serait pas de même sur le rhomboïde, les angles de ce cristal n'étant pas égaux : il pourra se former une facette sur l'arète culminante du sommet, sans qu'il s'en forme sur les quatre arètes latérales, mais il s'en produira une semblable sur l'arète culminante opposée et semblable à la première. C'est par suite de cette tendance à produire toujours deux faces parallèles que dans les cristaux on ne trouve pas de pyramides simples (excepté cependant le tétraèdre), mais toujours des doubles pyramides.

Cette loi du parallélisme des faces souffre peu d'exceptions; quelquefois cependant certaines faces prennent assez de développement pour faire disparaître entièrement les autres. Dans certains cristaux, des facettes s'allongent bien plus qu'elles ne devraient; dans d'autres cas, les cristaux en se groupant se pénètrent quelquefois mutuellement, de manière qu'ils semblent n'en former qu'un seul. Par exemple, dans l'amphibole on observe des groupemens avec renversement, ce qui occasione des angles rentrans, et ces cristaux, qui semblent avoir tourné sur eux-mêmes dans un certain sens, prennent le nom d'*hémitropes*.

Quant aux facettes additionnelles, les exemples de non parallélisme sont moins rares, ainsi que l'absence d'une des deux faces parallèles. Il y a des cristaux dans lesquels une ou plusieurs facettes situées à l'une des extrémités de la direction que l'on peut regarder comme l'axe du cristal, n'ont pas leur parallèle à l'extrémité opposée, et dans lesquels cette irrégularité est constante, tels que la *tourmaline,* la *magnésie boratée;* mais on n'observe cette différence que dans les cristaux électriques par la chaleur, et qui donnent les deux électricités aux deux extrémités: on peut croire d'après cela que l'anomalie de forme est un résultat de la propriété électrique.

13. Les minéraux ne présentent pas tous le clivage. Quand on n'a pu arriver par ce moyen à la connaissance du *solide de clivage*, que l'on nomme ordinairement *forme primitive*, il faut faire abstraction de toutes les facettes additionnelles qui sont groupées autour des faces primitives. La forme la plus simple autour de laquelle peuvent être placées toutes ces facettes avec symétrie et suivant leur inclinaison, doit être regardée comme forme primitive. On peut quelquefois arriver à deux formes également simples, comme, par exemple, le cube et l'octaèdre régulier : il faut choisir l'une ou l'autre ; mais presque toujours le choix est indiqué, soit par un clivage très peu apparent, soit par des stries ou des chatoiemens qui indiquent le sens dans lequel le clivage s'opèrerait.

Ainsi nous voyons que l'on peut parvenir à la connaissance de la forme primitive par différens moyens : 1° par le clivage, qui est le moyen le plus sûr ; 2° par l'inspection des joints que l'on aperçoit en présentant le cristal à la lumière ; 3° par l'inspection des facettes ; 4° par le chatoiement, qui indique le sens des lames ; 5° par les stries des cristaux.

De la mesure des angles des cristaux.

14. Nous avons vu que l'on distinguait dans les cristaux plusieurs espèces d'angles : les angles *saillans*, les angles *plans* et les angles *solides*. Nous nous rappelons que les *angles saillans* sont ceux que forment entre elles les différentes faces prises deux à deux ; que les *angles plans* sont ceux des surfaces des cristaux, ou ceux que forment entre elles deux arètes qui se rencontrent, et que les *angles solides* sont le résultat de la réunion d'au moins trois plans en un seul point : ceux-ci peuvent être *triples*, *quadruples*, etc.

Les *angles plans* expriment la quantité plus ou moins grande dont deux plans se sont écartés l'un de l'autre par une sorte de révolution autour d'une ligne qui est leur intersection.

Les *angles saillans* expriment l'écartement de deux lignes par une révolution dans un plan autour du point où elles le coupent.

Ainsi les angles plans et les angles saillans peuvent également être mesurés par une circonférence de cercle.

Il n'en est pas de même des *angles solides :* leur véritable mesure serait la portion de surface sphérique comprise entre leurs côtés ou les plans qui les forment, cette surface sphérique ayant pour centre le sommet de l'angle solide; mais comme on ne mesure ce polygone sphérique qu'en le partageant en triangles sphériques, et qu'un triangle est déterminé quand on connaît ou les trois angles ou les trois côtés, il s'ensuit qu'on peut déterminer un angle solide triple d'un polyèdre par le moyen des angles saillans ou des angles plans qui le composent, les premiers étant les angles, et les seconds étant les côtés du triangle sphérique qui est sa véritable mesure. Il en est de même des angles quadruples et autres.

Il semblerait qu'on pourrait parvenir à mesurer les angles plans (au moins approximativement) par le rapporteur ordinaire; mais, ou les cristaux sont trop petits, ou l'on est souvent arrêté par le défaut fréquent de continuité des arètes. D'ailleurs on obtiendrait rarement une application exacte du rapporteur, à cause des inégalités que l'on rencontre presque toujours sur quelque point d'une face, et par suite du groupement des cristaux : aussi on conclut la mesure des angles plans par la mesure de plusieurs angles saillans adjacens : ou, si l'on veut les mesurer directement, on y parvient approximativement avec le rapporteur ordinaire.

On mesure un angle saillant avec divers instrumens que l'on nomme *goniomètres*. On en distingue deux sortes, les goniomètres par *réflexion*, et les goniomètres par *applica-*

tion. On emploie plus fréquemment ces derniers, dont l'usage est beaucoup plus facile, mais moins exact que celui des goniomètres à réflexion. Parmi ceux-ci, c'est du goniomètre de M. Wollaston dont on fait le plus souvent usage (*). L'avantage de ce goniomètre est de pouvoir mesurer de très petits angles et sur de très petits cristaux, cas dans lesquels le goniomètre par application ne peut être employé.

Cependant si la surface des cristaux n'était pas réfléchissante, on ne pourrait pas se servir du goniomètre à réflexion, et le goniomètre d'application ordinaire donnerait toujours lieu à de grandes erreurs sur des cristaux dont le volume serait peu considérable : aussi, dans ce cas, emploie-t-on le goniomètre nouvellement imaginé par M. Adelmann, instrument qui, sans être à réflexion, permet de prendre presque exactement la mesure des angles, pourvu toutefois que les cristaux ne soient pas par trop petits.

Des formes dominantes des cristaux.

15. On entend par forme dominante d'un cristal, *le solide géométrique simple.* On peut le supposer en ne considérant d'abord que l'ensemble des faces principales du cristal, et faisant abstraction (momentanément) des facettes plus petites qui les modifient, et que l'on nomme modifications de la forme dominante.

M. Brochant, dans son excellent article *Cristallographie*, inséré dans le Dictionnaire des Sciences naturelles, rapporte les formes dominantes des cristaux à neuf principales, qu'il subdivise ensuite en plusieurs autres.

Ces formes principales, dont nous allons donner le tableau de subdivision d'après ce même savant, sont:

(*) Brochant de Villiers, *Dictionnaire des Sciences naturelles*, article *Cristallisation.*

Le tétraèdre,
Le parallélépipède,
L'octaèdre,
Le prisme hexagonal,
Le dodécaèdre rhomboïdal,
Le dodécaèdre pentagonal,
Le dodécaèdre triangulaire,
L'icosaèdre triangulaire,
Le trapézoèdre.

Tétraèdre. Solide formé par la réunion de quatre plans triangulaires : ses faces sont également distantes d'un point intérieur que l'on peut regarder comme le centre de ce solide. (Pl. 1, fig. 1.)

Parallélépipède. Solide composé de six faces parallèles deux à deux, et qui sont des parallélogrammes. On peut le définir aussi *un prisme quadrangulaire* ayant pour base des parallélogrammes. (Pl. 1, fig. 2.)

Octaèdre. Solide terminé par huit plans, quelle que soit leur position, mais qui sont ordinairement disposés symétriquement autour d'un axe qu'ils rencontrent, quatre dans un sens, quatre en sens inverse parallèlement aux premiers. Ces plans sont tous des triangles si les faces se réunissent quatre à quatre dans un point, à moins qu'une face ne soit beaucoup plus étendue que les autres. (Pl. 1, fig. 3.)

Prisme hexagonal. Prisme à six faces latérales ou ayant pour base un hexagone. Quand sa coupe perpendiculaire à l'axe offre un hexagone régulier, deux faces latérales adjacentes quelconques sont inclinées entre elles de 120°. (Pl 1, fig. 4.)

Dodécaèdre rhomboïdal. Solide composé de douze plans rhombes. Il est *régulier* quand les douze rhombes sont égaux et semblables. (Pl. 1, fig. 5.)

Dodécaèdre pentagonal. Solide terminé par douze plans pen-

TABLEAU

Des formes dominantes des cristaux, d'après M. Brochant de Villiers.

ÉTRAÈDRE	Tous les triangles égaux			Tétraèdre régulier.
PARALLÉLÉPIPÈDE, ou PRISME QUADRANGULAIRE.	Base perpendiculaire à l'axe.	Faces latérales perpendiculaires entre elles.	Clivages identiques sur les trois faces.	Cube.
			Deux clivages identiques par rapport aux faces latérales.	Prisme rectangulaire droit à base carrée.
			Tous les clivages différens.	Prisme rectangulaire droit obtus à base oblongue.
		Faces latérales non perpendiculaires entre elles.	Clivages identiques.	Prisme rhomboïdal droit à base isocèle.
			Clivages latéraux différens.	Prisme rhomboïdal droit à base oblongue.
	Base oblique à l'axe.	Angles saillans de la base avec les faces latérales, tous inégaux.		Prisme rectangulaire ou rhomboïdal à base oblique non symétrique.
		Deux angles saillans de la base avec deux faces latérales opposées, égaux.		Prisme rectangulaire ou rhomboïdal à base oblique reposant sur une face.
		Deux angles saillans de la base avec deux faces latérales adjacentes, égaux.		Prisme rectangulaire ou rhomboïdal à base oblique reposant sur une arête.
		Angles saillans de la base avec les faces latérales, égaux aux angles saillans des faces latérales entre elles.		Rhomboèdre.
OCTAÈDRE	Les trois coupes étant perpendiculaires entre elles.	Toutes trois rectangul.		Octaèdre régulier.
		Une rectangulaire. Deux rhombes.		Octaèdre symétrique à base carrée.
		Toutes trois rhombes.		Octaèdre symétrique à triangles scalènes.
	Deux coupes rhombes inclinées entre elles, et perpendicul. à la troisième, qui est rectangle.			Octaèdre symétrique à base rectangle.
PRISME HEXAGONAL	Angles saillans latéraux, tous égaux.	Base perpendicul. à l'axe.		Prisme hexagonal régulier droit.
		Base oblique à l'axe.		Prisme hexagonal régulier oblique.
	Quatre angles saillans latéraux égaux; les deux autres différens des premiers, et égaux.	Base perpendicul. à l'axe.		Prisme hexagonal symétrique droit.
		Base oblique à l'axe.		Prisme hexagonal symétrique oblique.
ODÉCAÈDRE RHOMBOÏDAL.	Tous les angles saillans égaux; tous les rhombes égaux et semblables.			Dodécaèdre rhomboïdal régulier.
	Tous les angles saillans non égaux; tous les rhombes non semblables.			Dodécaèdre rhomboïdal symétrique.
ODÉCAÈDRE PENTAGONAL.	Faces pentagonales non régulières, mais égales			Dodécaèdre pentagonal symétrique.
ODÉCAÈDRE TRIANGULAIRE.	Toutes les faces étant des triangles isocèles égaux			Dodécaèdre triangulaire isocèle.
	Toutes les faces étant des triangles scalènes égaux			Dodécaèdre triangulaire scalène.
COSAÈDRE TRIANGULAIRE.	Huit angles équilatéraux, douze triangles isocèles			Icosaèdre triangulaire symétrique.
TRAPÉZOÈDRE	Toutes les faces égales et semblables.			Trapézoèdre.

tagones égaux et semblables. Celui que l'on observe parmi les formes des minéraux n'a pas ses pentagones réguliers. (Pl. 1, fig. 6.)

Dodécaèdre triangulaire. Solide composé de douze triangles parallèles deux à deux, et se réunissant six à six dans un point d'un même axe. (Pl. 1, fig. 7.)

Icosaèdre triangulaire. Solide formé par la réunion de vingt triangles. (Pl. 1, fig. 8.)

Trapézoèdre. Solide composé de vingt-quatre faces quadrilatères symétriques. (Pl. 1, fig. 9.)

De la structure des cristaux. Passage d'une forme dominante à plusieurs autres. Causes qui ont pu déterminer ce passage.

16. Nous avons vu qu'il existait dans les cristaux des joints naturels par lesquels on pouvait les diviser sur certains sens, en lames plus ou moins fines. Or, on peut concevoir ces lames divisées au point de n'être plus formées que par des séries réunies de molécules intégrantes ou particules; et cette supposition nous mènera nécessairement à penser que les cristaux sont formés par la superposition de ces lames qui seront appliquées successivement autour d'un noyau primitif. Ces lames étant elles-mêmes formées par la réunion d'un grand nombre de séries de particules, nous pourrons également concevoir comment une ou plusieurs séries de ces particules venant à manquer sur un point quelconque du contour de cette lame, et cette abstraction se continuant toujours sur les autres qui viendraient se superposer, comment il pourra se faire que ce cristal change entièrement de forme, sans que cependant son noyau primitif en ait changé. Les nouvelles faces qui résulteront de l'absence de ces séries de molécules seront d'abord très petites, et ne paraîtront que comme des facettes ou des troncatures sur la forme dominante; mais elles pourront ensuite prendre assez d'accroissement pour cacher

entièrement les faces de la forme dominante qui existait, et en donner une nouvelle au cristal. Si les causes que nous avons supposé donner naissance à ces changemens viennent à être supprimées, et que le cristal se trouve encore dans les conditions nécessaires à son développement, c'est-à-dire qu'il puisse recevoir de nouvelles molécules semblables à celles dont il est formé, rien n'empêchera qu'il ne repasse par des états inverses à ceux que nous venons d'énoncer, et qu'il ne reprenne la forme qu'il avait auparavant. Nous allons examiner quelles sont les principales altérations de forme que peuvent éprouver les formes dominantes, quand elles sont soumises à des causes que nous développerons plus bas. Nous renverrons les personnes qui voudraient plus de détails sur ce sujet, à la Cristallographie d'Haüy, au Traité de Minéralogie de M. Beudant, et particulièrement à l'article *Cristallographie* de M. Brochant de Villiers (Dictionnaire des Sciences naturelles), dont nous avons extrait le peu que nous allons dire sur ce sujet important.

Prenons *le tétraèdre, le cube, l'octaèdre régulier, le dodécaèdre rhomboïdal régulier et le trapézoèdre*, nous verrons que les faces de chacun de ces solides peuvent nécessairement être produites par la troncature *tangente* des parties des autres solides, dont le nombre est égal au nombre de ses faces.

Ainsi les 24 faces du *trapézoèdre* peuvent provenir de la troncature des 24 arètes du *dodécaèdre rhomboïdal*; les 12 faces du *dodécaèdre* peuvent provenir, soit de la troncature des 12 arètes de l'octaèdre, soit de la troncature des 12 arètes du cube; ou bien elles peuvent encore être le résultat de la troncature des 12 angles quadruples plus obtus du *trapézoèdre;* les 8 faces de l'*octaèdre* peuvent être dues à la troncature des 8 angles du cube ou des 8 angles triples du dodécaèdre ou du trapézoèdre, soit encore de la troncature des 4 angles du tétraèdre, avec conservation des 4 faces de ce solide; et les 6 faces du *cube* peuvent provenir de la troncature, ou des 6 arètes du *tétraèdre*, ou des 6 angles de l'*octaèdre*, ou des 6 angles quadruples du *dodécaèdre*, ou des 6 angles quadruples moins obtus du *trapézoèdre*.

Il n'y a dans ces cinq solides réguliers que le cube et l'octaèdre qui puissent être produits directement par des troncatures sur des parties semblables de chacun des quatre autres, sans exception. Le dodécaèdre présente, il est vrai, le même rapport avec le cube, l'octaèdre et le trapézoèdre, mais non avec le tétraèdre. Le trapézoèdre ne peut être produit par des troncatures que sur le dodécaèdre; et le tétraèdre ne peut l'être de la même manière sur aucune des autres formes indiquées. Néanmoins la dérivation est générale entre ces cinq corps réguliers, et les passages de l'un à l'autre sont réciproques, sinon toujours par des troncatures, au moins par des modifications d'un autre genre, mais également symétriques.

En effet, le *dodécaèdre* peut provenir du tétraèdre par un pointement symétrique à 3 faces sur chacun des 4 angles.

Le *trapézoèdre* peut être produit sur le tétraèdre par deux pointemens symétriques à 3 faces, ayant lieu à la fois; savoir: l'un sur chacune des 4 faces, et l'autre sur chacun des 4 angles.

Le *trapézoèdre* peut être produit sur l'octaèdre par un pointement à 4 faces sur chacun des 6 angles solides.

Le *trapézoèdre* peut être produit sur le cube par un pointement à 3 faces sur chacun des 8 angles solides.

Le *tétraèdre* peut provenir de l'octaèdre, par la suppression de la moitié des 8 faces (savoir, de l'une des deux faces parallèles), au moyen du prolongement des faces adjacentes.

Le tetraèdre pourrait provenir du cube, du dodécaèdre et du trapézoèdre, au moyen de la troncature de la moitié de celles de leurs dimensions qui sont au nombre de 8 (savoir:

par la troncature de l'une des deux qui sont opposées aux deux extrémités d'une même ligne passant par le centre).

On voit donc que le *tétraèdre régulier,* le *cube,* l'*octaèdre régulier,* le *dodécaèdre rhomboïdal régulier* et le *trapézoèdre* peuvent passer de l'un à l'autre par des modifications très symétriques; aussi il arrive très souvent, pour chacune de ces formes dominantes régulières, que les modifications qu'elles présentent sont précisément celles qui conduisent à une des autres formes régulières, comme en effet cela doit se conclure d'après la symétrie. On donne alors quelquefois à ces cristaux des noms composés, tels que le *cubo-octaèdre, cubo-dodécaèdre.*

Si la troncature qui a lieu sur toutes les arètes du cube n'était pas *tangente,* elle produirait toujours un dodécaèdre pentagonal, comme cela a lieu dans le fer sulfuré; mais alors les pentagones ne sont pas réguliers.

Passons au *rhomboèdre,* qui a 6 arètes supérieures ou culminantes semblablement placées par rapport à l'axe, 6 arètes inférieures ou latérales, aussi semblablement placées entre elles par rapport à l'axe, et de même pour les 6 angles solides latéraux entre eux et pour les deux angles-sommets.

Les modifications étant toujours semblables et simultanées sur toutes celles de ces différentes parties qui sont entre elles semblablement placées, il en résulte que si les modifications sont assez étendues pour faire disparaître tout-à-fait les faces du rhomboèdre, elles doivent produire en général, par des troncatures (puisque les parties semblables sont toutes au nombre de 6, à l'exception des deux angles-sommets), des solides à 6 faces, et par des biseaux, des solides à 12 faces; chacun de ces solides nouveaux devant avoir toutes ses faces semblablement placées par rapport à l'axe, mais la moitié en sens inverse de l'autre. Ainsi un rhomboèdre peut, par différentes modifications symétriques, produire d'autres formes dominantes, savoir :

D'autres rhomboèdres, par la troncature *tangente* de toutes ses arètes supérieures, ou par la troncature de tous ses angles latéraux, laquelle peut être plus ou moins inclinée vers un sommet ou vers l'autre;

Un prisme hexagonal régulier, d'abord par la troncature tangente des deux angles-sommets, et en même temps, soit par la troncature de chacun des 6 angles latéraux parallèlement à l'axe, soit la troncature tangente des 6 arètes latérales;

Un dodécaèdre triangulaire scalène, par un biseau plus ou moins obtus, soit sur chacune de ses 6 arètes latérales, soit sur chacune de ses 6 arètes supérieures;

Un dodécaèdre triangulaire isocèle à base régulière, par un biseau plus ou moins obtus sur les 6 angles latéraux, ou par une troncature de chacun des 6 angles latéraux, ayant lieu sous une inclinaison à l'axe, égale à celle des faces du rhomboèdre, avec conservation d'une partie de ces mêmes faces;

Enfin, une sorte d'octaèdre symétrique, par la troncature des angles-sommets, avec conservation des faces du rhomboèdre.

Les pointemens n'ont jamais lieu qu'à une extrémité de l'axe d'un cristal; ils ne peuvent donc être situés, dans un rhomboèdre, que sur les deux angles-sommets opposés. En outre, comme les pointemens ont en général un nombre de faces, ou égal, ou moitié, ou le double des parties adjacentes du cristal, il ne peut y avoir dans un rhomboèdre que des pointemens à trois ou à six faces (à moins qu'il n'y ait deux pointemens l'un sur l'autre); par conséquent les formes dominantes auxquelles un rhomboèdre peut passer par des pointemens ne peuvent être que des rhomboèdres ou des dodécaèdres triangulaires, scalènes ou isocèles. C'est en effet ce qui nous est offert par les modifications qu'éprouvent les cristaux naturels.

Nous avons vu qu'un rhomboèdre pouvait donner un autre

rhomboèdre, par une troncature tangente sur chacune des arètes supérieures; mais ce second rhomboèdre, qui est plus obtus, doit jouir de la même propriété, et pourra en produire à son tour un troisième encore plus obtus, celui-ci un quatrième; c'est ce que nous présente *la chaux carbonatée.*

Le prisme rectangulaire droit à base carrée peut produire, tantôt un autre prisme rectangulaire à base carrée par la troncature tangente de ses arètes latérales, tantôt un octaèdre obtus ou aigu, par des troncatures toutes identiques, sur chacune des arètes ou des angles de sa base, comme on peut l'observer dans le zircon.

Le prisme rectangulaire droit à base oblongue pourra produire un prisme rhomboïdal par la troncature de ses arètes latérales, ou un octaèdre à base rectangle par la troncature des arètes de sa base.

Le prisme rhomboïdal droit à base isocèle peut produire un octaèdre à base rectangle, par la troncature de deux angles opposés, avec conservation des faces latérales du prisme. Il produira un prisme rectangulaire à base oblongue, par la troncature de ses quatre arètes, comme dans la baryte sulfatée, ou un octaèdre à triangles scalènes, par la troncature des arètes de sa base, comme dans la topaze, ou bien un prisme hexagonal symétrique, par la troncature tangente de deux arètes latérales opposées.

Le prisme rhomboïdal à base oblique reposant sur une arète peut produire un prisme symétrique oblique à six faces, ou un prisme rectangulaire oblique à base oblongue, reposant sur une face, par la troncature de deux ou de quatre de ses arètes latérales, comme dans le pyroxène, etc.

Le prisme rectangulaire à base oblique reposant sur une face, peut donner un prisme hexagonal terminé par un biseau, par la troncature très forte des deux angles supérieurs de sa base, comme on l'observe sur le felspath.

L'octaèdre symétrique à base carrée peut produire un autre octaèdre à base carrée, par la troncature tangente de ses arètes supérieures, ou par des biseaux sur les quatre angles de sa base. Il donnera un prisme rectangulaire à base carrée, par la troncature tangente des quatre arètes ou des quatre angles de sa base. Si les troncatures des angles de la base ne se coupent deux à deux qu'en un point, auquel nécessairement deux faces de l'octaèdre aboutissent également, ce qui constitue un angle solide quadruple, on a un dodécaèdre rhomboïdal symétrique; c'est ce que l'on observe dans le zircon et le mellite.

L'octaèdre symétrique à triangles scalènes peut produire un prisme rhomboïdal par la troncature tangente de quatre arètes composant une de ses coupes ou bases, comme dans le soufre. Si les arètes de deux coupes étaient tronquées à la fois, on aurait l'octaèdre symétrique à base rectangle.

L'octaèdre symétrique à base rectangle peut donner un prisme rectangulaire par la troncature des arètes de sa base, ou un prisme rhomboïdal, par la troncature des angles de sa base, ou bien un octaèdre à triangles scalènes, par un biseau sur chacun des angles de sa base.

Le prisme hexagonal régulier droit pourra se rencontrer dans la même substance, tantôt seulement avec le dodécaèdre triangulaire isocèle à base régulière, comme dans le quarz; tantôt avec des rhomboèdres dont il peut dériver, et avec une partie des solides qui en proviennent; quelquefois même ces deux cas se rencontrent à la fois dans le même minéral, comme on peut le voir dans le corindon et le fer oligiste.

On conçoit que les différentes formes qui viennent d'être citées ne sont pas les seules qui pourraient provenir des modifications de ces formes dominantes, mais ce sont celles qui se présentent ordinairement dans les cristaux. Les formes dominantes dont il resterait à faire connaître les dérivés ont toutes été comprises parmi les dérivés qui viennent d'être énoncés; les modificatious qu'elles pourraient éprouver tendraient à donner le solide dont elles dérivent.

17. Ces changemens de forme, que l'on observe si fréquemment dans les minéraux, ont dû nécessairement être déterminés par des causes particulières; mais nous sommes loin de les connaître toutes. Nous devons à M. Beudant des travaux très intéressans sur cet objet, et dont nous allons donner une idée sommaire. Ces causes sont au nombre de trois:

1°. Les mélanges mécaniques de matières étrangères qu'un sel peut entraîner dans sa cristallisation;

2°. La nature du liquide au milieu duquel se forment les cristaux d'une substance, nature qui peut varier par les matières solides, liquides ou gazeuses tenues en solution, et qui ne sont pas susceptibles de se combiner avec celle qui cristallise;

3°. La combinaison en proportions variables de telle ou telle substance avec celle qui cristallise.

Dans le premier cas, les cristaux qui se forment au milieu d'un dépôt de matières incohérentes en particules très fines, entraînent toujours une portion de ces matières, et prennent constamment une forme plus simple et plus régulière que celle qu'ils auraient prise en se formant dans une solution pure. On remarque des faits analogues dans la nature sur les cristaux d'axinite et de felspath qui sont mélangés de mica, et dont la forme est plus simple que celle des autres cristaux non mélangés de substances étrangères, et qui se trouvent à côté.

Dans le second cas, la nature du liquide où se fait la cristallisation influe de différentes manières sur la forme des cristaux. Tantôt elle change entièrement leur forme dominante, tantôt elle y fait naître seulement des facettes additionnelles. Ainsi le sel marin qui cristallise en cube dans l'eau pure, cristallise en cube tronqué sur ses angles, dans une solution d'acide borique. On peut également faire varier la cristallisation d'un assez grand nombre de sels, en ajoutant quelques gouttes de leur acide à leur solution dans l'eau pure, ou bien en faisant prédominer la base, par la soustraction d'une partie de leur acide, comme on peut le faire en y ajoutant une petite quantité de potasse ou de soude. Il est probable que la nature du liquide et des matières qui s'y trouvaient en dissolution ont influé beaucoup sur les formes des cristaux naturels; car on remarque qu'une même substance affecte en général la même forme partout où elle est accompagnée des mêmes minéraux, et qu'au contraire elle affecte des formes diverses lorsqu'elle est accompagnée de substances différentes: ainsi, par exemple, l'arragonite qui se trouve dans les mines de fer est partout en cristaux pyramidaux très aigus; celle au contraire qu'on trouve dans les argiles gypseuses qui accompagnent les dépôts salifères est toujours en cristaux prismatiques qui sont groupés sous forme de prismes hexagonaux.

Dans le troisième cas, les substances avec lesquelles un sel peut se combiner au moment où il cristallise, déterminent aussi dans ses formes des modifications très remarquables, tantôt en les ramenant à des formes plus simples, tantôt en leur procurant des facettes additionnelles. Ces modifications peuvent varier dans le même sel, selon la nature du corps avec lequel il se trouve combiné; mais elles sont constantes pour le même corps, tant qu'aucune autre cause étrangère ne vient les déranger: ainsi, par exemple, le sulfate de fer mélangé de sulfate de cuivre affecte presque toujours la forme simple d'un prisme oblique rhomboïdal; tantôt il faut beaucoup de sulfate de cuivre pour déterminer cette forme, tantôt il suffit de quelques centièmes pour la produire, ce qui tient au plus ou moins d'acidité de la liqueur. Une substance mélangée chimiquement d'une portion d'un de ses principes, constituans, affecte aussi des formes différentes de celles qu'elle prend à l'état de pureté; ainsi de l'alun parfaitement pur, qui cristallise en octaèdre plus ou moins modifié dans l'eau pure, prend la forme cubique lorsqu'il cristallise dans une solution de sulfate simple d'alumine, assez concentrée pour qu'il en entraîne une partie.

M. Beudant, après avoir fait un très grand nombre d'expériences sur les cristaux artificiels, passe ensuite aux applications que l'on peut faire de ses observations aux cristaux naturels. Ainsi il explique comment il peut arriver que le même cristal, en prenant de l'accroissement, conserve sa forme première ou en prenne une nouvelle, et comment il peut en changer plusieurs fois de suite. Il doit conserver sa forme toutes les fois que le liquide qui l'environne et lui fournit de nouvelles molécules reste constamment de la même nature; il en change au contraire lorsque ce liquide, par une circonstance quelconque, vient lui-même à changer. On rencontre souvent dans la nature plusieurs formes différentes sur le même groupe; mais presque toujours on voit qu'elles sont superposées les unes aux autres, et appartiennent à des époques distinctes. Il est clair dans ce cas que le liquide a changé de nature à ces diverses époques; car la même chose arrive précisément de cette manière dans les laboratoires. Presque toujours quand on fait cristalliser un sel, les cristaux se réunissent et s'attachent irrégulièrement aux parois des vases; mais si l'on force la solution à cristalliser au milieu d'un dépôt de matières gélatineuses, on obtient des cristaux isolés parfaitement nets, ou des boules dont la surface est hérissée de cristaux. C'est probablement dans des circonstances semblables que se forment les cristaux isolés ou les boules de cristaux que l'on trouve dans la nature; car on remarque que ces cristaux ou ces boules se rencontrent toujours dans des matières homogènes qui ne sont jamais bien dures, et qui probablement ont été à l'état gélatineux, tandis que les cristaux qui tapissent des cavités vides sont presque toujours fixés irrégulièrement à leurs parois.

Le volume des cristaux peut aussi s'expliquer en considérant que dans les laboratoires il est toujours en raison du volume de la solution; et l'on observe en effet, dans la nature, que les gros cristaux se trouvent presque toujours dans les grandes cavités. Quelquefois cependant ces gros cristaux se rencontrent dans des cavités qui excèdent peu leur volume. M. Beudant explique ce phénomène en considérant qu'une solution d'un très petit volume peut former un ou plusieurs gros cristaux, lorsqu'on force le sel à se cristalliser dans un seul point, en enduisant partout le vase d'une couche de matière grasse, et ne ménageant que l'endroit où l'on veut que le cristal se trouve placé; que ces gros cristaux se forment d'ailleurs encore plus facilement en disposant la solution dans un appareil étroit qui communique dans le bas avec une petite cavité, et où par conséquent le liquide peut s'élever à une grande hauteur; c'est dans cette cavité que se forment les cristaux, qui sont alors d'un volume considérable. On peut présumer que, dans le cas que nous venons de citer plus haut, les cavités qui contiennent ces gros cristaux communiquaient, au moment de la cristallisation, avec des fentes étroites où le liquide pouvait s'élever à une grande hauteur. (*V*. pour plus de détails le Traité de Minéralogie de M. Beudant, p. 146.)

Pesanteur spécifique.

18. Elle tient à la manière dont les molécules des minéraux sont agrégées, et à la pesanteur propre de ces parties. Ainsi, quoique la nature des molécules du *diamant* et de l'*anthracite*, de *l'argile pure* et du *corindon*, soit absolument la même, il n'en est pas moins vrai que leur densité est très différente; il en est de même du fer natif, fondu ou forgé.

Cette densité se reconnaît à l'aide d'une balance particulière nommée *hydrostatique*. Son emploi est fondé sur ce qu'une substance pesée dans l'eau déplace nécessairement un volume de ce liquide égal au sien : or, le poids de ce volume déplacé, comparé à celui de la substance dans l'air, donne sa pesanteur spécifique comparée à celle de l'eau. On donne différentes formes aux balances hydrostatiques, mais elles peuvent ne différer des balances ordinaires qu'en ce que la tige qui supporte le centre de mouvement peut s'élever ou s'abaisser à volonté, et que les plateaux sont munis par-dessous d'un petit crochet destiné à suspendre le corps solide au moyen d'un crin ; on pèse d'abord ce corps suspendu dans l'air, et ensuite on abaisse la balance de manière à faire plonger le corps dans un vase plein d'eau distillée placé au-dessous : on voit que le corps pèse moins sur le bras de la balance auquel il est suspendu, et que les poids placés de l'autre côté l'emportent ; effet dû à ce que le corps plongé dans le liquide ayant pris la place d'un volume d'eau égal au sien, l'eau environnante, qui soutenait le poids de ce volume, soutient une partie égale dans le poids du corps, et diminue d'autant son action sur la balance. Il s'ensuit qu'en pesant de nouveau le corps plongé dans l'eau, la différence des deux poids fera connaître le poids d'un volume d'eau égal à celui du corps, d'où l'on pourra facilement conclure sa pesanteur spécifique.

Soit, par exemple, un minéral pesant dans l'air 85 grammes : ce minéral dans l'eau ne pèsera plus que $73^{gr.},946$; d'où l'on conclura que le poids d'un pareil volume d'eau $= 85 - 73,946 = 11,054$, et que la pesanteur spécifique de ce minéral est à celle de l'eau $:: 85 : 11,054 = 7,78$.

Si la substance dont on veut connaître la densité était liquide, il serait encore plus facile d'en connaître la pesanteur spécifique, puisqu'il suffirait de peser successivement un flacon plein d'eau distillée et plein du liquide dont on veut connaître le poids relatif. Ainsi, le flacon plein d'eau pesant 200, et le flacon plein de l'autre liquide pesant 600, sa densité sera à celle de l'eau :: 600 : 200, ou :: 3 : 1.

Quoique la méthode que nous venons d'exposer suffise pour déterminer la pesanteur spécifique des minéraux, on emploie de préférence un instrument plus commode que l'on nomme *balance de Nicholson.* (Pl. 11, fig. 1.) Cet instrument est composé d'un cylindre en fer-blanc, terminé en cône à chaque extrémité : l'extrémité supérieure porte un plateau fixé au bout d'une petite tige de laiton, et à l'extrémité inférieure est suspendu un plateau semblable au précédent, mais suffisamment lesté, pour que ce petit appareil reste droit au milieu du liquide.

Quand on plonge cette balance dans l'eau, une portion du cylindre doit surnager; on le charge de poids pour le faire descendre jusqu'à ce que l'eau atteigne un petit trait noir marqué sur la tige de laiton, et l'on écrit sur le plateau supérieur la quantité de poids dont il faut le charger pour le faire descendre jusqu'au trait noir. Supposons cette quantité de 400 décigrammes. Quand on veut prendre la pesanteur spécifique d'un corps ou d'un minéral quelconque, on le place sur le plateau supérieur, on ajoute la quantité de poids nécessaire pour faire plonger l'instrument jusqu'à la ligne noire, et, en retranchant la quantité de décigrammes ajoutés, de celle que l'on doit mettre pour faire descendre la balance jusqu'au trait noir, lorsqu'elle est vide, on aura la pesanteur absolue du corps. Ainsi, si l'on a ajouté 150 décigrammes, la différence entre ce poids et 400 décigrammes donnera celui du corps égal à 250 décigrammes; alors on place le minéral dans le plateau inférieur, et l'on remet l'instrument dans l'eau. Le minéral pesant moins, il faudra ajouter un poids plus fort dans le plateau supérieur pour faire descendre l'instrument au même point, et cette quantité ajoutée donnera le poids du volume d'eau déplacé. Ainsi, s'il a fallu

92 décigrammes, le poids de l'eau déplacée sera 92 décigrammes.

On connaît donc le poids du corps et celui du volume d'eau égal au sien; pour avoir sa pesanteur spécifique, on fera cette proportion : le poids du volume d'eau déplacé par le corps est au poids connu du même volume de ce corps, comme le poids d'un volume d'eau quelconque, que l'on représentera par l'unité, est au poids d'un même volume de ce corps. On peut exprimer ainsi cette proportion :

$$92 : 250 :: 1 : x.$$

En divisant par 92 le nombre 250 on a pour quotient 2,7173. Ainsi la pesanteur spécifique du minéral est à celle de l'eau comme 2,7173 est à 1.

Si la substance minérale dont on veut connaître la densité était soluble dans l'eau, on parviendrait à déterminer sa pesanteur spécique en remplaçant l'eau distillée par de l'huile de térébenthine, ou par de l'eau saturée de la substance à peser; il faudrait seulement faire les corrections nécessaires en comparant le poids du liquide que l'on emploierait à celui de l'eau distillée.

Dureté.

19. La dureté est très différente de la ténacité, et ne se reconnaît pas à la plus ou moins grande facilité de briser un minéral; ainsi un grain de grès est aussi dur qu'un morceau de quarz hyalin, mais l'état d'agrégation de ces deux substances est différent.

La dureté s'apprécie assez exactement par la propriété qu'ont certains minéraux d'en rayer d'autres, ou d'être rayés par eux.

C'est pour apprécier ce caractère relatif que l'on a établi la série suivante, formée par dix substances minérales rangées selon l'ordre de leur moins grande dureté :

Non scintillans...	1. Talc laminaire. 2. Gypse ou chaux sulfatée cristallisée. 3. Chaux carbonatée rhomboïdale. 4. Chaux fluatée cristallisée. 5. Chaux phosphatée apatite.
Scintillans........	6. Felspath cristallisé. 7. Quarz hyalin prismé. 8. Topaze jaune du Brésil. 9. Corindon rhomboïdal. 10. Diamant.

Quand on essaie ce caractère, il faut, autant que possible, choisir des cristaux dont l'angle soit de 90°, et lorsque la *rayure* est faite, passer le doit mouillé par-dessus pour enlever la poussière, et voir par là si celui qui porte la *rayure* n'a pas lui-même rayé l'autre en l'usant. Il est bien probable que les molécules de même nature possèdent toujours la même dureté; ainsi celles du *diamant* et de l'*anthracite* sont également dures, mais leur mode de réunion donne lieu à des masses dont la dureté est extrêmement différente.

Action de la lumière.

20. L'action de la lumière sur les minéraux est encore un caractère très important, mais c'est aussi un de ceux qui exigent le plus d'habitude pour l'observer avec soin; nous allons passer en revue les principaux accidens qu'éprouve la lumière à la surface ou dans l'intérieur des minéraux, et auxquels sont dus :

21. A. L'*éclat*. La lumière réfléchie constitue l'éclat d'un minéral; on en distingue plusieurs sortes : tels sont l'*éclat métallique*, l'*éclat vitreux*, l'*éclat résineux*, l'*éclat gras*, l'*éclat adamantin*, ou analogue à celui du diamant, l'*éclat na-*

cré, *l'éclat soyeux*. On dit des substances pierreuses dont l'éclat approche de celui des métaux qu'elles offrent *l'éclat métalloïde*; ces différentes épithètes n'ont pas besoin d'être définies. Il faut encore distinguer l'éclat produit par la simple réflexion de la lumière à la surface du minéral, d'avec l'éclat particulier qui est dû à l'action de cette lumière sur la couche la plus extérieure du corps réfléchissant.

22. B. La *couleur*. La lumière décomposée constitue la couleur; ce caractère est en général assez bon pour les substances métallifères, mais il est de peu d'importance dans les autres. On distingue les couleurs en *propres* et *accidentelles* : les premières sont toujours semblables dans la même substance, comme dans les métaux; les autres sont dues à la présence de corps étrangers, et surtout à des oxides métalliques interposés, comme dans la plupart des substances pierreuses.

23. C. La *transparence*. Quand les minéraux laissent passer entièrement les rayons lumineux, on les dit *transparens*, et seulement *translucides* quand on ne peut distinguer la couleur ni la forme des objets qui sont placés derrière eux : quand, réduits en lames minces, ils ne laissent pas passer la lumière, on les dit opaques.

La transparence parfaite, et souvent même la translucidité, indiquent que les différens principes qui composent le minéral sont à l'état de combinaison et non de mélange, car dans ce dernier cas le minéral serait opaque. Il ne faudrait pas conclure de là que toute substance opaque contient des parties mélangées; car l'opacité peut dépendre uniquement d'un arrangement particulier dans les molécules du corps, et la même substance minérale peut se rencontrer opaque ou transparente dans un état de pureté parfaite : tels sont le beau marbre blanc et la chaux carbonatée cristallisée limpide.

Les minéraux transparens ou translucides peuvent faire subir différentes modifications à la lumière, soit qu'elle les traverse entièrement, soit qu'elle ne pénètre que très peu dans leur intérieur; tels sont :

24. D. La *réfraction simple et double.* La lumière ne traversant jamais un corps sans éprouver la réfraction, il en résulte que tantôt le rayon lumineux ne fait que changer de direction, et que d'autrefois il se divise en deux et occasione la double réfraction. Le phénomène de la réfraction simple est peu sensible dans les pierres, il l'est plus dans les métaux : dans la réfraction double, un des deux rameaux suit la loi naturelle, ne se déviant que d'après la densité du milieu qu'il traverse; l'autre est extraordinaire. Cette observation sert à distinguer les substances naturelles cristallisées des corps artificiels; la double réfraction ne se manifeste jamais dans les corps dont les cristaux sont le *cube,* l'*octaèdre* ou le *dodécaèdre* bien réguliers, si ce n'est quelquefois en chauffant ces cristaux d'un côté seulement, et les rendant par cela même un peu irréguliers. Il faut, pour l'observer, regarder par des faces qui ne soient ni perpendiculaires ni parallèles à l'axe du cristal, mais qui lui soient obliques. On ne l'observe facilement que dans deux cristaux naturels, qui sont la chaux carbonatée rhomboïdale et l'octaèdre du soufre. Dans d'autres cas, comme dans le cristal de roche, il faut regarder à travers une des faces du prisme, et une de celles de la pyramide, ou bien il faut faire naître une face sur une autre arète. On observe la réfraction double en plaçant une épingle derrière le cristal, à une certaine distance, ou bien en plaçant ce cristal entre une carte percée d'un trou d'épingle et une lumière.

25. E. L'*irisation,* ou *iridation*, est due à une décomposition particulière de la lumière, décomposition produite par la surface même du minéral qui a été altéré, par des fissures invisibles à l'œil, par le soulèvement d'une lame très mince du minéral lui-même, ou bien encore par une matière étran-

gère, incolore, qui forme à sa surface une couche très mince. Ce phénomène se présente avec assez d'intensité, dans certains fragmens de *houille*, de *fer oligiste*, etc.

26. F. Le *chatoiement*. Ce phénomène s'observe dans quelques minéraux lorsqu'on les expose dans certain sens à la lumière, les rayons lumineux ne sont jamais renvoyés de l'extérieur, mais de l'intérieur du minéral, par la surface des lames qui le composent; aussi l'observation de ce caractère indique-t-elle assez souvent le sens du clivage. Le chatoiement est surtout remarquable dans le *labrador*.

27. G. Le *dichroïsme* est la propriété singulière que possèdent quelques minéraux de présenter une couleur quand on les regarde dans un sens, et d'en offrir une autre lorsqu'on change leur position relativement à l'œil. Ce phénomène, ainsi que le suivant (la polarisation), a beaucoup plus d'importance en Physique qu'en Minéralogie; on peut l'observer dans la *dichroïte*.

28. H. La *polarisation* est une propriété que possède la lumière, après avoir traversé certains minéraux cristallisés, de présenter des pôles comme un corps électrisé; on a mis cette découverte à profit dans le cristal de roche, pour faire des lunettes marines, avec lesquelles on distingue dans quel sens se meut un objet éloigné qui paraît immobile.

Phosphorescence.

29. La phosphorescence est la propriété que possèdent certains minéraux de laisser dégager de la lumière dans l'obscurité; on peut apercevoir ce phénomène par différens procédés, car il n'y a aucun minéral qui dégage naturellement de la lumière sans qu'une cause quelconque l'ait produite: 1°. en frottant deux minéraux l'un contre l'autre; 2°. par la chaleur; à cet effet, on réduit la substance en poudre, et on la place sur une surface métallique suffisamment chauffée; bientôt le

phénomène a lieu, et la couleur de la flamme varie selon l'espèce que l'on essaie; 3°. par l'insolation; mais il paraît qu'il n'y a que les rayons violet et bleu qui puissent produire la phosphorescence; si les autres ont quelque part dans ce phénomène, c'est très peu de chose, et le rayon rouge n'y est pour rien; 4°. enfin, en tirant beaucoup d'étincelles sur certains minéraux, ils jouissent pendant quelque temps de cette propriété.

La phosphorescence dans les cristaux est en rapport avec leur structure; elle ne se développe pas, ou que très peu, sur les faces qui sont parallèles aux joints du cristal, mais elle est très sensible sur les faces naturelles ou artificielles qui se trouvent en sens contraire de ces joints.

Électricité.

30. Les minéraux deviennent électriques, soit par le frottement, soit par la chaleur; les pierres et les sels dont les surfaces sont planes et unies donnent l'électricité vitrée, tandis qu'on observe l'électricité résineuse sur celles qui sont raboteuses. Les corps combustibles donnent toujours l'électricité résineuse; un léger frottement peut souvent développer ce phénomène : il suffit de presser des topazes entre les doigts pour le faire naître d'une manière bien sensible. La même chose n'aurait pas lieu si on les pressait entre deux corps durs.

On a cru, jusque dans ces derniers temps, que l'électricité développée par la chaleur n'appartenait qu'à un assez petit nombre de substances naturelles; mais M. Brewster vient d'en augmenter singulièrement la liste. Il a fait voir en même temps que cette propriété pouvait appartenir également à quelques substances artificielles. Comme les corps qui présentent le caractère de la pyro-électricité sont encore peu nombreux, nous allons en faire l'énumération.

Substances naturelles pyro-électriques.

Tourmalines,
Topazes,
Axinite,
Boracite,
Zinc oxidé,
Sphène,
Mésotype (plusieurs variétés : scolézite, mésolite),
Calcaire cristallisé,
Béril jaune,
Barytine,
Célestine,
Plomb carbonaté,
Diopside (variété de pyroxène),
Fluor (rouge et bleu),
Diamant,
Arsenic sulfuré jaune,
Analcime,
Quarz hyalin améthiste,
Quarz du Dauphiné,
Idocrase,
Mellite?
Soufre natif,
Grenat,
Dichroïte.

Substances artificielles pyro-électriques.

Tartrate de potasse et de soude,
Acide tartrique,
Oxalate d'ammoniaque,
Chlorate de potasse,

Sulfate de magnésie et de soude,
Sulfate d'ammoniaque,
Sulfate de fer,
Sulfate de magnésie,
Prussiate de potasse,
Sucre,
Acétate de plomb,
Carbonate de potasse,
Acide citrique,
Deuto-chlorure de mercure.

(*Annales de Chimie et de Physique*, t. XXVIII, p. 161.)

Les cristaux de *tourmaline* présentent ce caractère à un point bien marqué, pourvu que leur température soit de 30° à 120°. Aussi, comme on se sert ordinairement pour déterminer l'électricité des minéraux, d'une aiguille de *tourmaline* suspendue sur un pivot, on a soin de la chauffer à 120°, afin d'avoir le temps de faire ses expériences jusqu'à ce qu'elle soit ramenée à 30°. On détermine les pôles de cette aiguille avec un morceau de succin. On pourrait également les déterminer par la seule inspection des cristaux, car cette substance, ainsi que les *topazes*, se présente ordinairement sous la forme de cristaux prismatiques allongés, dont les deux sommets sont toujours dissemblables; et c'est une règle générale que, dans tous les minéraux où l'on peut faire cette remarque, le côté le moins compliqué s'électrise toujours résineusement par la chaleur, et celui qui porte le plus de facettes, toujours vitreusement : ainsi on peut, sans les essayer, connaître laquelle des deux extrémités sera le siége de l'une ou l'autre électricité. Quoique cet appareil pour connaître l'électricité soit très sensible, on emploie de préférence une aiguille qui porte à l'une de ses extrémités un cristal de chaux carbonatée, dont l'électricité est toujours vitrée. Les minéraux qui repoussent l'aiguille sont électrisés de la même manière ; ceux qui l'attirent possèdent l'électricité opposée. Les topazes peuvent conserver leur électricité jusqu'à 32 heures ; mais ce qui a fait donner la préférence au carbonate de chaux, c'est qu'il peut conserver la sienne pendant 10 à 11 jours.

Il est assez remarquable qu'en frottant un bâton de cire à cacheter avec du *talc*, du *molybdène sulfuré*, ou avec d'autres minéraux qui peuvent se séparer en paillettes d'une apparence grasse, on lui communique l'électricité vitrée.

Magnétisme.

31. Le magnétisme est la propriété que possèdent quelques minéraux d'agir sur l'aiguille aimantée. Ce caractère est extrêmement borné, car on ne l'observe que dans les minerais de fer : et encore, parmi ceux-ci, un seul possède le magnétisme polaire, c'est-à-dire qu'un morceau détaché au hasard se trouve toujours muni de deux pôles ; les autres n'agissent que par attraction sur les pôles d'une aiguille aimantée. Le nickel et le cobalt possèdent aussi cette propriété, mais à un bien moindre degré que le fer.

Structure.

32. On a long-temps confondu la *structure* avec la *texture* ; mais, comme l'observe M. Brongniart, ce sont deux caractères essentiellement différens, puisqu'ils peuvent se présenter ensemble dans le même minéral.

« La structure, dit ce savant, est la disposition des joints « de séparation des parties d'un minéral, d'où résulte nécessai« rement la forme de ses parties ». On peut observer la structure, soit en présentant le minéral à la lumière, quand il est transparent, soit en le faisant rougir et le plongeant dans l'eau, soit en lui faisant subir un choc plus ou moins violent, qui, forçant ses parties à se séparer, isole presque toujours celles dont la forme n'est qu'une conséquence de ce caractère.

La structure peut indiquer la forme primitive d'une substance cristallisée, en déterminant le sens du clivage ; elle est dite alors structure *régulière* ou *laminaire*. Elle diffère de la structure *lamellaire*, en ce que ses parties offrent toujours une incidence semblable et déterminable, ce qui n'a pas lieu dans cette dernière. Ainsi la chaux carbonatée rhomboïdale a une structure *laminaire*, et la chaux carbonatée saccharoïde, une *structure lamellaire*.

La structure est *fibreuse* quand la masse est formée par la réunion d'une infinité de petites fibres, qui ne sont autre chose que des cristaux très déliés. Ces fibres peuvent être parallèles ou divergentes, ce qui, dans ce dernier cas, donne lieu à la structure *radiée*.

Outre ces diverses espèces de structure, qui dépendent toutes d'une *structure primitive cristalline*, les minéraux en offrent fréquemment une autre que l'on désigne ordinairement sous le nom de *fissile* ou *schisteuse*, qui ne dépend pas de la cristallisation, et qui présente des joints parallèles plus ou moins nombreux. Tant que ces joints sont droits, la structure conserve le nom de *fissile* ou feuilletée, s'ils sont nombreux, comme dans l'ardoise ; et prend le nom de structure *stratiforme*, quand les joints se contournent de différentes manières sans perdre leur parallélisme, comme on peut l'observer dans certaines masses de chaux fluatée.

Texture.

33. Nous venons de voir que la texture était différente de la structure ; c'est, pour ainsi dire, la définition de l'aspect que nous offrent les minéraux qui n'ont pas de structure, ou les fragmens produits par la disgrégation particulière des masses minérales qui en présentent une distincte. Ainsi, un minéral qui présentera une *structure fissile* dans ses masses,

pourra très bien avoir une *texture compacte* dans les feuillets qui seront les résultats de la disgrégation fissile.

Ce caractère offre un grand nombre de variétés faciles à déterminer, souvent employées pour distinguer des sous-espèces ou des variétés. Telles sont les textures *vitreuse, compacte, terreuse, grenue, saccharoïde*, etc., qui n'ont pas besoin de définition.

Ces différentes sortes de texture donnent lieu aux impressions diverses que les minéraux produisent sur le toucher.

Cassure.

34. C'est l'aspect que présente, dans un minéral, une surface que l'on vient de mettre à découvert par un choc plus ou moins violent. Ce caractère dépend de la structure, de la texture, et de la force de cohésion par laquelle les molécules de la substance que l'on étudie sont unies.

La cassure est quelquefois nécessaire pour observer la structure ; mais il faut éviter de confondre ces deux caractères, qui sont cependant très distincts, en ce que, dans le dernier, les joints de séparation existaient avant le choc qui les a mis à découvert, tandis que, dans le premier, c'est ce choc qui a déterminé la séparation des parties, sans qu'aucune cause préexistante y ait contribué. Ainsi on ne dira pas une *cassure lamelleuse*, une *cassure feuilletée ;* mais une *structure lamelleuse*, une *structure feuilletée*, que la cassure rend plus facile à observer, mais ne crée pas.

On a fait un très grand nombre de variétés de *cassure*, auxquelles on a généralement donné des noms qui indiquent leurs rapports avec la cassure de substances bien connues, comme le verre, la résine, la cire, ou la ressemblance de la surface découverte avec certains corps : de là les noms de cassure *conchoïde, esquilleuse*, etc. Nous citerons les cassures :

Vitreuse, quand elle offre le luisant et les inégalités des substances vitreuses, comme dans un grand nombre de minéraux cristallisés ;

Résineuse, quand elle offre les inégalités et le luisant particulier de la résine; telles sont les diverses variétés d'opale;

Cireuse ou *écailleuse*, quand elle présente une infinité de petits éclats adhérens et un peu opaques, comme dans la cire et un grand nombre de minéraux translucides ;

Esquilleuse, quand les écailles sont plus longues et pointues, comme dans le talc ;

Raboteuse, quand la surface découverte est très inégale et plus ou moins ondulée, comme dans la plupart des argiles ;

Conchoïde, quand elle ressemble à une valve aplatie de coquille bivalve. Cette cassure est très caractérisée dans le quarz silex pyromaque.

Ténacité.

35. C'est la résistance que les masses présentent au déchirement; c'est une propriété relative, qui présente un grand nombre de degrés intermédiaires entre la résistance la plus faible, qui est la *friabilité*, et la plus forte, qui se rattache à la ductilité. Elle est souvent en raison inverse de la dureté ; et tel minéral qui sera bien moins dur que tel autre sera bien plus difficile à briser.

Ductilité.

36. Il n'y a guère que les métaux qui possèdent cette propriété de s'étendre plus ou moins sans se briser. Elle dépend en partie de la ténacité.

Élasticité.

37. C'est la propriété qu'ont certains minéraux, ordinairement en lames assez minces, de reprendre leur première

direction, lorsqu'après avoir été ployés, la force qui les tenait dans ce dernier état cesse d'agir : tel est le mica.

On peut encore entendre par *élasticité* la propriété que possèdent un assez grand nombre de minéraux de renvoyer les corps durs qu'on laisse tomber sur eux, leurs molécules reprenant alors promptement la place que le choc leur avait fait perdre. Ainsi le cuivre est élastique, le plomb ne l'est pas. Mais, considéré dans ce sens, ce caractère est souvent difficile à observer à cause de la petitesse des échantillons; il est d'ailleurs de peu d'importance.

Flexibilité.

38. C'est la propriété que possèdent certains minéraux de pouvoir se ployer sans se rompre. Elle existe toujours, mais plus ou moins développée. Elle est élastique dans le mica, qui peut se ployer et reprendre ensuite son état primitif; non élastique dans le talc, la chaux sulfatée, qui ploient, mais qui restent dans la position où l'on vient de les mettre.

Happement à la langue.

39. Quelques minéraux à texture poreuse s'attachent assez fortement à la langue, en absorbant promptement l'humidité dont elle est couverte. Ce caractère très peu important, mais que l'on doit cependant noter dans les espèces qui le possèdent, dépend en partie de la texture.

Son.

40. Ce caractère est très peu employé en Minéralogie. Il est très bon quand il se rencontre dans les pierres, parce que peu d'entre elles le possèdent; mais sa valeur est nulle dans les métaux, qui sont tous plus ou moins sonores.

Formes irrégulières ou accidentelles des minéraux.

41. Les formes qu'affectent dans la nature les grandes masses minérales ne sont pas du ressort de la Minéralogie, elles constituent les couches et les terrains, qui sont l'objet de la Géognosie; mais il n'en est pas de même des formes que prennent en petit les différentes substances minérales: ces formes peuvent être dues à la réunion d'un certain nombre de cristaux, ou à des causes particulières et accidentelles. Les substances qui ne présentent aucune forme particulière sont dites *amorphes:* telles sont la plupart des roches; d'autres présentent des formes particulières, comme la forme globuleuse, réniforme, mamelonnée, botryoïde ou en forme de grains réunis. Ces formes peuvent être dues à différentes causes; ainsi les *galets* nous offrent une forme globuleuse qu'ils doivent au frottement continuel que les eaux leur ont fait subir, tandis que l'on trouve également des boules de cuivre carbonaté, de fer sulfuré, etc., qui sont dues à la réunion d'un grand nombre de cristaux; mais on distingue toujours la forme globuleuse due à la réunion de cristaux, en ce que la surface des boules est toujours plus ou moins mamelonnée, et souvent même hérissée par les pointemens des cristaux qui les constituent. La cassure de ces boules offre aussi une apparence radiée que ne présentent jamais celles qui doivent leur forme à une cause étrangère. Quelquefois les formes globuleuses, au lieu d'offrir une structure radiée, sont formées de couches concentriques, et rentrent alors dans les concrétions. Enfin, quelquefois cette même forme est due à ce que les arètes d'un cristal sont émoussées; c'est ce qui a lieu dans le diamant, dont la forme est toujours plus ou moins *sphéroïde*. Si les arètes, au lieu de s'émousser sur un dodécaèdre ou un octaèdre, comme le diamant, viennent à s'émousser sur des cristaux rhomboédriques un peu aplatis ou sur des prismes tabulaires, il en

résultera des formes lenticulaires, comme dans quelques carbonates de chaux, le sulfate de chaux, etc. La structure fibreuse n'est autre chose que la réunion d'une grande quantité de cristaux prismatiques très déliés et parallèles. Les formes coralloïdes sont dues à une infinité de petits cristaux qui, au lieu d'être groupés autour d'un point commun, comme pour constituer la forme globuleuse, sont groupés autour d'un axe central, et donnent lieu à des cylindres plus ou moins longs, qui simulent des coraux.

En général on donne le nom de *druzes* à la réunion d'un certain nombre de cristaux groupés de diverses manières. Les druzes peuvent être superficielles, ou bien tapisser l'intérieur de coques pierreuses souvent arrondies ou ovoïdes, qui prennent le nom de *géodes*. (Pl. III fig. 3.) Ces géodes, le plus souvent siliceuses, sont quelquefois presque remplies de cristaux (*).

42. C'est encore à des groupemens de cristaux que l'on doit rapporter les *dendrites*, ou *arborisations* qui représentent des végétaux, et que l'on observe fréquemment dans les substances du règne minéral: les unes sont superficielles, et se présentent sur le plan des pierres schisteuses, comme un dessin sur une feuille de papier (Pl. III, fig. 1); d'autres sont intérieures, et ressemblent en quelque sorte à de véritables végétaux, qui auraient été empâtés dans la matière pierreuse lorsqu'elle était encore dans un état de mollesse. (Pl. III, fig. 2.) Quelquefois on peut très bien distinguer les cristaux qui forment les dendrites; mais souvent on ne peut même

(*) On parvient à expliquer comment il a pu se former une si grande quantité de cristaux dans une cavité qui devait contenir très peu de liquide, en observant, d'après les belles expériences de M. Berzélius sur le silicium, que la silice, au moment de sa formation, est très soluble dans l'eau, et qu'elle perd entièrement la propriété de s'y dissoudre quand elle a été solidifiée.

apercevoir leur forme avec le secours de la loupe. Les plus belles sont celles que l'on observe dans les agates orientales.

43. Parmi les formes dues à des concrétions, on remarque les *stalactites,* substances pierreuses ordinairement de nature calcaire et d'une forme cylindrique, que l'on voit pendre à la voûte des grottes, et qui descendent quelquefois jusqu'au sol de ces souterrains, de manière à représenter des espèces de colonnes; leur couleur est ordinairement jaunâtre, blanchâtre ou roussâtre; leur surface est lisse, mamelonnée, ou hérissée de cristaux; leur cassure est grenue, brillante, et présente des signes d'une cristallisation confuse; en travers, elle offre des zones concentriques, traversées par des rayons qui partent du centre, et vont aboutir à la circonférence; en long, elle montre des couches parallèles. Il paraît que les stalactites se forment dans les grottes souterraines, par la stillation des eaux chargées de molécules calcaires qu'elles tiennent en dissolution. Quand ces eaux suintent le long des parois des grottes, elles y forment des dépôts de la même nature que les stalactites, et qui souvent présentent des formes assez bizarres; on dirait l'eau d'une cascade convertie en glaçons, aussi leur donne-t-on le nom de *congélations*. Quoique le carbonate de chaux soit la matière la plus ordinaire des stalactites, il est cependant d'autres substances minérales qui affectent cette forme, comme l'oxide de fer, le soufre, etc. Les matières siliceuses peuvent aussi donner lieu à des stalactites: telles sont les stalactites de calcédoine, qui se trouvent dans les laves des îles de Feroë. Outre les concrétions pierreuses qui prennent naissance aux voûtes des souterrains, on voit encore d'autres excroissances minérales qui sortent, soit des parois latérales, soit du sol même des grottes, en s'élevant à la manière des végétaux: on leur donne le nom de *stalagmites*. Leur forme n'est pas aussi simple que l'est ordinairement celle des stalac-

tites; elle se rapproche des formes végétales: les unes ont la figure d'un champignon, avec un pédicule cylindrique portant un chapeau orbiculaire, entouré d'un bourrelet, et dont le diamètre surpasse de beaucoup celui du pédicule; d'autres représentent des têtes de choux-fleurs, etc.

44. Outre ces différentes configurations, les substances minérales se présentent encore sous des formes particulières, purement accidentelles, et qu'elles empruntent à des corps étrangers, soit organiques, soit inorganiques. Ainsi les eaux de certaines fontaines laissent déposer du carbonate de chaux sur tous les objets qu'elles arrosent, et ces objets devenant les noyaux de matières pierreuses, conservent plus ou moins leur forme; telles sont les eaux de Saint-Philippe, en Toscane, de la fontaine de Saint-Allyre, à Clermont en Auvergne. D'autrefois certaines substances pierreuses, en général siliceuses ou calcaires, pénètrent les corps organisés, se substituent aux molécules organiques à mesure qu'elles se détruisent, finissent par les remplacer entièrement, et constituent les *pétrifications*, si communes dans certains terrains. Tantôt ce sont des bois, des fruits, tantôt des coquillages, des oursins, qui sont changés en pierres de diverse nature. En prenant la configuration d'autres minéraux, plusieurs substances se présentent avec des formes qui leur sont tout-à-fait étrangères; elles se moulent dans des cavités formées par des cristaux d'une autre substance, qui était empâtée, et dont les cristaux se sont détruits par une cause quelconque. Ces pseudo-cristaux sont assez communs dans la nature, et pourraient induire en erreur, si l'analyse chimique et des circonstances géologiques ne donnaient pas des indices sur leur nature. On peut observer ce phénomène aux environs de Paris, où l'on rencontre des masses de quarz cristallisé, qui offre la forme lenticulaire de la chaux sulfatée dont il a pris la place. Enfin, il arrive que certains cristaux, au lieu de se détruire

entièrement, conservent leur forme, et perdent seulement un de leurs principes constituans, qui se trouve remplacé par un autre : on donne à ce phénomène le nom *d'épigénie;* plusieurs minéraux le présentent, et entre autres le plomb phosphaté dont les cristaux perdent quelquefois leur acide phosphorique, qui se trouve remplacé par du soufre, et donnent lieu à de la galène cristallisée en prisme hexaèdre.

CHAPITRE II.

Des Caractères chimiques.

45. De tous les caractères que présentent les minéraux à l'observation, ceux qui tiennent à l'essence de l'individu minéralogique, c'est-à-dire à sa composition, et que, pour cette raison, on a nommés *caractères chimiques*, sont certainement ceux qui doivent occuper le premier rang. Ils tirent leur importance, non de ce que leur manifestation est plus apparente, mais de leur universalité et de leur constance; et tandis que les propriétés physiques peuvent varier à l'infini dans les mêmes espèces, de telle sorte qu'il est souvent difficile d'arriver à la connaissance des corps par leur simple observation, les propriétés chimiques, au contraire, se montrent toujours les mêmes dans quelque circonstance que ce soit, ou seulement avec des modifications plus ou moins prononcées, mais insuffisantes cependant pour induire l'observateur en erreur. C'est ainsi, par exemple, que la couleur offre des variations multipliées dans la même substance, tandis que la faculté de colorer de telle ou telle manière le verre de borax à l'aide de la chaleur est toujours caractéristique pour le même genre de corps, quoiqu'elle ne soit pas constamment d'une aussi facile production. Cette prééminence des caractères chimiques sur les autres se fait principalement sentir dans l'application des connaissances minéralogiques à la pratique, et il n'est guère de minéralogistes qui se refusent actuellement à admettre cette opinion, depuis surtout que la Chimie analytique a fait des progrès si rapides, et fourni

des moyens si simples et si précis d'arriver à la détermination des corps.

Mais il ne faut pas confondre les *caractères chimiques* avec la *composition* des minéraux ; on doit entendre par ce dernier mot la nature intime des substances minérales, c'est-à-dire les élémens qui s'y trouvent, leur proportion respective, et la manière dont ils sont combinés entre eux. Les *caractères chimiques* sont des signes faciles à produire et à observer, qui ne font qu'indiquer la nature des composans sans en faire connaître le genre de combinaison; c'est une ébauche d'analyse qui peut se faire sur des masses aussi hétérogènes et mélangées que possible, tandis que pour arriver à la connaissance exacte de la composition d'une espèce, il faut que celle-ci soit dans le plus grand état de pureté possible, c'est-à-dire exempte de tout mélange avec des corps étrangers, et qu'elle soit soumise à des manipulations aussi précises que délicates.

On peut distinguer les caractères chimiques en deux groupes différens, d'après les moyens employés pour les observer, savoir : ceux qui, *agissant sur nos sens*, n'altèrent en aucune manière la nature du minéral, et ceux que l'on reconnaît par l'altération du minéral, soit à l'aide de la voie sèche, soit à l'aide de la voie humide. Nous allons passer successivement en revue ces divers caractères, en ne nous arrêtant toutefois d'une manière particulière que sur ceux qui offrent une importance réelle.

§ I. *Caractères perçus par les sens.*

46. De ce nombre sont l'odeur et la saveur.

I. *Odeur.* La propriété que possèdent certaines substances minérales d'agir sur le sens de l'odorat serait peut-être plus importante, s'il était permis de pouvoir la définir avec exactitude dans tous les cas où on l'observe; mais, le plus souvent, les différences qu'elle présente n'étant qu'individuelles et d'ailleurs très peu tranchées et très peu multipliées, elle n'offre qu'un petit nombre d'indications exactes et véritablement utiles.

Les odeurs dépendent de la nature même des corps qui les manifestent, ou bien ne sont que de simples propriétés de circonstance. Les premières, plus nombreuses, peuvent s'observer par divers moyens, tels que la chaleur, le choc, le frottement, qui agissent toujours en divisant à l'infini une petite portion du corps sans l'altérer, et lui font développer son odeur caractéristique; c'est ainsi que, par la chaleur, on peut reconnaître les minerais dans lesquels il entre du soufre, de l'arsenic, du sélénium, de l'antimoine, du phosphore, du tellure, du chlore, des matières bitumineuses, etc. Le choc et le frottement produisent les mêmes résultats, mais avec bien moins d'intensité.

Les odeurs accidentelles sont très variées, et proviennent, la plupart du temps, du mélange de certaines matières étrangères, comme des bitumes, des substances organiques, etc.; telles sont les odeurs d'hydrogène sulfuré, de bitume, que le choc ou le frottement développe dans quelques variétés de calcaire, de quarz, de baryte sulfatée, de chaux sulfatée, de pyroxène, dans certains bois pétrifiés, etc. C'est peut-être encore à la même cause qu'il faut rapporter cette espèce d'odeur que répandent quelques matières sèches et poreuses, d'apparence argileuse, lorsqu'on les expose au contact de l'humidité ou de l'haleine; tels sont plusieurs minerais de fer oxidé terreux, la pinite, etc.; on l'a nommée *odeur argileuse,* quoique cependant elle ne soit certainement pas due à l'argile, puisque l'alumine et beaucoup de minerais argileux ne la présentent en aucune manière.

Les odeurs accidentelles n'ont donc pas la même valeur

que celles dont nous avons parlé en premier lieu, et qui tiennent à l'essence même des corps.

47. II. *Saveur.* Ce caractère ne peut s'appliquer qu'aux substances généralement solubles, telles que les sels; ou à celles qui sont susceptibles d'éprouver quelque modification de la part des matières salines contenues dans la salive, tels que la plupart des métaux qui, comme le fer, le cuivre, le zinc, etc., appliqués sur la langue, développent des saveurs assez différentes et caractéristiques pour chacun d'eux. Nous n'entrerons pas dans de plus grands détails sur ce sujet, puisque nous décrirons ce genre de caractère lorsque nous ferons l'étude des espèces minéralogiques, et que les expressions qui servent à désigner les variétés qu'il peut présenter n'ont besoin d'aucune définition.

§ II. *Caractères fournis par l'altération des corps.*

48. Ces caractères peuvent facilement s'observer, soit en faisant usage de la voie sèche, c'est-à-dire du chalumeau et des fondans, soit en employant la voie humide ou les divers réactifs destinés aux recherches analytiques: de là, deux subdivisions nécessaires.

49. 1°. *Essai par la voie sèche.*

Cet essai a toujours lieu à l'aide de la chaleur, et comme dans ce genre de recherches, où l'on n'agit jamais que sur des fragmens à peine pondérables, on ne pourrait se procurer la chaleur nécessaire ni avec assez de facilité ni avec assez d'intensité, en employant les procédés ordinaires de la Chimie, on est obligé d'avoir recours à un instrument particulier connu depuis long-temps des émailleurs et autres ouvriers, sous le nom de *chalumeau*, et dont Anton-Swab fit le premier l'application à l'essai des minéraux, vers l'an 1738. Nous devons donc avant tout décrire cet instrument, dont le secours est si puissant, et que M. Berzélius a si bien fait connaître dans son Traité de l'emploi du chalumeau (*), auquel nous renvoyons les personnes qui désireraient plus de détails que ne le permettent les bornes de cet Ouvrage.

Beaucoup de chalumeaux de formes différentes ont été inventés pour les opérations pyrognostiques; nous n'en ferons connaître qu'un seul, c'est celui de Tennant, représenté dans la fig. 2, Pl. II, qui nous semble mériter la préférence sur tous les autres. C'est un tube droit à peu près cylindrique *b*, fermé à son extrémité *c*, ouvert à l'autre bout, par lequel on fait entrer le souffle; à la partie latérale, et à quelque distance du bout fermé, ce tube est percé d'un trou dont le calibre est tel, qu'on y peut introduire à frottement le bec recourbé *d*, lequel peut être dirigé dans tous les sens. Le cul-de-sac *c* sert de réservoir pour recevoir la vapeur humide qui sort des poumons par suite de l'insufflation, et qui sans cela se déposerait dans le tube et l'obstruerait bientôt; elle ne peut d'ailleurs entrer dans le bec *d*, qui dépasse un peu la paroi intérieure. Cet instrument est très simple. M. Le Bailly lui a fait subir une modification utile : le bout *c*, au lieu d'être fermé par un fond soudé au tube, ne l'est que par un bouchon, qu'on ôte lorsqu'on veut chasser le liquide. En outre, il renfle un peu la partie *ci* du tube, pour en former une chambre ou réservoir d'air; il adapte ensuite au trou latéral un bec de platine non recourbé, qui s'y engage à vis; le reste de l'instrument est en fer-blanc. Ce chalumeau est celui que l'on emploie le plus habituellement.

Le chalumeau est toujours en métal; c'est ordinairement en argent ou en fer-blanc qu'on le construit; il convient de

---

(*) De l'*Emploi du Chalumeau dans les analyses chimiques et les déterminations minéralogiques*, par M. Berzélius, traduit du suédois par M. Fresnel. Paris, 1821.

faire en platine le bec qui doit plonger dans la flamme. La fumée de celle-ci encrasse peu à peu le trou capillaire, ou lui ôte sa forme ronde, et l'épinglette dont on se sert pour le purger de cette suie a l'inconvénient d'agrandir le trou et de le nettoyer mal; mais lorsque cette pièce est en platine, on l'expose elle-même à un feu vif, qui brûle le carbone dont ses parois sont enduites, et sans attaquer ce métal, le nettoie parfaitement.

Toute flamme est bonne pour les essais au chalumeau, pourvu qu'elle soit large, la plus pure possible, c'est-à-dire exempte de fumée extérieure; on emploie une lampe, une chandelle, ou une bougie, mais on doit préférer une lampe. M. Berzélius en a imaginé une qui est portative; la fig. 3, Pl. II la représente. On dirige le souffle du chalumeau au milieu de la flamme, ce qui en fait jaillir un dard de feu tellement vif, qu'il est capable de fondre la plupart des matières exposées à son action. La grande élévation de température qui se manifeste dans cette circonstance provient de ce que l'air chassé du chalumeau, et qui a servi en partie à la combustion de l'hydrogène de la matière huileuse, contient encore une grande quantité d'oxigène. Il n'est pas très facile d'acquérir l'habitude de produire un courant d'air continu avec le chalumeau, sans se fatiguer. Observons qu'il ne s'agit pas de souffler fort, qu'il faut modérer le jeu de ses muscles, et que la poitrine ne doit avoir aucune part au travail des muscles buccinateurs; qu'en outre, pour renouveler l'air dans la bouche, sans interrompre le jet, il faut savoir en inspirer successivement par le nez; au reste, la pratique en apprendra plus que tout ce que nous pourrions dire sur ce sujet. Pour exposer un corps à l'action de la flamme, on a recours à de petits instrumens qui portent le nom de *supports*. Les supports les plus habituels sont : 1°. une petite pince dont le corps est en fil-de-fer écroui, et les bouts en fil de platine

(*V.* fig. 4, Pl. II); 2°. une lame mince de platine que l'on courbe et creuse à volonté, et sur laquelle on place, avec les réactifs, le minéral à essayer; 3°. un charbon taillé en parallélépipède, et présentant, dans une des faces, une petite cavité hémisphérique dans laquelle on loge, comme dans un creuset, l'objet à examiner. On doit préférer le charbon de saule; il faut qu'il soit bien brûlé, exempt de fissures et de nœuds.

Le dard de feu présente à son axe central un jet de flamme bleue, dont l'extrémité est le point où se développe la plus haute température; le chalumeau porte, sur ce petit espace situé au milieu de la flamme, une masse d'air condensé qui y chasse un torrent de matières combustibles enflammées; telle est la cause de l'énorme chaleur qui y est produite. C'est la connaissance des diverses parties de la flamme qui permet de produire à volonté deux effets contraires, l'oxidation ou la réduction des substances métalliques. En effet, si l'on plonge la matière dans la pointe extrême de la flamme, où tous les gaz combustibles sont chargés d'oxigène, et même si on l'écarte un peu de la flamme, l'oxidation aura lieu, pourvu que la température soit soutenue au degré convenable. Si, au contraire, on place la matière dans le milieu de la flamme, au point où elle est le plus brillante, les gaz brûlés en partie enlèveront de l'oxigène à cette matière ainsi soustraite au contact de l'air, et la réduiront. On distingue ces deux parties de la flamme par les noms de *feu d'oxidation* et de *feu de réduction.*

50. Après avoir décrit le chalumeau et donné la manière de s'en servir, examinons les résultats de son action, ou plutôt de la chaleur produite par cet instrument sur les substances minérales. Il agit de quatre manières différentes sur elles : ou bien il les volatilise en tout ou en partie, ou il en dégage l'eau qu'elles peuvent renfermer, ou, lorsqu'elles sont

fixes, il en change l'aspect et souvent la nature, ou bien enfin il les fait entrer en fusion; mais dans ce dernier cas, c'est toujours avec l'emploi de corps solides susceptibles de se vitrifier facilement, et qui portent le nom de *fondans*, tels que le borax, le sous-carbonate de soude, etc.

I. Tantôt les corps exposés au chalumeau se volatilisent en totalité sans éprouver d'altération, tantôt ils se décomposent en partie, et alors quelques portions se répandent dans l'atmosphère en exhalant une odeur qui sert presque toujours d'indice pour faire reconnaître la nature des principes constituans : ainsi, on peut citer comme exemple du premier cas, l'arsenic natif, les deux sulfures d'arsenic, le cinabre, le mercure chloruré, etc.; et comme exemple du second, les pyrites, les minerais tellurifères, sélénifères, arsénifères, etc. Ces essais se font, ou sur un charbon placé librement dans l'air, ou mieux dans un petit tube ouvert à ses extrémités et légèrement recourbé dans sa longueur : de cette manière, on peut recueillir le sublimé qui se forme, et le distinguer en partie à son aspect, sa couleur, etc.

II. Pour constater la présence de l'eau dans les minéraux, on fait usage d'un petit matras à long col et à large ouverture, fig. 5, Pl. II; on place les fragmens bien séchés dans le fond de ce vase, qu'on chauffe ensuite jusqu'à ce qu'ils soient portés à l'incandescence; l'eau vient se condenser dans le col sous forme de gouttelettes très apparentes : on essaie après si cette eau est pure, acide ou alcaline.

III. Lorsque les substances soumises à l'examen sont fixes, et qu'à la chaleur à laquelle on opère elles ne sont point susceptibles de fondre, elles peuvent présenter quelques caractères utiles à consulter : tantôt elles changent simplement d'aspect, sans changer de nature; tantôt elles sont décomposées et donnent naissance à de nouveaux corps bien caractérisés par quelques-unes de leurs propriétés. Dans le premier cas, on remarque qu'elles perdent leur transparence, qu'elles changent de couleur, qu'elles s'exfolient, qu'elles se boursouflent ou s'épanouissent en ramifications, dont l'ensemble offre l'aspect du chou-fleur. Dans le second cas, chauffées sur un charbon, on observe qu'elles décrépitent ou produisent une sorte de spumescence et de bouillonnement par le dégagement de l'eau ou d'un gaz, ou bien qu'elles répandent sur le charbon, autour de la matière d'essai, une poussière dont la couleur varie suivant l'espèce de corps essayé : c'est ainsi que pour les minerais d'antimoine, la poudre est blanche et éloignée du globule ; que pour ceux d'étain elle est également blanche, mais contiguë au globule ; que pour ceux de bismuth et de tellure elle est jaune et bordée de rouge ou d'orangé, etc.

IV. Le quatrième effet de la chaleur est, comme nous l'avons déjà dit, la fusion. Beaucoup de substances peuvent l'éprouver seules ; mais la plupart ont besoin de l'emploi des fondans. Pour le simple essai de fusion, on saisit entre les pinces de platine une parcelle pointue ou lamelleuse du minerai, et l'on en expose la pointe ou l'arète à l'action de la flamme. Par ce moyen, on voit tout de suite si la matière d'essai est fusible ou non. Lorsqu'elle est infusible, elle conserve toute la vivacité de ses pointes ou arètes, ce que l'on reconnaît à l'aide du microscope ; les mêmes parties s'arrondissent lorsqu'elle se fond difficilement ; enfin, si elle est de facile fusion, elle se convertit en une boule. Dans le cas de facile fusibilité, on observe encore si la matière donne un verre ou un émail blanc ou coloré, bulleux ou compacte, etc. Enfin, on fait attention à la forme du globule fondu, qui est tantôt parfaitement sphérique et lisse (felspath), tantôt hérissé d'aspérités, tantôt polyédrique et comme cristallisé. On a imposé des noms à quelques-uns des résultats de la fonte au chalumeau : ainsi on a distingué le *vernis,* lorsque le fragment se couvre seulement à la surface d'un vernis vitreux (staurotide, pyroxène); la *fritte,* lorsque la fusion est imparfaite, et qu'une partie non fondue est disséminée dans la partie fondue; la *scorie,* lorsque le fragment se boursoufle sans se réduire en globule (quelques grenats ferrugineux); l'*émail*, lorsque le globule ayant l'éclat du verre, est complètement opaque (minerais d'étain); enfin le *verre,* lorsque le globule, parfaitement fondu, a l'éclat et presque la transparence du verre.

51. Les fondans que l'on emploie pour manifester dans les minéraux quelques propriétés particulières que la chaleur seule ne peut produire, sont la soude (carbonate ou bicarbonate), le borax (sous-borate de soude), le sel de phosphore (phosphate double de soude et d'ammoniaque), le nitre et l'acide borique vitrifié.

La soude a deux usages principaux : 1°. pour reconnaître si les corps combinés avec cette substance sont ou non fusibles; 2°. pour favoriser la réduction des oxides métalliques. Elle sert en outre à démontrer la présence du soufre ou de l'acide sulfurique. Pour constater cet effet, on fond ensemble de la silice et de la soude pour en faire un globule de verre, auquel on ajoute un fragment du corps à essayer. S'il renferme du soufre ou de l'acide sulfurique, il se produit bientôt un sulfure de soude qui colore, par le refroidissement, le verre en jaune, quand il y a peu de cet *hepar,* et en rouge plus ou moins foncé, quand il y en a beaucoup.

Le borax est employé pour opérer la dissolution ou la fusion d'un grand nombre de substances. On tire d'excellens caractères distinctifs et spécifiques de l'aspect que présente le verre obtenu par son moyen, car la plupart des oxides terreux, alcalins et métalliques lui font acquérir des couleurs propres et distinctes, et qui varient ensuite pour chacun d'eux en particulier, suivant que le globule est exposé au feu de réduction ou au feu d'oxidation. Ainsi, l'on sait que la silice, l'alumine et les silicates incolores donnent, avec le borax, des verres blancs et transparens; que toutes les autres terres, et les oxides de titane, de zinc, d'étain, de tantale, etc., donnent des verres qui deviennent opaques ou d'un blanc laiteux par le refroidissement ou par le feu de réduction (appelé par M. Berzélius le *flamber*); que presque tous les autres oxides métalliques donnent des verres colorés; qu'ainsi ceux de cobalt colorent le borax en bleu, ceux de cuivre en vert, celui de chrôme en vert émeraude, etc. Nous ferons observer que la teinte du verre de borax varie singulièrement encore pour chaque espèce, suivant la température, et que fort souvent elle est toute différente à froid et à chaud.

Le sel de phosphore s'applique plus particulièrement à la détermination des oxides métalliques, dont il fait ressortir les couleurs caractéristiques beaucoup mieux que le borax, par la raison que la chaleur le transformant en phosphate acide (par la volatilisation de l'ammoniaque), il s'empare des bases avec bien plus d'énergie. Il est aussi un très bon réactif pour les silicates; il s'empare de la silice, et forme avec elle une masse d'apparence gélatineuse.

Les usages des autres fondans étant très bornés et particuliers, nous ne les ferons connaître qu'en décrivant les espèces minérales.

52. Les réactifs que l'on emploie encore dans les essais par la voie sèche sont peu nombreux : ce sont surtout le nitrate de cobalt, l'étain, le fer, l'oxide de cuivre, la silice, les papiers à réaction. Ils ne sont usités que pour distinguer quelques substances que les autres réactifs n'ont pu parvenir à faire reconnaître. C'est ainsi que le premier d'entre eux sert à déceler l'alumine et la magnésie, qui donnent, avec une goutte de cette dissolution, et après une forte ignition, la première, une belle couleur bleue, la seconde un rose pâle. La silice n'empêche pas la manifestation de ces caractères,

mais la présence de tout autre oxide métallique en détruit les effets.

Nous nous bornerons à l'indication de ces principaux réactifs, et nous renverrons nos lecteurs à l'excellent ouvrage de M. Berzélius, que nousa vons cité plus haut.

53. 2°. *Essai par la voie humide.*

Les essais par la voie humide ne conduisent pas à des résultats aussi prompts que les précédens, mais ils ont aussi pour eux d'être plus décisifs. Leur emploi exige des connaissances très étendues en Chimie, car ils mettent à contribution la plus grande partie des réactifs dont le chimiste fait usage pour ses analyses inorganiques. Ce sont, en effet, de véritables analyses, approximatives, il est vrai, mais souvent très minutieuses. Ces réflexions doivent déjà faire penser qu'il n'est pas de notre devoir d'entamer un sujet qui touche de si près à la Chimie expérimentale, et si nous entreprenions d'indiquer les réactifs nécessaires à la pratique du minéralogiste, nous ferions un véritable traité de Chimie. Nous nous bornerons à donner quelques principes généraux sur la manière de procéder à ce genre de recherches, en renvoyant, pour plus de détails, aux ouvrages de Chimie qui traitent plus particulièrement de la partie analytique. (*V.* le Ve vol. du *Traité de Chimie* de M. Thénard; le *Traité des Réactifs* de MM. Payen et Chevallier.)

De même que dans les essais par la voie sèche, les quantités de substances sur lesquelles on opère dans ceux-ci sont très faibles. C'est toujours après les avoir dissoutes dans un véhicule approprié, qu'on fait réagir sur elles les corps que l'on croit susceptibles de déceler la nature de leurs composans. Ces dissolutions s'opèrent dans un très petit matras, semblable à celui dont nous avons déjà parlé, et à l'aide de la chaleur procurée par la flamme d'une bougie ou d'une lampe à esprit-de-vin. Pour filtrer ces dissolutions, on se sert de très petits entonnoirs coniques. Ce n'est jamais que sur une ou deux gouttes de dissolution, étendues, s'il est nécessaire, de plusieurs gouttes d'eau distillée, que s'opèrent les précipitations par les divers réactifs. Le vase où l'on doit les faire est un verre de montre ou une plaque de verre. Nous croyons qu'il serait avantageux d'avoir, dans ce cas, des verres de montre ou des lames de verre colorées, par exemple, en bleu, car le précipité étant toujours en si faible proportion, lorsqu'il est blanc surtout, il est souvent difficile de l'apercevoir en regardant même de très près, sur une lame de verre blanc, tandis que sur une lame de verre bleu, la coloration blanche du précipité apparaît très bien sur le fond du verre. Pour évaporer les dissolutions, on expose ces petits verres à la flamme de la lampe ou de la bougie, à l'aide d'un fil de fer à deux branches, ou mieux d'un appareil fort simple. (Pl. II, fig. 3 A.) Quand les quantités de liqueur à évaporer sont plus considérables, on peut faire usage d'une petite capsule de platine ou de porcelaine, de la grandeur d'une pièce de cinq francs, et de quelques lignes de profondeur.

Toutes ces dispositions, en apparence si futiles, sont cependant nécessaires à la réussite de ces analyses en miniature. Nous avons dit que les corps devaient toujours être dissous ; on connaît trois moyens d'arriver à ce but : l'eau, les acides et les alcalis. Les minéraux qui se dissolvent dans l'eau sont en très petit nombre ; ce sont généralement des substances salines assez pures. On obtient, tantôt des dissolutions incolores, tantôt des dissolutions colorées. Les minéraux insolubles dans l'eau, mais attaquables par les acides, sont bien plus nombreux : on peut les partager en plusieurs groupes, d'après les phénomènes qu'ils présentent pendant la dissolution ; mais avant, disons que c'est ordinairement l'acide nitrique que l'on emploie de préférence, par la raison qu'il donne toujours des sels solubles : 1°. il y a des corps qui produisent une effervescence plus ou moins vive, à froid ou à chaud, due à un gaz incolore, acide et susceptible de précipiter l'eau de chaux : ce sont des carbonates; 2°. d'autres donnent lieu à un dégagement plus ou moins fort de vapeurs rutilantes ou de gaz nitreux, reconnaissable à son odeur : ce sont les métaux ou leurs alliages, les sulfures, les arséniures, quelques oxides peu oxigénés, et dans quelques circonstances, les bitumes, le succin, etc.; 3°. il en est qui se dissolvent lentement dans l'acide nitrique, sans aucun dégagement sensible, mais qui, au bout de quelque temps, forment une gelée plus ou moins abondante. Ce caractère remarquable appartient, en général, aux hydrosilicates, et aussi à quelques silicates de diverses bases; mais pour qu'il se manifeste, il faut éviter que la proportion d'acide soit trop considérable par rapport à la masse du corps mis en dissolution, et il est souvent à propos que ce corps soit réduit en poudre; 4°. enfin, certains minéraux se dissolvent lentement, sans émission de gaz, sans production de gelée; ce sont quelques oxides, des sulfates, des phosphates, des arséniates, des chromates et des chlorures.

Lorsque les substances que l'on veut essayer ne sont pas attaquables par l'eau et les acides, on a recours aux alcalis, aidés de la chaleur, pour en opérer la dissolution. C'est presque toujours le carbonate de soude dont on fait usage. Ce sel agit de deux manières différentes : ou il divise simplement le corps, et le rend ainsi susceptible d'être dissous par les acides, ou il le décompose et le transforme en sel soluble ou en sel insoluble, mais plus attaquable que le corps par un acide. Pour obtenir ce dernier effet, on broie parties égales de carbonate de soude et de ce corps, on place le mélange sur la feuille de platine dont les bords sont un peu relevés, et l'on chauffe au chalumeau. On traite ensuite par l'eau, qui dissout une partie du résidu, ou bien ne l'attaque en aucune manière : dans ce dernier cas, on le traite par l'acide hydrochlorique. Mais il peut arriver que le corps n'ait pas été attaqué suffisamment par le carbonate de soude ; alors on ajoute de nouveau un peu de ce sel, et on chauffe fortement et pendant plus de temps que la première fois. On obtient une espèce de fritte qui se dissout en partie dans l'eau et en totalité dans un acide.

Nous venons de donner les moyens d'obtenir les corps en dissolution : il ne s'agit plus maintenant que de rechercher, à l'aide des réactifs, la nature de ces liqueurs ; mais nous nous arrêterons ici, le reste appartient entièrement à la Chimie ; ce que nous dirions sur ce sujet important serait trop incomplet, et alors ne remplirait pas le but que nous nous serions proposé; il vaut donc mieux ne pas l'entreprendre, et, comme nous l'avons déjà fait plus haut, renvoyer aux ouvrages qui traitent *ex professo* de cette matière.

CHAPITRE III.

De la composition chimique des minéraux, et des signes employés pour la représenter. — Théorie atomistique. — Formules chimiques et minéralogiques.

54. Il existe dans la nature deux sortes de corps ; les uns, que l'on a nommés *simples* ou *élémens*, parce que jusqu'ici on n'a pu les décomposer ; les autres, qui ont été nommés *corps composés*, parce qu'ils sont formés par la réunion de plusieurs principes de nature différente. Les élémens sont au nombre de cinquante-deux à l'époque actuelle de nos connaissances, et ce sont eux qui, par leurs diverses combinaisons, donnent naissance à tous les composés qui existent dans la nature, ou que nous formons dans nos laboratoires. Ce n'est pas seulement par la nature des élémens qui se trouvent réunis que les corps composés diffèrent les uns des autres, c'est encore par les quantités relatives de ces élémens. On sait depuis long-temps qu'un même corps, simple ou composé, peut se combiner avec un autre en des proportions différentes ; mais ce qu'on ne sait que depuis fort peu de temps, et par les travaux des chimistes de notre siècle, c'est que ces proportions ne se font pas au hasard, qu'elles sont réglées par des lois invariables qu'on a reconnues, tant dans les corps que nous créons à volonté que dans ceux qui se rencontrent tout formés naturellement.

55. Mais pour mieux faire concevoir ces lois, il est nécessaire de donner quelques idées générales sur la *théorie corpusculaire* ou *atomistique*, dont la première idée est due à

M. Dalton, et qui a été tellement bien développée par M. Berzélius, qu'il se l'est pour ainsi dire appropriée. Cette théorie, toute hypothétique, consiste à supposer que les corps sont composés de particules dont la grandeur ne se laisse plus ultérieurement diviser, et qu'on peut appeler *particules*, *atomes*, *molécules*, etc. M. Berzélius préfère la dénomination d'*atomes*, qu'on peut se représenter comme ayant une forme sphérique, parce que c'est celle que la matière affecte lorsqu'elle n'est pas soumise à l'influence de forces étrangères. Toute combinaison chimique consiste dans la juxta-position des atomes hétérogènes, tandis que la cohésion mécanique est le produit de la juxta-position des atomes homogènes. Mais avant d'exposer la loi que suivent les atomes dans leur combinaison, voyons d'abord la division qu'il faut établir parmi eux.

« Lorsque des atomes de deux corps différens sont combinés, dit M. Berzélius, il en résulte un atome composé où nous supposons que la force qui produit la combinaison surpasse infiniment l'effet de toutes les circonstances qui peuvent tendre à séparer mécaniquement les atomes unis. Cet atome composé doit être considéré comme aussi indivisible, mécaniquement, que l'atome élémentaire.

» Ces atomes composés peuvent s'unir avec d'autres atomes composés, d'où résultent des atomes plus composés. Ceux-ci peuvent s'unir eux-mêmes avec d'autres, et produisent alors des atomes d'une composition encore plus compliquée. Il est essentiel de distinguer ces divers atomes. Nous les diviserons en atomes du premier, du second, du troisième ordre, etc. Ceux du premier ordre sont formés d'atomes simples élémentaires; ils sont de deux espèces, *organiques* et *inorganiques*. Les atomes inorganiques ne contiennent jamais que deux élémens; les autres en contiennent toujours au moins trois. Les atomes composés du second ordre naissent des atomes composés du premier ordre; les atomes du troisième, de ceux du second, etc. Par exemple, l'acide sulfurique, la potasse, l'alumine et l'eau (oxides de potassium, d'aluminium, d'hydrogène) sont tous des *atomes composés du premier ordre,* parce qu'ils ne contiennent que de l'oxigène, et le radical de l'oxide ou de l'acide. Le sulfate de potasse et le sulfate d'alumine sont des *atomes composés du second ordre;* l'alun sec, qui est une combinaison de ces deux derniers sels, offre un exemple d'un *atome du troisième ordre;* et enfin l'alun cristallisé, contenant plusieurs atomes d'eau combinés avec un atome de sulfate double, peut être cité comme un exemple d'*atomes composés du quatrième ordre*. On ne sait pas encore jusqu'à quel nombre les ordres peuvent s'élever. L'affinité entre les atomes composés décroît d'une manière bien rapide à mesure que le nombre des atomes augmente, et le degré d'affinité qui existe encore dans les atomes du troisième ordre est le plus souvent trop faible pour pouvoir être aperçu dans les opérations promptes et troublées de nos laboratoires. Cette affinité ne se manifeste pour l'ordinaire que dans les combinaisons qui se sont formées pendant que le globe passait lentement et tranquillement à l'état solide, c'est-à-dire dans les minéraux. Pour bien connaître leur nature, il serait important de savoir jusqu'où peut aller la combinaison des atomes composés, et quel est le dernier ordre. Quant aux atomes composés organiques, on ignore également en combien d'ordres différens ils peuvent se combiner, soit entre eux, soit avec des atomes composés inorganiques. »

Les atomes simples dans leur combinaison suivent des proportions fixes, mais qui sont assez limitées; la plus générale est celle de 1 atome d'un élément avec 1, 2, 3, etc., atomes d'un autre; en sorte que dans la plupart des combinaisons, l'un des élémens peut être représenté par l'unité. La proportion la plus commune après celle-ci est celle de 2 atomes d'un élément avec 3 atomes d'un autre. Enfin, quelquefois on trouve dans le règne minéral des combinaisons de 3 atomes d'un composé avec 4 atomes d'un autre.

Mais ces atomes composés suivent aussi une autre loi dans leur combinaison. Lorsque deux corps binaires oxidés se réunissent, le rapport entre eux est toujours tel que l'oxigène de l'un est un multiple par 1, 2, 3, etc., c'est-à-dire par un nombre entier, de l'oxigène de l'autre. Si la combinaison s'opère entre deux sulfures, etc., le soufre de l'un est également un multiple par un nombre entier du soufre de l'autre; d'où résulte cette loi, que *des atomes composés du premier ordre, auxquels l'élément électro-négatif est commun, se combinent toujours dans des proportions telles, que le nombre des atomes de l'élément électro-négatif de l'un est un multiple par un nombre entier de ce même nombre dans l'autre.*

Mais dans la combinaison des atomes des deuxième et troisième ordres, qui ont un principe commun, comme dans la combinaison de deux sels, il faut distinguer deux cas particuliers : 1°. si les deux sels ont le même acide, le nombre des atomes d'oxigène de l'une des bases est toujours un multiple par un nombre entier des atomes de l'oxigène de l'autre ; par conséquent, l'acide de l'un des sels est un multiple de l'acide de l'autre. Dans l'alun, par exemple, le nombre des atomes d'oxigène de l'alumine est le triple de celui des atomes de l'oxigène de la potasse, et de même la quantité d'acide sulfurique combinée à l'alumine est le triple de celle qui est combinée avec la potasse; 2°. si les deux sels sont de même base et d'acides différens, le nombre d'atomes d'oxigène de la portion de base combinée avec un des acides est un multiple de l'oxigène de la portion de base combinée avec l'autre acide. Dans le cuivre carbonaté bleu, la base est partagée entre l'acide carbonique et l'eau (qui, dans ce cas, fait fonction d'acide), de telle manière que l'acide en prend deux fois autant que l'eau.

Dans toutes les combinaisons d'atomes composés du deuxième et du troisième ordre, que nous connaissons jusqu'ici, et nous n'en connaissons guère qui ne soient formées de corps oxigénés, on trouve que l'oxigène de l'un des oxides est un multiple ou un sous-multiple par un nombre entier de l'oxigène de chacun des autres oxides.

Quoique les lois que nous venons d'exposer régissent le plus grand nombre des combinaisons d'atomes composés parmi les corps oxidés, on trouve quelques exceptions qui, toutefois, ne se montrent pas accidentellement çà et là dans les oxides en général, mais se bornent à certains acides qui ont tous cela de commun, que le radical donne deux acides, dans lesquels les différentes quantités d'oxigène sont entre elles, dans le rapport de 3 à 5. Ce sont les acides du phosphore, de l'arsenic et de l'azote, dont les combinaisons avec les oxides sont soumises à d'autres lois. Ainsi, dans les sels en *ate*, le nombre des atomes d'oxigène de l'oxide est d'un ou plusieurs *cinquièmes*, plus rarement d'un ou plusieurs *dixièmes* du nombre des atomes d'oxigène de l'acide : dans les sels en *ite*, l'oxigène de l'oxide est un tiers, ou deux tiers, etc., de l'oxigène de l'acide (*). (*Voyez*, pour plus de détails, la Théorie des proportions chimiques de Berzélius, page 18 et suivantes.)

56. Il s'agirait de savoir maintenant quelle est cette force qui porte ainsi les corps les uns vers les autres, et qui tend sans

---

(*) C'est une circonstance remarquable, dit M. Berzélius, que si l'on suppose que le radical de ces acides (phosphorique, arsenique, azotique, etc.) contient le cinquième de l'oxigène qu'il en faut pour produire l'acide en *ique*, la plupart des anomalies disparaissent, et ces trois substances obéissent aux mêmes lois que toutes les autres. Cependant, comme l'expérience ne l'a point démontré, il faut se tenir aux faits connus; et d'ailleurs cette supposition ne réduit point tous les cas anomaux à une conformité complète avec les lois générales.

cesse à les combiner entre eux, en agissant avec plus ou moins d'intensité, suivant chacun d'eux; mais cette importante question, tout entière du ressort de la Chimie, nous éloignerait trop de notre sujet, si nous voulions la résoudre avec tout le soin qu'elle mérite. Nous nous contenterons de dire que les physiciens, adoptant les idées de Newton sur l'*attraction planétaire*, ont pensé jusqu'ici que la force qui produit les phénomènes chimiques est absolument analogue à cette dernière, qu'elle est inhérente aux corps; mais que, tandis que l'autre n'agit que sur des masses et à des distances plus ou moins sensibles, celle-ci n'agit qu'à des distances trop petites pour être saisies par nos sens, c'est-à-dire qu'entre les dernières molécules des corps. C'est pour cette raison qu'ils l'ont nommée, d'une manière générale, *attraction moléculaire*, et plus particulièrement *affinité*, lorsqu'elle tend à réunir des parties hétérogènes. Mais d'après les belles recherches de M. Davy et de M. Becquerel, l'affinité ne dépendrait que de la force électrique qui se manifeste dans tous les corps, avec plus ou moins d'énergie, au moment du contact. En effet, il est maintenant bien démontré que quand deux corps sont capables de se combiner, l'un peut toujours devenir positif et l'autre toujours négatif, placés convenablement dans le courant du fluide de la pile voltaïque, et que la différence entre leur état électrique est plus ou moins grande, selon qu'ils ont plus ou moins d'affinité réciproque. C'est d'après ces idées que M. Berzélius a rangé les corps simples dans un ordre d'après lequel ils se suivent de telle sorte que l'un de ces corps est positif à l'égard de ceux qui le précèdent, et négatif à l'égard de ceux qui le suivent. Il a vu que non-seulement les corps simples compris dans la première partie de la série sont négatifs par rapport à ceux qui sont compris dans la seconde qui commence par l'or, mais encore qu'il en est de même des corps oxigénés que peuvent produire ces deux classes de corps les unes à l'égard des autres, et que c'est pour cela que les oxides de la première, quand ils se combinent avec ceux de la seconde, jouent toujours le rôle d'acides. Enfin on sait de plus qu'un acide est toujours négatif par rapport à une base salifiable, de telle sorte que si, après les avoir unis, on les soumet à l'action de la pile, la base se rendra au pôle négatif et l'acide au pôle positif, à moins que la base ou l'acide ne soit capable d'être décomposé par le courant électrique : le sulfate de protoxide de potassium est dans le premier cas, et le sulfate d'oxide d'argent dans le second, etc., etc.

Telles sont les idées les plus générales que nous avons cru devoir donner sur la manière dont les corps se comportent dans toute combinaison chimique, et d'après quelles proportions leurs élémens s'unissent. La théorie atomistique est trop généralement répandue pour que nous ne nous soyons pas empressés de l'adapter aux composés minéralogiques. Nous verrons d'ailleurs combien elle nous sera utile, lorsque nous ferons l'étude des espèces minérales.

57. Nous allons terminer ce chapitre par l'exposé des signes dont M. Berzélius se sert pour exprimer le nombre et la nature des atomes dans toute combinaison chimique, et énoncer chacune de ces dernières par une formule très simple. Connaissant le poids relatif des atomes des corps simples, nous pourrons, au moyen de ces signes, exprimer le résultat de chaque analyse, d'une manière à la fois simple et aisée à retenir, ce qui nous épargnera beaucoup de détails inutiles.

M. Berzélius emploie de préférence, dans ses formules, la nomenclature latine, comme étant la plus généralement connue. Les corps simples non métalliques (les métalloïdes) ne sont jamais désignés que par la lettre initiale de leurs noms : les métaux le sont aussi de la même manière ; mais quand un métal a la même initiale qu'un métalloïde ou qu'un autre métal, on le désigne par les deux premières lettres de son nom, et s'il arrive que ces deux mêmes lettres soient communes à deux métaux différens, c'est alors la première consonne différente dans chaque nom qu'on ajoute à l'initiale. Le tableau suivant présente le nom latin de chaque corps simple et le signe qui lui correspond.

Aluminium.	Al.	Chrômium.....	Cr.	Molybdœnum.	Mo.	Stannum......	Sn.
Argentum...	Ag.	Cobaltum.....	Co.	Niccolum......	Ni.	Stibium........	St.
Arsenicum..	As.	Cuprum.......	Cu.	Osmium........	Os.	Strontium......	Sr.
Aurum.......	Au.	Ferrum.........	Fe.	Oxigenium....	O.	Sulphur.........	S
Azote.........	A.	Fluore..........	F.	Palladium......	Pa.	Tantalum......	Ta.
Barium.......	Ba.	Glucium........	G.	Phosphorus....	P.	Tellurium......	Te.
Bismuthum.	Bi.	Hydrargyrum.	Hg.	Platinium......	Pl.	Titanium.......	Ti.
Boron........	B.	Hydrogenium.	H.	Plumbum......	Pb.	Tungstenium.	Tu.
Cadmium...	Cd.	Iode.............	I.	Potassium.....	Po.	Uranium.......	U.
Calcium.....	Ca.	Iridium.........	Ir.	Rhodium.......	R.	Yttrium........	Y.
Carbon.......	C.	Lithium........	L.	Selenium......	Se.	Zincum.........	Zn.
Cérium......	Cé.	Magnésium....	Mg.	Silicium........	Si.	Zirconium.....	Zi.
Chlore.......	Ch.	Manganium...	Mn.	Sodium.........	So.		

Ces signes, dégagés de tout autre, ou tels que nous venons de les énoncer, n'indiquent jamais qu'un atome : pour en indiquer plusieurs, on place un chiffre à la gauche du signe ; par exemple, O + Cu représente la combinaison d'un atome d'oxigène avec un atome de cuivre, et 2 O + Cu, la combinaison de deux atomes d'oxigène avec un de cuivre.

Lorsqu'il s'agit d'un atome composé du second ordre, on abrège la formule. Comme l'oxigène entre dans la plupart des combinaisons, on le désigne en plaçant autant de points sur le corps combustible oxidé qu'il y a d'atomes d'oxigène dans l'acide ou l'oxide. Quant aux corps combustibles, on les désigne à la manière ordinaire, si ce n'est que, pour indiquer le nombre de leurs atomes, au lieu de mettre le chiffre qui représente ce nombre à gauche, on le met à droite et sous forme d'exposant algébrique. D'après cela, selon M. Berzélius, le protoxide de cuivre sera $\dot{Cu}$; le deutoxide de cuivre $\ddot{Cu}$; l'acide sulfureux $\ddot{S}$; l'acide sulfurique $\dddot{S}$; le sulfate de protoxide de cuivre $\dot{Cu}\dddot{S}$; le sulfate de deutoxide de cuivre $\ddot{Cu}\dddot{S}^2$, etc.

On peut également exprimer par des formules analogues la composition des atomes du troisième ordre. Ainsi $\dot{Ca}\ddot{C}^2 + \dot{Mg}\ddot{C}^2$ est celle du sel double fossile, appelé *dolomie* ou chaux carbonatée magnésifère d'Haüy, qui est composé d'un atome de carbonate de chaux et d'un atome de carbonate de magnésie. Ici, comme l'indique la formule, chaque sel n'entre dans le composé que pour un atome. Mais si l'un d'eux y entrait pour plusieurs, un chiffre placé à la gauche le ferait connaître ; par exemple, la formule de l'alun anhydre et à base de potasse est $\dot{Po}\dddot{S}^2 + 2\dddot{Al}\dddot{S}^3$, ce qui exprime que ce sel est composé d'un atome de sulfate de potasse et de deux atomes de sulfate d'alumine.

Enfin, les atomes composés du quatrième ordre s'expriment encore de la même manière, mais en mettant entre parenthèses les atomes du troisième ordre. Telle est la formule de l'alun cristallisé, — $(\dot{Po}\dddot{S}^2 + 2\dddot{Al}\dddot{S}^3) + 48H^2O$, d'après laquelle on voit qu'il est composé d'un atome du troisième ordre avec 48 atomes d'eau. Au lieu de désigner l'eau par H^2O, M. Berzélius la désigne ordinairement par Aq. La formule précédente devient donc $(\dot{Po}\dddot{S}^2 + 2\dddot{Al}\dddot{S}^3) + 48\,Aq$.

58. Les signes que nous venons de faire connaître sont appelés, par M. Berzélius, *signes chimiques*. Mais ce célèbre chimiste s'étant aperçu qu'il deviendrait peut-être assez difficile de les lire couramment, surtout lorsqu'ils exprimeraient des composés du troisième et du quatrième ordre, a imaginé pour remédier à cet inconvénient, d'autres signes qu'il nomme *signes minéralogiques*, pour les distinguer des premiers. A cet effet, il supprime les signes d'oxidation, c'est-à-dire les points, et il emploie des caractères italiques, afin de ne confondre ces sortes

de signes ni avec les signes chimiques des corps oxidés, ni avec les combinaisons des corps simples. Ainsi la formule chimique d'un silicate de manganèse $\ddot{Mn}^3\dddot{Si}^4$ est remplacée par la formule minéralogique suivante : $MnSi^3 + 3Aq$, où les exposans font connaître seulement le rapport de l'acide à celui de la base. De plus, il change, dans les nouveaux signes, la signification des coefficiens qu'on emploie dans les formules qui représentent les sels doubles. Ainsi, la formule minéralogique $CaSi^3 + 3MgSi^2$, qui est celle d'une amphibole, est synonyme de la formule chimique $\ddot{Ca}\dddot{Si}^2 + \ddot{Mg}^3\dddot{Si}^4$, où le coefficient du second terme est fort différent. Dans cette dernière, le coefficient 1 du second membre indique qu'il y a 1 atome de bisilicate de magnésie : dans la première, il n'exprime pas le nombre d'atomes, mais seulement que la quantité d'oxigène de la base du second membre est triple de la quantité d'oxigène de la base du premier, ce qui est une manière différente d'exprimer la relation qui existe entre les deux sels réunis. Mais M. Beudant pense, avec juste raison, que cette double manière de s'exprimer, qui revient dans le fond à une seule, est un inconvénient, surtout lorsqu'on emploie tantôt l'une tantôt l'autre, parce qu'elle doit nécessairement apporter beaucoup d'incertitude dans l'esprit des personnes qui ne sont point encore bien familiarisées avec ces signes ; aussi n'est-il pas rare de les voir se tromper en voulant passer d'une formule à une autre, principalement dans les cas où le signe minéralogique dit absolument la même chose que le signe chimique, comme dans cet exemple, $3MgSi^2 + FeSi^2$, qui en signe chimique est $3\ddot{Mg}^3\dddot{Si}^4 + \ddot{Fe}^3\dddot{Si}^4$.

Ces réflexions, et plusieurs autres que nous omettons de reproduire ici, nous engagent à ne faire usage dans cet ouvrage que d'un seul genre de signes. Or, nous pensons que les signes chimiques sont plus avantageux que les signes minéralogiques, parce qu'ils expriment de suite la composition entière d'un corps, et qu'ils évitent par cela même bien des petites recherches qu'occasione la simple lecture d'une formule minéralogique. Le lecteur est donc averti que toutes nos analyses seront exprimées désormais en signes chimiques, tels que M. Berzélius les a donnés.

CHAPITRE IV.

De la Classification en général, et des Méthodes minéralogiques.

59. On donne le nom de classification, en Histoire naturelle, à la distribution méthodique d'une collection d'êtres, de quelque nature qu'ils soient, en plusieurs groupes distincts les uns des autres, que l'on a nommés *classes*, *familles*, *genres* et *espèces*.

Tant que l'on ne connut qu'un petit nombre de corps, on sentit peu le besoin des classifications : la mémoire suffisait alors pour rappeler sans effort les différens caractères que présentaient ces corps. Aussi voit-on peu d'ordre dans les descriptions que nous ont laissées les anciens auteurs qui écrivirent les premiers sur l'Histoire naturelle, tels qu'Hésiode, Pline, etc. ; ou du moins suivent-ils des classifications tellement vagues, qu'elles méritent à peine ce nom. Mais à mesure que les connaissances des hommes s'étendirent, que les voyages entrepris dans le but d'enrichir la science eurent augmenté les catalogues des naturalistes d'une foule de nouveaux corps, on reconnut la nécessité de disposer ces corps suivant un certain ordre, afin de soulager la mémoire, et d'empêcher que tout ne tombât dans un chaos difficile à débrouiller ensuite. C'est dans ce but qu'on renferma tous les êtres connus dans des espèces de catalogues, divisés et subdivisés d'après leurs propriétés, de manière qu'en suivant l'observation de ces propriétés, on pût parvenir à la connaissance du nom et des autres caractères dont on n'avait fait aucun usage. La première division méthodique connue en Histoire naturelle est celle de tous les corps en trois règnes, *minéral*, *végétal* et *animal*, division qui a été successivement reproduite par tous les auteurs, jusqu'à nos jours. On établit ensuite, dans chacun de ces règnes, de grandes divisions ou *classes*, en réunissant tous les êtres qui étaient doués de quelques caractères susceptibles d'être appliqués à un grand nombre : c'est ainsi qu'on forma les classes des reptiles, des poissons, des oiseaux, etc. Chaque classe fut subdivisée en plusieurs groupes désignés sous le nom *d'ordres* ou *familles*, d'après quelques propriétés communes à un certain nombre de corps ; les familles furent encore subdivisées de la même manière en de nouvelles cohortes qu'on appela *genres*, et ceux-ci en *espèces*, où enfin il ne se trouva plus que des *individus* ou leurs variétés. A l'aide de cet ingénieux artifice, il fut très facile, par l'inspection de ces tableaux, d'arriver à la connaissance du nom d'un être que l'on avait sous les yeux, si toutefois il était déjà décrit, ou de s'assurer que c'était une nouvelle conquête pour la science.

Telle a été l'origine des classifications. Mais tout en reconnaissant les avantages d'un tel ordre dans l'ensemble des productions naturelles, on a long-temps discuté sur les bases qu'il fallait établir ; aussi chaque auteur a-t-il suivi une marche différente dans la distribution méthodique des êtres, en adoptant tantôt un principe, tantôt un autre : de là sont nés ces nombreux systèmes, ces méthodes arbitraires qui ont assailli chaque partie des sciences naturelles, et dont les avantages ont été bien compensés par la confusion qu'ils ont introduite dans leur étude.

60. En Histoire naturelle, on ne doit pas confondre, sous la même acception, les mots SYSTÈME et MÉTHODE. Le *système* est un arrangement symétrique établi sur un petit nombre de caractères ; il a pour unique but, pour unique résultat, de faire connaître, avec plus ou moins de facilité, le nom des êtres

auxquels il est appliqué. Tel est en Botanique le célèbre système de Linné, fondé sur les divers caractères que présentent les organes sexuels des plantes. Dans le *système*, on n'a nul égard à l'importance plus ou moins grande des parties dont on tire le caractère fondamental; aussi est-il arrivé qu'on a rapproché souvent les êtres les plus disparates par leurs propriétés essentielles, et séparé, au contraire, ceux qui avaient entre eux la plus grande analogie. Dans la *méthode*, les êtres sont rangés d'après l'ensemble de leurs caractères essentiels. On a vu, en étudiant surtout les corps organisés, qu'il existait des rapports naturels entre eux; que certains se ressemblaient plus par l'ensemble de tous leurs caractères, qu'ils ne ressemblaient à tous les autres. L'étude de ces rapports a conduit à réunir les êtres qui affectent entre eux le plus d'analogie, et à former des groupes, qu'on a ensuite comparés les uns aux autres pour reconnaître leur affinité plus ou moins grande, et les disposer convenablement entre eux. La classification qui remplit un tel objet est donc, pour ainsi dire, la représentation aussi exacte que possible de ce qui se passe dans la nature; c'est pourquoi la *méthode* s'appelle MÉTHODE NATURELLE. Elle a donc sur le *système* ce grand et inappréciable avantage de faire connaître, non seulement les propriétés d'un corps, mais encore les rapports qui le lient aux autres, tandis que le système fait simplement connaître son nom. Or, savoir le nom d'un corps, ce n'est pas le connaître; aussi les sciences naturelles ont-elles fait des progrès plus rapides depuis que les classifications ont été envisagées sous le point de vue réellement scientifique des rapports naturels.

Mais si, en Botanique et en Zoologie, les efforts des savans doivent tendre à perfectionner la méthode naturelle, et si les études des jeunes néophytes doivent être dirigées d'après ces principes sages et rationnels, nous allons voir que l'application de ces lois ne peut apporter avec elle d'aussi précieux résultats pour la Minéralogie. En effet, les corps bruts étant privés d'organes, il s'ensuit que voilà déjà un nombre infini de caractères que ces organes auraient pu fournir qui manquent pour la classification de ces corps. Leur vie, si l'on peut s'exprimer ainsi, étant entièrement passive, ils ne présentent à l'observation que les propriétés qui font le partage de la matière, c'est-à-dire des propriétés toutes physiques et qui sont peu variées, par cela même que la nature a mis plus de simplicité dans leur formation. Les caractères distinctifs des minéraux sont donc singulièrement restreints, puisqu'au premier aspect ils ne reposent que sur la couleur, la pesanteur, la structure, la dureté, les formes extérieures et quelques autres propriétés physiques; aussi les auteurs qui se sont servis de ces caractères pour base de leurs classifications ne sont-ils parvenus qu'à faire trois ou quatre grandes coupes bien tranchées, dont les subdivisions se sont ressenties du peu de variété que présentent ces caractères. Il en est résulté qu'ils n'ont jamais pu donner une idée précise de l'*espèce* et de l'*individu*, tels qu'on doit les concevoir en Minéralogie; aussi leurs systèmes ont-ils peu facilité l'étude des minéraux.

Il a donc fallu, pour créer les moyens de parvenir à la distribution des espèces, pénétrer dans l'intérieur des corps, étudier les lois qui président à l'arrangement de leurs particules, et voir dans quels rapports ces particules se réunissent pour constituer l'*individu* ou la *masse*, considéré isolément. Tandis que, chez les êtres organisés, les caractères ont d'autant plus de valeur qu'ils se tirent, non de la composition intime, mais des formes extérieures; chez les corps bruts, au contraire, leur importance est d'autant plus grande, qu'ils sont fondés sur la composition élémentaire et l'arrangement symétrique de leurs parties les plus intimes. Une méthode basée sur de tels faits est donc très naturelle, puisque ces caractères peuvent être observés sur tous les individus, et qu'ils ne varient dans aucun cas. L'objet de la méthode naturelle est alors rempli, puisqu'une de ses conditions, la plus indispensable, est l'universalité et la fixité des caractères que l'on prend pour base de classification.

61. D'après ce que nous venons de dire, il est facile de s'apercevoir que les corps, en général, présentent deux ordres de caractères ou de propriétés bien différens par leur importance : les uns sont ce qu'on appelle les CARACTÈRES ESSENTIELS, les autres les CARACTÈRES ACCESSOIRES OU SECONDAIRES. Les premiers peuvent s'appliquer à tous les corps, et donnent une idée exacte de leur nature intrinsèque ; les seconds ne conviennent qu'à un petit nombre d'entre eux, et ils font connaître seulement quelques particularités dans leur manière de se présenter à l'observation. En Minéralogie, les *caractères essentiels* sont ceux que l'on tire de la forme symétrique de la molécule intégrante et de sa composition chimique; les *caractères secondaires* sont ceux qui dépendent de quelques propriétés extérieures, telles que la dureté, la pesanteur, la structure, etc.

Mais s'il est facile de distinguer ainsi les caractères de première valeur dans la comparaison des minéraux, il n'en est pas de même lorsqu'on veut savoir quels sont, parmi ces caractères, ceux auxquels on doit donner la préférence. En effet, il n'est guère possible de décider *a priori* ce qu'il y a de plus important de la forme régulière ou de la composition chimique, parce que ce sont des propriétés de genres différens. Il est donc nécessaire de choisir entre ces caractères essentiels, c'est-à-dire que pour comparer rigoureusement les minéraux les uns aux autres, on ne peut partir que d'un seul genre de propriétés. Maintenant s'élève la question de savoir quel est le genre de propriétés qui doit être le plus exact : pour la résoudre, il faut chercher quels sont les caractères qui varient le moins, et qui peuvent conséquemment servir à les distinguer ou à les confondre dans le plus grand nombre de cas; on voit de suite que ce sont ceux tirés de la *composition chimique*. En effet, quoique la forme régulière et le clivage (que M. Haüy a employés si souvent avec succès pour distinguer ou séparer des substances encore mal connues et classées) soient dans bien des circonstances très importans, néanmoins ils sont insuffisans pour la plupart du temps, et cela par deux raisons majeures: 1°. parce que le même corps peut se présenter dans différens états, sous des formes et avec des structures qui sont produites par agrégation ou accident; 2°. parce que, lors même que ce corps se trouve toujours cristallisé régulièrement, il arrive souvent que sa forme peut se rapporter exactement à d'autres corps bien différens par leur composition. Je citerai pour preuve de cette assertion, d'une part, l'alun, le sel marin, le sel ammoniac, les sulfures de fer et de plomb, presque tous les métaux purs et cristallisés, etc., qui tous ont pour forme primitive le *cube*, et dont plusieurs donnent aussi cette forme par le clivage; et de l'autre, certains sels *de même genre* qui présentent, suivant les observations de MM. Mitscherlich et Beudant, des formes tout-à-fait identiques ou si rapprochées les unes des autres, qu'on les confond très facilement: tels sont le sulfate de fer, qui cristallise de la même manière que le sulfate de cobalt; le sulfate de magnésie, de même que le sulfate de zinc et le sulfate de nickel; les arséniates, de même que les phosphates, etc. (*). Il suit donc de là que les caractères

(*) M. Haüy avait admis que jamais deux corps différemment composés ne peuvent avoir la même forme cristalline, à moins qu'elle n'appartienne aux *formes limites*, c'est-à-dire au système de cristallisation cubique; et que lorsque par hasard l'inverse se présentait, cela était dû à des mélanges accidentels qui s'étaient moulés dans la forme particulière à l'un des deux, par la force de cristallisation de ses parties constituantes. Les belles découvertes de M. Mitscherlich, qui ne datent encore que de quelques années, ont fait voir que cette supposition, toute gratuite, était inexacte. Il est maintenant

tirés de la composition chimique ont une plus grande valeur que tout autre pour distinguer les minéraux entre eux, et ce sont aussi ceux que nous adopterons pour établir les divisions que

---

bien reconnu que des corps composés d'élémens différens, mais d'atomes en nombre égal et combinés de la même manière, ont des formes, sinon identiques, du moins très rapprochées par la mesure de leurs angles. Cela dépend de ce que les divers oxides, au même degré d'oxigénation, ont eux-mêmes des formes identiques ou analogues, et qu'en se combinant en mêmes proportions avec les mêmes acides, ils communiquent aux composés salins qui en résultent cette identité ou cette analogie de forme. De là naissent des composés ternaires et quaternaires de même formule, jouissant, dans un très grand nombre de cas, de caractères extérieurs tellement semblables, qu'il n'y a que l'analyse chimique qui puisse faire découvrir les différences essentielles qui existent entre eux. On connaît déjà plusieurs classes d'oxides, qui sont telles que les corps qui font partie de chacune d'elles renferment le même nombre d'atomes d'oxigène, ont des formes semblables, et jouissent de la propriété de se substituer les uns aux autres dans une même combinaison, sans altérer la forme cristalline d'une manière marquée. M. Mistcherlich a donné à ces divers oxides le nom de *bases isomorphes* (de ἴσος, *égal, pareil*, et μορφή, *forme*), que l'on peut comprendre dans trois classes. La première renferme la magnésie, la chaux, le deutoxide de cuivre, les protoxides de fer, de manganèse, de nickel, de cobalt, de zinc, etc.; dans la seconde se trouvent la baryte, la strontiane, l'oxide de plomb, etc.; l'alumine, les deutoxides de fer et de manganèse (tri-oxide de fer et de manganèse), etc., composent la troisième.

Les composés isomorphes ont la propriété, quand ils sont dissous dans le même liquide, de cristalliser ensemble en toutes proportions, de manière que leurs molécules, quoique de nature différente, concourent également à l'accroissement d'un cristal unique, celles de l'un pouvant se substituer indifféremment à celles d'un autre, à cause de l'analogie de leurs formes; et la configuration du cristal mélangé est sensiblement la même que celle des cristaux purs que chaque composé aurait produits isolément. Ce fait très important, remarqué d'abord, par M. Beudant, dans les substances dont la cristallisation est artificielle, paraît avoir eu lieu fréquemment dans la nature, et il fournit une explication satisfaisante des variations que l'on observe dans les analyses de certains corps regardés jusqu'ici comme appartenant à une même espèce. C'est ainsi que les anciennes espèces appelées *grenat*, *pyroxène*, *amphibole*, *chabasie*, etc., comprennent un grand nombre

l'on a désignées dans tout système sous les noms d'*individu, espèce, genre, famille* et *classe,* et dont nous allons nous occuper maintenant.

---

de composés différens et de même formule; et les résultats de leurs analyses qui, pendant long-temps, avaient paru n'accuser que des mélanges accidentels, dans lesquels il ne pouvait y avoir rien de fixe, s'interprètent aujourd'hui, et se calculent d'une manière rigoureuse lorsqu'on les discute avec soin, dans la vue d'y reconnaître et d'y démêler les substitutions isomorphes.

On voit, par ce que nous venons de dire, qu'une même forme cristalline prouve dans les espèces une composition analogue, bien plus qu'une identité de nature, et qu'ainsi le caractère donné par la forme ne peut aller de pair avec celui que nous offre la composition, en supposant toutefois que celle-ci soit bien connue. Il est maintenant hors de doute que non-seulement la même forme cristalline peut appartenir à des compositions différentes, mais encore qu'une même substance composée des mêmes élémens, combinés dans les mêmes proportions, peut affecter deux formes différentes, pourvu que des circonstances particulières exercent une influence dans l'acte de la cristallisation. Le dernier phénomène est assez facile à expliquer dans la théorie corpusculaire. Si la position relative des atomes qui ont produit un cristal est changée par une circonstance quelconque, la forme primitive ne restera plus la même. Ce phénomène, isolé dans les sciences physiques, s'étend à la théorie cristallographique en général, et se retrouve dans les oxides; aussi peut-on émettre cette proposition générale, *que des corps composés du même nombre d'atomes se partagent en des groupes isomorphes.* On en trouve des exemples dans la chaux carbonatée ordinaire et l'arragonite, dans le fer sulfuré jaune et le fer sulfuré blanc, dans le soufre fondu et le soufre naturel ou obtenu en cristaux par l'intermédiaire du carbure de soufre.

Les développemens que nous venons de donner s'étendant à toutes les classes des corps isomorphes, la loi pour le rapport entre la composition chimique et la forme cristalline pourra maintenant être énoncée ainsi: Le *même nombre d'atomes*, combinés de la même manière, produit, à très peu près, la même forme cristalline, et la même forme cristalline est indépendante de la nature chimique des atomes, et n'est déterminée que par le nombre et la position relative des atomes. (*Voir*, pour de plus amples détails, les intéressans Mémoires de M. Mitscherlich, insérés dans les *Annales de Chimie et de Physique*, année 1820 et suivantes.)

62. On entend par INDIVIDU, dans le règne organique, un être particulier, composé de parties essentielles destinées à remplir certaines fonctions, et qui ne peut être divisé en d'autres êtres semblables ou égaux. Dans le règne inorganique, cette idée de l'*individualité* n'est plus la même tant que l'on considère les corps sous des rapports purement physiques, puisqu'en effet la forme et la structure n'étant pas essentielles aux substances inanimées, on peut les diviser à l'infini, sans que pour cela elles cessent d'être toujours les mêmes. Il faut donc avoir recours à la Chimie pour acquérir une idée précise de ce qu'on doit nommer INDIVIDU. En Chimie, il existe des corps simples nommés *élémens* qui, par leur réunion, constituent des corps composés: or ce sont ces corps composés, dont on ne peut séparer les *élémens* sans les décomposer, qu'on doit considérer comme des *individus*. Il suit de là que l'INDIVIDU MINÉRALOGIQUE sera, comme l'INDIVIDU CHIMIQUE, *un assemblage d'un certain nombre d'élémens en certaines proportions réduits à la molécule intégrante*, comme nous l'avons déjà dit (4).

63. On peut définir l'ESPÈCE, en Histoire naturelle, *une collection d'individus qui ont entre eux plus de rapports qu'ils n'en ont avec tous les autres*. Dans le règne organique, on développe cette définition en ajoutant que les êtres se reproduisent constamment par la génération, sans éprouver de changement sensible dans leurs propriétés, en sorte qu'on peut les regarder comme provenant originairement d'un seul individu. Dans le règne inorganique, on ne peut ainsi compléter la définition; mais connaissant ce qu'on doit entendre par *individu*, il est facile de l'exprimer en d'autres termes. On dira donc que l'ESPÈCE en Minéralogie est *la collection des corps formés des mêmes principes et en mêmes proportions* (*).

(*) Cette définition ne peut plus être admise dans tous les cas où il

M. Haüy ajoute la condition, que les molécules intégrantes des corps seront semblables par leurs formes; mais nous pensons, avec M. Beudant, que les formes diverses ne sont pas

---

s'agit de substitutions isomorphes; et en attendant qu'on ait trouvé un principe généralement applicable, il faut adopter pour ces cas un point de vue particulier. D'un côté, la forme cristalline, de l'autre, la formule de composition, les signalent comme un groupe de combinaisons qui, par leur plus ou moins de conformité entre elles, imitent absolument les rapports de genre et d'espèce dans la classification des êtres vivans. Le genre est déterminé par la formule chimique et par la forme géométrique; l'espèce l'est par les élémens. Pour plus de clarté, prenons le grenat pour exemple. Sa forme cristalline est généralement connue, et la formule de sa composition est, d'après M. Trolle Wachtmeister, R signifiant radical, $\ddot{R}^3 \dddot{Si}^2 + 2\dddot{R}\,\dddot{Si}$. Ces deux formules déterminent le genre grenat. M. Wachtmeister a prouvé, en outre, que $\ddot{R}$ peut être de la chaux, de la magnésie, du protoxide de fer ou de manganèse, soit un seul de ces élémens, soit plusieurs ou même tous ensemble, et que $\dddot{R}$ peut être ou de l'alumine ou du deutoxide de fer, tantôt seuls, tantôt combinés l'un avec l'autre. Il ne peut donc pas résulter de ces principes moins de huit espèces ou prototypes de grenat différens, dont le mélange produit des variétés en si grand nombre, que ce serait en vain qu'on voudrait les distinguer. On a donc ici des genres, des espèces et des variétés; ou, si l'on désapprouve le nom de genres, on a des espèces, sous-espèces et variétés. On peut en dire autant de la chabasie, du pyroxène, de l'amphibole, du mica, etc.; mais ces idées ne peuvent pas être appliquées à la classification systématique générale, sans qu'il résulte une déviation de la méthode ordinaire. Certaines formules générales de composition chimique ne présentent pas la même forme cristalline; par exemple, le feldspath et l'albite ont une même formule, mais non une même forme cristalline, et doivent, par conséquent, être considérées comme des espèces plus distinctes que deux grenats ou amphiboles de composition différente. Ces difficultés peuvent être levées, mais en partie seulement, au moyen d'un changement dans la classification chimique. Comme les substitutions isomorphes peuvent avoir lieu entre les corps électro-négatifs comme entre les positifs, sans changer la figure des cristaux, mais qu'elles ont lieu plus fréquemment entre les derniers, puisque parmi les corps électro-négatifs on n'en a encore découvert que dans les acides phosphorique et arsenique, qui

toujours assez importantes pour établir une espèce; car de quelque manière que les particules soient groupées entre elles, c'est toujours bien évidemment le même corps.

L'*espèce* en Minéralogie, comme dans les autres branches des sciences naturelles, se partage en VARIÉTÉS. Ces subdivisions reposent sur les différentes formes secondaires, les formes accidentelles, les formes empruntées, etc., sous lesquelles peut se présenter l'*espèce ;* sur les diverses sortes de structure, sur le genre d'éclat, les degrés de transparence et l'opacité, sur les couleurs, sur l'odeur, sur les mélanges chimiques de diverses natures, sur le mode de gisement, etc. Ces *variétés* ont plus ou moins d'importance, mais cependant, en général, on ne doit leur accorder qu'un intérêt bien secondaire.

64. Le GENRE *est la collection des espèces qui ont entre elles une ressemblance frappante dans l'ensemble de leurs propriétés*. Or nous avons vu que les *espèces* étaient établies sur la composition chimique; il s'ensuit que la formation des *genres* ne peut se faire que sur des analogies chimiques. Il faut donc pour grouper les espèces ensemble qu'elles aient un ou plusieurs principes communs.

65. Le mot FAMILLE, introduit pour la première fois par Magnol, en Histoire naturelle, est généralement usité pour désigner les groupes de *genres* qui sont liés par des caractères communs. Tout ce qu'on peut dire sur les *familles* est abso-

---

sont plus rares, il doit donc y avoir moins de difficulté à ranger les corps d'après leur principe électro-négatif; mais, quoi qu'il en soit, il n'est pas possible, dans l'état actuel de nos connaissances, lorsqu'il se présente des minéraux à substitution isomorphe, de déterminer d'une manière satisfaisante quels sont ceux qui composent des espèces minéralogiques; et comme ces échanges ont lieu principalement entre les principes électro-positifs des minéraux, leur classification, d'après le principe électro-positif, ne peut être employée sans de grandes difficultés. (Berzélius, *Annales des Sciences naturelles*, tome V, page 235.)

lument semblable à ce que nous venons d'exposer sur les *genres*. Une famille minéralogique se compose de toutes les combinaisons que présente un corps simple ou un élément ; ainsi, dans la famille *arsenic*, par exemple, se trouvent rangés l'*arsenic natif*, l'*arsenic sulfuré*, l'*acide arsenieux*, etc.

Mais ici s'élève une question importante qui a long-temps partagé les savans et qui les occupe encore : d'après quel principe constituant doit-on établir les *familles* ou les groupes de genres qui forment les familles ? Sera-ce d'après le *principe minéralisé*, ou d'après le *principe minéralisateur*, ou, en d'autres termes, d'après le *principe électro-positif* ou le *principe électro-négatif*? Les uns, et c'est le plus grand nombre, ont employé de préférence le principe électro-positif ou les *bases*; les autres ont employé le principe électro-négatif ou le principe minéralisateur. Ces deux manières de procéder ont chacune leurs avantages : on peut suivre, sans grand inconvénient, l'une ou l'autre de ces méthodes, mais enfin, puisqu'il faut opter entre l'une d'elles, nous pensons que celle qui donne plus d'importance au *principe électro-positif* dans le groupement des genres en *familles* doit être préférée, et en cela nous nous appuyons de l'autorité d'un grand nom. Voici comment M. Berzélius s'exprime à ce sujet :

« La plupart des corps composés contenant un plus grand nombre d'atomes du principe électro-négatif, qu'ils n'en contiennent du principe électro-positif, il arrive quelquefois que le premier a plus d'influence que le second sur les caractères des combinaisons où il entre ; par exemple, les sulfures métalliques forment un groupe naturel dont les caractères physiques sont faciles à saisir. S'il en était de même pour toutes les combinaisons, nul doute que le minéralogiste dût préférer l'arrangement d'après le premier de ces principes, à celui qui serait fondé sur le second ; mais si l'on compare les différens sels d'une même base avec les différens sels d'un même acide, on trouvera beaucoup plus d'analogie entre les premiers qu'entre les seconds : ainsi les sels de cuivre présentent un plus grand nombre de caractères communs que les diverses espèces de sulfates. Ce sont ces dernières considérations qui m'ont fait donner la préférence aux groupes qui ont le principe électro-positif commun. »

Quant à la manière de disposer les *familles* entre elles, il n'est pas indifférent d'employer tel ou tel arrangement, surtout après avoir admis les conséquences d'une classification toute chimique. Mais ici deux routes se présentent encore : les uns, à la tête desquels on doit placer M. Ampère, pensent qu'il faut autant que possible grouper les familles d'après les analogies tirées de l'ensemble de leurs propriétés. Or, il est nécessaire de connaître et de comparer tous les rapports qui peuvent exister entre les corps qui servent de types aux familles. C'est d'après ces idées, conformes à l'esprit d'une méthode naturelle, que M. Ampère a proposé une classification circulaire qui a l'avantage de ne pas rompre, comme les séries linéaires, les rapports qui lient entre elles les différentes espèces, et de placer les unes à côté des autres celles qui ont entre elles le plus d'analogie. Voici cette classification ingénieuse :

Silicium.

Bore. Tantalium.

Carbone. Molybdène.

Hydrogène. Chrôme.

Azote. Tungstène.

Oxigène. Titane.

Soufre. Osmium.

Chlore. Rhodium.

Phtore (*). Iridium.

Iode. Or.

Sélénium. Platine.

Tellure. Palladium.

Phosphore. Cuivre.

Arsenic. Nickel.

Antimoine. Fer.

Étain. Cobalt.

Zinc. Urane.

Cadmium. Manganèse.

Bismuth. Cérium.

Mercure. Thorinium(**).

Argent. Zirconium.

Plomb. Aluminium.

Sodium. Glucinium.

Potassium. Yttrium.

Lithium. Magnésium.

Barium. Calcium.

Strontium.

(*) Ce nom a été proposé, par M. Ampère, pour désigner le *fluor*, radical présumé de l'*acide fluorique* de quelques chimistes, ou de l'*acide hydrophtorique* de M. Ampère. C'est la théorie du chlore et de l'iode qui a fait présumer à ce savant que cet acide était un hydracide.

(**) M. Berzélius vient de s'assurer, par de nouvelles recherches sur la thorine, que ce prétendu oxide métallique est un sous-phosphate d'yttria.

D'autres, à la tête desquels on doit citer M. Berzélius, considérant qu'il n'est pas toujours facile de bien saisir tous les rapports naturels que présentent les corps à l'observation, sont d'avis qu'il vaut mieux ne faire usage dans ce cas que d'un seul genre de propriétés, mais qui soient tranchées, et ils regardent comme pouvant remplir ce but, celles que l'on emprunte à la théorie électro-chimique. En effet, celle-ci fait connaître que tous les corps de la nature peuvent être séparés en deux grandes classes, ceux qui manifestent au moment de la combinaison des propriétés électro-positives, tels que les corps combustibles et les bases salifiables ; et ceux qui manifestent des propriétés tout opposées, c'est-à-dire électro-négatives, tels que l'oxigène et les acides qui se portent au pôle positif de la pile ; ce qui revient à dire que dans toute combinaison chimique, un des corps fait fonction de base et l'autre remplit celle d'un acide, quoique ce dernier, dans son état isolé, n'ait pas les caractères généraux qui distinguent les acides, tels que la saveur aigre, la faculté de rougir la couleur bleue du tournesol, etc. Mais ces deux propriétés si opposées que possèdent tous les corps ne sont pas absolues pour chaque corps en particulier, en sorte qu'un corps qui, dans tel cas, est électro-négatif relativement à un autre plus fortement électo-positif, c'est-à-dire qui est un acide relativement à une base plus forte, peut dans tel autre cas être électro-positif, relativement à un corps plus fortement électro-négatif, c'est-à-dire peut se combiner comme base avec un acide plus fort. Ainsi, pour nous servir d'un exemple, dans la combinaison de deux acides, l'acide plus faible sert de base à l'acide plus fort. Et c'est un très grand avantage que ces deux propriétés si importantes ne soient que relatives, car par cela même la classification qui est fondée sur elles se rapproche singulièrement de la méthode des rapports naturels ; et en effet, d'après ce principe, les familles se trouvent rangées dans un ordre tel qu'elles commencent par le corps simple le plus électro-négatif, l'oxigène : les corps se suivent après cela, à mesure qu'ils sont de plus en plus électro-positifs et la série se termine par le plus électro-positif de tous, le potassium.

Cette manière de disposer les familles minéralogiques nous semble plus convenable lorsqu'il s'agit d'une classification linéaire, aussi est-ce celle que nous adopterons pour faire l'étude des substances minéralogiques que nous avons à décrire.

66. Il suit de la discussion où nous venons d'entrer, par rapport au groupement des *familles*, que la réunion d'un plus ou moins grand nombre d'entre elles constitue de nouvelles cohortes que l'on appelle ORDRES ou SOUS-CLASSES, et qu'enfin ces dernières donnent naissance à leur tour à des divisions que l'on peut considérer comme fondamentales, puisqu'elles reposent sur un caractère d'un ordre supérieur et général dans son application : c'est alors ce qu'on désigne sous le nom de CLASSES ; telles sont les classes établies en Minéralogie, d'après le principe de la composition élémentaire des corps.

Nous venons d'établir, d'une manière aussi précise et succincte qu'il était en notre pouvoir, ce que l'on doit entendre, dans le langage minéralogique, par les mots *classes*, *ordres*, *familles*, *genres*, *espèces*, *individus*, et de développer les idées que l'on doit s'en faire, en employant le secours de la plus saine philosophie. Il nous reste à en faire une application au développement de la méthode que nous croyons devoir suivre dans cet ouvrage ; mais auparavant nous croyons nécessaire d'exposer en peu de mots les principaux systèmes connus et suivis jusqu'ici en Minéralogie.

67. Ces systèmes peuvent se ranger sous trois classes bien distinctes : 1°. ceux qui sont fondés uniquement sur les caractères extérieurs ; 2°. ceux qui sont établis sur la composi-

tion et les caractères extérieurs à la fois, et 3°. ceux qui reposent entièrement sur la composition.

68. Pour exemple des premiers, on doit citer celui d'Avicenne, écrivain du 11e siècle, qui divisa les minéraux en quatre classes : les *pierres*, les *sels*, les *corps inflammables* ou *bitumes*, et les *métaux*. Cette division a été répétée en quelque sorte par tous les auteurs venus après lui : en effet, Linné, le premier des auteurs modernes qui ait publié un système de Minéralogie, établit trois classes de minéraux, *petrœ, minerœ, fossilia*, et transporta les classes d'Avicenne parmi ses ordres. Il en est de même des systèmes de Wallerius, Wollsterdorf, Cartheuser et Justi, qui parurent successivement après celui de Linné, peu après 1736. Enfin, en 1758, Cronstedt, dans sa Minéralogie, rétablit les classes d'Avicenne. Son système fut reproduit par Brunner, Bergman, Kirwan et autres célèbres minéralogistes de la fin du 18e siècle.

69. Parmi les systèmes de la seconde classe, on doit surtout distinguer ceux de Werner et de M. Hausmann. Celui de Werner a long-temps dominé et est encore suivi dans une grande partie de l'Allemagne. Il est une copie de celui de Cronstedt, puisqu'il consiste en quatre classes : les *fossiles terreux*, les *fossiles salins*, les *fossiles inflammables* et les *fossiles métalliques*, mais il a cela de plus que ses divisions se fondent essentiellement sur la composition. Quant à celui de M. Hausmann, il repose sur une base chimique, mais les espèces sont distribuées dans des groupes qui se rapprochent par leurs caractères extérieurs : c'est donc l'opposé de celui de Werner. Du reste, voici l'arrangement systématique général de ce système.

Classe	Ordre	Subdivisions
Ire CLASSE. CORPS COMBUSTIBLES.	1er *Ordre.* Corps inflammables.	Simples. Combinés.
	2e *Ordre.* Métaux.	
	3e *Ordre* Minéraux.	
IIe CLASSE. CORPS NON COMBUSTIBLES.	1er *Ordre.* Oxides......	Métalliques. Terreux.
	2e *Ordre.* Oxidoïdes.	
	3e *Ordre.* Acides.	
	4e *Ordre.* Sels...	Terreux. Alcalins. Métalliques.

70. Parmi les systèmes minéralogiques de la troisième classe, qui reposent uniquement sur le principe chimique, on peut citer celui de Karsten, celui d'Haüy, celui de M. Berzélius, et enfin ceux plus récens de MM. Brongniart et Beudant. Le premier, celui de Karsten, comprend quatre classes, comme celui de Werner, savoir : les terres, les sels, les corps combustibles et les métaux ; mais ici l'auteur a été fidèle, jusque dans ses dernières divisions, au principe qui fait la base de son système.

71. Le système de M. Haüy, qui est suivi dans une grande partie de l'Europe, est non-seulement le mieux conçu de tous ceux que nous venons d'examiner jusqu'ici, mais il est aussi parfait qu'on peut le désirer, puisqu'il est en rapport avec les connaissances chimiques, même les plus nouvelles. Comme il est d'un usage très répandu, nous allons l'exposer plus longuement que les précédens.

M. Haüy a partagé l'ensemble des minéraux en quatre classes principales, savoir : les *acides libres*, les *substances métalliques hétéropsides*, les *substances métalliques autopsides*, et les *substances combustibles non métalliques*.

La première classe n'est composée que de deux espèces, savoir : l'*acide borique* et l'*acide sulfurique*, parce que l'auteur n'y fait entrer que ceux de ces corps qui ont été observés libres dans la nature.

La seconde classe, les *substances métalliques hétéropsides* (c'est-à-dire qui se montrent sous un aspect étranger), renferme toutes les substances qui sont naturellement privées de l'éclat métallique, et que l'on considérait autrefois comme des combinaisons de différentes terres, soit entre elles, soit avec des acides, parmi lesquelles venaient se ranger celles qu'on désignait sous le nom d'*alcalis*. Ce sont toutes les combinaisons des métaux que les belles découvertes de M. Davy ont fait connaître.

M. Haüy fait suivre cette classe d'un appendice dans lequel il range toutes les combinaisons d'oxides terreux et alcalins dont le principe caractéristique dépendant de la silice, est jusqu'ici indéterminé. Ce sont les silicates des auteurs méthodistes postérieurs à M. Haüy. Cet appendice ne comprend qu'un seul ordre formé par la silice, libre ou combinée.

La troisième classe, les *substances métalliques autopsides* (c'est-à-dire qui s'offrent d'elles-mêmes sous leur véritable aspect), comprend tous les minéraux qui se trouvent naturellement dans un ou plusieurs états où ils sont doués de l'éclat métallique; aussi étaient-ils réunis depuis long-temps sous la dénomination commune de *métaux*.

La quatrième classe comprend les *substances combustibles non métalliques*, qui sont divisées en quatre espèces : *soufre, diamant, anthracite, mellite.*

M. Haüy a réuni dans un appendice, à la suite de cette dernière classe, quatre espèces minérales qu'il désigne sous le nom de *substances phytogènes* (c'est-à-dire engendrées des végétaux), parce qu'elles tirent leur origine du règne végétal, et qu'elles ne tiennent à la Minéralogie qu'en vertu d'une sorte d'adoption qu'elles doivent à leur position et à leur séjour dans le sein de la terre où elles ont été élaborées par diverses causes naturelles. Ces espèces sont : *le bitume, la houille, le jayet* et *le succin.*

Enfin M. Haüy termine sa méthode par un appendice général, dans lequel il renferme les substances qui n'ont pu trouver place dans ses divisions précédentes, par la raison qu'on n'en connaît point encore assez la composition chimique. C'est une simple série par ordre alphabétique de vingt-deux minéraux dont les caractères physiques seuls sont connus.

Voici le tableau de cette classification :

Ire CLASSE.... *Acides libres.*

IIe CLASSE.... *Substances métalliques hétéropsides*, subdivisées en huit genres, d'après la nature du principe minéralisé ou des bases.

Appendice. Un seul ordre. *Silice et ses combinaisons.*

IIIe CLASSE... *Substances métalliques autopsides.*

1er ordre. Non oxidables immédiatement, si ce n'est à un feu très violent, et réductibles immédiatement.

2e ordre. Oxidables et réductibles immédiatement.

3e ordre. Oxidables, mais non réductibles immédiatement.

A. Sensiblement ductiles à l'état actif.

B. Non ductiles.

IVe CLASSE... *Substances combustibles non métalliques*, subdivisées en quatre espèces.

Appendice. *Substances phytogènes.*

Appendice aux quatre classes. *Substances dont la classification est incertaine.*

Telle est la méthode que M. Haüy a publiée en 1822, et qu'il a suivie dans la dernière édition de son grand ouvrage. Elle diffère peu de celle qu'il avait donnée en 1801, lors de la première édition de ce même ouvrage.

72. Dans la classification de M. Beudant, les espèces minérales sont groupées en familles, d'après les principes minéralisateurs. L'auteur partage ces familles en trois classes bien caractérisées, dans lesquelles il les range comme il suit, en observant les points de rapports qu'elles présentent les unes avec les autres.

GAZOLYTES.	LEUCOLYTES.	CHROÏCOLYTES.
Silicides.		Tantalides.
Borides.	Antimonides.	Tungstides.
Anthracides.	Stannides.	Titanides.
Hydrogénides.	Zincides.	Molybdides.
Azotides.	Bismuthides.	Chromides.
Sulfurides.	Hydrargyrides.	Uranides.
Chlorides.	Argyrides.	Manganides.
Phtorides.	Plumbides.	Sidérides.
Sélénides.	Aluminides.	Cobaltides.
Tellurides.	Magnésides.	Cuprides.
Phosphorides.		Aurides.
Arsénides.		Platinides.
		Palladiides.
		Osmiides.

La première de ces classes renferme des familles dont les corps-types ont cette propriété commune d'être gazeux ou de former des gaz permanens, en se combinant soit avec l'oxigène, soit avec l'hydrogène, soit avec le phtore. Le nom de GAZOLYTES (solubles en gaz), créé par M. Ampère, exprime bien cette propriété.

La seconde classe comprend les familles dont les corps-types présentent ces deux caractères, savoir : 1°. de n'être pas solubles en gaz; 2°. de former avec les acides des solutions toujours incolores. Le nom de LEUCOLYTES (solutions blanches) exprime ce dernier caractère.

Enfin, la troisième classe renferme les familles dont les corps-types ont pour caractère commun de former, au contraire, des solutions colorées : aussi porte-t-elle le nom de CHROÏCOLYTES (solutions colorées).

M. Beudant a renfermé dans des appendices particuliers les substances mal connues et celles qui paraissent être des mélanges plutôt que des espèces minérales isolées; il place ces appendices à la suite des familles auxquelles ils se rapportent le plus.

73. La méthode minéralogique publiée par M. Brongniart, dans le 31ᵉ volume du *Dictionnaire des Sciences naturelles*, est fondée, partie sur celle de M. Haüy et partie sur celle de M. Berzélius. L'auteur a pris pour caractères de ses classes les analogies chimiques à la manière de M. Ampère, et a établi ses genres d'après le principe électro-positif ou d'après les bases. Les espèces y sont dénommées d'après le système de nomenclature *linnéenne*, c'est-à-dire reçoivent des noms *univoques* et insignifians qui désignent d'une manière fixe chacune d'elles.

Voici l'exposé de cette méthode :

Les corps inorganiques qui entrent dans la composition de la croûte extérieure de la terre sont d'abord séparés *en deux séries*.

La *première série* renferme tous les corps inorganiques naturels homogènes ou d'apparence homogène; ce sont les *minéraux simples* et les *roches homogènes*.

La seconde série renferme les masses minérales résultant de l'association en proportions à peu près déterminables des minéraux simples; ce sont les *roches composées* ou *hétérogènes*.

La première série comprend trois divisions : — Iʳᵉ *division*.

Minéraux dont les molécules de premier ordre ne sont composées que de deux élémens. — IIe *division.* Minéraux dont les molécules de premier ordre sont composées de plus de deux élémens. — IIIe *division.* Minéraux en masses, ou roches homogènes.

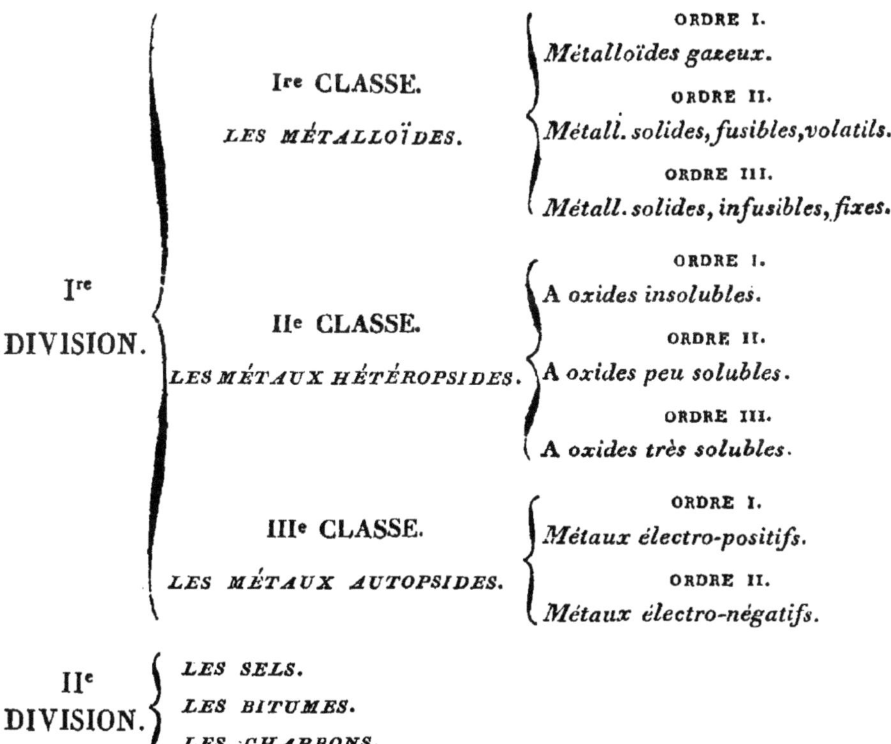

Ire DIVISION.	Ire CLASSE. *LES MÉTALLOÏDES.*	ORDRE I. *Métalloïdes gazeux.*
		ORDRE II. *Métall. solides, fusibles, volatils.*
		ORDRE III. *Métall. solides, infusibles, fixes.*
	IIe CLASSE. *LES MÉTAUX HÉTÉROPSIDES.*	ORDRE I. A *oxides insolubles.*
		ORDRE II. A *oxides peu solubles.*
		ORDRE III. A *oxides très solubles.*
	IIIe CLASSE. *LES MÉTAUX AUTOPSIDES.*	ORDRE I. *Métaux électro-positifs.*
		ORDRE II. *Métaux électro-négatifs.*
IIe DIVISION.	*LES SELS.*	
	LES BITUMES.	
	LES CHARBONS.	

L'auteur place dans un appendice les minéraux non classés, c'est-à-dire dont la composition ou la forme ne sont pas encore assez exactement connues pour être employées comme caractères spécifiques.

IIIe DIVISION.	ORDRE I. *Roches tendres.*
	ORDRE II. *Roches dures.*

Quant à la *seconde série,* qui comprend les *roches hétérogènes,* l'auteur n'y apporte aucun développement, par la raison que ce sujet est entièrement du domaine de la Géologie : aussi n'indique-t-il cette seconde partie de sa méthode que pour compléter son tableau minéralogique et lui donner tout l'ensemble nécessaire.

74. L'arrangement systématique des minéraux proposé par M. Berzélius est développé avec beaucoup de détails dans son nouveau Système minéralogique, publié à Paris en 1819. Nous regrettons de ne pouvoir présenter au lecteur toutes les idées neuves et lumineuses que cet ouvrage renferme : mais nous allons cependant rapporter les considérations les plus importantes qui servent de bases à sa classification, qui est celle que nous adopterons dans notre ouvrage. Nous ne pourrons mieux faire que d'employer souvent le texte même de l'auteur, afin de ne rien ôter à ses pensées de leur force et de leur justesse. Nous avons déjà exposé, en définissant ce que l'on devait entendre par *famille* en Minéralogie, une partie des opinions de M. Berzélius sur la classification des genres et des familles : nous ne reviendrons donc pas sur cette matière, nous prions le lecteur de vouloir bien se reporter au sujet que nous lui indiquons.

« Les objets d'une classification minéralogique, dit M. Berzélius, se partagent naturellement en deux classes, dont l'une est formée de corps simples et de corps combinés d'après le principe de la composition inorganique, et l'autre de ceux qui sont combinés d'après le principe de la composition organique.

» La première de ces classes, je la sous-divise en familles, et chaque corps simple peut en donner une. Les familles sont rangées dans un certain ordre, de manière qu'elles commencent par le corps simple le plus électro-négatif, l'oxigène : les corps se suivent après cela, à mesure qu'ils sont de plus en plus électro-positifs, et la série se termine par le plus électro-positif de tous, le potassium. J'ai conclu aux propriétés électro-chimiques des corps simples, par celle de leur degré d'oxidation, qui est douée des affinités les plus marquantes.

» Afin de donner des points d'appui à la mémoire, j'ai partagé les familles des corps combustibles en ordres, de la manière suivante : premier ordre, *métalloïdes*. Par ce mot, j'entends les corps combustibles simples qui ne possèdent point les caractères principaux des métaux ; tels sont, par exemple, le soufre, le bore, le charbon. Second ordre, *métaux électro-négatifs*, c'est-à-dire métaux dont les oxides tendent plutôt à jouer le rôle d'un acide que celui d'une base, dans leurs combinaisons avec d'autres corps oxidés. Troisième ordre, *métaux électro-positifs*, dont les oxides forment de préférence des bases salifiables. J'ai partagé le dernier ordre en deux sous-divisions, dont la première contient les métaux dont les oxides se laissent réduire moyennant du charbon, par la méthode ordinaire, c'est-à-dire les métaux anciennement connus ; et la seconde contient les métaux qui ne se laissent point réduire par les moyens ordinaires. Ces métaux sont les radicaux des alcalis et des terres.

» Cette distribution facilite la mémoire en même temps qu'elle couvre ce défaut dans nos connaissances, qui fait qu'un arrangement parfait, d'après les caractères électro-chimiques, n'est point possible pour le moment. Je suis persuadé qu'aucun chimiste qui s'est occupé des idées électro-chimiques ne saura placer, à son entière satisfaction, d'après le rapport des caractères électro-positifs, le charbon, l'hydrogène, le zirconium, l'aluminium, etc. Par la distribution que je viens d'indiquer, on ne s'aperçoit plus de cette imperfection dans nos connaissances, et l'ordre adopté pourra nous servir jusqu'à ce que de nouvelles découvertes nous aient donné des vues plus étendues, et que des connaissances plus claires et plus sûres nous aient mis en état de faire un arrangement plus correct et plus parfait.

» L'arrangement systématique ne s'occupe que des minéraux purs ou tellement fondus ensemble, que l'œil ne peut plus découvrir qu'ils sont mélangés.

» Chaque espèce est composée des mêmes ingrédiens dans les mêmes proportions. La plus petite addition d'une substance qui, d'une manière essentielle, appartient à la combinaison, produit une espèce nouvelle. Jusqu'ici nous n'avons d'autres moyens de découvrir si l'addition d'une substance est essentielle ou non, qu'en observant les changemens produits dans la forme cristalline du minéral, et quelquefois par la connaissance d'une combinaison analogue que nous pouvons produire dans nos laboratoires.

» Une même espèce peut se montrer sous diverses variétés de couleur et de transparence, de formes cristallines secondaires, et enfin de mélanges étrangers. Les deux premières sortes de variétés n'entrent pour rien dans l'arrangement systématique, elles appartiennent entièrement à la Minéralogie descriptive; mais les variétés de mélanges étrangers doivent être prises ici en considération. Nous avons donc pour principe de placer un minéral mélangé en parties invisibles, sous l'espèce dont il possède les caractères les plus marquans, tels, par exemple, que la forme cristalline; et nous ne nous en écarterons que lorsqu'une substance prend la forme d'une autre, dont elle ne contient que quelques pour 100. Ainsi, par exemple, nous placerons sous le carbonate de chaux tous les mélanges cristallisés de cette espèce avec carbonate de fer et de manganèse; mais le carbonate de fer, qui ne contient que 5 à 6 pour 100 de carbonate de chaux, nous le placerons dans la famille du fer, quoiqu'il paraisse s'être moulé dans la forme cristalline du carbonate de chaux.

» J'ai partagé les minéraux de chaque famille en *genres chimiques*, par exemple, des sulfures, des oxides, des sulfates, des muriates, etc. Ainsi le genre *sulfate*, de la famille du fer, contient quatre espèces, savoir : le vitriol vert, le vitriol rouge, l'ocre vitriolique ou le fer sous-sulfaté terreux et le fer sous-sulfaté résinite. Le genre *silicate* des familles des terres contient souvent un grand nombre d'espèces, dont la plupart possèdent deux bases, et dont la plus forte détermine la famille dans laquelle le silicate doit être placé.

» J'ai, avec peu d'exceptions, employé les noms de M. Haüy, non-seulement parce qu'ils sont mieux connus en France, mais surtout parce qu'ils sont, en général, bien choisis, sonores, et peuvent appartenir à toutes les langues, circonstance que je considère comme d'une très grande importance.

» Quant à la seconde classe des substances fossiles, laquelle contient des restes d'une organisation détruite, elle doit être arrangée d'après un principe analogue à celui de l'histoire naturelle des corps organiques, c'est-à-dire en groupes dont les différens membres ont une affinité extérieure entre eux, puisque les élémens y sont toujours les mêmes, et ne varient que dans leurs proportions. J'ai partagé cette classe en six genres, en commençant par ceux où les traces de l'état primitif se sont le mieux conservées, et en avançant vers ceux qui sont déjà si altérés, que toute trace de leur origine a disparu. J'ai terminé la classe par quelques sels fossiles dont l'un des principes constituans est d'une origine organique. »

Telles sont les idées les plus générales que nous avons cru devoir emprunter à M. Berzélius, pour développer d'une manière convenable la classification que nous devons suivre. Nous n'aurions fait ressortir que faiblement ses avantages, si nous n'avions reproduit les paroles d'un si grand maître.

75. Il ne reste plus maintenant, pour terminer ce sujet, qu'à exposer le tableau général de cette classification.

PREMIÈRE CLASSE.

Elle renferme des corps simples et des corps composés d'après le principe de la composition inorganique, c'est-à-dire ceux dans lesquels les atomes composés du premier ordre ne contiennent que deux élémens.

A. OXIGÈNE.

B. CORPS COMBUSTIBLES.

Ier ORDRE. *MÉTALLOIDES.*

1re *famille*	Soufre.
2e *id.*	Chlore (*).
3e *id.*	Azote (**).
4e *id.*	Bore.
5e *id.*	Carbone.
6e *id.*	Hydrogène.

IIe ORDRE. *MÉTAUX ÉLECTRO-NÉGATIFS.*

1re *famille*	Arsenic.
2e *id.*	Chrôme.
3e *id.*	Molybdène.
4e *id.*	Antimoine.
5e *id.*	Titane.
6e *id.*	Silicium.

(*) M. Berzélius professait l'opinion que l'acide muriatique était composé de 2 atomes d'oxigène et d'un atome d'un radical encore inconnu, qu'il nommait *muriaticum*; il regardait, en conséquence, le chlore comme de l'acide muriatique oxigéné, composé d'un atome du radical et de 3 atomes d'oxigène $= \dddot{M}$. Nous adoptons les idées le plus généralement admises sur la composition de l'acide oximuriatique, et le considérons comme un corps simple, opinion maintenant admise par M. Berzélius lui-même.

(**) M. Berzélius admet que l'azote est un composé formé d'un atome d'oxigène et d'un atome d'un radical métallique qu'il appelle *nitricum*. Tous les chimistes français, regardant les expériences de Berthollet fils sur l'ammoniaque comme concluantes, considèrent l'azote comme un corps simple : nous suivons cette théorie.

III

IIIe ORDRE. *MÉTAUX ÉLECTRO-POSITIFS.*

1re SOUS-DIVISION.				2e SOUS-DIVISION.			
Métaux dont les oxides, soumis à l'action d'une haute température, se réduisent, soit par eux-mêmes, soit par l'addition du charbon, et qui sont les radicaux des anciens oxides métalliques proprement dits.				Métaux qui ne sont point réductibles à l'aide du charbon, et dont les oxides forment des terres et des alcalis.			
1re *fam.*	Iridium.	10e *fam.*	Cuivre.	1re *fam.*	Zirconium.	7e *fam.*	Strontium.
2e	Platine.	11e	Nickel.	2e	Aluminium.	8e	Barium.
3e	Or.	12e	Cobalt.	3e	Yttrium.	9e	Lithium.
4e	Mercure.	13e	Urane.	4e	Glucium.	10e	Sodium.
5e	Palladium.	14e	Zinc.	5e	Magnésium.	11e	Potassium.
6e	Argent.	15e	Fer.	6e	Calcium.		
7e	Bismuth.	16e	Manganèse.				
8e	Étain.	17e	Cérium.				
9e	Plomb.						

SECONDE CLASSE.

Elle renferme les corps composés d'après le principe de la composition organique, c'est-à-dire dans lesquels les molécules composées du premier ordre contiennent plus de deux élémens.

1er GENRE. *Corps provenant d'une décomposition plus ou moins lente de substances organiques.*

Humus.
Tourbe.
Lignite.

2e GENRE. *Corps résineux.*

Ambre jaune ou succin.

Rétin-asphalte.
Bitume élastique.

3e GENRE. *Substances liquides.*

Naphte.
Petrolæum.

4e GENRE. *Substances bitumineuses.*

Bitume mou.
Asphalte.

5e GENRE. *Substances charbonnées.*

Anthracite.
Houille ou charbon de terre.

6e GENRE. *Sels.*

Sulfate d'ammoniaque.
Muriate d'ammoniaque.
Mellatte d'alumine. (Mellite.)

Tel est l'exposé de la méthode de M. Berzélius. Nous l'avons, en général, conservée telle qu'il l'a donnée en 1819; nous n'y avons fait que de légères modifications, nécessitées par de nouvelles analyses qui ont changé la formule de composition de quelques espèces, et par l'intercallation de plusieurs substances découvertes postérieurement à son travail.

Tout récemment, M. Berzélius vient de modifier ses premières idées dans la nouvelle classification qu'il a publiée (*Ann. des Sciences naturelles,* t. V, p. 235, et *Ann. de Chimie et de Physique,* t. XXXI, p. 5.) Les changemens qu'il a apportés dans le système de Minéralogie chimique sont ceux qui doivent nécessairement résulter de la propriété que possèdent les corps *isomorphes,* de se remplacer mutuellement en proportions indéfinies. Nous avons déjà fait connaître plus haut une partie des principes qui ont servi de base à sa nouvelle méthode, principes puisés dans les belles recherches de M. Mitscherlich sur l'isomorphisme; nous ne reviendrons pas sur ce sujet : nous nous contenterons de dire que M. Berzélius a disposé les minéraux, dans sa nouvelle classification, d'après le principe électro-négatif; disposition qui, selon lui, a le grand avantage de rompre beaucoup moins de rapports naturels entre les espèces, et de laisser subsister les analogies si marquées que la forme cristalline établit entre elles. Elle permet, en outre, de laisser ensemble, dans un même groupe toutes celles que les anciennes méthodes confondaient et identifiaient sous le même nom; de rapprocher le plus qu'il est possible les espèces mélangées des espèces pures dont elles proviennent, enfin, de grouper naturellement l'une auprès de l'autre les combinaisons où les bases isomorphes se remplacent. Dans cette classification, lorsqu'elle est strictement suivie, les composés, surtout dans les grandes familles, se rangent d'une manière si frappante dans l'ordre de leurs caractères extérieurs, qu'ils n'auraient pu l'être mieux d'après le système de Werner, où cette analogie des caractères extérieurs était le principe dominant; circonstance, dit M. Berzélius, qui doit certainement favoriser beaucoup l'adoption de cette méthode.

M. Berzélius a conservé sa grande division en deux classes; celle des minéraux de composition inorganique, et celle de composition organique. La première comprend dix-huit familles qui se suivent, depuis la plus positive jusqu'à la plus négative, dans l'ordre suivant : fer, cuivre, bismuth, argent, mercure, palladium, platine, osmium, or, tellure, antimoine, arsenic, carbone, azote, sélénium, soufre, oxigène et chlore (*). Les

(*) L'iode venant d'être découvert dans le règne minéral par M. Vauquelin, on doit le placer entre l'oxigène et le chlore.

huit premières ne se composent que d'une ou deux espèces; mais les suivantes en comprennent un grand nombre, et sous l'oxigène sont rangés tous les minéraux oxidés. L'auteur n'a pas cru devoir subdiviser ces dix-huit familles, et la distinction entre les corps oxidés et inoxidés s'ensuit d'elle-même. La seconde classe n'a éprouvé aucun changement. (*Voir* pour plus de détails, le Mémoire même de M. Berzélius, *loc. cit.*)

Si nous n'avons pas fait usage de cette classification, nous sommes loin cependant de regarder celle que nous avons suivie comme se rapprochant le plus de la vérité et plus conforme à l'esprit de la science. Nous pensons au contraire que, considérée sous le point de vue théorique, la nouvelle méthode est peut-être le seul moyen d'arriver à une distribution naturelle des êtres inorganiques, un des buts principaux vers lesquels doivent tendre tous les efforts des minéralogistes, mais nous récusons qu'elle soit plus commode et plus avantageuse dans son application à la pratique. En effet, tandis que, dans la classification d'après l'élément positif, chaque métal proprement dit y compose une famille qui embrasse toutes ses combinaisons, ce qui permet de grouper autour de cette famille toutes les considérations géognostiques et métallurgiques qui s'y rattachent immédiatement, il faut renoncer à cet avantage immense dans la classification d'après l'élément négatif, car les diverses espèces d'un même métal se trouvent dispersées dans plusieurs familles. Notre ouvrage étant destiné à faciliter l'étude des minéraux, nous avons cru ne devoir rien négliger pour remplir ce but; et nous avons dû, guidés par de pareilles considérations, faire choix d'une méthode qui offrît le plus ces avantages auxquels nous pensons qu'il faut, dans un ouvrage élémentaire comme le nôtre, sacrifier en partie la philosophie de la science.

LIVRE II.

DESCRIPTION DES ESPÈCES MINÉRALES.

PREMIÈRE CLASSE.

76. Corps simples et corps composés, d'après le principe de la composition inorganique, c'est-à-dire dans lesquels les atomes du premier ordre ne contiennent que deux élémens.

A. OXIGÈNE.

77. N'existe jamais à l'état de liberté dans la nature ; se trouve en dissolution dans toutes les eaux qui ont le contact de l'air ; mêlé dans la proportion de 21 pour cent avec le gaz azote, il constitue l'air atmosphérique ; entre d'ailleurs dans la composition de presque tous les corps de la nature.

B. CORPS COMBUSTIBLES.

Ier ORDRE. *MÉTALLOIDES.*

1re FAMILLE. *SOUFRE.*

Cette famille comprend trois espèces.

1re ESPÈCE. *SOUFRE NATIF.*

78. *Caractères physiques.* C'est une substance solide, d'une couleur jaune plus ou moins pure, insipide et inodore sans

frottement. Sa cassure est conchoïde, presque résineuse; sa structure est à peine distincte. Le frottement lui communique l'électricité résineuse; quelquefois opaque, souvent translucide et transparente; elle offre, comme M. Haüy l'a observé pour la première fois, la double réfraction à travers deux faces parallèles entre elles. Elle est très friable et se brise toujours avec craquement.

Sa pesanteur spécifique est de 1,99 à 2.

Caractères chimiques. Le soufre fond à 170° centigr.; il s'enflamme à une température plus élevée, et répand, avec le contact de l'air, des vapeurs suffocantes d'acide sulfureux: il se volatilise en vaisseaux clos; chauffé avec l'acide nitrique, il ne donne que de l'acide sulfurique avec dégagement de gaz nitreux.

Composition. Corps simple. Son signe chimique est S.

Caractères cristallographiques. Sa forme primitive est un *octaèdre à bases rhombes,* dont les angles sont de 106° 30′, et 85° 5′ vers un même sommet, et 143° 25′ d'une face d'un des sommets sur l'autre.

Le soufre qu'on fait fondre et qu'on laisse refroidir jusqu'à ce qu'il se soit formé une croûte solide à la surface, qu'on brise pour décanter les parties internes encore liquides, fournit des cristaux en *prisme oblique à bases rhombes,* qui sont par conséquent incompatibles avec les cristaux octaédriques naturels. (Mitscherlich.) Quelques chimistes pensent que cette différence tient à ce que le soufre naturel renferme toujours un peu d'hydrogène; mais il n'est pas encore bien démontré que ce soit ce dernier corps combustible qui, par sa présence, produise cette anomalie; car lorsqu'on fait évaporer spontanément du carbure de soufre qui tient du soufre en solution, on obtient des cristaux qui ont une forme absolument identique avec les cristaux naturels.

Les formes dominantes sont produites par des modifications sur les arêtes ou sur les angles de l'octaèdre primitif.

On observe,

1°. L'octaèdre dont les deux sommets sont tronqués;

2°. L'octaèdre dont les deux sommets sont séparés par un prisme à quatre pans;

3°. L'octaèdre dont les sommets sont remplacés par deux pyramides à quatre faces tronquées par le haut, ce qui donne un solide à dix-huit faces.

Quant à ses formes accidentelles, elles sont très variées: on y remarque surtout les variétés qu'on a nommées

Soufre aciculaire,
stalactitique,
concrétionné-tuberculeux,
granulaire,
compacte,
terreux,
pulvérulent.

Variétés de couleur. La couleur la plus habituelle du soufre est le jaune citron; mais elle est souvent altérée par le mélange de substances étrangères diversement colorées; de là naissent les variétés de couleur que l'on connaît sous le nom de

Soufre verdâtre,
blanchâtre,
miellé,
brunâtre,
gris,
bitumineux, c'est-à-dire d'un brun plus ou moins foncé.

79. *Gisement.* Le soufre natif existe en assez grande quantité dans la nature; on le rencontre dans presque tous les terrains, mais il n'y forme jamais de gîtes à lui seul: il

est toujours disposé sous forme de nids ou d'amas plus ou moins volumineux dans les roches des divers terrains qui suivent.

1. *Terrains primitifs*. Suivant M. de Humboldt, il est très abondant dans ces terrains, mais on ne le connaît encore, pour ainsi dire, que dans le nouveau monde. Il se présente dans des couches de quarz de 1200 pieds d'épaisseur, subordonnées au micaschiste primitif (montagne de Ticsan, dans les Cordillières de Quito) ; disposé en filons extrêmement crevassés, et exhalant une vapeur sulfureuse dont la température s'élève à plus de 47°,8 centésimaux lorsque l'air ambiant est à 20°,2 ; dans un micaschiste primitif (Cordillières des Andes de Quindiù) ; disséminé avec de l'or dans du quarz chloriteux recouvrant le thonschiefer primitif (Minas-Geraès, Brésil) ; enfin, sous forme de petits rognons dans des filons de quarz traversant un banc calcaire subordonné à un schiste de même âge que le précédent (Antonio Periera, près de Villarica, Brésil), etc., etc.

2. *Terrains de transition*. Assez rare dans ces terrains, on sait depuis long-temps qu'il se trouve dans des masses de chaux sulfatée intermédiaire, dans le Dauphiné, à Pesay, dans la Tarentaise ; et dans des calcaires du même âge, comme le calcaire de Carrare. M. de Humboldt depuis l'a observé, aux Andes du Pérou, dans des roches de quarz placées sur la limite des porphyres intermédiaires et du calcaire alpin.

3. *Terrains secondaires*. C'est surtout dans cette sorte de terrains que le soufre se présente en très grande quantité sous forme d'amas, de cristaux très nets, de veines, de couches disposées tantôt dans le gypse, tantôt dans les dépôts salifères qui se rencontrent à divers étages, tantôt enfin dans les marnes qui se trouvent intercalées dans ces dépôts, comme à Conilla, près de Gibraltar ; en Italie, en Sicile, etc. C'est

dans ces terrains qu'on trouve les plus beaux groupes de cristaux.

4. *Terrains tertiaires.* Il est assez rare dans ceux-ci ; cependant on le connaît dans les lignites d'Artern, en Thuringe et dans la pierre à plâtre de Paris (Montmartre). Dans ce dernier gîte, il est en petits grains disséminés dans une marne. Il est probable qu'il provient de la décomposition du sulfate de chaux.

5. *Terrains volcaniques.* Ceux-ci offrent le soufre en bien plus grande quantité que tous les autres. Tantôt il est en cristaux, tantôt en couches, tantôt en poussière très fine, dans les fentes des laves qui avoisinent les volcans. Tous les volcans en activité en produisent considérablement : il est probable que dans ce cas ceux-ci le prennent dans les roches inférieures pour le sublimer à la surface ; mais il est très rare dans les terrains ignés anciens et les volcans éteints qui paraissent les plus modernes ; on n'en peut citer que dans des basaltes à l'île de Bourbon, et dans quelques laves d'Auvergne.

Les soufrières les plus célèbres sont celles de la Solfatare, près Pouzzoles, en Italie ; celles de Sicile, des états romains, de l'Islande, de la Guadeloupe et de Quito, dans les Cordillières, etc.

Associations. Les associations les plus constantes du soufre sont avec la *chaux sulfatée* (gypse), la *marne,* la *soude muriatée,* la *chaux carbonatée,* le *bitume,* la *strontiane sulfatée*, etc.

Les eaux thermales sulfureuses déposent journellement du soufre en poussière très fine autour des lieux d'où elles sourdent ; on doit attribuer à la même origine les dépôts de soufre que Pallas a observés en Sibérie dans des lacs, des mares, des ruisseaux, etc. Dans tous les cas, il provient de la décomposition du gaz hydrogène sulfuré par des causes encore inconnues.

Enfin il paraît que la décomposition lente et séculaire de

quelques sulfates produit encore journellement une certaine quantité de soufre; mais il est nécessaire que ces sels se trouvent enfouis dans les endroits où des matières végétales et animales sont en putréfaction.

80. *Extraction.* Le soufre étant volatil, et presque toujours mêlé ou combiné avec des matières qui ne le sont pas, son extraction n'offre aucune difficulté.

Lorsque le soufre est simplement mélangé avec diverses matières terreuses, comme à la Solfatare, près Pouzzoles, on met ce mélange dans de grands creusets en terre, que l'on chauffe tous ensemble dans un long fourneau, nommé *galère* (1). Ces creusets sont recouverts par des couvercles de terre, et communiquent par des tuyaux dans des pots fermés à la partie supérieure, ouverts à la partie inférieure, et plongeant dans l'eau. Le soufre distille, et vient se solidifier dans l'eau des récipiens; mais comme il a entraîné avec lui une plus ou moins grande quantité de matières terreuses, on est obligé de le purifier pour pouvoir le livrer au commerce. Cette opération se pratiquait autrefois en le faisant fondre dans une marmite de fonte, puis le décantant pour le couler ensuite

(*) On appelle *galère* un fourneau long, ordinairement en briques, qui a la forme d'un prisme rectangulaire d'environ 3 à 4 mètres de longueur, 9 à 12 décimètres de largeur, 7 à 9 décimètres de hauteur, et qui est terminé supérieurement par un demi-cylindre, qu'on appelle *dôme*. A l'une de ses extrémités est une porte par laquelle on introduit le combustible; à l'autre est une cheminée plus ou moins élevée. La galère dont il s'agit ici a 22 décimètres de long sur 7 décimètres et demi de haut, et 5 décimètres intérieurement d'une paroi à l'autre.

Il existe aussi des galères qui ne sont que des fourneaux ronds, à réverbère, d'un grand diamètre. Les vases contenant la matière que l'on veut chauffer se mettent tout autour: on peut ainsi placer 8 à 10 cornues assez grandes. Tels sont les fourneaux qui servent dans les fabriques d'acide sulfurique pour la distillation de cet acide, et qui étaient usités également dans les anciennes fabriques d'*eau-forte*.

dans des moules de bois de hêtre légèrement humides. On obtenait alors ce que l'on nomme dans le commerce *soufre en canons*. Mais on sent combien ce procédé est défectueux; aussi le soufre ainsi purifié est-il toujours plus ou moins grisâtre. Maintenant on obtient le soufre beaucoup plus pur, en le distillant dans une grande chaudière de fonte couverte d'un chapiteau, et communiquant avec une chambre en maçonnerie, qui sert de récipient. On obtient même à volonté, par ce moyen du *soufre en canon* ou du *soufre en poudre*. Si l'on suspend l'opération au bout de huit à dix heures, selon la capacité de la chambre, le soufre n'a pas le temps de se réunir en masse, et l'on obtient de la *fleur de soufre;* dans le cas contraire, il se rassemble sur le sol de la chambre, et on le retire par des robinets pour le faire couler dans des moules. Ce procédé s'exécute en grand en Angleterre, à Marseille, etc.

La plupart des minérais de soufre contiennent du bitume, suivant la remarque de M. Vauquelin; aussi lorsqu'on les distille, le produit est-il presque toujours coloré en rouge-brunâtre, et dégage-t-il par la chaleur ou le simple frottement une odeur plus ou moins fétide. Le résidu de cette distillation est un charbon bitumineux, mélangé de silice, de carbonate de chaux, de fer et de quelques atomes d'alumine et de magnésie.

On peut encore extraire le soufre du persulfure de fer, en chauffant celui-ci assez fortement dans des vases de fonte ou d'argile apyre. On ne peut, par ce procédé, décomposer entièrement le persulfure, on parvient seulement à le ramener à l'état de protosulfure, qui par là devient plus propre à se convertir en sulfate de fer, par son exposition à l'air libre.

81. *Usages*. Les usages du soufre sont extrêmement multipliés. On l'emploie principalement dans la fabrication de l'acide sul-

furique, du cinabre, de la poudre à canon, du sulfure de potasse, etc. On s'en sert pour sceller le fer dans la pierre, et prendre des empreintes. Il est aussi usité en Médecine et en Pharmacie; il fait la base des eaux sulfureuses ou hépatiques. A l'état d'acide sulfureux, on l'emploie en fumigations pour les maladies de la peau, etc.; enfin, il entre en nature dans la préparation de pastilles, d'onguens antipsoriques et d'huiles soufrées, dites *baumes de soufre,* etc.

2ᵉ ESPÈCE. *ACIDE SULFUREUX.*

82. *Caractères essentiels.* Cet acide est toujours gazeux: il est reconnaissable à son odeur suffocante, qui rappelle celle du soufre qui brûle; il rougit la teinture de tournesol, et se dissout facilement dans l'eau. Sa densité est de 2,25.

Composition. 1 atome de soufre et 2 atomes d'oxigène $= \ddot{S}$.

83. *Gisement.* On le trouve à l'état de gaz dans les pays volcaniques, se dégageant des fissures des laves qui avoisinent les cratères des volcans en activité; mais on pense que son existence est passagère, et qu'il ne fait qu'accompagner ou suivre les éruptions volcaniques. On connaît cependant quelques lieux où son dégagement semble être permanent, tels sont l'ancien cratère de la Solfatare, près Pouzzoles, le sommet du Stromboli, celui du Vulcanello, etc. Quelquefois, après des pluies, on trouve dans les trous des roches, près des volcans, des petits amas d'une eau acide, chargée d'acide sulfureux.

84. *Usages.* L'emploi immédiat de cet acide est singulièrement restreint. Son usage principal est pour le traitement des maladies cutanées, et comme dans ce cas, il importe peu qu'il soit mêlé à de l'air atmosphérique, on se le procure en brûlant du soufre sur un réchaud; c'est encore ainsi qu'on l'obtient pour blanchir la soie, mûter les vins, enlever les taches de fruits, et désinfecter les lieux remplis de miasmes putrides.

Comme il éteint instantanément les corps enflammés, on pourrait s'en servir avec avantage pour arrêter les feux de cheminée : il suffit dans ce cas de jeter dans le foyer une poignée de soufre.

3e ESPÈCE. *ACIDE SULFURIQUE.*

85. *Caractères essentiels.* Cet acide est liquide, pesant, sans odeur : il donne de l'acide sulfureux lorsqu'on le chauffe avec du charbon, et forme avec les sels solubles de baryte un précipité blanc insoluble dans l'acide nitrique. Pour le distinguer des sulfates acides, il faut voir s'il se volatilise sans laisser de résidu.

Sa pesanteur spécifique est de 1,85. Il cristallise en prismes hexaèdres lorsque la température est basse et qu'il contient de l'acide sulfureux.

Composition. Un atome de soufre et 3 atomes d'oxigène $= \dddot{S} + Aq$.

86. *Gisement.* Cet acide est très rare à l'état libre, car outre que les conditions nécessaires à sa formation sont très peu nombreuses, il a une trop grande affinité pour les bases pour qu'on en trouve jamais de grandes quantités dans la nature à l'état pur. Cependant le professeur Baldassari l'a vu, dans cet état, près de Santa-Fiorra, aux environs de Sienne, dans des grottes de la petite montagne volcanique, nommée *Zoccolino;* il est mêlé à de l'acide sulfureux et à du sulfate de chaux qui le rend solide. M. Pictet dit l'avoir trouvé libre, distillant de la voûte d'une caverne, près d'Aix en Savoie ; il était mêlé d'eau et d'un peu de sulfate de chaux. Fortis assure que cet acide, mêlé seulement d'un peu d'eau, découle de la voûte des cavernes alumineuses de Lotera, près Bolsena. Dolomieu l'a observé sous ce même état dans plusieurs grottes de l'Etna, et Tournefort, dans l'île de Milo. Pallas l'a découvert dans les monts Ourals, près de la source de l'Iaïk : il se dégage de cer-

tains schistes qui semblent se carier et tomber en poussière. M. Leschenaud a rapporté de l'acide sulfurique qu'il avait puisé dans l'intérieur du mont Idienne, dans les Indes; il renfermait un peu de sulfate d'alumine, de sulfate de soude et d'acide hydrochlorique. Suivant M. Vauquelin, il existerait aussi dans les eaux thermales sulfureuses, par suite de l'altération de l'acide sulfureux. M. de Humboldt a trouvé dans l'Amérique des eaux qui lui doivent leur acidité: tel est le Rio-Vinagre, au volcan de Puracé, dans le Popayan, etc. Cette eau contient, suivant M. Rivero, 1gr.,080 d'acide sulfurique et 0gr.,184 d'acide muriatique, par litre; elle renferme en outre un peu d'alumine, de chaux et quelques indices de fer.

87. *Préparation.* La fabrication de l'acide sulfurique est une branche de commerce très importante. C'est principalement aux environs de Marseille qu'elle a lieu. Les bornes et la nature de cet ouvrage ne nous permettent pas de la détailler avec tout le soin qu'elle mérite, nous renvoyons aux ouvrages de Chimie et surtout au *Dictionnaire technologique*, tome I, p. 125; nous dirons seulement qu'on parvient à former l'acide sulfurique en faisant réagir ensemble le gaz acide sulfureux et le gaz nitreux convenablement humides. Ces deux gaz, qui sont sans action l'un sur l'autre quand ils sont secs, présentent au contraire des phénomènes remarquables lorsqu'ils sont en présence de l'eau. Une portion d'acide nitreux est décomposée, et cède de l'oxigène à l'acide sulfureux qui passe à l'état d'acide sulfurique, lequel se combine à une petite quantité d'acide nitreux, d'où résulte un composé solide et cristallin qui se dépose ou se dissout dans l'eau préparée à cet effet, en abandonnant l'acide nitreux qu'il contenait. C'est dans de grandes chambres doublées en plomb que se fait ordinairement cette opération. On se procure les gaz acides nitreux et sulfureux en faisant brûler dans l'intérieur de la chambre un mélange de

8 parties de soufre et d'une partie de nitrate de potasse, ou bien, comme cela se pratique plus généralement aujourd'hui, on fait simplement brûler le soufre dans la chambre, et on produit le deutoxide d'azote par l'action de l'acide nitrique sur l'amidon ou la mélasse, en même temps que d'un autre côté de la chambre, on fait arriver de l'eau en vapeur. C'est la grande tendance que possède l'acide sulfurique pour l'eau, qui détermine la formation de ce composé énergique; en substituant à l'eau un corps doué d'une aussi puissante affinité qu'elle pour cet acide, on produirait le même résultat, mais avec bien moins d'économie et de commodité. L'acide sulfurique, tel qu'on le retire des chambres, est toujours évaporé jusqu'à 66° Baumé, dans de vastes chaudières en platine. Il est alors livré au commerce. Dans cet état, il est loin d'être pur; outre quelques matières salines de peu d'importance, il renferme une certaine quantité de persulfate de fer anhydre qui ne tarde pas à se déposer dans les vases où l'on conserve cet acide. Ce dépôt a été pris pendant long-temps pour du sulfate de plomb; ce sont MM. Bussy et Lecanu qui ont fait connaître sa véritable nature. La présence de ce sel dans l'acide sulfurique n'a rien d'étrange, si l'on considère que le soufre dont on fait usage renferme toujours une petite quantité de sulfure de fer; que ce dernier, par suite de la combustion, converti en sulfate, entraîné avec une portion de soufre par les gaz qui se forment, se dissout dans l'acide sulfurique faible et s'en dépose par suite de sa concentration. Pour avoir l'acide sulfurique dans son état de pureté, on le distille en petit dans des cornues de verre. Cette opération n'est pas facile à pratiquer et demande une foule de soins que nous ne pouvons énumérer. (*Voir* les ouvrages de Chimie et de Pharmacie.)

88. *Usages.* Cet acide est d'un usage important, tant en Chimie que dans les Arts. On l'emploie pour préparer en grand

les acides nitrique et hydrochlorique, décomposer le sel commun dans la fabrication de la soude, dissoudre l'indigo, gonfler et débourrer les peaux qu'on dispose au tannage, etc. Il sert à fabriquer les différens sulfates, tels que l'alun, le sulfate de cuivre, et ceux qu'on emploie en Médecine, ainsi que l'éther sulfurique, le sucre d'amidon, etc.; enfin, c'est un des principaux réactifs que la Chimie analytique ait en sa puissance.

2e FAMILLE. *CHLORE.*

ESPÈCE UNIQUE. *ACIDE HYDROCHLORIQUE.*

89. *Caractères essentiels.* Cet acide est gazeux, incolore, d'une odeur piquante, soluble dans l'eau, à laquelle il communique une saveur très acide. Sa solution précipite en blanc par le nitrate d'argent, et ce précipité est insoluble dans l'acide nitrique, mais soluble dans l'ammoniaque. Comme ce dernier caractère peut appartenir aussi aux hydrochlorates, on peut le distinguer de ces derniers, en ce que sa solution ne laisse rien par l'évaporation ou la distillation.

Sa pesanteur spécifique est de 1,2847.

Composition. Un volume de chlore et 1 volume d'hydrogène = HCh.

90. *Gisement.* Cet acide existe sous trois états dans la nature : 1°. à l'état de gaz, se dégageant en abondance des volcans en activité, tels que le Vésuve, etc., et se trouvant dans presque tous les terrains volcaniques ; 2°. liquide, c'est-à-dire en dissolution dans quelques eaux thermales, telles que celles de San-Sebastien, de San-Juan de Tararamco dans le Mechoacan, etc. : il est probable que c'est encore à des phénomènes volcaniques que l'on doit rapporter l'origine de cet acide dans ces espèces d'eaux ; 3°. enfin, rendu concret dans certaines roches poreuses, qui ont de l'analogie avec les laves, les basaltes et quelques granites ; telle est la roche volcanique jau-

nâtre du Puy-de-Sarcoui, chaîne du Puy-de-Dôme, analysée par M. Vauquelin, et dans laquelle l'acide hydrochlorique se trouvait dans la proportion de deux ou trois pour cent. Il est naturel de penser que les divers chlorures, tels que ceux de fer, de cuivre, de potassium, de sodium, etc., qui se rencontrent dans les cavités des laves et dans les eaux qui séjournent au milieu d'elles, doivent leur formation à la réaction du gaz hydrochlorique, dégagé des volcans, sur les roches et les différentes substances terreuses qui les entourent.

L'origine du gaz hydrochlorique paraît être tout-à-la-fois ancienne et moderne, car on le trouve formant des sels dans les terrains primitifs, et se dégageant à la surface de la terre. En général, les hydrochlorates se retrouvent presque toujours avec les phosphates et les fluates, ce qui fait penser que ces trois acides sont d'une formation analogue.

91. *Préparation.* L'acide hydrochlorique n'est point préparé directement dans les Arts ; on l'obtient comme produit secondaire dans la fabrication de la soude artificielle. (*Voyez* Soude sulfatée.) C'est toujours du sel marin (chlorure de sodium) qu'on l'extrait dans les ateliers. Cette décomposition se fait dans des cylindres de fonte ; on y introduit le sel marin, et l'on y verse ensuite de l'acide sulfurique faible. Le gaz acide est reçu dans des tonneaux pleins d'eau, dont le dernier contient un lait de chaux pour absorber le gaz qui ne se serait pas dissous. On peut l'obtenir en petit, par le même procédé, en se servant d'un matras que l'on place au bain de sable, et auquel on adapte plusieurs flacons de l'appareil de Woulf. Le premier ne sert qu'à laver le gaz, qui entraîne constamment une petite quantité d'acide sulfurique. Si l'on voulait l'avoir bien pur, il faudrait le distiller de nouveau sur du sel marin. (*Voyez* d'ailleurs, pour plus de détails, les ouvrages de Chimie et le *Dictionnaire technologique*, tome I, page 88.)

92. *Usages*. L'acide hydrochlorique est employé dans les Arts, pour préparer les différens sels qu'ils réclament, le chlore, etc. ; en Chimie, c'est un réactif assez énergique qui sert à une multitude d'opérations; enfin, il est de quelque utilité en Médecine, puisqu'on le fait entrer dans la composition de certains liquides détersifs et de pédiluves.

3e FAMILLE. *AZOTE*.

1re ESPÈCE. *AIR ATMOSPHÉRIQUE*.

93. L'air est le gaz qui constitue l'atmosphère qui nous entoure. Nous ne devons pas entrer dans l'examen de ses propriétés, ce sujet appartient exclusivement à la Chimie. Nous dirons seulement qu'il est nécessaire à la combustion et à la respiration ; qu'il agit sur une multitude de corps, et qu'il est un des alimens de cette foule de combinaisons et de décompositions qui ont lieu journellement ; que sa composition est partout la même, et que, dans certaines circonstances, il renferme des substances que l'analyse ne peut découvrir, mais que leurs propriétés malfaisantes et délétères trahissent toujours.

Sa composition essentielle est en poids de 79 de gaz azote et de 21 d'oxigène $= 2A + O$; mais il renferme toujours quelques millièmes d'acide carbonique et une quantité variable de vapeur d'eau. Quant aux autres gaz qu'il pourrait contenir parfois et qui se dégagent du sein des manufactures, des laboratoires de Chimie, etc., ou qui se produisent par suite de réactions naturelles, comme ils entrent facilement en combinaison, il s'ensuit qu'on ne les rencontre dans l'air que lorsque celui-ci est recueilli près des lieux où ils se forment.

Un litre d'air pèse 1 gram. 2991 à la température de 0 et à

8..

la pression de $0^m,76$. La densité de l'air est prise pour unité, et c'est à elle que l'on compare celle de tous les autres fluides aériformes.

Non-seulement l'air, dans une foule de cas, est absorbé par les corps, *non pas en nature*, mais après avoir subi une séparation dans ses élémens, mais encore il entre pur dans certains composés; telles sont les eaux qui se trouvent répandues sur les divers points du globe, et qui contiennent toujours une certaine quantité d'air atmosphérique en dissolution, à la présence duquel elles doivent leur sapidité et leur action bienfaisante sur l'économie animale.

2ᵉ ESPÈCE. *ACIDE NITRIQUE.*

94. L'acide nitrique n'existe jamais libre dans la nature, ou du moins jusqu'ici on ne l'a pas encore trouvé sous cet état; mais il se forme journellement par suite de décompositions qu'éprouvent les matières organiques en contact avec l'air, et il donne naissance aux matériaux salpêtrés qui se rencontrent assez abondamment sur diverses parties du sol. La *nitrification* (c'est ainsi qu'on désigne la formation naturelle des nitrates) ne s'opère que dans certaines circonstances; elle n'a jamais lieu que lorsque l'azote et l'oxigène peuvent se trouver en contact à l'état de gaz naissant, et lorsque l'acide nitrique, qui doit résulter de cette combinaison, rencontre de suite une base salifiable à laquelle il puisse s'unir. Il est même nécessaire que cette base ait beaucoup d'affinité pour l'acide; sans cela, la formation de ce dernier n'aurait pas lieu; aussi ne trouve-t-on dans la nature que les nitrates alcalins. Toutes ces conditions sont réunies dans les endroits où le hasard a rassemblé des matières animales et végétales, des substances alcalines et une certaine élévation de température jointe à une humidité continuelle. Tel est le cas des écuries

et de tous les lieux habités journellement par des animaux. Alors les matières organisées ne tardent pas à subir une altération qui va sans cesse en augmentant : parmi les nombreux produits gazeux qui en résultent, se trouve l'azote qui, au moment où il se dégage, est en présence de l'air qui lui fournit son oxigène et des sels terreux qui lui donnent leurs bases.

On a tiré parti de ces observations, en faisant naître les diverses circonstances propres à déterminer la *nitrification*, et on a créé des *nitrières artificielles* dans les lieux où le sol ne présente pas de lui-même le salpêtre en assez grande abondance. Il n'est pas de notre ressort d'entrer dans de plus grands détails sur un sujet si important : nous avons voulu seulement prouver que l'acide nitrique se formait journellement sous nos yeux, et faire connaître succinctement les causes qui en déterminaient la production. (*Voyez* Potasse nitratée, 825 et 826.)

4e FAMILLE. *BORE.*

ESPÈCE UNIQUE. *ACIDE BORIQUE.*

(*Acide boracique, sel sédatif de Homberg, sassolin,* etc.)

95. *Caractères essentiels.* Cet acide est solide, inodore, presque insipide ; il rougit faiblement la teinture de tournesol. Peu soluble dans l'eau froide, il se dissout plus facilement dans l'eau chaude, et il cristallise, par le refroidissement, en paillettes blanches nacrées ou en petites masses formées de semblables paillettes. Il est inattaquable par l'acide nitrique, et donne à l'alcohol la propriété de brûler avec une flamme verte. Il est fixe, lorsqu'il est sec, et se fond en un verre blanc, transparent ; il devient sensiblement volatil à l'aide de la vapeur d'eau. Il est susceptible d'acquérir, par le frotte-

ment, l'électricité résineuse. Sa pesanteur spécifique est de 1,479.

Composition. Un atome de bore, 2 atomes d'oxigène + 2 atomes d'eau = $\ddot{B}$ + 2Aq.

95 *bis. Gisement.* Il existe sous deux états dans la nature : dissous dans les eaux, ou concret et sublimé.

L'acide borique se trouve dans les eaux de plusieurs *lagonis* ou petits lacs de Toscane ; il est même mélangé, à l'état concret, avec les terres qui les entourent. Ces lagonis sont formés par des vapeurs abondantes qui se dégagent du sol avec sifflement, et qui se condensent ; elles entraînent avec elles du gaz hydrogène sulfuré et de l'acide borique : comme le dégagement de ces vapeurs est continuel, les lagonis bouillonnent toujours à leur surface. On a également trouvé cet acide sur les bords de la source chaude de *Sasso,* près de Sienne, et c'est pour cette raison qu'on a donné le nom de *sassolin* à cet acide natif.

En général, il est accompagné, dans toutes ces eaux, de borates, de sulfate d'alumine et d'ammoniaque, etc. En Gallicie, il est toujours mêlé de bitume, ce qu'on observe aussi quelquefois dans les lagonis.

On a découvert aussi l'acide borique parmi les produits volcaniques des îles *Lipari,* où il forme des masses lamellaires accompagnées de soufre. M. Lucas a eu l'occasion de l'observer dans l'intérieur du cratère du Vulcano.

La formation de cet acide paraît ancienne, car les lagonis appartiennent aux terrains de transition. Or, comme ils sont formés par des vapeurs qui viennent au-dessous d'eux, l'acide borique se trouve donc dans les terrains primitifs. On conçoit très bien comment ces vapeurs aqueuses peuvent apporter cet acide à la surface du sol, puisque l'on sait qu'il est volatil dissous dans l'eau.

95 *ter*. *Préparation*. L'extraction de l'acide borique se fait en grand dans les lieux où se trouvent des *lagonis*, comme en Toscane, etc. ; ceux de Cherchiajo, de Monte-Cerboli et de Castel-Nuovo sont les plus productifs. On recueille les espèces de boues qui sont rejetées sur les bords de ces lagonis, et on les lessive avec l'eau presque bouillante de ces sources thermales. On obtient ainsi une dissolution qui, évaporée quelquefois par la simple chaleur du sol, donne de 3 à 4 pour 100 d'acide cristallisé en petites paillettes d'un blanc grisâtre ; c'est dans cet état qu'on le livre au commerce pour la fabrication du borax artificiel. (*Voyez* Soude boratée.) Autrefois on se procurait cet acide du sous-borate de soude, à l'aide du procédé suivant, qui est encore suivi dans les laboratoires : après avoir fait une dissolution concentrée de borax dans l'eau, on la clarifie avec un blanc d'œuf, on la passe à travers une toile, et quand elle est à demi refroidie, on y verse de l'acide sulfurique en léger excès, en ayant soin de l'ajouter par petites portions. Par le refroidissement, l'acide borique se précipite en feuillets nacrés ; on décante les eaux mères, on lave avec de l'eau froide, pour enlever le sulfate de soude qui pourrait rester interposé ; on égoutte de nouveau, et on sèche à l'étuve. L'acide borique, ainsi préparé, retient toujours un peu d'acide sulfurique dont on a beaucoup de peine à le dépouiller, et en outre une petite quantité de matière grasse provenant du borax. Il faut alors, pour l'obtenir bien pur, le fondre dans un creuset, le dissoudre dans l'eau, le faire cristalliser, le fondre de nouveau, le couler et le conserver dans un flacon bouché. Lorsqu'il est parfaitement purifié, il ne cristallise plus en larges feuillets, mais en petites paillettes très fines. (ROBIQUET.)

96. *Usages*. Les usages de l'acide borique sont très bornés. On ne l'emploie guère que pour fondre et analyser les pierres gemmes qui contiennent de la potasse ou de la soude, préparer

un verre qui sert, dans les analyses au chalumeau, à reconnaître les différens oxides métalliques qui le colorent diversement, et enfin, obtenir la plupart des borates et surtout celui de soude ou *borax,* dont les Arts font une grande consommation. Il était usité autrefois en Médecine, et considéré comme sédatif.

5e FAMILLE. *CARBONE.*

Cette famille comprend deux espèces.

1re ESPÈCE. *CARBONE PUR* ou *DIAMANT.*

97. *Caractères physiques.* Le diamant est un corps vitreux dont le principal caractère réside dans la dureté, qui est telle, qu'il raie tous les corps sans l'être par aucun ; il est incolore ou diversement coloré ; sans saveur, sans odeur ; d'un éclat très vif, et se rapprochant, sous certains aspects, de l'éclat métallique : cet éclat est mêlé d'un peu d'onctuosité et il est caractéristique, aussi les minéralogistes allemands le désignent-ils par le nom d'*éclat adamantin.*

Il a une réfraction simple très puissante : il acquiert par le frottement l'électricité vitrée, surtout lorsqu'il est bien poli. Il devient phosphorescent par *insolation,* par le choc électrique, par une légère chaleur, pendant un temps considérable ; cette phosphorescence est plus vive sur les faces non parallèles aux faces de la forme primitive que sur celles qui le sont.

Il pèse 3,52. Pulvérisé, il est gris ou noirâtre, et semble se rapprocher du charbon ordinaire.

Caractères chimiques. A une température très élevée, et avec le contact de l'air, il brûle sans fumée, ne laisse aucun résidu, et se convertit entièrement en gaz acide carbonique.

Composition. Corps simple. Son signe chimique est C.

Caractères cristallographiques. Sa forme primitive est l'*octaèdre régulier,* que nous offre souvent la nature, et auquel on arrive facilement par le clivage.

Ses formes secondaires, qui sont peu nombreuses, rappellent très bien la forme primitive, puisque ce sont toujours des dérivés du système cristallin cubique.

On y remarque l'octaèdre primitif plus ou moins parfait, l'octaèdre modifié par trois rangées de facettes sur ses arètes; le cube, le cubo-octaèdre, le cubo-dodécaèdre, etc.

On remarque que certaines faces s'étendant trop par rapport aux autres, donnent naissance à des formes étrangères. Très souvent ces faces ne sont pas parfaitement planes, les arètes sont émoussées, ce qui tient à un mode de décroissement particulier au diamant.

On ne compte qu'une seule variété de forme indéterminable, c'est le *diamant amorphe* ou *granuliforme.* S'il pouvait y avoir des diamans roulés, ils n'auraient passé à cet état que par leur frottement mutuel; mais il est visible que ceux qu'on nous rapporte ne doivent qu'à une cristallisation imparfaite les accidens qui ont oblitéré leur forme.

Variétés de couleur et de transparence. On distingue plusieurs variétés produites par des accidens de lumière, telles que la couleur et la transparence. La plupart du temps les diamans sont incolores; quelquefois cependant ils offrent différentes couleurs, mais généralement elles sont peu tranchées, de là les variétés suivantes:

Diamant rose,
orangé,
jaune,
vert sale,
bleu,
noirâtre, etc.

La variété *rose* est la plus recherchée après le diamant incolore.

Relativement à sa transparence, on reconnaît les trois variétés suivantes :

Diamant transparent ;
translucide.

C'est l'état ordinaire des diamans bruts; mais leur demi-transparence n'est pour ainsi dire que superficielle, et fait place, au moyen de la taille, à une belle transparence.

Diamant opaque.

Il est rare dans cet état.

98. *Gisement.* Jusqu'à présent les diamans n'ont été trouvés que dans deux parties du monde fort éloignées l'une de l'autre, le Brésil et les Indes orientales. Mais les terrains qui les présentent offrent une analogie remarquable; ce sont des terrains de transport ou d'alluvion dont on ne connaît pas l'âge d'une manière positive, mais qui paraissent être assez modernes. Ce sont, en général, des dépôts formés de fragmens et de cailloux roulés, quarzeux, liés entre eux par une matière argilo-ferrugineuse, sableuse, plus ou moins abondante. Ces débris sont rapportés maintenant aux terrains primitifs ou tout au plus intermédiaires, d'où l'on est porté à conclure que le diamant a pris naissance dans les portions inférieures du globe, et que, par des causes inconnues, les parties qui le renfermaient ont été, avec lui, portées à la surface. Ainsi il faut bien distinguer son gisement actuel de celui dans lequel il a pris naissance.

Les diamans se trouvent toujours en très petites quantités dans ces dépôts, disséminés çà et là, et généralement très écartés les uns des autres; ils sont presque toujours enveloppés d'une croûte terreuse qui y adhère avec plus ou moins de force, et empêche de les reconnaître avant qu'ils aient été lavés. On trouve accidentellement dans ces dépôts, des paillettes d'or, du zircon; du fer titané, du quarz lydien, diverses variétés de quarz coloré, des topazes, des cymophanes, des rognons de fer hydraté, du fer oxidé en grande quantité, et de plus, au Brésil, du platine.

Dans la localité des Indes, pays le plus anciennement connu pour la production du diamant, c'est dans les provinces du sud, Golconde, Visapour, etc., et au Bengale, que se trouvent les mines de diamans; l'espèce de brèche qui les renferme s'appelle *krakraod.* Maintenant ces mines sont peu exploitées. On trouve aussi des diamans dans l'île de Bornéo.

Mais c'est principalement du Brésil qu'actuellement on les retire. Ils y ont été découverts au commencement du dix-septième siècle. C'est le district de Serro-do-Frio qui contient les exploitations les plus considérables. On a remarqué que c'est, en général, dans le fond et sur les bords des larges vallées, plutôt que sur la croupe des collines, et à très peu de profondeur au-dessous de la surface du sol, que se trouve le diamant. Les parties les plus riches sont celles où il existe beaucoup d'oxide de fer, surtout en grains lisses. Ces dépôts sont appelés, dans le pays, *cascalho;* on y rencontre beaucoup de masses pierreuses très dures, que l'on nomme *pouddings*, et dans lesquelles du diamant se trouve engagé.

Extraction. En général, c'est en divisant le *cascalho,* le lavant pour entraîner les parties terreuses, l'exposant ensuite au soleil sur un sol bien uni, qu'on parvient à trier le diamant des matières qui l'enveloppent. Ce lavage se fait au Brésil, sous des hangars, sur un plancher incliné, partagé dans sa longueur en plusieurs compartimens ou caisses, dans chacune desquelles est un nègre. Un courant d'eau est amené vers la partie supérieure, où se trouve un tas de *cascalho,* dont chaque laveur fait tomber successivement quelque partie pour la bien laver, et chercher ensuite, dans le gravier qui reste, les diamans qui peuvent s'y trouver. Aussitôt qu'un nègre a trouvé un diamant, il en avertit en frappant des mains, et le remet à un inspecteur qui le pèse et l'enregistre.

Il paraît qu'aux Indes la recherche du diamant est à peu près libre, et qu'il existe seulement un droit pour les chefs des contrées où elle a lieu. Au Brésil, le gouvernement se l'est réservée, aussi la contrebande y est-elle considérable. C'est le Brésil qui fournit aujourd'hui tout le commerce de diamans; il en parvient en Europe de 25 à 30,000 karats bruts par an, c'est-à-dire de 10 à 13 livres, qui sont réduits par la taille à 8 ou 900 karats.

Les *cascalho,* à ce qu'il paraît, présentent presque toujours la même richesse, dans quelque terrain qu'on les prenne. C'est un fait géologique assez remarquable.

99. *Usages. — Travail du diamant.*

Le diamant a été connu des anciens. Pline le naturaliste en parle sous le nom d'*adamas,* et a même décrit sa forme.

Il sert comme objet d'ornement, pour couper le verre et polir les pierres fines.

Le diamant destiné à servir d'ornement doit sa supériorité à sa dureté, à sa densité, à sa combustibilité, qui lui donnent une grande puissance de réfraction, et surtout à la propriét qu'il possède de diviser à l'infini le faisceau lumineux.

C'est dans le but d'augmenter son éclat en multipliant les facettes qui font suivre à la lumière une foule de routes différentes, qu'on est dans l'usage de le tailler. Cette opération, qu'on ne peut pratiquer qu'à l'aide même de sa poussière, nommé *égrisée,* et du clivage, a été tentée pour la première fois en 1576, par un ouvrier de Bruges, Louis de Berguem. Avant cette époque on n'employait que des diamants bruts. Les plus recherchés alors étaient ceux qui présentaient naturellement une figure pyramidale, que l'on nommait *pointes naïves*, et que l'on montait de manière à ce qu'ils présentassent cette pointe en avant.

On taille le diamant de deux façons, en *rose* et en *brillant*. La *taille en rose* présente une pyramide à facettes triangulaires. La *taille en brillant*, qu'on emploie pour les pierres d'une épaisseur convenable, et par conséquent d'un prix plus élevé, offre, d'un côté, une face assez large, ou *table*, entourée de facettes triangulaires, qu'on nomme *dentelle*, et de facettes en losange; de l'autre, une sorte de pyramide garnie aussi de facettes ou *pavillons*, destinées à réfléchir la lumière qui a traversé la pierre, et qui se termine par une autre petite table ou *culasse*.

Le prix des diamans est, en général, très élevé, et il varie suivant la limpidité, la grosseur et la taille. Les diamans bruts, qui sont colorés ou tachés, et qu'on réserve pour faire de l'*égrisée*, valent de 30 à 36 francs le karat (il pèse 4 grains). Ceux qui sont susceptibles d'être taillés se vendent à raison de 48 francs le karat lorsqu'ils ne dépassent pas ce poids; mais au-dessus, on les estime par le carré de leur poids multiplié par 48; ainsi le prix d'un diamant brut de 2 karats est égal à $2 \times 2 \times 48 = 192$ francs. Quant au diamant taillé, son prix, bien plus élevé, varie singulièrement suivant l'espèce de taille qu'il offre. Ainsi les diamans taillés en brillant valent bien plus que ceux taillés en rose. Le karat de ceux-ci se paie depuis 60 ou 80 francs jnsqu'à 125 francs et au-delà. Pour les brillans, les prix s'élèvent considérablement avec leur grosseur. Le brillant de 4 grains, ou de 1 karat, coûte généralement 216 à 240 francs; mais il va quelquefois jusqu'à 288 francs lorsqu'il est très beau.

La grosseur des diamans est ordinairement peu considérable; presque toujours ils ne dépassent pas le poids de 1 karat. Ceux qui pèsent davantage sont assez rares, tels sont ceux de 5 à 6 karats, ceux de 12 à 20, etc. On cite des diamans qui pèsent jusqu'à 5 onces environ, mais ils sont en bien petit nombre; leur valeur, dans ce cas, est incalculable.

Le diamant, en raison de sa dureté, sert à couper les pierres et à les graver. Les vitriers l'emploient journellement pour couper le verre, et ils font usage, dans ce cas, du diamant cristallisé à arètes curvilignes, qu'ils appellent *diamant de nature*. M. Wollaston a très bien observé qu'ici c'est moins à cause de sa dureté que de sa forme curviligne, que le diamant est si utile. En effet, les diamans taillés, ou à arètes trop vives, ne font que rayer le verre sans le couper, tandis que toutes les substances susceptibles de rayer ce dernier corps acquièrent la propriété de le couper lorsqu'elles sont taillées de manière à présenter des faces bombées et des arètes curvilignes. Il paraît qu'au moyen de cette forme, l'angle entre dans le trait produit par le frottement, et sépare les parties l'une de l'autre absolument de la même manière que le ferait un coin.

On distingue facilement, par la densité et la dureté, le diamant du *strass*, qu'on travaille maintenant avec un tel art, qu'on peut le confondre, au simple aspect, avec le premier de ces corps.

2e ESPÈCE. *ACIDE CARBONIQUE.*

100. *Caractères essentiels.* Cet acide est gazeux, incolore, d'une odeur légèrement piquante; il éteint les corps en combustion, rougit le tournesol, précipite l'eau de chaux, et se dissout en quantité sensible dans l'eau, à laquelle il donne une saveur aigrelette et la propriété de mousser.

Sa pesanteur spécifique est de 1,5245.

Composition. 1 atome de carbone et 2 atomes d'oxigène $=\ddot{C}$.

101. *Gisement.* Le gaz acide carbonique existe libre sous deux états, à l'état de gaz et dissous dans les eaux.

Non-seulement, à l'état de gaz, cet acide se trouve mêlé à l'air atmosphérique dans la proportion de quelques millièmes, et peut être alors regardé comme une des parties constituantes de l'atmosphère, mais il se rencontre pur ou presque pur dans les diverses cavités ou grottes que présentent les pays volcaniques, et dans quelques-unes de celles des terrains secondaires; il existe aussi au fond des puits et dans l'intérieur des mines. Comme il est plus pesant que l'air, il n'occupe jamais que la partie inférieure de ces cavernes, à moins que la quantité qui se dégage continuellement du sol ne soit assez considérable pour les remplir entièrement, ce qui arrive dans quelques localités. Dans le premier cas, la couche du gaz ne s'élève guère à plus d'un ou deux pieds, mais elle suffit toujours pour asphyxier les animaux qui cherchent un refuge dans ces lieux déserts : les hommes peuvent y pénétrer impunément. Il n'en serait pas de même dans les cavernes abandonnées depuis long-temps, ou dans les puits des mines; aussi la prudence exige-t-elle qu'avant d'entrer dans ces souterrains, on y lance un corps enflammé, afin de s'assurer si l'air qui y est contenu est encore propre à la respiration.

Dans les mines mal aérées et dans les houillères, le gaz carbonique manifeste souvent sa présence en éteignant les lumières des mineurs et en rendant leur respiration excessivement pénible. On a remarqué qu'il augmente sensiblement d'intensité quand le temps est chaud et orageux, et quand le vent suit une certaine direction.

Les grottes qui renferment habituellement du gaz acide carbonique sont assez abondamment répandues sur le territoire de Naples et dans quelques parties de l'Italie. On cite entre autres la fameuse grotte du Chien, près de Pouzzoles, sur les bords du lac d'Agnano. Mais il s'en trouve dans plusieurs autres pays qui ont la même position géologique : telle est la grotte de Typhon, en Cilicie, dans l'Asie-Mineure; la grotte de l'abbaye de Laach, sur les bords du Rhin; celle d'Aubenas, département de l'Ardèche; celle du Mont-Joli, près de Clermont-Ferrant, etc., etc. « Le sol de ces cavernes, dit M. Beudant, semble quelquefois retenir le gaz dans ses pores et au-dessous de lui, et l'empêcher de s'échapper à la surface, car il suffit, dans quelques endroits, de remuer la terre, de creuser à quelques pieds, pour qu'il s'en dégage par torrens. »

Il est assez difficile d'expliquer la formation du gaz acide carbonique dans les terrains non volcaniques, tels que les terrains secondaires et tertiaires; on peut citer particulièrement le terrain calcaire des environs de Paris, et surtout de Montrouge, où toutes les carrières sont remplies de ce gaz à tel point, que très souvent on est forcé de les abandonner. Comme ces terrains renferment beaucoup de lignites ou sont superposés à des couches plus ou moins considérables de ces corps d'origine organique, peut-être pourrait-on supposer, avec quelque vraisemblance, que la décomposition lente et séculaire de ces matières est pour beaucoup dans la formation du gaz dont nous nous occupons.

Enfin l'acide carbonique se trouve en solution dans l'eau, et constitue les *eaux acidules gazeuses*, dont il existe un très grand nombre de sources dans presque tous les terrains primitifs, de transition, secondaires et d'origine ignée. Ce qu'il y a de remarquable, c'est que plusieurs eaux thermales en contiennent: telles sont celles de Vichy, du Mont-d'Or, etc. Dans ce cas on ne peut expliquer son existence qu'en admettant qu'il a été dissous à une pression considérable. Ce qui tend à confirmer cette opinion, c'est que ces eaux le laissent dégager aussitôt qu'elles ont le contact de l'air..

102. *Préparation. V.* Chaux carbonatée (728).

103. *Usages.* Cet acide, qui joue un si grand rôle dans la nature, puisqu'il sert, par sa décomposition continuelle, à

l'accroissement des plantes, et à rétablir l'équilibre dans la constitution chimique de l'atmosphère, n'est employé qu'en Médecine, à la fabrication des eaux minérales gazeuses artificielles, dont l'usage est maintenant aussi répandu que celui des eaux naturelles.

6ᵉ FAMILLE. *HYDROGÈNE.*

Cette famille comprned quatre espèces.

1ʳᵉ ESPÈCE. *HYDROGÈNE SULFURÉ.* (Acide hydrosulfurique.)

104. *Caractères essentiels.* Il est gazeux, incolore, d'une odeur et d'une saveur insupportables, analogues à celles des œufs pourris. Il est soluble dans l'eau, rougit la teinture de tournesol, et éteint subitement les corps en combustion.

Sa pesanteur spécifique est de 1,1912.

Composition. 1 atome de soufre et 2 atomes d'hydrogène $= SH^2$.

105. *Gisement.* Ce gaz, dont la formation est instantanée dans la nature, et qui se produit partout où le soufre très divisé est en contact avec l'hydrogène à l'état de gaz naissant, ne se trouve jamais en grande quantité à l'état libre, si ce n'est dans certaines eaux minérales, auxquelles il communique les propriétés qui les caractérisent, et que, pour cette raison, on désigne sous le nom d'*eaux sulfureuses* ou *hépatiques;* telles sont, entre autres, celles de Plombières, de Barèges, d'Aix-la-Chapelle, de Cauteret, de Bonne, etc. Autrement, on ne le rencontre que dans les lieux où des matières organiques sont en proie à la décomposition, comme dans les fosses d'aisance, les charniers infects où l'on rassemble les immondices des villes, dans la vase des marais, dans les canaux où séjourne l'eau de la mer, etc. Mais, en général, il n'a pas de gisement déterminé et se forme constamment sous nos yeux. Cependant quelques auteurs le citent

à l'état gazeux dans certaines localités, et entre autres dans une portion de la grande galerie d'entrée des salines de Bex en Suisse.

106. *Usages.* Il est employé en Médecine, dissous dans l'eau et sous forme de bains, pour combattre les maladies de la peau; en Chimie, on s'en sert comme d'un réactif précieux pour décéler la présence des oxides métalliques tenus en dissolution, et les isoler les uns des autres.

2e ESPÈCE. *HYDROGÈNE PHOSPHORÉ.*

107. *Caractères essentiels.* C'est un corps gazeux, incolore, d'une odeur très forte, analogue à celle de l'ail; d'une saveur amère; il est légèrement soluble dans l'eau: tantôt il brûle avec flamme dès qu'il a le contact de l'air, en répandant des vapeurs blanches formées d'eau et d'acide phosphorique; tantôt il ne s'enflamme que par l'approche d'un corps en ignition, mais en fournissant les mêmes produits.

Sa pesanteur spécifique varie de 0,9022 à 0,9716.

Composition. Suivant les belles recherches de M. Dumas, l'hydrogène per-phosphoré des chimistes est formé de 4 atomes d'hydrogène et d'un atome de phosphore $= H^4P$, plus, une quantité variable d'hydrogène libre qui s'y trouve toujours à l'état de mélange. L'hydrogène proto-phosphoré est formé, suivant le même chimiste, de 6 atomes d'hydrogène et d'un atome de phosphore $= H^6P$. Le gaz hydrogène phosphoré naturel est presque indubitablement un mélange de ces deux espèces de gaz.

108. *Gisement.* Le gaz hydrogène phosphoré, assez rare dans la nature, n'a pas de gisement particulier: il se forme spontanément dans les lieux où sont enfouies des matières animales, et surtout dans les cimetières humides. On sait que le phosphore est l'un des élémens de la matière cérébrale: par la décomposition de cette substance, une quantité plus ou

moins grande d'hydrogène phosphoré prend naissance, et vient se répandre dans l'atmosphère, dès qu'il trouve à se glisser entre les fissures que présente le terrain. Alors il s'enflamme le plus souvent, et produit ces feux subits et vacillans que les gens de campagne voient avec tant d'inquiétude, et qu'ils ont nommés *feux follets*, *feux ardens* et *flambards*. Ce phénomène se renouvelle bien plus fréquemment en été qu'en hiver, et particulièrement dans les endroits où le sol, sillonné de crevasses, recouvre des débris organiques abandonnés depuis long-temps.

Le gaz qui produit les *feux follets* est le gaz hydrogène perphosphoré des chimistes; mais il est presque toujours accompagné de gaz hydrogène proto-phosphoré, qui n'est point inflammable comme lui; et, s'il faut en croire la théorie, la production de ce dernier serait beaucoup plus commune que celle de l'autre, car il est plus stable dans sa composition.

Il n'est d'aucun usage.

3e ESPÈCE. *HYDROGÈNE CARBONÉ.*

109. *Caractères essentiels.* C'est un gaz incolore, inodore, insipide, insoluble dans l'eau : par le contact d'une bougie, il brûle dans l'air avec une flamme jaunâtre, et donne pour produits de l'eau et de l'acide carbonique.

Sa pesanteur spécifique est de 0,5596.

Composition. Un atome de carbone et 4 atomes d'hydrogène $= CH^4$.

110. *Gisement.* Le gaz hydrogène carboné existe abondamment dans la nature à l'état gazeux, et se rencontre dans trois espèces de gisement. 1°. Il constitue les *feux naturels*, les *terrains ardens* et les *fontaines inflammables*, qui s'enflamment accidentellement et brûlent pendant des temps plus ou moins longs. 2°. Les *salses* ou *volcans vaseux* dégagent

continuellement ce gaz; mais, dans ce cas, il est rare de le voir s'allumer : peut-être doit-on attribuer cet effet à ce qu'il contient trop de carbone, d'acide carbonique ou d'eau. 3° Enfin, mêlé à une petite proportion d'azote et d'acide carbonique, il forme le gaz connu des mineurs sous le nom de *grisou*, qui se produit instantanément dans les mines et houillères, et qui détonne avec fracas lorsqu'il est en contact avec un corps en ignition. Examinons succinctement ces trois espèces de gisement.

I. *Hydrogène carboné des feux naturels et des fontaines ardentes*. On connaît un assez grand nombre de lieux où se trouvent des feux naturels. En Europe, l'Italie est le pays le plus fertile en ces sortes de phénomènes : on cite surtout les feux de Pietra-Mala, sur la route de Bologne à Florence, et ceux de Barigazzo, près de Modène. On en rencontre une multitude dans la péninsule d'Abscheron en Perse, à trois milles de la mer Caspienne, etc. Le gaz qui produit ces feux passe à travers le sol comme à travers une étamine, et se dégage lentement, mais d'une manière continue. Il s'enflamme quelquefois spontanément, mais le plus souvent il est nécessaire d'approcher un corps actuellement en ignition pour l'allumer : alors la combustion se fait sans détonnation, mais avec un bruit de flammes légères. Parmi ces flammes, que le vent ne peut éteindre, les unes sont bleues et visibles seulement la nuit, les autres sont blanches, jaunes ou rougeâtres, hautes de 5 à 6 pieds et visibles le jour, comme le sont celles du bois ou de la paille; elles répandent une odeur d'hydrogène, mais légèrement suffocante, et une chaleur assez forte pour être sensible à plusieurs mètres. Le terrain environnant est comme calciné et n'offre aucun vestige de végétation. On croit que les roches d'où le gaz hydrogène carboné s'échappe ordinairement sont un calcaire schisteux argilo-marneux qui passe par une addition de sable micacé à une espèce de grauwacke appelée *macigno* dans les Apennins. (Menard, *Journal de Physique*, t. XV, 1817.)

Les fontaines ardentes sont produites par la même cause, si ce n'est que le gaz se dégage de terrains situés au-dessous d'eau stagnante ou d'eau vive. Arrivé à la surface de l'eau, le gaz y brûle sans que l'eau participe en rien à ce phénomène ; et ce qui le prouve, c'est que l'on connaît de ces fontaines brûlantes qui sont à sec une partie de l'année, et d'où le gaz s'échappe et brûle toujours.

Les feux naturels et les fontaines ardentes sont assez multipliés à la surface du globe ; mais il est probable qu'il existe beaucoup de ces émanations que le hasard n'a point encore allumées, et qui sont par conséquent invisibles pour nous. Dans plusieurs contrées, on met à profit ces feux naturels, en les employant à la cuisson des alimens, à la calcination de la pierre à chaux, à la fabrication des poteries, etc.

II. *Hydrogène carboné des salses ou volcans d'air, volcans vaseux*. On donne le nom de *salses* à des espèces de mares formées par de l'eau salée, qui repose sur une couche argileuse plus ou moins imprégnée de matières bitumineuses. A des espaces de temps indéterminés, il se fait des espèces d'éruptions qui sont produites par le dégagement du gaz hydrogène carboné, et ces éruptions sont d'autant plus fortes que celui-ci a éprouvé plus de difficulté à se faire jour à travers la vase, qui est toujours visqueuse et assez tenace. Le gaz est mélangé d'air et d'acide carbonique, aussi ne peut-il s'enflammer comme dans le cas précédent, ce qui avait fait croire pendant long-temps que le gaz des salses était l'acide carbonique ; et il est aussi constamment imprégné d'une espèce particulière de bitume. Dans les grandes éruptions de ces volcans d'air, comme on les appelle improprement, et qui sont toujours précédées d'un calme parfait, le gaz projette aux environs des fragmens d'un calcaire gris veiné de blanc ;

quelques pyrites non altérées, et des morceaux de fer et de manganèse oxidé. Quoi qu'il en soit, il paraît que, malgré les légères différences qu'on peut remarquer entre les feux naturels et les volcans d'air inflammable, le gisement du gaz de ces derniers est absolument semblable à celui du gaz des terrains ardens. (Menard, *Journ. de Physique*, avril 1818.)

Les salses sont assez répandues dans la nature; on en trouve dans des contrées fort éloignées les unes des autres, comme en Crimée, dans la presqu'île de Kertche et l'île de Taman; en Perse, dans l'Indostan, à Java. On en cite à la Trinité, sur la côte d'Amérique, et aussi sur la terre ferme aux environs de Carthagène. En Europe, on en rencontre de considérables, en Italie, dans le Modenois, le Parmesan, et en Sicile, entre Arragona et Girgenti, au lieu nommé Maccaluba, etc., etc.

III. *Hydrogène carboné des mines* ou *grisou*. Le gaz qui se rencontre dans les mines et particulièrement dans les houillères est de l'hydrogène carboné, presque toujours mêlé à une quantité variable d'azote et d'acide carbonique; aussi ne s'enflamme-t-il pas aussi facilement que celui des sources inflammables. En général, le *grisou* sort de la houille avec un léger bruissement. On a remarqué que ce sont les houilles très bitumineuses, grasses et friables qui en laissent dégager la plus grande quantité, et ce qu'il y a de certain, c'est que ce sont précisément celles-ci qui produisent le moins de gaz à la distillation et qui sont moins propres à servir à l'éclairage. Le gaz transsude quelquefois à la surface des tailles avec une telle abondance, qu'on peut le recueillir à l'aide de tuyaux et le faire contribuer à l'éclairage des mineurs. Souvent il devient visible et forme des espèces de bulles enveloppées de légères pellicules, que les mineurs comparent à des toiles d'araignées, et qu'ils ont soin d'écraser entre leurs mains avant qu'elles ne parviennent sur les lumières, où elles s'enflammeraient. Lorsque le grisou s'accumule dans une partie des mines où l'air est stagnant, de manière à dépasser le treizième de la masse, alors il peut s'embraser à l'approche de corps en ignition, et c'est lui qui produit ces terribles explosions qui sont si fréquentes dans les mines d'Angleterre et dans celles des environs de Mons et de Liége en Belgique.

Le meilleur moyen de se mettre à l'abri des dangers qui accompagnent toujours l'explosion du gaz des mines, c'est de renouveler à chaque instant l'air qui y circule, en y établissant des courans dans toutes les directions. Mais comme dans les petites exploitations on ne peut pratiquer un tel moyen, la lampe métallique de M. Davy supplée à ce grave inconvénient et permet de ne plus redouter les travaux des mines. (*Voir*, pour sa description, *Annales de Chimie et de Physique*, tomes I et IV.)

IV. Enfin, outre ces trois espèces de gisement, le gaz hydrogène carboné se rencontre encore dans la vase des marais; il se dégage, pendant les temps chauds, de toutes les eaux stagnantes au fond desquelles se trouvent des matières organiques en décomposition, ou même des matières terreuses que le dessèchement des marais laisse à nu pendant l'été. Ce gaz des marais est un mélange ordinairement formé de 86 de gaz hydrogène proto-carboné et de 14 de gaz azote; il renferme, en outre, une petite quantité de gaz acide carbonique et quelquefois d'oxigène.

Usages. *Voyez* HOUILLE (897).

4e ESPÈCE. *EAU* OU *PROTOXIDE D'HYDROGÈNE*.

111. *Caractères essentiels*. L'eau, à la température et à la pression ordinaires, et lorsqu'elle est pure, est un liquide inodore, insipide, incolore, se réduisant en vapeurs à toute espèce de température, mais bouillant à celle de 100° centigr.; elle se solidifie au-dessous de 0°, et cristallise alors, en affectant une forme que l'on rapporte au prisme hexaèdre régulier.

Un centimètre cube d'eau, au maximum de densité, c'est-à-dire à $+4^{\circ}$, pèse 1 gramme. On prend cette densité de l'eau comme point de comparaison, et l'on y rapporte celle de tous les corps solides et liquides.

Composition. Un atome d'oxigène et 2 atomes d'hydrogène $= \dot{H}^2$, ou plus simplement Aq.

Nous partagerons cette espèce en trois sous-espèces principales, savoir : l'*eau solide* ou *glace*, l'*eau liquide*, et l'*eau en vapeur* ou la *vapeur aqueuse*.

112. 1re sous-espèce. *Eau solide* ou *glace*.

L'eau, en passant de l'état liquide à l'état solide, cristallise plus ou moins régulièrement, suivant que le refroidissement auquel elle est soumise est lent ou subit. Dans le premier cas, il se forme à sa surface de petites aiguilles triangulaires qui présentent le long de leurs bases d'autres aiguilles plus petites, d'où résultent des dentelures semblables à celles des feuilles de fougère. Ces aiguilles se réunissent entre elles sous un angle de 60 à 120°, ce qu'on peut très bien observer sur la neige au moment où elle vient de tomber : on y distingue six rayons qui partent d'un centre commun et qui imitent un hexaèdre régulier.

La forme primitive de la glace est donc le *prisme hexaèdre régulier*. On remarque que ces cristaux sont presque toujours évidés à l'intérieur, et composés de couches concentriques placées à distance, réunies par des filets qui vont du centre aux angles.

Lorsque l'eau est soumise à un refroidissement subit, au lieu d'offrir de pareils indices de cristallisation, elle se congèle irrégulièrement et présente des formes accidentelles plus ou moins variées que l'on peut aisément observer dans les glaciers naturels ; de là les variétés de forme que l'on a établies, parmi lesquelles on distingue surtout :

La glace dendritique. Ce sont de petites aiguilles disposées à la surface de corps étrangers de telle manière qu'elles imitent des dendrites.

La glace stalactitique. On l'observe principalement dans les grottes ou cavités dont la température intérieure est toujours plus basse que celle de l'atmosphère, et où l'eau peut s'infiltrer à travers leur voûte.

La glace mamelonnée.

La glace globulaire testacée. C'est celle qui constitue les grêlons qui sont formés de couches concentriques superposées.

Relativement à sa texture, on a établi les variétés suivantes :

La glace granulaire.

La glace lamellaire.

La glace fibreuse.

La glace compacte.

L'eau solide comprend donc : *la glace,* qui existe toute formée dans certaines régions élevées, la *neige* et la *grêle,* qui tombent de l'atmosphère.

113. 2e sous-espèce. *Eau liquide.*

C'est ordinairement sous cet état que l'eau se rencontre le plus abondamment ; mais il est rare qu'elle soit pure, car filtrant à travers les terres pour se réunir dans les fonds et constituer des amas plus ou moins considérables qui prennent les noms de *sources, rivières, lacs, fleuves* ou *mers,* non-seulement elle dissout, dans son passage, tous les matériaux qui y sont solubles, mais encore elle entraîne en simple suspension une foule de corps étrangers organiques et inorganiques qui ne tardent pas à entrer en décomposition ou à se déposer, suivant leur nature, d'où résultent des produits nouveaux qui apportent encore des modifications au liquide qui les recèle. Il n'y aurait guère que l'eau de pluie ou de neige qui pût être pure, mais encore y existe-t-il de l'air en dissolution.

L'eau varie singulièrement dans sa constitution chimique, et celle-ci influe considérablement sur ses propriétés physiques; de là naissent ces variétés assez nombreuses d'eaux qui tantôt servent aux besoins ordinaires de la vie et tantôt sont employées à combattre des maladies. Notre intention n'est pas de faire l'histoire de toutes les espèces d'eaux connues; nous voulons seulement indiquer les principaux caractères qui les distinguent et les substances que chacune d'elles renferme habituellement. Nous ne pourrons mieux faire que d'extraire en partie ce que nous dirons sur ce sujet de l'excellent ouvrage de MM. Henry, intitulé *Manuel d'analyse chimique des eaux médicinales et de celles destinées à l'économie domestique.*

Voici dans quel ordre les auteurs que nous venons de nommer groupent les diverses espèces d'eaux, tant médicinales qu'économiques : c'est celui que nous suivrons dans la description succinte que nous allons en faire.

Tableau synoptique des diverses espèces d'eaux connues.

- EAUX.
  - NON MÉDICINALES ET ÉCONOMIQUES.
    - Potables.................
      - Eau de pluie.
      - —— de rivières.
      - —— de sourees.
    - Non potables.
      - Servant à des usages économiques.
        - Eaux de puits.
        - —— de mares.
        - —— dormantes.
      - Utiles aux arts.
        - Eau de mer.
        - —— de fontaines salées, etc.
    - Insalubres.. ....
      - Eaux croupies.
      - —— fétides.
      - —— corrompues.
  - MÉDICINALES.
    - Chaudes ou thermales. Plus ou moins salines.
    - Froides.
      - 1re *classe*... Salines avec action sur l'économie animale.
      - 2e *classe*... Gazeuses non acides.
      - 3e *classe*...
        - Acidules.
        - Acides.
      - 4e *classe*... Alcalines.
      - 5e *classe*...
        - Gazeuses.
        - Non gazeuses.
      - 6e *classe*...
        - Gazeuses.
        - Salines.
      - 7e *classe*... Hydriodatées.

114. § I. Les eaux non médicinales et économiques se divisent naturellement en *eaux potables, non potables* et *insalubres*.

I. Eaux potables. On reconnaît, en général, qu'une eau est potable, lorsqu'elle est vive, limpide, sans odeur; qu'elle cuit bien les légumes, dissout le savon sans former de grumeaux; que sa pesanteur spécifique ne s'éloigne pas sensiblement de celle de l'eau distillée, prise dans les mêmes circonstances que celle-ci; enfin, qu'elle ne donne qu'un très faible résidu par l'évaporation. Telles sont les eaux de pluie, de rivières et de sources.

A. L'*eau de pluie*, ainsi que l'*eau de neige*, ne contient pas de sels ; elle ne renferme que de l'air dont elle est saturée. Nous parlons de l'eau de pluie recueillie après les premières ondées, car celles-ci, en balayant l'atmosphère, ont entraîné avec elles une foule de corpuscules hétérogènes flottans dans l'espace ; aussi ne pourraient-elles être conservées long-temps sans acquérir de l'odeur et une saveur plus ou moins prononcée. Il en est de même de celle qu'on aurait recueillie par le moyen de gouttières placées au-dessous de la toiture des bâtimens : dans ce cas, elle contiendrait en outre une quantité variable de sels terreux et principalement de sulfate de chaux.

Cette espèce d'eau ne diffère donc de l'eau distillée que par la présence de l'air : en effet, elle ne précipite ni par le nitrate d'argent, ni par les sels solubles de baryte, ni par l'oxalate d'ammoniaque, quoique Bergmann assure y avoir rencontré des traces de muriate et de nitrate de chaux.

B. L'*eau de rivières* se rapproche assez de la nature des eaux de pluie, mais elle contient presque toujours une certaine quantité de matières salines provenant de ce que les sources qui alimentent les fleuves ont dissous, en s'infiltrant à travers les terrains qu'elles parcourent, tous les matériaux solubles qui s'y trouvent. La proportion de ces substances est en général très faible : ce sont presque toujours des sels calcaires. Ainsi, on y rencontre le sulfate de chaux, des hydrochlorates de chaux et de magnésie, des carbonates, le plus souvent étrangers au carbonate de chaux, parce que ce dernier, n'étant soluble que dans un excès d'acide, finit par se décomposer par l'exposition à l'air et le mouvement continuel des eaux et des sels, et laisse précipiter le carbonate devenu insoluble. Elles peuvent aussi contenir un peu de silice et une matière végéto-animale.

C. Les *eaux de sources* ne diffèrent des eaux de rivière que par leur plus basse température ; cette circonstance est due à ce que les eaux pluviales qui leur donnent naissance, après être tombées sur de hautes montagnes, ont eu à traverser une grande étendue de terrains, de manière qu'elles se sont mises en équilibre de température avec eux; aussi, au moment où elles se font jour pour se réunir dans les cavités naturelles, offrent-elles cette fraîcheur qui les caractérise. Mais par cela même qu'elles ont parcouru de grands trajets à travers les terres, elles se sont chargées, autant que possible, de matériaux solubles, et ceux-ci y sont quelquefois en telle abondance, près de l'endroit où elles sourdent, que ces eaux sont impropres à la cuisson des légumes et qu'elles sont *crues*, comme on le dit habituellement. Ce sont toujours des sels calcaires qu'elles contiennent et surtout du sulfate et du carbonate de chaux. Ce dernier, dissous à l'aide d'un excès d'acide, ne tarde pas à se déposer sous forme d'incrustations, de stalactites, etc., lorsque ces eaux sont en contact avec l'air extérieur. Mais leur état thermométrique, qui est toujours plus bas que celui des eaux de rivières, leur permet de retenir plus long-temps en dissolution les sels qui s'y trouvent, en sorte qu'elles sont toujours moins pures que ces dernières.

115. II. Les EAUX HABITUELLEMENT NON POTABLES sont celles qui renferment, ou une grande quantité de matières salines, ou des substances organiques en décomposition. Elles servent aux usages domestiques de la vie et aux travaux de la campagne, ou bien sont employées dans les arts. Dans le premier genre, on trouve les eaux de puits, de mares, les eaux dormantes; dans le second, les eaux de mer et des fontaines salées.

A. Les *eaux de puits* diffèrent essentiellement, suivant les profondeurs auxquelles elles se trouvent. A des profondeurs considérables, elles proviennent manifestement de sources vives et se renouvellent à chaque instant; à des positions plus rapprochées du sol, elles ne sont le plus souvent qu'un rassemblement des eaux du terrain qu'elles ont abreuvé, et ne varient dans leur afflux qu'avec les intermittences des saisons sèches ou pluvieuses. Dans le premier cas, elles contiennent, en grande quantité, les sels terreux analogues à ceux que nous avons signalés dans les eaux de sources et de rivières; mais, en outre, elles ne sont jamais saturées d'air et se trouvent toujours à une basse température: c'est à raison de ces diverses circonstances que ces eaux sont peu salubres, lourdes et impropres à la cuisson des légumes. Dans le second cas, les eaux de puits stagnantes ne sont, à proprement parler, que des lessives chargées de matières solubles végétales et animales, aussi sont-elles presque constamment louches, odorantes et sapides : très souvent elles se couvrent de végétations à leur surface et elles reposent d'ailleurs sur une vase plus ou moins épaisse qui y entretient un foyer de corruption.

B. Les *eaux de mares* et les *eaux dormantes* se rapprochent singulièrement de ces dernières : en effet, comme elles, ce sont des eaux de pluie ou autres qui séjournent dans des cavités naturelles, mélangées d'une grande quantité de matières organiques en proie à la putréfaction ; elles ne doivent pas leur insalubrité à l'abondance et à la nature des sels qu'elles contiennent, qui sont d'ailleurs analogues à ceux qui existent dans les eaux d'un usage habituel, ni à l'absence de l'air dont elles sont complètement saturées, mais bien à l'abondance des matières végétales et animales ou azotées qu'elles recèlent. Leur odeur fétide et repoussante est produite par le dégagement de gaz infects provenant de la décomposition de ces matières, et ces gaz sont particulièrement de l'hydrogène sulfuré et de l'hydrogène carboné mêlés d'acide carbonique.

C. Les *eaux salines* autres que les eaux minérales, et qui sont exploitées au profit des arts, sont l'eau de la mer et les eaux de certaines fontaines salées. Celles-ci sont peu nombreuses ; les sels qu'on y rencontre en très grande proportion sont principalement le sulfate de soude et le sulfate de magnésié. Il n'est pas douteux que ces eaux ne traversent des terrains qui renferment des dépôts de ces sels, et qu'après s'en être chargées, elles ne viennent se répandre à la surface du sol.

Quant à l'eau des mers, sa composition est assez compliquée. Voici les substances qu'elle contient habituellement, rangées d'après l'ordre de leur plus grande quantité : sel marin, hydrochlorate de magnésie, sulfate de magnésie, carbonate de chaux, carbonate de magnésie, sulfate de chaux et acide carbonique. Suivant M. Gay-Lussac, la densité et la quantité de sel des eaux du grand Océan, prises sous différens degrés de longitude et de latitude, varient peu. La densité moyenne est de 1,0286 à 8° centigr. La quantité de sel qu'elles renferment est de 3,65, nombre qui est la moyenne de plusieurs expériences. Il suit de là que les eaux du grand Océan sont à peu près également salées partout; on ne peut pas probablement en dire autant de celles des mers intérieures, parce qu'en raison des localités, elles peuvent recevoir plus d'eau qu'elles n'en perdent, ou en perdre plus qu'elles n'en reçoivent.

116. III. Les EAUX INSALUBRES sont celles qui, par des circonstances particulières, ont acquis des propriétés délétères qui obligent de les rejeter. Toutes les eaux dont nous venons de nous occuper sont susceptibles d'acquérir de pareilles propriétés, soit par leur voisinage avec des fosses d'aisance, soit par le contact prolongé de substances animales privées de vie ou de liquides putréfiés, etc.; elles n'ont d'autres caractères communs que d'avoir une odeur repoussante et un aspect plus ou moins trouble et foncé. Quant à leur composition, tant de causes peuvent la faire varier, qu'il est impossible de l'établir d'une manière générale.

117. § II. On a donné le nom d'*eaux minérales* à toutes celles qui contiennent assez de substances salines ou autres pour être sapides et exercer une action sensible sur l'économie

animale. Il conviendrait peut-être mieux de les appeler *médicinales*, comme l'ont fait MM. Henry, parce que très souvent la propriété médicamenteuse dépend de quelques matières qu'on ne peut raisonnablement ranger dans la classe des minéraux proprement dits.

Leur température est très variable : tantôt elles sont chaudes, et quelquefois presque autant que l'eau bouillante, tantôt, au contraire, elles sont au même degré de chaleur que l'air ambiant ou même au-dessous ; de là les deux grandes divisions qu'on a établies, et les noms d'*eaux thermales* qu'on a donné aux premières, et d'*eaux froides* qu'on a donné aux secondes. Ce phénomène singulier dépend, sans aucun doute, des terrains que les eaux parcourent avant d'arriver dans les lieux où elles se réunissent.

Les substances qui se rencontrent dans les eaux médicinales sont en assez grande quantité. Voici la liste de celles que l'analyse y a reconnues :

Parmi les gaz : Le gaz oxigène, le gaz azote, le gaz hydrogène ?

Parmi les corps simples : Le soufre libre ou combiné, l'iode combiné.

Parmi les acides : Les acides carbonique, sulfureux, sulfurique, hydrochlorique, nitrique, hydrosulfurique, borique, phosphorique, fluorique.

Parmi les alcalis : La soude.

Parmi les sels : Les carbonates de chaux, de magnésie, de fer, de manganèse, de strontiane, de soude, d'ammoniaque. Les cinq premiers sont toujours dissous par un excès d'acide carbonique ;

Le borate de soude ;

Les hydrosulfates de soude seul, de chaux seul, de magnésie seul, de fer?

Ces mêmes hydrosulfates unis à l'hydrogène sulfuré ou au soufre ;

Les hyposulfites et sulfites des mêmes bases, provenant probablement de la décomposition des hydrosulfates;

Les hydrochlorates de soude, de chaux, de potasse (rare), de magnésie, de baryte (rare), d'ammoniaque, d'alumine (très rare);

Les nitrates de potasse, de chaux, de magnésie, de soude;

Les sulfates de soude, de chaux, de magnésie, d'ammoniaque, d'alumine, de potasse et d'alumine, de cuivre, de fer, de manganèse;

Les fluates de chaux, de baryte;

Les hydriodates de soude, de potasse;

Les phosphates de baryte, d'alumine, de fer, de chaux.

Parmi les métaux : Le fer, le cuivre, le manganèse toujours combinés à l'état salin.

Enfin, la silice et des matières végétales et animales en petite quantité.

Toutes ces substances n'existent jamais dans une même eau médicinale, d'autant plus qu'il en est qui ne peuvent se trouver ensemble sans se décomposer aussitôt; tel est, par exemple, le sous-carbonate de soude relativement aux sulfates, nitrates et hydrochlorates de chaux et de magnésie. La même eau n'en contient jamais plus de sept à huit, et la proportion de chacune d'entre elles est toujours très limitée. Les substances salines qui sont les plus abondantes et les plus variées dans les eaux, sont les hydrochlorates et les sous-carbonates à base de chaux, de soude et de magnésie; le sur-carbonate de fer, les hydrosulfates de chaux et de magnésie, les hydriodates, les substances gazeuses, acides ou non, et la silice.

Kirwan a fait observer, dans la composition des eaux minérales, certaines associations particulières de substances salines, qu'il ne donne pas pour constantes et exclusives, mais comme assez remarquables par leur généralité. Ainsi, l'on trouve ordinairement ensemble le carbonate de chaux et le sulfate de chaux, le fer et le sulfate d'alumine, l'hydrochlorate de soude et celui de chaux. L'hydrochlorate de soude est toujours accompagné de sulfate de chaux, à moins qu'il n'y ait du carbonate de soude. Le carbonate de magnésie est ordinairement accompagné de carbonate de chaux; le carbonate de soude, de sulfate et d'hydrochlorate de soude; l'hydrochlorate et le sulfate de magnésie, d'hydrochlorate de soude, tandis que l'inverse de ces associations n'est pas également vrai. Le sulfate de chaux se trouve dans la plupart des sources, et accompagne tous les sels, excepté le carbonate de soude.

118. Parmi les matériaux qui entrent dans la composition d'une eau médicinale, il en est toujours qui, par leur quantité ou leur énergie, ont la plus grande influence sur les propriétés que cette eau présente; de là la division qu'on a faite depuis long-temps des eaux minérales en quatre classes: *eaux salines*, *eaux ferrugineuses*, *eaux acidules* ou *gazeuses*, et *eaux sulfureuses* ou *hépatiques*. MM. Henry les ont partagées en sept classes, savoir:

1re classe. Les *eaux salines*. Ce sont toutes celles qui renferment ordinairement des sels sans contenir sensiblement de gaz, et qui sont sans action sur les couleurs bleues végétales; telles sont les eaux froides de Passy (Seine), de Forges

(Seine-Inférieure), les eaux thermales de Néris (Allier), de Plombières (Vosges), de Bourbonne-les-Bains (Haute-Marne), etc.

2e classe. Les *eaux gazeuses non acides*. Ce sont celles qui peuvent contenir une certaine quantité de gaz, tel que le gaz azote, le gaz oxigène seul, le gaz oxigène uni à l'azote dans d'autres proportions que celles de l'air atmosphérique, et le gaz hydrogène, seulement soupçonné.

3e classe. Les *eaux acides*. Elles se subdivisent en deux sections: l'une renferme les eaux acides proprement dites, qui doivent leur acidité à l'acide borique ou sulfureux, sulfurique, nitrique, hydrochlorique; telles sont les eaux de certains lacs de Toscane (lagonis), celles qui se trouvent autour des volcans en activité (grottes du Vésuve et de l'Etna, Rio-Vinagre, au volcan de Puracé, dans le Popayan, lac du mont Idienne, à Java, etc.); l'autre comprend les *eaux acidules* qui ne contiennent que de l'acide carbonique, gaz qui leur donne une saveur aigrelette et la propriété de mousser fortement, qu'elles perdent par l'action de la chaleur et l'exposition à l'air; telles sont celles de Seltz, près Francfort, de Pougues (Nièvre), de Chateldon (Puy-de-Dôme), d'Alfter, près de Cologne, etc.

4e classe. Les *eaux alcalines*. C'est à la soude et au carbonate de cette base, ou à celui d'ammoniaque, qu'elles doivent leur caractère distinctif. On n'a pas encore trouvé la magnésie, la potasse et la chaux à l'état de liberté dans les eaux. Telles sont celles de Chaudes-Aigues (Cantal), de Plombières (Vosges), de Rikum (Islande), etc.

5e classe. Les *eaux ferrugineuses*. Elles se partagent en deux sections: les *eaux ferrugineuses gazeuses* et les *eaux ferrugineuses non gazeuses*. Dans les premières, le fer se trouve à l'état de protoxide dissous par un excès d'acide carbonique; elles déposent des flocons rougeâtres par leur exposition à l'air ou par l'action de la chaleur; telles sont celles de Bussang (Vosges), de Contrexeville (Vosges), de Forges (Seine-Inférieure), de Provins (Seine-et-Marne), de Spa (dans le pays de Liége). Les secondes renferment le fer, 1° à l'état de sulfate acide, 2° à l'état de sulfate et de carbonate; telles sont celles de Passy, près Paris, de Pyrmont (Hanovre), de Cranzac (Aveyron), etc.

6e classe. Les *eaux hydrosulfureuses* ou *hydrosulfatées*. Cette classe se partage en trois sections : 1° celles qui contiennent seulement de l'hydrogène sulfuré libre; 2° celles qui contiennent des hydrosulfates seuls, ou unis à l'hydrogène sulfuré libre; 3° celles qui contiennent des hydrosulfates sulfurés et de l'hydrogène sulfuré libre; telles sont celles d'Aix-la-Chapelle, de Bade, en Suisse et en Souabe, de Bagnères-de-Luchon (Haute-Garonne), de Barèges (Hautes-Pyrénées), de Bonnes (Basses-Pyrénées), de Cauteret (Hautes-Pyrénées), de Bagnolles (Lozère), d'Enghien-Montmorency, près Paris, etc.

7e classe. Les *eaux hydriodatées*. Ce sont celles qui renferment de l'hydriodate de soude ou de potasse. Elles ne sont, à proprement parler, que des eaux salines; mais elles sont séparées de celles-ci par les propriétés particulières qu'elles possèdent: telles sont celles de Voghera, de Sales, dans le Voguerais, de Castelnovo, d'Asti, et probablement plusieurs autres eaux sulfureuses qu'on n'a point encore examinées.

Dans la plupart des eaux médicinales que nous venons de citer, on rencontre, mais simplement comme accessoires, et ne pouvant constituer à part des classes isolées, de la silice et une matière extractive souvent azotée, qu'on désigne généralement sous le nom vague de matière végéto-animale.

Telles sont les idées les plus générales que nous avons cru devoir donner sur les variétés de composition que présente l'eau à l'état liquide, les bornes de cet ouvrage ne nous permettant pas d'entrer dans de plus grands détails. Quant à la manière de reconnaître, par la voie des réactifs, les substances qui peuvent exister dans l'eau, comme ce sujet sort tout-à-fait de notre domaine, nous renvoyons le lecteur au *Manuel d'Analyse chimique*, etc., dans lequel il trouvera tous les renseignemens nécessaires pour entreprendre ce genre d'expériences.

119. 3e sous-espèce. *Eau en vapeur.*

L'eau en vapeur existe dans l'air bien au-dessous de 0°. Ce fluide a la propriété d'en contenir d'autant plus qu'il occupe plus d'espace et que sa température est plus élevée ; de sorte qu'il en laisse précipiter quand il en est saturé, si on le comprime ou si on le refroidit, ou qu'il en prend une nouvelle quantité si on le dilate ou si on l'échauffe : de là l'explication de la plupart des *météores aqueux*, qui ne doivent, en effet, leur origine qu'à l'eau suspendue dans l'atmosphère, d'abord sous la forme de vapeur invisible, et qui passe ensuite par différens états, que désignent les mots *brouillard* ou *brume*, *nuage*, *pluie*, *rosée*, *neige*, *givre*, *grêle*, *grésil*. Les quatre derniers sont compris sous la dénomination commune de *frimas*.

Mais comment la vapeur aqueuse existe-t-elle dans l'air ? comment s'élève-t-elle dans l'atmosphère ? est-ce par un mécanisme semblable à celui des tuyaux capillaires ? est-ce par l'effet d'une affinité particulière entre l'air et l'eau ? est-ce par une sorte de dissolution de l'eau dans l'air, comme la dissolution des sels dans l'eau ? Ces hypothèses, tour à tour admises par les savans les plus distingués, ont été successivement rejetées. Tous les phénomènes de l'évaporation s'expliquent très bien par la force expansive du calorique. M. Dalton a établi que la vapeur aqueuse, comme tous les autres gaz, existe isolément dans l'air, et sans contracter d'union avec ce fluide, de façon qu'un air humide n'est autre chose qu'un air entremêlé de vapeurs plus ou moins abondantes, qui se soutiennent d'elles-mêmes, et sans autre secours de la part de l'air, qu'un secours mécanique et de pure rencontre.

La quantité de vapeur qui existe dans l'air ambiant, et qui varie, comme nous l'avons déjà dit, suivant sa température et l'espace qu'il occupe, constitue son *état hygrométrique*. C'est à l'aide d'instrumens particuliers nommés *hygromètres* ou *hygroscopes*, que l'on démontre et que l'on évalue la quantité d'humidité dont l'air est chargé. M. Dalton suppose que la quantité moyenne de vapeur existant à la fois dans l'atmosphère peut s'élever aux 0,0142 environ de son volume.

120. *Gisement.* L'eau, considérée sous le rapport de ses diverses manières d'être à la surface ou dans le sein de la terre, est un des sujets les plus intéressans et peut-être des plus longs de la Géologie et de la Géographie physique. Obligés de nous renfermer dans des limites très étroites, nous ne ferons que présenter un petit nombre de faits des plus nécessaires à bien connaître, et nous renverrons aux ouvrages de Géologie pour de plus amples détails. Nous parlerons d'abord de l'eau à l'état solide, de l'eau liquide considérée dans ses masses, et nous terminerons par quelques généralités sur les gisemens des eaux minérales proprement dites.

121. § I. L'eau à l'état solide forme ces vastes amas de neige endurcie qui couvrent éternellement les plateaux élevés des plus hautes montagnes, telles que les Andes, les Alpes, les Pyrénées, et en général de toutes les sommités dont l'élévation atteint et surpasse la région des neiges permanentes, région dont la hauteur varie à raison de la latitude sous laquelle on l'observe, et qui augmente rapidement en allant des pôles à l'équateur, ainsi que le prouvent les observations directes ci-jointes :

Vers 70° de latitude.	540 toises.
65°.	770
45°.	1500
20°.	2400
l'équateur.	2500

Les *glaciers* ne sont que des appendices de ces réservoirs immenses; ce sont des espèces de courans glacés qui avancent ordinairement dans le fond des vallées creuses qui se trouvent au bas ou sur les revers de ces masses neigeuses. La glace qui les constitue n'est point semblable à celle qui provient de la congélation de l'eau; résultant de l'accumulation des neiges qui, pendant neuf mois de l'année, tombent dans les régions élevées, sa contexture est très peu compacte, et comme spongieuse, à raison de ce qu'une partie fondue par les pluies, la chaleur de l'été ou les vents chauds, pénètre dans l'intérieur de la masse, s'y congèle de nouveau pendant les nuits, et forme un tout dont la dureté est supérieure à celle de la neige, mais inférieure à celle de la glace proprement dite; aussi peut-on marcher dessus sans glisser, et en entamer facilement la surface. Mais cette neige se durcit encore par le tassement, et surtout par la pression puissante qu'elle éprouve en tout sens. Cet effet produit en partie le mouvement de translation que présentent les glaciers, et qui les porte à s'éloigner continuellement de leurs sources et à s'avancer vers le pied des montagnes avec une vitesse d'autant plus grande que le plan sur lequel ils reposent est plus incliné. Ce mouvement est encore confirmé par le transport continuel des débris de roches que ces fleuves glacés enlèvent aux assises qui les soutiennent. Mais ils présentent aussi des mouvemens rétrogrades, en sorte qu'ils avancent et reculent alternativement, mais non d'une manière périodique et régulière; effets qui dépendent certainement et de la quantité de neige qui tombe sur les sommités d'où ils descendent, et de la chaleur plus ou moins forte et prolongée de l'été.

L'épaisseur des glaciers varie singulièrement; elle atteint souvent plusieurs centaines de pieds. Ils sont d'ailleurs sillonnés dans toute leur étendue par de larges crevasses qui proviennent de l'inégalité du sol et de plusieurs autres causes accidentelles. Ces crevasses sont quelquefois remplies d'une eau pure et limpide due à la fonte des parties superficielles. Lorsque cette fonte est abondante, les eaux s'infiltrent à travers la glace, se réunissent en grande quantité dans quelques cavités, et se faisant bientôt un passage dans les parties de la masse voisine du sol, elles s'écoulent dans les vallées sous forme de torrens plus ou moins volumineux : telle est l'origine de plusieurs rivières, comme le Rhône, l'Argentière, le torrent de l'Aveyron, qui roule un sable aurifère, etc.

L'étendue de ces amas de glace est quelquefois si considérable, qu'on leur a donné souvent le nom de *mer*, tel est le *Glacier des Bois*, situé au fond de la vallée de Chamouny, qui est connu sous le nom de *Mer de Glace*, et qui a plus de cinq lieues de long sur une de large. Ils occupent habituellement toute la largeur des vallons qui leur servent de lits; ils se bifurquent quelquefois, descendent directement ou en zigzags, et se développent sur une étendue plus ou moins grande.

L'eau à l'état de glace se trouve encore dans quelques cavernes ou grottes, où elle se conserve dans toutes les saisons, et où elle semble être plus abondante en été qu'en hiver. C'est dans ces cavités naturelles que se trouvent ces belles stalactites produites probablement par l'évaporation rapide de l'eau, causée par les courans d'air. Dans quelques-unes il paraît que ces amas de glace proviennent de l'accumulation de la neige pendant l'hiver, et qui ne fond que très tard pendant l'été, à cause de la basse température de l'air qui y séjourne, et de son peu de renouvellement. On ne connaît qu'un très petit nombre de ces cavernes. La plus renommée est celle de la paroisse de Chaix, à six lieues à l'est de Besançon, près de l'abbaye de la Grâce-de-Dieu; elle est à trois cents toises de hauteur, dans le calcaire du Jura. On en cite trois autres dans le même canton, mais beaucoup plus petites.

122. § II. Si nous envisageons les *eaux* dans leur manière d'être à la surface de la terre, nous verrons que tantôt elles sont parties accessoires d'une vaste étendue de terre, et tantôt parties principales et enveloppant les terres. De là la distinction qu'on en a faite en *eaux continentales* et en *mers*. On entend généralement sous ce dernier nom l'universalité des eaux salées qui, sans discontinuité, couvrent près des trois quarts de la surface du globe, entourent de toutes parts l'autre portion de cette surface qui s'élève au-dessus de leur niveau, et la partagent en plusieurs continens et en îles. Les *eaux continentales* sont, comme l'indique leur nom, des portions d'eau plus ou moins considérables qui se trouvent enclavées au milieu des continens ou des îles, mais qui, dans quelques cas, communiquent avec la mer; tels sont les fleuves qui viennent s'y perdre. Généralement ces eaux sont douces, celles de quelques lacs font seules exception. Elles sont, ou courantes, ou stagnantes : dans le premier cas, on les connaît sous les noms de *fleuves, rivières, torrens* ou *ruisseaux*, et dans le second sous ceux de *lacs, d'étangs* ou de *marais*. (*V.* pour la définition de ces différentes expressions, les ouvrages de Géographie physique.)

Les cours d'eau ont diverses origines; ils prennent immédiatement leurs sources ou dans l'intérieur de la terre, et en sortent de plusieurs manières, ou ils la tirent, mais plus rarement, de lacs, d'étangs ou de marais, ou bien enfin ils proviennent de ces glaciers éternels dont nous avons fait mention plus haut. Généralement les cours d'eau sont situés au pied des montagnes et des collines, ou sur leur penchant, à l'origine des vallées; et ils sont ordinairement dominés, à leur naissance, par des terrains élevés, quoique dans quelques cas, peu nombreux, il est vrai, on observe tout le contraire. Une remarque qui souffre peu d'exceptions, c'est que dans les pays à couches, les sources d'eau, dans une certaine étendue de pays, sortent toutes à peu près au même niveau; les eaux souterraines présentent le même fait. C'est à ce niveau général des eaux d'un canton que l'on donne le nom de *nappe d'eau*. Lorsqu'une colline est composée de couches inclinées, presque toujours les sources sortent toutes d'un même côté de la colline, et surtout de celui où les couches présentent leur dos et s'enfoncent dans la terre, tandis qu'il n'y a aucune source du côté où les couches présentent leurs tranches.

Le volume que les eaux présentent à leur sortie de terre varie singulièrement : dans quelques cas elles offrent à leur naissance un volume considérable, et sont capables de porter de petits bateaux; c'est ce que l'on observe surtout dans les terrains calcaires et dans tous ceux à couches puissantes et presque horizontales : mais le plus souvent les grands fleuves et leurs affluens n'ont à leurs sources que quelques décimètres de largeur; c'est ce que présentent les terrains granitiques, schisteux et argileux, et généralement les cours d'eau sont plus multipliés dans ces terrains que dans tout autre. Les terrains volcaniques proprement dits, les terrains de sable, ceux de cailloux roulés n'offrent presque aucune source; les cours d'eau que l'on observe dans les pays où ces terrains dominent sortent presque toujours de leur plan de contact avec les terrains qu'ils recouvrent.

Les sources, quel que soit leur volume, sortent ordinairement de terre avec régularité; mais d'autres sortent avec impétuosité, et jaillissent à des hauteurs quelquefois considérables. C'est à ces dernières que l'on a donné le nom de *fontaines jaillissantes*. On en cite dans une foule de localités (environs de Lilliers, département du Pas-de-Calais, Saint-Venant, dans le même département, le district de Wadneag, dans le royaume d'Alger, etc.). Mais le phénomène le plus remarquable que présentent les sources dans leur manière de sortir de la terre est l'intermittence que l'on observe dans plusieurs d'entre elles. Beaucoup sont en même temps jaillissantes et intermittentes ; presque tous les pays en renferment de semblables. Tantôt ces intermittences sont de courte durée, comme de dix à quinze minutes ; tantôt elles sont plus longues, comme d'une à plusieurs heures ; tantôt enfin elles durent des mois et des années entières (telles sont celle de Boulidou, près Sanilhac, celle de Madame, toutes deux sur la rive gauche du Gordon, arrondissement d'Uzès ; celle de Côme, dans le Milanais, celle de Colmars, en Provence, etc.). On cite plusieurs de ces sources qui restent quelquefois plus de vingt ans sans couler, et qui reparaissent ensuite pendant un, deux mois, même une année, et jamais au-delà (celle de Boulaigne, près de Fressinet, à huit kilomètres de Villeneuve-de-Berg, dans les monts Coyrons, etc.). Mais les plus célèbres sont celles d'Islande, connues généralement sous le nom de *Geyser* (qui, selon les uns, signifie *furieux*, et qui, suivant d'autres, dérive du mot *geysa, jaillir,* dans l'ancien dialecte scandinave) ; elles sont situées dans la vallée de Rikum, à deux milles au nord-est de la ville de Skalholt. On en rencontre plus de cent dans une circonférence de deux milles. Le jet de ces eaux s'élève souvent à plus de cent cinquante pieds de hauteur, et son diamètre est quelquefois de dix-sept pieds ; il s'élance avec une sorte de bourdonnement. Les parois intérieures des bassins sont couvertes d'incrustations siliceuses en forme de choux-fleurs, ainsi que les environs, à plus de trente mètres autour de la source. La température de l'eau de ces sources varie entre 80 et 100° centigrades. Cette eau n'a généralement aucune odeur.

Souvent l'écoulement de l'eau est accompagné, dans beaucoup de sources, d'un dégagement d'air assez vif; quelquefois l'air se dégage en grosses bulles qui produisent en sortant un bruit périodique particulier, et impriment à la source un mouvement intermittent: telle est la fontaine dite du *Tambour,* sur les bords de l'Allier, près Vayre, en Auvergne.

Quant aux divers mouvemens ou changemens que présentent les cours d'eau dans leur direction, leur vitesse ou leur volume, et pour ce qui est relatif aux amas d'eaux continentales qui n'ont point d'écoulement sensible et propre, et qui s'appellent marais, étangs et lacs, voyez les divers ouvrages de Géographie physique, et surtout l'article *Eau* du Dictionnaire des Sciences naturelles, tome XIV, article rédigé par M. Brongniart, et dont nous nous sommes souvent servis dans la rédaction du sujet que nous traitons ici.

123. § III. Tout ce qu'on sait sur les circonstances géologiques que peuvent offrir les eaux minérales proprement dites se borne à très peu de chose. Il sort de ces eaux de tous les terrains, quelle que soit leur époque de formation ou leur nature minéralogique; mais les rapports réels d'une eau minérale avec le terrain d'où elle paraît sortir sont, en général, très peu connus. On n'a de connaissances positives que pour celles qui prennent naissance dans les terrains les plus inférieurs et les plus supérieurs. Les généralités que nous allons exposer sur ce sujet important seront extraites du savant article de M. Brongniart, que nous avons cité plus haut.

Les matières dissoutes dans les eaux minérales n'ont souvent aucun rapport avec les matériaux qui entrent dans la composition des roches qu'elles traversent. Cette observation, qui s'applique surtout aux eaux des terrains primordiaux, semble être une première indication que les eaux minérales prennent leur origine ou se forment ailleurs que dans ces terrains, et ce qui fortifie encore cette présomption, c'est qu'on remarque que les eaux minérales des terrains tertiaires, qui, pour la plupart, doivent prendre leur origine dans l'intérieur de ces terrains, contiennent en effet dans leur composition des sels terreux et métalliques, tels que le carbonate de chaux, le sulfate de chaux, le sulfate et l'oxide de fer; dont on trouve tous les matériaux dans les argiles plastiques pyriteuses, dans les calcaires quelquefois magnésiens, et dans les gypses qui forment les assises tant inférieures que moyennes et supérieures des terrains de sédiment (terrains intermédiaires, secondaires et tertiaires).

1°. Les eaux des terrains primordiaux sont presque toutes thermales, et possèdent même en général une haute température. Les matières dominantes qu'elles renferment assez constamment sont le gaz hydrogène sulfuré, l'acide carbonique libre, le carbonate de soude, et en général des sels à base de soude, de la silice, peu de sels à base de chaux, excepté du carbonate de chaux dans quelques circonstances, et peu de fer.

2°. Les eaux des terrains intermédiaires et secondaires participent des propriétés des eaux inférieures, et rien n'apprend si plusieurs des eaux minérales qui sortent de ces terrains ne viennent pas primitivement de dessous les terrains primordiaux. Il est clair que, dans ce cas, le long trajet qu'elles ont fait, et les roches qu'elles ont traversées, ont dû nécessairement modifier leur nature, et surtout abaisser leur température. On trouve encore néanmoins dans ces terrains des eaux qui sont chaudes. L'acide carbonique s'y montre encore, mais plus rarement; on n'y connaît presque plus le gaz hydrogène sulfuré. Les matériaux dominans sont encore les sels à base de soude; mais le carbonate de soude y est beaucoup plus rare, tandis que le sulfate de chaux se présente dans presque toutes. La silice s'y rencontre fort rarement.

3°. Les eaux minérales des terrains tertiaires sont aussi bien caractérisées que celles des terrains primitifs, placées à l'autre extrémité de la série. Elles ont toutes la température moyenne du lieu d'où elles sourdent, et sont ce qu'on appelle *froides*, par opposition avec les eaux thermales. Elles sont bien plus nombreuses que celles des terrains précédens, et leur position géologique est mieux déterminée. Elles appartiennent aux assises inférieures du calcaire grossier, ou plus probablement à la formation des argiles plastiques qui recouvrent le grand bassin de craie qui s'étend dans tout le nord de la France et dans le midi de l'Angleterre. Ces eaux ont aussi une analogie de composition et de propriété fort remarquable. On rencontre à peine du gaz carbonique libre. Les sels dominans sont le carbonate de chaux, le sulfate de chaux, le sulfate de magnésie et le sulfate ou le carbonate de fer. Les exceptions, peu nombreuses, tiennent à quelque erreur dans la classification géognostique, ou à des circonstances particulières de gisement, comme, par exemple, pour l'eau hydrosulfureuse d'Enghien, qui prend naissance au pied de l'étang de ce nom, au niveau des couches de gypse, traversées, et peut-être en parties décomposées par les eaux de cet étang, qui sont chargées de matières organiques propres à opérer cette décomposition, comme on l'observe dans toutes les circonstances où le sulfate de chaux reste long-temps en contact avec des substances organisées.

4°. Les terrains de trachyte et les terrains volcaniques, tant anciens que nouveaux, terrains qu'actuellement l'on considère généralement comme étant sortis de dessous les granites, présentent assez souvent, en effet, dans leurs eaux minérales, les mêmes circonstances de température et de composition que celles qu'on remarque dans les eaux qui sortent des granites et des autres roches primordiales. L'hydrogène sulfuré, l'acide carbonique, le carbonate de soude, la silice et le carbonate de chaux reparaissent ici; on ne voit plus, ou presque plus de sulfate de chaux ni de sels à base de fer ou de magnésie.

On remarque que, dans beaucoup de cas, les eaux minérales d'un même canton ont à peu près la même composition ; c'est ce que présentent les eaux de Hongrie, du nord de la France, des environs de Naples et de Rome, et celles des Pyrénées. Mais on trouve aussi quelquefois des faits directement opposés à cette généralité.

La présence du gaz hydrogène sulfuré et du gaz carbonique, non-seulement dans les eaux froides, mais encore dans les eaux les plus chaudes, dans une proportion qui excède de beaucoup ce qu'elles pourraient en dissoudre sous la pression ordinaire de l'atmosphère, doit faire supposer que ces eaux ont été imprégnées de ces gaz sous une forte pression, et qu'elles ont parcouru des canaux assez bien fermés pour que le dégagement de l'excédant des gaz n'ait pas pu s'opérer dans le trajet. C'est à l'aide de ces gaz ainsi comprimés qu'elles tiennent en dissolution des matières terreuses, notamment le carbonate de chaux, qu'elles laissent précipiter aussitôt que l'excès de gaz a pu se dégager par la cessation de pression ou par l'agitation avec le contact de l'air.

Mais quelle est la cause qui produit la température plus ou moins élevée des eaux thermales ? Il est assez difficile de pouvoir l'assigner au juste dans l'état actuel de la science. Quelques géologues ont pensé que ces eaux étaient chauffées par les volcans ; mais cette opinion, qui peut avoir quelque degré de probabilité pour celles d'entre elles qui sont situées dans les terrains volcaniques, devient de nulle valeur si l'on considère qu'il existe autant de ces eaux thermales dans les terrains de granite et dans les terrains calcaires. Et d'ailleurs, il est évident que si cette chaleur dépendait de changemens chimiques souterrains encore en activité, on apercevrait des variations considérables, suivant que les causes s'affaibliraient ou deviendraient accidentellement plus actives, comme on l'observe dans tous les volcans non éteints. Quant à l'hypothèse qui attribue leur chaleur à la décomposition chimique des sulfures, l'influence limitée et variable d'une telle cause, comparée à la permanence et à la grandeur de l'effet, sont des preuves suffisantes pour faire abandonner cette explication. M. Brongniart attribue la température des eaux qui sortent des terrains non volcaniques, à la grande profondeur d'où ces eaux viennent par des canaux souterrains. En admettant l'hypothèse que la terre a une chaleur propre, croissante avec la profondeur, ce que paraissent confirmer les observations faites récemment dans les mines, et celles de M. Arago, l'explication donnée par M. Brongniart semble être la seule que l'on puisse adopter avec quelque vraisemblance (*).

(*) Les observations suivantes prouvent, en effet, que la chaleur de la terre s'accroît avec la profondeur; elles sont dues à sir Robert Bald. (*Journal philosophique d'Édimbourg*, vol. VI.)

Houillère de Whitehaven (Cumberland).

Observation de la température d'un puits à sa surface... 9°,44
Observation de l'eau, à la profondeur de 480 pieds..... 15°,56
Air, à la même profondeur........................ 17°,22
Air, à 600 pieds................................ 18°,33

Houillère de Killingworth (qui est la mine de charbon la plus profonde de la Grande-Bretagne).

Eau, à la surface................................ 9°,44
Air, à 790 pieds de profondeur.................... 10°,56
Air, à 900 pieds depuis la surface, après avoir traversé un pied et demi de puits........................ 21°,11
Eau, à la grande profondeur de 1200 pieds........... 23°,33

Suivant M. de Humboldt, la mine de Valenciennes est si chaude, que les mineurs sont constamment exposés à une température de 33° c., tandis que la température moyenne de l'air extérieur est de 16°. Les sources qui sortent des veines de la même mine, à la profondeur de 1638 pieds, ont une tem-

Mais après ces faits si dignes d'attention, ce qu'il y a certainement de plus remarquable, c'est la constance des phénomènes qui caractérisent ou accompagnent les eaux minérales. En effet, à quelques exceptions près, dont plusieurs même peuvent être appréciées, on observe dans ces eaux (et il y en a quelques-unes qui sont connues depuis plus de dix-huit siècles) le même volume, la même composition, le même

---

pérature de 37°, qui est plus de 4° plus chaude que l'air du lieu dans lequel travaillent les mineurs; et ce fait par lui-même, lorsqu'il est ajouté aux observations de M. Bald, sur l'eau dans les mines, est suffisant pour rejeter la supposition que la chaleur est due aux mineurs, à leurs chevaux, à leurs lumières, etc. La santé d'un mineur demande une circulation constante d'air, qui rend la chaleur des mines d'autant plus remarquable. M. Bald observe, avec raison, que la chaleur des houillères ne peut provenir de la décomposition des sulfures, car ils ne se décomposent jamais en place. Si cela était, la plus grande partie de ces mines auraient été détruites par l'ignition spontanée.

Les puits présentent deux phénomènes distincts, qui conduisent à la même conclusion que les observations faites dans les mines, c'est l'égalité de température, malgré la variété des saisons, et la différence de leur température d'après leur profondeur. La cause centrale de chaleur contrarie à un tel point l'influence des saisons, que les sources minérales, qui ne sont pas même d'une grande profondeur, conservent durant toute l'année une température presque toujours la même. Plus les puits des sources chaudes ou tièdes sont profonds, plus est chaude, en général, l'eau qui en sort. Les sources tièdes de Matlock et de Buxton sortent dans le voisinage immédiat de roches amygdaloïdes et basaltiques, et les sources plus chaudes paraissent venir d'une profondeur encore plus grande. M. Cordier a trouvé que la température d'une source minérale, à Cantal, qui sortait du granite, était un peu au-dessus de la chaleur de l'eau bouillante (plus de 100° centigr.). Un fait plus étonnant est rapporté par M. Luitz, qui établit que la chaleur de la source minérale du Caldos est plus de 150° centigr. Les bains chauds de Montiegas, au pied de Sierra-des-Estrelle, et toutes les sources chaudes du Portugal, celles de Vals, près d'Aubenas (Ardèche), et celles de Weldbaud, près Salzbury, sortent ou du granite ou du gneiss. M. de Humboldt dit que les sources chaudes des diverses parties de l'Amérique du sud sortent des couches primitives et granitiques.

dégagement de gaz lorsqu'il a lieu, la même odeur et la même température. On sait que les grands froids, les grandes chaleurs, les grandes sécheresses et les pluies abondantes ont beaucoup d'influence sur les propriétés des eaux minérales; mais les tremblemens de terre sont les causes qui modifient le plus essentiellement leur manière d'être. Ils les ont quelquefois fait disparaître entièrement, ou bien ils ont changé les eaux thermales en eaux froides; mais souvent aussi ces altérations n'ont été que momentanées, et au bout de quelques semaines, de quelques jours, de quelques heures même, la source a repris son cours et sa température ordinaires.

IIe ORDRE. *MÉTAUX ÉLECTRO-NÉGATIFS.*

Comprenant les métaux dont les oxides, dans leur combinaison avec d'autres corps oxidés, ont une plus grande tendance à jouer le rôle d'acide que celui de base salifiable.

Ire FAMILLE. *ARSENIC.*

124. Les minerais de cette famille sont très reconnaissables par l'odeur d'ail qu'ils donnent, soit par la combustion, soit par le traitement au feu avec la poussière de charbon. On ne pourrait les confondre qu'avec ceux de cobalt, qui présentent presque toujours le caractère que nous venons d'indiquer, mais ils s'en distinguent en ce qu'ils ne colorent aucunement le verre de borax, tandis que ces derniers le colorent en bleu.

Cette famille comprend quatre espèces qui toutes sont volatiles.

1re ESPÈCE. *ARSENIC NATIF.*

125. *Caractères physiques.* Ce minéral, très cassant, sonore, se laisse rayer par la chaux fluatée et entamer par le couteau. Sa couleur est le gris d'acier, mais bientôt sa surface se ternit

à l'air, et devient d'un noir grisâtre, qui est la couleur habituelle de ses morceaux. Dans sa cassure fraîche, il offre l'éclat métallique ; sa raclure, qui présente le même éclat, est d'un gris bleuâtre, et sa poussière est d'un noir mat. Sa cassure est inégale, à petits grains; quelquefois elle est imparfaitement lamelleuse. Sa pesanteur spécifique varie de 5,7 à 5,9.

Caractères chimiques. Traité au chalumeau, il se fond en dégageant une fumée blanche qui a une odeur d'ail; il manifeste cette même odeur par le choc du briquet; il brûle avec une flamme bleuâtre, et se volatilise peu à peu en donnant des vapeurs d'acide arsenieux.

Composition. Corps simple. Son signe chimique est As. Il n'est que très rarement pur dans la nature; il renferme le plus souvent de l'argent, de l'antimoine, de l'or, du cobalt, etc., à l'état d'arseniures.

Caractères cristallographiques. On n'a point encore rencontré ce métal cristallisé régulièrement. Quelques auteurs admettent cependant, pour sa forme primitive, *l'octaèdre à bases carrées.* L'arsenic fondu forme des masses qui paraissent composées d'aiguilles prismatiques, lamelleuses, dont la forme semble écarter l'idée de l'octaèdre.

Variétés de structure. Les variétés de structure les plus remarquables que présente l'arsenic natif, sont :

L'*arsenic concrétionné* ou *testacé.* Formé de lames convexes superposées comme les écailles d'une coquille. Il renferme souvent un noyau d'argent antimonié sulfuré.

L'*arsenic bacillaire.* Il est en prismes très déliés, réunis en rayons divergens.

L'*arsenic spéculaire.* Formé de lames qui, malgré la facilité avec laquelle l'arsenic se ternit à l'air, conservent un certain éclat, même avec le contact de cet agent. Le plus souvent cette variété se trouve à la surface de schistes, sous forme de petites couches.

L'*arsenic granulaire* ou *globuliforme*.

126. *Gisement*. L'arsenic natif ne se trouve jamais en filons particuliers, et il est presque toujours associé à d'autres substances métalliques, surtout des terrains primordiaux, tels que le cuivre gris, l'argent antimonié sulfuré, le fer carbonaté, le cobalt arsenical, le plomb sulfuré, etc. Généralement il accompagne les minerais de cobalt et ceux d'étain, parfois aussi les minerais de plomb. Ses principales gangues sont le quarz, la chaux carbonatée, le spath perlé et la baryte sulfatée. Quoique peu abondant dans la nature, il est encore assez commun dans les dépôts métallifères que nous venons de nommer, et surtout dans ceux qui se trouvent répandus en Bohême, en Saxe, en Souabe, au Hartz, en Hongrie, et en France, à Allemont, dans le Dauphiné, à Sainte-Marie-aux-Mines, dans les Vosges.

127. *Usages*. Les usages de l'arsenic sont peu étendus. Allié au platine, au cuivre et à l'étain, il sert à faire des miroirs de télescope. Fondu avec parties égales de cuivre, il constitue l'alliage connu sous le nom de *cuivre blanc*, dont on fabrique, en Allemagne, des ustensiles et des objets d'agrément. Jusque dans ces derniers temps, on l'a employé pour fondre le platine et le mettre en lingots; mais on a reconnu que sa présence était inutile. Il forme la *poudre aux mouches*, et il jouit de la singulière propriété de rendre émétique l'eau que l'on a mise en contact avec lui.

2e ESPÈCE. *ARSENIC SULFURÉ ROUGE.*

(*Bi-sulfure d'arsenic*, vulgairement *réalgar*.)

128. *Caractères physiques*. Ce sulfure, d'une couleur rouge orangée en masse, jaune orangée en poussière, est sans odeur, translucide, très fragile, et d'une dureté qui tient le milieu entre celle du gypse et celle du talc. Sa cassure est vitreuse et

conchoïde, éclatante lorsqu'elle est fraîche; elle perd bientôt sa transparence et se couvre d'une couche opaque. Le frottement lui communique l'électricité résineuse.

Sa pesanteur spécifique est de 3,3 à 3,6.

Caractères chimiques. Traité au chalumeau, il se fond aisément, brûle ensuite avec une flamme bleuâtre, en répandant une odeur mixte d'ail et d'acide sulfureux, et il se vaporise entièrement. Il perd sa couleur dans l'acide nitrique, est soluble dans l'ammoniaque, et réductible par la potasse caustique en matière d'un brun marron.

Composition. D'après l'analyse de M. Laugier, formé d'un atome d'arsenic et de deux atomes de soufre $= AsS^2$.

Caractères cristallographiques. Quoique peu abondans, ses cristaux, nettement conformés, sont communément des prismes tétraèdres, hexaèdres, octaèdres, décaèdres et dodécaèdres, terminés par des sommets à quatre faces, et dérivant tous d'un *prisme rhomboïdal oblique* de 105° 45′ et 74° 15′, dont la base est inclinée sur les pans d'environ 104°. Cette forme primitive ne peut être obtenue par le clivage, et l'on y ramène difficilement les variétés de forme peu nombreuses que présente cette espèce.

Variétés de structure. Les variétés de structure les plus communes se réduisent aux suivantes :

Arsenic sulfuré rouge bacillaire,
compacte,
pulvérulent.

129. *Caractères d'élimination.* Sa volatilité, l'odeur qu'il répand quand il brûle, sa densité plus faible et sa solubilité dans l'ammoniaque le distinguent facilement de l'*argent rouge* et du *plomb chromaté.*

Gisement. (*V.* plus bas, 133.)

130. *Préparation.* Comme le sulfure rouge naturel n'est

pas en assez grande abondance pour fournir aux arts la quantité qu'ils en réclament, on en fait artificiellement, mais le procédé que l'on suit n'est pas encore connu.

131. *Usages*. Le réalgar, connu des Grecs sous le nom de σανδαράκη (ce qui répond à *sandaraque*), est employé dans la peinture. Les Chinois, et d'autres peuples orientaux, forment, avec des morceaux volumineux, de petites pagodes et différens vases élégans dont ils se servent pour se purger en buvant le jus de citron et le vinaigre qu'ils y ont laissés séjourner. C'est un poison à l'intérieur, mais dans un bien moindre degré que l'oxide blanc d'arsenic, par la raison qu'il n'est pas soluble.

3e ESPÈCE. *ARSENIC SULFURÉ JAUNE.*

(*Tri-sulfure d'arsenic,* vulgairement *orpin* ou *orpiment*).

132. *Caractères physiques*. Ce sulfure est d'une couleur jaune-citron en masse, et sa poussière offre un jaune de diverses teintes; il est inodore, transparent ou translucide, tendre, et se laisse couper au couteau; il jouit d'une structure lamellaire dans un sens; réduit en lames minces, il est flexible, mais non élastique. Sa cassure est lamelleuse, à lames courbes, et offre un éclat souvent très vif, qui varie entre l'éclat demi-métallique et celui du diamant. Il s'électrise résineusement, comme le précédent, par le frottement.

Sa pesanteur spécifique est de 3,3 à 3,4.

Caractères chimiques. Il offre les mêmes caractères que le réalgar au chalumeau. Il fait effervescence avec l'acide nitrique chaud, et est réduit en matière brune par la potasse caustique.

Composition. D'après l'analyse de M. Laugier, formé d'un atome d'arsenic et trois atomes de soufre $= AsS^3$.

Caractères cristallographiques. Cette espèce se rencontre rarement cristallisée, et dans ce cas les cristaux sont groupés ensemble si confusément, qu'à peine peut-on en déterminer la forme. Ce sont, au reste, de très petits prismes, que quelques auteurs regardent comme analogues à ceux de l'espèce précédente, et qu'ils rapportent à un *prisme rhomboïdal oblique* de 100° et 80° ?

Variétés de structure. On le trouve sous les variétés de structure suivantes :

Arsenic sulfuré jaune lamelleux,
sublamelleux,
granulaire,
pulvérulent,
compacte.

132 *bis*. *Caractères d'élimination.* L'orpiment peut être confondu avec le *soufre natif* et le *mica jaune;* mais il est facile de les distinguer, en ce que le *soufre* n'a pas un tissu très sensiblement lamelleux, ni une surface d'un beau luisant comme le sulfure, qu'il ne répand point d'odeur d'ail comme celui-ci par l'action du feu, et qu'il s'enflamme par le simple contact avec un corps en ignition, ce que ne fait pas l'orpiment; et en ce que le *mica* donne une poussière grise, se fond en émail sans répandre d'odeur, et acquiert l'électricité vitrée par le frottement, caractères entièrement opposés à ceux de l'arsenic sulfuré jaune.

133. *Gisement.* Les deux espèces que nous venons de décrire se trouvant toujours ensemble, ce que nous allons dire s'applique à toutes les deux. Généralement elles sont peu abondamment répandues dans la nature; elles ont deux origines différentes, dont l'une, suivant M. Haüy, est due à l'action d'un liquide, et l'autre à celle de la chaleur. Selon les géologues, l'arsenic sulfuré qui a été produit par la voie humide appartient à deux sortes de terrains, distingués par les époques auxquelles répond leur formation; le *réalgar* se trouve principalement dans les terrains primitifs, où il accom-

pagne tantôt l'arsenic natif, tantôt divers autres minerais, et surtout le cuivre gris et le fer sulfuré, engagés dans la dolomie du Saint-Gothard. Quant à l'*orpiment,* sa formation paraît être plus moderne. On le rencontre dans des terrains intermédiaires et secondaires, accompagné presque toujours de quarz, d'argile et autres substances pierreuses.

Wittichen en Souabe, Kapnik en Hongrie, Joachimsthal en Bohême, Annaberg et Schneeberg en Saxe, Felsobanya et Nagyag en Transylvanie, Andreasberg au Harz, enfin la Chine et le Japon, sont les localités et les pays où se rencontrent ces sulfures ainsi disposés en filons.

L'arsenic sulfuré, dont l'origine est due à l'action de la chaleur, a été produit par la sublimation sous la forme de petits cristaux rouges, près des cratères des différens volcans, au Vésuve, à l'Etna, au Bungo, dans le Japon, et dans les produits des terrains anciennement volcanisés ou dans les solfatares, comme à Pouzzoles, près de Naples, et à la Guadeloupe.

Souvent les sulfures d'arsenic sont associés à l'antimoine sulfuré. On les trouve quelquefois disséminés dans l'*obsidienne* de l'Amérique méridionale.

134. *Préparation.* Le sulfure jaune d'arsenic se prépare artificiellement pour les besoins des arts, principalement en Allemagne. L'opération s'exécute en chauffant une partie de soufre et deux parties d'oxide d'arsenic non purifié, dans des vases sublimatoires semblables, à peu de chose près, à ceux qui servent à la purification de l'*arsenic blanc.* A l'aide de la chaleur, une partie du soufre enlève l'oxigène à l'oxide, et passe à l'état d'acide sulfureux, tandis que l'autre portion s'unit au métal réduit et forme l'orpiment. Ainsi préparé, l'orpiment est en masses d'un jaune citron, pesantes, à cassure conchoïde, demi-transparentes dans leurs lames minces. Il est formé de beaucoup d'oxide d'arsenic uni à un peu de sulfure.

135. *Usages*. L'arsenic sulfuré jaune, surtout celui qui est naturel, est très employé dans la peinture, à cause de sa belle couleur d'or, et c'est de là que vient sans doute le nom d'*auri-pigmentum*, qu'on lui a donné dans le commerce, et d'où est tiré celui d'orpiment. On l'emploie, conjointement avec la potasse, pour dissoudre l'indigo dans les manufactures de toiles peintes. Les Orientaux s'en servent comme d'un dépilatoire, et chez nous il est d'usage comme escharrotique; mais en Médecine son emploi est singulièrement restreint, à cause des propriétés vénéneuses qu'il possède au même degré que le réalgar.

136. *Annotations*. M. Haüy, à l'exemple des autres minéralogistes, ne faisait qu'une seule espèce de l'arsenic sulfuré, et considérait comme des variétés de cette espèce, le réalgar et l'orpiment, produites par de simples différences dans l'état d'agrégation. Cette opinion, long-temps admise, et soutenue d'ailleurs par les travaux de Klaproth, Proust et Thomson, a été complètement renversée par les belles analyses de M. Laugier, que les expériences de M. Berzélius n'ont fait que confirmer depuis, en sorte que maintenant il ne reste plus aucun doute sur la nature des deux sulfures d'arsenic.

4e ESPÈCE. *ARSENIC OXIDÉ* OU *ACIDE ARSENIEUX*.

(Vulgairement *oxide blanc d'arsenic, arsenic blanc.*)

137. *Caractères physiques*. Sa couleur est le blanc ou le gris, souvent avec une teinte de rouge, de jaune, de vert ou de noir. Il est ordinairement brillant, opaque ou translucide sur les bords. Lorsqu'il est cristallisé, il est translucide. Sa contexture est terreuse. Il a une saveur nauséabonde.

Sa pesanteur spécifique est de 3,71 à 4.

Caractères chimiques. Il est soluble dans quatre-vingts fois son poids d'eau, à la température de 16° centigrades, et la solution jouit de la propriété de rougir faiblement le tournesol, de précipiter en jaune par l'acide hydrosulfurique, et en vert par le sulfate de cuivre. Il se dissout sans effervescence dans l'acide nitrique chaud étendu. Traité par le chalumeau, il se sublime sans s'enflammer, et en répandant une odeur d'ail. Il colore le borax en jaune.

Composition. Un atome d'arsenic et trois atomes d'oxigène $=\overset{\therefore}{As}$.

Caractères cristallographiques. Il est quelquefois cristallisé en petits prismes aciculaires que l'on fait dériver de l'*octaèdre régulier.*

Variétés de structure. Les formes sous lesquelles il se présente dans la nature sont les suivantes :

Arsenic oxidé aciculaire, en aiguilles ordinairement divergentes ou en petits prismes,
granulaire,
pulvérulent,
compacte.

137 *bis. Caractères d'élimination.* Cette espèce se distingue facilement de la *chaux arseniatée* ou *pharmacolite*, qui lui ressemble souvent par sa volatilité complète et sa solubilité, et généralement des autres substances blanches avec lesquelles on pourrait le confondre, telles que l'*oxide blanc d'antimoine,* la *chaux carbonatée pulvérulente,* par l'odeur caractéristique qu'il développe au feu. Comme l'odeur qu'exhalent les minerais d'antimoine se rapproche assez de la sienne, et qu'elle pourrait être alors une cause d'erreur, pour éloigner tous les doutes, on chauffera la substance sur un charbon à l'aide du chalumeau : si celle-ci couvre le charbon d'un enduit blanc qui conserve sa couleur lorsqu'on y porte le cône intérieur de la flamme, et ne devient nullement noir, c'est un minerai d'antimoine.

138. *Gisement.* L'acide arsenieux ne se rencontre que rare-

ment et en petite quantité dans la nature. Il se trouve à la surface, ou dans le voisinage de certaines mines arsenicales, notamment de celles de cobalt arsenical ou arseniaté; il accompagne souvent aussi l'arsenic natif. Il paraît que l'on a confondu long-temps avec lui la chaux arseniatée, avant que Klaproth eût fait connaître la véritable composition de cette dernière. Peut-être l'acide arsenieux natif n'est-il que le résultat de l'exploitation des mines.

139. *Préparation.* L'oxide blanc d'arsenic qu'on trouve dans le commerce s'obtient comme produit secondaire, dans le traitement des mines de cobalt arsenical. Pour se le procurer, l'on grille ces mines dans un fourneau à réverbère terminé par une longue cheminée horizontale: à mesure que l'arsenic brûle et passe à l'état de deutoxide ou d'acide arsenieux, il se rend dans ces cheminées et s'y condense; mais comme il n'est pas très pur, on lui fait subir une nouvelle sublimation. Cette opération se fait dans des espèces de cucurbites en fonte, surmontées de chapiteaux coniques également en fonte, et percés d'un trou à leur sommet; on les dispose sur un fourneau, et lorsqu'elles sont rouges, on y projette une certaine quantité d'oxide d'arsenic par le trou supérieur, qu'on bouche aussitôt après. L'oxide se sublime en haut des chapiteaux; on introduit de nouvelles portions de matière au fur et à mesure, et on en sublime dans les mêmes curcubites jusqu'à 77 kilogrammes environ. On laisse ensuite refroidir les vases, on enlève les chapiteaux et on en détache l'oxide qui y adhère sous forme de couches vitreuses d'une transparence remarquable; mais elles ne tardent pas à blanchir et à prendre de l'opacité à leur surface. C'est sous cet état que l'on trouve l'arsenic blanc dans le commerce, et il provient surtout de l'exploitation de Maurizzech, près d'Aberdam, dans la contrée de Joachimsthal en Bohême. La Saxe en fournit également.

140. *Usages.* L'acide arsenieux a plusieurs usages dans les arts : il sert de mordant dans la teinture ; les verriers l'ajoutent quelquefois à la matière du verre pour la rendre plus fusible et obtenir un verre plus blanc ; on l'emploie pour la fabrication du vert de Scheèle, couleur que l'on applique sur les papiers de teinture ; pour faire une pâte très propre à détruire les souris et les rats, aussi l'appelle-t-on communément *mort aux rats.* En Médecine, il est usité comme escharrotique ; on en fait des trochisques, et il entre dans la poudre du frère Côme ; on en prépare les arséniates de potasse et de soude en le calcinant avec les nitrates de ces deux bases. C'est un des poisons les plus violens du règne minéral ; il donne la mort à très petites doses. On ne saurait donc prendre trop de précautions dans son usage.

Traitement métallurgique des minerais d'arsenic.

141. L'arsenic ne s'extrait jamais de ses mines, qui sont rarement isolées. La plus grande partie de celui du commerce provient du grillage des mines de cobalt arsenical. L'opération se pratique comme il a été dit ci-dessus (139). Après la seconde sublimation, le deutoxide d'arsenic est privé, autant que possible, du fer et autres substances étrangères qui l'accompagnent toujours. C'est de cet oxide blanc qu'on extrait facilement le métal ; il suffit pour cela d'en former une pâte avec du savon et de l'huile, et de distiller dans une cornue de grès. La savon et l'huile se décomposent ; leur carbone et leur hydrogène sont brûlés par l'oxigène de l'oxide, tandis que l'arsenic métal se sublime et se condense, sous forme cristalline, à la voûte de la cornue.

Mais dans le grillage du cobalt arsenical, tout l'arsenic n'est point oxidé : une petite portion se sublime à l'état métallique et se condense presqu'à la naissance de la cheminée. On le recueille et on le sublime de nouveau dans des cornues de fonte dont le col, très court et très large, vient plonger dans des récipiens cylindriques. On l'obtient alors sous forme de masses noirâtres composées d'une foule de petits cristaux facilement séparables et ayant une cassure lamelleuse. On se procure encore de l'arsenic métallique dans le commerce, en sublimant directement l'arsenic natif dans des cornues de fonte semblables aux précédentes. Quoi qu'il en soit, lorsque l'on veut le conserver parfaitement pur dans les laboratoires, il faut, aussitôt que la distillation est terminée, le détacher du col des cornues ou des récipiens, et l'introduire dans des flacons de verre à larges ouvertures et bouchés à l'émeri; des bouchons de liége seraient insuffisans, et ne pourraient empêcher l'arsenic de se ternir au bout de quelque temps.

IIe FAMILLE. *CHROME.*

ESPÈCE UNIQUE. *CHRÔME OXIDÉ VERT.*

(*Chrôme oxidé silicifère,* Brongniart.)

142. *Caractères essentiels.* Cette substance, qui se présente toujours sous la forme d'une poudre verte, colore le borax en vert émeraude; chauffée avec le nitre dans un creuset, et traitée par l'eau, elle fournit une solution qui précipite en rouge par le nitrate d'argent, et en jaune par le nitrate de plomb.

Sa pesanteur spécifique est de 1,6.

Composition. Formée d'un atome de chrôme et de trois atomes d'oxigène $= \dddot{Cr}$. Contenant presque toujours de la silice, dont la quantité est inconnue. L'on ne sait pas encore si l'on doit considérer ce minéral comme un mélange de l'oxide de chrôme avec de la silice ou de l'argile, ou comme un silicate de chrôme mêlé d'argile, ou bien comme un silicate double d'alumine et d'oxide de chrôme.

143. *Gisement.* L'oxide de chrôme est fort rare dans la nature ; on ne le trouve qu'à la surface de quelques échantillons de plomb chromaté, et recouvrant, sous forme d'enduit, des roches quarzeuses : telle est la calcédoine du Creusot, trouvée par M. Leschevin, et qui n'est autre chose qu'un quarz hyalin translucide, et disséminé dans des terrains d'agrégats, comme dans l'*anagénite*, ou brèche ancienne, qui forme le sommet de la montagne des Écouchets, entre le Creusot et Couches, département de Saône-et-Loire. L'oxide de chrôme existe en veines minces dans cette brèche, composée de fragmens de felspath rougeâtre et de quarz gris, avec quelques parcelles de mica noir. Sa quantité varie depuis 2,5 jusqu'à 13 pour 100. Enfin l'oxide de chrôme existe, mais comme principe accidentel ou principe colorant, dans plusieurs autres substances ; en effet, c'est à lui que l'émeraude, la diallage verte, l'amphibole vert dit actinote, le pyroxène (coccolite et lherzolite), et plusieurs roches magnésiennes (serpentines), doivent leur belle couleur verte.

144. *Usages et préparation.* L'oxide de chrôme jouissant, lorsqu'il est pur, d'une couleur verte très intense et très belle, est une des matières colorantes dont les arts font le plus grand usage. On l'emploie pour faire des fonds verts très foncés sur la porcelaine, et pour faire généralement toutes les autres couleurs dont le vert fait partie. On s'en sert aussi pour fabriquer des verres dont la couleur imite celle de l'émeraude, et avec lesquels on fabrique des bijoux. C'est en raison de la consommation considérable qui s'en fait dans le commerce, que l'on prépare cet oxide en grand, à l'aide de plusieurs procédés que nous ne ferons qu'indiquer. Le plus suivi consiste à décomposer le chromate de mercure par la chaleur. L'opération s'exécute dans une cornue de grès que l'on place dans un fourneau à réverbère ; le sel se décompose en oxigène, mercure et oxide de chrôme : les deux premiers se dégagent et se rendent

dans des récipiens pleins d'eau, où le mercure se condense. La calcination dure environ trois quarts d'heure; l'oxide de chrôme est ensuite renfermé dans des flacons. On peut, suivant M. Berthier, substituer le chromate de plomb au chromate de mercure pour la fabrication de cet oxide, mais alors il faut opérer dans un creuset brasqué. Le plomb se réduit complètement et reste mêlé avec l'oxide de chrôme, dont on effectue la séparation en pilant et lévigeant la masse; l'oxide passe mêlé seulement avec de petits grains de métal qu'on dissout par l'acide nitrique; celui-ci est sans action sur l'oxide de chrôme, qu'on lave et qui est alors très pur. Enfin, M. Lassaigne a donné un procédé qui consiste à chauffer jusqu'au rouge, dans un creuset de terre fermé, un mélange de chromate de potasse et de soufre à parties égales. Il se produit du sulfate et du sulfure de potasse, qu'on enlève en lessivant le résidu verdâtre. L'oxide, après plusieurs lavages, peut être considéré comme pur. Ce dernier procédé a cela d'avantageux, qu'on obtient toujours un oxide de chrôme d'une belle couleur verte et au même degré d'intensité; il est ensuite très économique.

Extraction du chrôme.

145. Le chrôme, à l'état métallique, n'étant d'aucun usage dans les arts, son extraction ne se fait jamais que dans les laboratoires. C'est le protoxide de chrôme ou l'oxide vert que l'on emploie pour cet objet. On opère de la manière suivante: on mêle une quantité arbitraire de cet oxide avec un excès de noir de fumée, et l'on donne au mélange la consistance d'une pâte ferme avec de l'huile; on en fait une boule que l'on met dans un creuset de Hesse brasqué (*); on recouvre cette boule de

(*) On donne le nom de *creusets brasqués* ou *désoxidans* à des creusets de terre dont l'intérieur est revêtu d'une couche plus ou moins épaisse de

charbon ordinaire et le creuset de son couvercle, puis l'on place le creuset dans un fourneau de forge, après l'avoir préalablement assujetti sur une brique avec un peu de lut infusible. Le fourneau étant plein de charbon ou de coak, et la combustion étant activée par le vent d'un fort soufflet, on soutient un bon feu pendant une heure à une heure un quart environ; à cette époque, on donne un coup de feu pendant quelques minutes, et l'opération est terminée. On retire alors le creuset du feu avec une pince, on le laisse refroidir tranquillement, et l'on trouve le métal réduit dans la brasque et fondu en culot. M. Berthier se contente de placer l'oxide directement dans le creuset brasqué sans le mélanger avec le charbon, et de chauffer dans un bon fourneau à vent alimenté par du coak; mais l'opération est toujours plus longue. (*Ann. de Chim. et de Phys*, tom. XVII, p. 56.)

Il paraît que le procédé de réduction à l'aide de l'hydrogène, proposé par M. Thénard, et que nous détaillerons plus bas (*voir*, dans le liv. IV, la troisième section qui traite des agens chimiques, au mot *Charbon*, 2061), ne pourrait être employé pour obtenir le chrôme, puisqu'on prétend qu'il est irréductible par ce moyen. Cependant cette assertion est entièrement contradictoire avec un résultat de M. Vauquelin: ce chimiste assure qu'il suffit de chauffer fortement dans une cornue de l'hydrochlorate de chrôme (protochlorure), pour obtenir le métal parfaitement pur. Si la première de ces observations est exacte, comment se rendre raison de faits si opposés? Ce sujet demanderait donc de nouvelles recherches.

Le chrôme n'a encore été trouvé jusqu'ici à l'état métal-

---

charbon de bois lavé en poudre et lié avec un peu d'argile. C'est au milieu de cette masse compacte que se trouve la cavité dans laquelle on dépose les corps destinés à être soumis à l'action de la chaleur. (*Voir*, pour la manière de les construire, *Dictionnaire technologique*, tome VI, page 232.)

lique que dans les aérolithes, mêlé ou peut-être uni intimement avec le fer, le nickel et le cobalt. C'est M. Laugier qui y a reconnu sa présence ainsi que celle du cobalt, et qui a donné les moyens de les y découvrir, lors même qu'ils sont en quantité infiniment petite, ce qui arrive presque toujours. Du reste, ils n'existent que dans quelques météorites.

IIIe FAMILLE. *MOLYBDÈNE.*

146. Les minerais de cette famille, traités par l'acide nitrique, donnent une poudre blanche, un peu soluble dans l'eau (acide molybdique), qui devient d'un bleu pur par le contact d'un barreau de zinc ou d'étain (acide molybdeux).

Cette famille ne comprend que deux espèces.

1re ESPÈCE. *MOLYBDÈNE SULFURÉ.*

147. *Caractères physiques.* Substance métalloïde, d'un gris de plomb, onctueuse au toucher, facile à gratter avec le couteau et aisément frangible. Elle est composée de lames séparables, flexibles sans élasticité, tachant le papier en gris métallique et formant des traits verdâtres sur la porcelaine; elle acquiert, par le frottement et étant isolée, l'électricité résineuse; elle communique à la cire d'Espagne ou à la résine l'électricité vitrée par le frottement, en même temps qu'elle y laisse son empreinte métallique.

Sa pesanteur spécifique est de 4,7.

Caractères chimiques. Chauffée au chalumeau, elle se volatilise en fumée blanche (acide molybdique) en dégageant une odeur sulfureuse. (*Voyez* plus haut les autres caractères chimiques.)

Composition. Un atome de molybdène et 2 atomes de soufre $= MoS^2$.

Caractères cristallographiques. Cristaux laminaires rares dérivant d'un *prisme hexaèdre régulier*, dont les dimensions sont inconnues. Quelquefois ces cristaux sont des prismes hexaèdres tronqués sur les arètes des deux bases, de manière à faire disparaître ces bases. On trouve rarement cette espèce cristallisée.

Ses variétés de structure sont également très limitées. On la rencontre ou en *paillettes* disséminées dans les roches, ou en *rognons*, ou en *couches* à structure *feuilletée* ou *lamellaire*.

147 *bis*. *Caractères d'élimination*. Le molybdène sulfuré a la plus grande ressemblance avec le *fer carburé*; mais celui-ci a une couleur plus sombre, moins d'éclat, un tissu granuleux, forme des traits noirs sur la porcelaine, et ne communique aucune électricité à la cire ou à la résine. On le distingue aussi du *fer oligiste écailleux*, dit *fer micacé*, en ce que celui-ci donne une poudre rouge non métallique, et que, chauffé au chalumeau, il se convertit en *aimant*, sans donner lieu à aucune fumée blanche.

148. *Gisement*. Le molybdène sulfuré est regardé, par les géologues, comme un des métaux les plus anciennement formés; il se trouve dans les terrains primitifs, et appartient généralement aux roches anciennes, telles que le gneis, le granite, le micaschiste, dans lesquelles il forme des filons ou de petits amas isolés, ou bien y existe disséminé, et y remplace le mica. Quoique peu abondant, il est assez répandu dans la nature; on en cite dans toutes les contrées primitives de l'Europe, dans les Pyrénées, les Alpes du Dauphiné, de la Savoie, du Piémont, du Tyrol, en Bohême, etc. On le trouve aussi quelquefois dans les amas métallifères, particulièrement dans ceux d'étain (Cornouailles, Zinwald, Geyer en Saxe, Altinberg, etc.), mais il y est assez rare, ainsi que dans les mines de cuivre pyriteux.

149. *Usages*. Il est sans usages; on ne l'emploie que dans les laboratoires, pour se procurer le molybdène et l'acide molybdique.

2ᵉ ESPÈCE. *MOLYBDÈNE OXIDÉ* ou *ACIDE MOLYBDIQUE*.

150. Cette espèce, fort rare dans la nature, se présente sous l'aspect d'une poussière jaunâtre, recouvrant, sous forme d'un enduit léger, le molybdène sulfuré.

Composition. Un atome de métal et 3 atomes d'oxigène $= \dot{\ddot{M}}o$. Cette poudre n'est cependant pas l'acide pur ; suivant M. Berzélius, elle contient toujours de l'oxide de fer. Peut-être est-ce un molybdate de fer avec excès d'acide.

Extraction du molybdène.

151. C'est en réduisant l'acide molybdique par le charbon ou l'hydrogène, qu'on se procure le molybdène dans les laboratoires; mais comme cet acide est fort rare dans la nature, on est obligé de le préparer d'abord en traitant le sulfure de molybdène, soit par le procédé de Scheèle, soit par celui de M. Bucholz. Le premier consiste à chauffer le sulfure avec de l'acide nitrique à 30°, dans une cornue de verre munie d'une allonge et d'un récipient. L'acide nitrique, à l'aide de son oxigène, fait passer le soufre à l'état d'acide sulfurique, et le molybdène à l'état d'acide molybdique : celui-ci étant insoluble dans les acides sulfurique et nitrique, se précipite en poudre blanche à mesure qu'il se forme. Pour l'avoir pur, il suffit de le laver avec une certaine quantité d'eau, qui n'en dissout qu'une très faible proportion ; mais ce procédé étant extrêmement long, parce qu'il faut brûler tout le soufre et tout le métal, il est plus avantageux d'employer le second, dû à Bucholz. Celui-ci consiste à griller le sulfure, afin de brûler son soufre et transformer le métal en acide molybdique ; mais, pour cela, il faut avoir le soin de remuer toujours la matière et ménager le feu, surtout à la fin de l'opération, afin d'éviter que l'acide molybdique ne s'agglomère et n'enveloppe les portions de sulfure non décomposées. On traite ensuite le

résidu du grillage par une solution de potasse caustique, pour dissoudre l'acide et le séparer du sulfure qui n'aurait point été attaqué; on filtre la liqueur, et on y verse de l'acide nitrique ou hydrochlorique, qui s'empare de la potasse, et laisse précipiter l'acide molybdique sous forme de poudre blanche, qu'il suffit de laver et de sécher pour l'avoir dans l'état propre à être traité par le charbon ou l'hydrogène. Cette dernière opération étant absolument semblable à celle qui a pour objet la réduction du chrôme, nous nous contentons de renvoyer à cet article. (145.)

IVe FAMILLE. *ANTIMOINE.*

151 *bis.* Les minerais d'antimoine se reconnaissent en ce qu'ils donnent au chalumeau un oxide blanc volatil sous forme de vapeurs épaisses, qui fait prendre à la flamme une couleur bleu-verdâtre; qu'ils se dissolvent dans l'acide nitrique, avec dégagement de deutoxide d'azote et formation d'un précipité blanc, qui est de l'oxide d'antimoine; enfin, que celui-ci, traité par l'acide hydrochlorique, s'y dissout et donne une solution qui précipite abondamment par l'eau (oxi-chlorure d'antimoine ou poudre d'Algaroth).

Cette famille comprend quatre espèces.

1re ESPÈCE. *ANTIMOINE NATIF.*

152. *Caractères essentiels.* Ce minéral jouit d'un éclat métallique très prononcé, d'un blanc d'argent; il est très fragile, se laisse assez facilement entamer par le couteau, et présente un tissu essentiellement lamelleux.

Sa pesanteur spécifique est de 6,7.

Composition. Corps simple de la Chimie. Son signe chimique = Sb.

Caractères cristallographiques. Sa structure est très remarquable, en ce que c'est une des plus compliquées que l'on ait observées jusqu'à présent. Suivant M. Haüy, elle offre des joints naturels très sensibles dans vingt directions différentes, les uns parallèles aux faces d'un octaèdre régulier, et les autres à celles d'un dodécaèdre rhomboïdal. Sa forme primitive est l'*octaèdre régulier*. Lorsqu'on le casse, ce minéral se divise en fragmens quelquefois rhomboïdaux, mais communément indéterminés, à bords obtus. Ses variétés de structure se réduisent à deux :

Antimoine natif laminaire,

lamellaire, ou en petites lames brillantes disposées confusément.

153. *Caractères d'élimination.* On peut quelquefois confondre l'antimoine natif avec l'*antimoine sulfuré,* le *fer arsenical* et l'*argent antimonial.* Le premier donne, au chalumeau, une odeur sulfureuse; le second a une cassure à grain fin et serré, sans indice de lames, et étincelle par le choc du briquet, en répandant une odeur d'ail; enfin, le troisième, chauffé au chalumeau, donne un bouton d'argent et des vapeurs épaisses d'oxide d'antimoine.

154. *Gisement.* L'antimoine natif, assez rare dans la nature, se trouve surtout, comme principe accessoire, dans les filons argentifères, à Huelgoat en Bretagne, à Andreasberg au Hartz. Dans cette localité, il contient, d'après Klaproth, 0,01 d'argent et des traces de fer; il a pour gangue du quarz et du carbonate de chaux. On le trouve encore à Salberg, près de Sala en Suède, dans la chaux carbonatée; aux environs de Presbourg en Hongrie, et à Allemont, près de Grenoble, dans le quarz, où il est associé à l'antimoine oxidé.

155. *Annotations.* L'antimoine, fondu et refroidi lentement, se prend en un culot qui présente à sa surface une espèce d'étoile très apparente, à rayons branchus, surtout si cette surface a une certaine convexité; et lorsque celle-ci a

une courbure insensible, elle offre des empreintes que les anciens chimistes ont comparées aux feuilles de fougère. Si on les examine avec attention (ces dendrites), on s'aperçoit bientôt que leurs ramifications se bifurquent sous des angles constans en rapport avec la forme primitive de ce métal. Tous les pains d'antimoine du commerce présentent ces dendrites superficielles. Si l'on fait fondre l'antimoine dans un creuset, et qu'après l'avoir laissé refroidir on perce la croûte supérieure, afin de décanter les parties internes encore liquides, on trouve le métal nettement cristallisé. Ces cristaux sont tantôt des cubes, tantôt des parallélépipèdes rectangles allongés, et tantôt des ramifications composées de petits octaèdres implantés l'un dans l'autre, ressemblant beaucoup à une pyramide triangulaire, dont les faces seraient creusées en gouttière.

156. *Usages*. L'antimoine est employé dans les arts pour la fabrication des miroirs métalliques et des caractères d'imprimerie; ceux-ci sont un alliage de plomb et d'antimoine. On le mêle aussi à l'étain pour augmenter la dureté de celui-ci, et l'alliage qui en résulte porte les noms de *métal de prince*, d'*étain de Cornouailles;* mais son principal usage est de fournir à la Chimie et à la Médecine une foule de préparations très énergiques, parmi lesquelles nous citerons comme étant les plus employées le *beurre* ou *chlorure d'antimoine*, le *protoxide* ou *fleurs d'antimoine*, l'*antimoine diaphorétique* ou *antimonite de potasse*, l'*émétique*, le *kermès minéral*, le *soufre doré*, la *poudre d'Algaroth*, le *fondant de Rotrou*, le *crocus metallorum* ou *safran des métaux*, le *verre d'antimoine*, le *foie d'antimoine*, etc., etc.

2e ESPÈCE. *ANTIMOINE SULFURÉ.*

(*Proto-sulfure d'antimoine des chimistes*).

157. *Caractères physiques.* Doué d'un éclat métallique, sa couleur tire sur le gris de plomb; il donne une poussière noire, tache le papier en noir par le frottement; il est très fragile, très tendre, et a une structure généralement laminaire.

Sa pesanteur spécifique est de 4,5.

Caractères chimiques. Il dégage par le frottement une odeur sulfureuse; il se fond à la simple flamme d'une bougie; la potasse caustique le transforme en une matière jaune.

Composition. Formé d'un atome d'antimoine et de trois atomes de soufre $= SbS^3$. Presque toujours il est uni à des sulfures d'argent, de cuivre et de nickel; de là les variétés d'antimoine sulfuré argentifère, cuprifère, et nickelifère, établies par Haüy.

Caractères cristallographiques. Sa forme primitive est un *octaèdre rhomboïdal,* dont les incidences de l'une quelconque des faces sur les trois adjacentes sont de 109°24', 107°56' et 110°58'. (Haüy.) Cet octaèdre se subdivise suivant des plans dont les uns sont parallèles aux trois rhombes formés par la réunion des arètes prises quatre à quatre, et les autres parallèles aux arètes latérales, et en même temps à l'axe supposé vertical. Quoi qu'il en soit, son clivage est toujours incomplet.

Ses formes dominantes sont généralement des prismes rhomboïdaux à sommets tétraèdres un peu comprimés, dont les pans sont à peu près rectangles; ils sont terminés par des pyramides obtuses à quatre faces, dont les faces latérales sont des trapèzes. Quelquefois deux des bords sont tronqués, ce qui les rend prismes hexaèdres. On rencontre encore des prismes dodécaèdres, terminés par des sommets à quatre faces, qui se réunissent en pyramide très aiguë.

Les variétés de structure sont plus abondantes que les variétés de forme; on distingue surtout les suivantes :

Antimoine sulfuré cylindroïde.

aciculaire, formé d'aiguilles, tantôt longues et épaisses, et tantôt déliées et divergentes.

Lorsque ces aiguilles prismatiques sont fracturées, leur lames, mises à découvert, font la fonction de miroir; de là la variété créée, mal à propos, par quelques naturalistes, sous le nom d'*antimoine spéculaire.* La variété *aciculaire* accompagne souvent la baryte sulfatée en Hongrie et en France, dans le département du Puy-de-Dôme.

capillaire. En filamens soyeux et élastiques, d'un gris sombre, souvent ornés des plus belles couleurs de l'iris. Cette variété est accompagnée, à ce qu'il paraît, d'arsenic, d'argent, de fer et d'or.

granulaire.

compacte. C'est la variété la moins commune.

A ces variétés nous joignons ici, en forme d'appendice, deux variétés provenant de l'altération spontanée qu'éprouvent certains échantillons d'antimoine sulfuré. La cause qui produit ces changemens dans la composition des corps nous est encore inconnue; du moins on suppose que c'est l'air qui en est le principal agent, mais on ignore de quelle manière il agit.

Ces deux variétés, établies par M. Haüy, sont les suivantes:

Antimoine oxidé épigène. C'est l'antimoine sulfuré, qui par l'épigénie, a perdu son soufre en totalité, et s'est oxidé; ce qui le prouve, c'est qu'on trouve souvent sur ces morceaux épigènes des aiguilles encore intactes de sulfure d'antimoine.

Antimoine oxidé sulfuré épigène. Celui-ci s'est oxidé en partie, et a pris une couleur de cochenille, en même temps qu'il a perdu une partie de son soufre. Nous reviendrons sur cette variété en étudiant l'espèce suivante (165).

158. *Caractères d'élimination.* L'antimoine sulfuré se confond au premier coup d'œil avec l'*antimoine natif:* nous avons déjà vu les caractères distinctifs de ces deux espèces. La variété *aciculaire* se confond également avec le *manganèse oxidé aciculaire :* on peut les reconnaître, en ce que celui-ci n'est pas fusible comme l'autre à la flamme d'une bougie, et que la tache qu'il forme sur un corps foncé, tel qu'une ardoise, est d'un gris obscur, tirant quelquefois au noir de fer, tandis que celle de l'antimoine sulfuré est d'un gris clair métalloïde.

159. *Gisement.* Quoique peu abondant dans la nature, l'antimoine sulfuré est assez répandu : il forme à lui seul des filons plus ou moins puissans qui traversent les roches des terrains primitifs, telles que le gneis, le granite, le micaschiste, etc. Il se rencontre encore, comme principe accidentel, dans beaucoup de filons, et surtout dans les filons argentifères. Ses gangues ordinaires sont le quarz, la baryte sulfatée, le felspath et la chaux carbonatée. Il est presque toujours accompagné, du reste, d'or natif, d'argent natif, de fer sulfuré, d'arsenic sulfuré, de blende et de galène. On le trouve, en France, à Dèze (Lozère), Alby et Mercœur (Haute-Loire), Malbose (Ardèche), Massiac et Lubillac (Cantal), St.-Yriëix (Haute-Vienne), Auzat (Puy-de-Dôme), Portès, Saint-Florent, Anjar, dans les environs d'Uzès (Gard), etc., etc., et en Hongrie, en Bohême, en Saxe, en Daourie, en Angleterre, en Suède, etc.

160. *Préparation,* ou plutôt *purification.* Le sulfure d'antimoine, avant d'être livré au commerce, est toujours débarrassé de sa gangue, à l'aide du procédé suivant. On enfonce en terre un grand creuset jusqu'à son bord, et on y fait entrer à moitié un second creuset plus grand, percé de trous à son fond. On remplit ce dernier de la mine, et on le chauffe en l'entourant de feu : le sulfure étant bien plus fusible que sa gangue, se fond seul et coule dans le creuset inférieur, où il cristallise en refroidissant. On fait plus fréquemment usage

d'un fourneau circulaire pour chauffer les pots ou creusets dans son intérieur, et économiser ainsi le combustible.

On remplace avec avantage, à Malbose (Ardèche), les creusets par des cylindres ou tuyaux un peu coniques, en terre cuite, placés verticalement dans une espèce de fourneau à réverbère. Comme on peut facilement retirer des tuyaux, et sans arrêter le feu, le résidu de l'opération, et que l'antimoine sulfuré coule au dehors du fourneau, la fonte est continue. Ce procédé est supérieur au précédent et plus économique.

Ainsi fondu et purifié, le sulfure d'antimoine porte dans le commerce le nom d'*antimoine cru*. Dans cet état, il forme des groupes d'aiguilles que l'on fait quelquefois passer pour de l'antimoine sulfuré naturel; mais ces groupes présentent presque toujours une face par laquelle ils adhéraient au creuset et qui porte des indices de fusion, par les aspérités dont elle est chargée, et quelquefois par les cavités dont elle est criblée. On remarque, en outre, que ces aiguilles factices sont plus serrées et plus nombreuses que celles du sulfure naturel.

161. *Usages*. Le sulfure d'antimoine n'est employé qu'en Chimie et en Médecine; il sert à préparer le *verre d'antimoine*, le *kermès*, le *soufre doré*; l'*antimoine diaphorétique*, et plusieurs autres composés analogues. Il entre dans la composition des tablettes antimoniales de Kunckel. Il n'a qu'un seul usage dans les Arts, c'est de servir à l'extraction de son métal.

3ᵉ ESPÈCE. *ANTIMOINE OXI-SULFURÉ.*

(*Antimoine sulfuré rouge, antimoine rouge, antimoine mordoré* (Brongniart), vulgairement *kermès natif*.

162. *Caractères essentiels*. Substance d'un rouge brun ou mordoré, le plus souvent en cristaux prismatiques aciculaires; elle est facilement fusible, volatile avec odeur de soufre et blanchit dans l'acide nitrique; la potasse caustique lui fait éprouver peu de changement.

Pesanteur spécifique de 4,6.

Composition. Formé de 1 atome de tri-oxide d'antimoine et de 2 atomes de tri-sulfure de même métal $= \dot{\ddot{S}}b + 2\,SbS^3$.

Variétés. Haüy en distingue deux variétés :

L'*antimoine oxi-sulfuré aciculaire*, vulgairement *mine d'antimoine en plumes rouges, soufre doré natif strié*. Il est en aiguilles ordinairement luisantes, plus ou moins déliées et divergentes.

L'*antimoine oxi-sulfuré amorphe*, vulgairement *mine d'antimoine rouge granuleuse, kermès minéral natif.* Il est en masses granuleuses d'un rouge mat.

163. *Caractères d'élimination.* On le distingue du *cuivre oxidulé soyeux*, en ce que celui-ci est d'un rouge vif clair et se dissout avec effervescence dans l'acide nitrique, en y formant un nuage verdâtre; et du *cobalt arseniaté aciculaire*, en ce que ce dernier est d'un rouge lilas et colore en bleu le verre de borax, caractères bien différens de ceux de l'antimoine oxi-sulfuré.

164. *Gisement.* Cette espèce accompagne presque toujours les autres mines d'antimoine et surtout l'antimoine sulfuré. On la trouve particulièrement en Toscane, à Pernek, près de Plassendorf, dans le comté de Presbourg, à Braunsdorf en Saxe, à Felsobanya en Hongrie, et à Kapnick en Transylvanie.

165. *Annotations.* Cette espèce, comme nous l'avons déjà dit, paraît provenir de la décomposition du sulfure d'antimoine, et M. Haüy n'est pas loin d'admettre que tous les échantillons d'*antimoine rouge*, que l'on a regardés comme des produits immédiats de la cristallisation, sont produits par cette altération spontanée. Un fait qui vient à l'appui de cette opinion, c'est que très souvent ces morceaux sont recouverts d'une foule de petits octaèdres de soufre ; fréquemment aussi ils sont accompagnés d'oxide d'antimoine. Au reste, il est

prouvé que dans certains cas, l'*épigénie* ou la transformation dont il est ici question, a eu lieu, puisqu'on peut en observer les différens termes sur une série d'échantillons, qui montrent visiblement le passage de l'antimoine sulfuré à un état où sa couleur est d'un rouge analogue à celui du kermès natif ou d'un rouge mordoré.

Le nom de *kermès natif* donné à cette espèce, ne doit pas la faire confondre avec le *kermès minéral* des chimistes : sa composition est essentiellement différente ; ce dernier, suivant M. Berzélius, est un proto-sulfure d'antimoine hydraté. Ces deux composés n'ont donc de rapports que par la couleur.

4e ESPÈCE. *ANTIMOINE OXIDÉ*.

(*Tri-oxide d'antimoine*, *antimoine blanc ; muriate d'antimoine* de Born.)

166. *Caractères essentiels*. Minéral blanc ou grisâtre, ayant un aspect comme nacré, une structure laminaire, très facile à entamer avec le couteau, fusible à la flamme d'une bougie, volatil en fumée blanche, donnant une couleur verte à la flamme lorsqu'on le réduit sur un charbon, en même temps qu'il y décrépite.

Sa pesanteur spécifique est de 5,6.

Cette espèce n'a point encore été caractérisée par la géométrie; la structure laminaire des cristaux n'ayant été observée que dans un sens. Il est tantôt en lames rectangles et tantôt en prismes aciculaires.

Composition. 1 atome d'antimoine et 3 atomes d'oxigène $= \dot{S}b$.

Il offre les trois variétés de structure suivantes :

Antimoine oxidé laminaire. Il est en lames rectangles.
aciculaire. En aiguilles divergentes, quelquefois réunies en faisceau.
terreux. A la surface de l'antimoine natif.

167. *Caractères d'élimination.* Les substances qu'on pourrait confondre avec l'antimoine oxidé sont la *stilbite* et la *mésotype* seulement ; mais on pourra très facilement l'en distinguer, en ce qu'il fond à la simple flamme d'une bougie et sans boursoufflement, tandis que les deux autres espèces ne sont fusibles qu'au chalumeau, et en se boursoufflant.

168. *Gisement.* Il accompagne toujours les autres minerais d'antimoine. Il est assez rare. On le cite à Prizbram en Bohême, et à Braunsdorf en Saxe, sur du plomb sulfuré ; à Malaska en Hongrie, sur une argile qui renferme aussi de l'antimoine natif et sulfuré. Monjez le jeune l'a observé aux Chalances d'Allemont (Isère), à la surface de l'antimoine natif.

169. Nous plaçons ici, sous forme d'appendice, les deux espèces suivantes :

1°. *Acide antimonieux*, *antimoine oxidé jaune épigène* d'Haüy. Blanc, nacré, infusible, et donnant de l'eau par la calcination. Il se forme, à ce qu'il paraît, par voie de décomposition du sulfure d'antimoine, à la surface des morceaux de ce dernier. Sa composition $= \overset{\cdot\cdot\cdot\cdot}{Sb}$; mais il est presque toujours combiné avec quelque base salifiable, telle que l'oxide de plomb ou de fer, suivant que le sulfure d'antimoine était combiné avec du sulfure de fer ou de plomb. On ne l'a encore trouvé que sous forme de poussière.

2°. *Acide antimonique.* Jaune ou blanc, et devenant jaune en donnant de l'eau par la calcination ; reprenant sa couleur blanche par une calcination plus forte. Sa composition $= \overset{\cdot\cdot\cdot\cdot\cdot}{Sb}$. Il est probable qu'il existe mêlé avec l'*acide antimonieux*, et qu'il se forme dans les mêmes circonstances.

170. *Usages.* Les oxides d'antimoine ne sont employés qu'en Chimie. Le protoxide l'est quelquefois en Médecine, sous le nom ancien de *fleurs argentines d'antimoine.*

Traitement métallurgique des minerais d'antimoine.

171. Le peu d'antimoine que les arts réclament est tiré du sulfure, le seul minerai de ce métal qui soit un peu abondant. Avant de le traiter directement, on lui fait subir une opération préliminaire dans le but de le séparer de sa gangue : comme il est très fusible, c'est toujours la chaleur que l'on emploie pour atteindre ce but. Nous avons déjà décrit ce procédé. (160.)

Lorsque le sulfure est convenablement purifié, on le bocarde, on le place sur la sole d'un fourneau à réverbère, et on l'expose à l'action d'une douce chaleur, en l'agitant continuellement avec un ringard. On doit diriger le feu de manière à ne pas fondre la matière. Ce grillage est fort long; il n'est terminé que quand le minerai est changé en une poussière terne, d'un gris blanchâtre, qui est mélangée d'oxide d'antimoine et d'une certaine quantité de sulfure non décomposé; d'abondantes vapeurs sulfureuses accompagnent cette opération. On mêle alors le résidu de ce grillage, soit avec du tartre, soit avec du charbon imbibé d'une solution concentrée de sous-carbonate de soude, et l'on chauffe ce mélange dans des creusets placés dans un fourneau de fusion; le charbon ne tarde pas à réduire l'oxide d'antimoine, tandis que l'alcali dissout le sulfure et forme une scorie fluide qui enveloppe le métal, en facilite la séparation et le préserve du contact de l'air. On fond une seconde fois le culot obtenu, afin de le purifier, et on l'obtient alors en masses hémisphériques du poids de 5 à 8 kilogrammes environ, et recouvertes à leur surface convexe de légères dendrites superficielles dites *feuilles de fougère*.

On prétend que dans quelques fonderies, et surtout en Écosse, on obtient maintenant l'antimoine en faisant chauffer fortement le sulfure avec de la grenaille de fer ou de fonte.

Celle-ci s'empare du soufre et met en liberté l'antimoine, qui, étant plus pesant que la fonte et le sulfure de fer, se rassemble à la partie inférieure des grands creusets dans lesquels on fait l'opération. Néanmoins ce procédé n'a pu devenir usuel, et l'on croit que c'est en raison de la mauvaise qualité de l'antimoine qu'il produit.

Dans les laboratoires, on suit un autre procédé pour obtenir l'antimoine du sulfure. On fait un mélange intime de 3 parties de sulfure, de 2 de tartre et de 1 de nitre; on projette ce mélange cuillerée par cuillerée dans un creuset que l'on tient exposé pendant trois quarts d'heure à l'action du feu d'un bon fourneau à réverbère. Pour concevoir la théorie de cette opération, il nous suffira de citer les produits. Ces produits sont : 1° de l'antimoine, que l'on trouve sous forme de culot au fond du creuset; 2° des scories qui couvrent ce culot, et qui contiennent du sous-carbonate de potasse, du sulfate de potasse, du sulfure de potassium combiné avec du sulfure d'antimoine non décomposé; 3° des gaz qui se dégagent, et qui consistent en azote ou oxides d'azote, en eau, en hydrogène carboné, oxide de carbone.

L'antimoine obtenu par ces divers procédés est rarement pur; il contient toujours un peu de soufre, auquel il doit la propriété qu'il a d'être en lames, et en outre du plomb, du fer, de l'arsenic, etc. M. Sérullas a donné un moyen excellent de reconnaître jusqu'aux plus légères traces d'arsenic. Pour cela, on calcine fortement dans un creuset, pendant long-temps et à une température élevée, un mélange d'antimoine pulvérisé et de tartre; il en résulte un alliage d'antimoine et de potassium, contenant un peu d'arsenic. En traitant cet alliage par l'eau, le potassium la décompose, et il se dégage de l'hydrogène arseniqué qui laisse déposer son arsenic quand on le fait brûler dans des cloches à petits orifices. Si l'antimoine était exempt d'arsenic, on n'obtiendrait que de l'hydrogène pur, comme l'avait déjà indiqué M. Vauquelin. Par ce procédé, M. Sérullas a fait voir que l'émétique et le kermès contenaient presque toujours un peu d'arsenic.

Pour reconnaître le fer, on traite l'antimoine par un acide composé de 4 parties d'acide hydrochlorique et de 1 partie d'acide nitrique; on concentre la dissolution et on la précipite ensuite par l'eau; il se dépose un oxi-chlorure d'antimoine (poudre d'Algaroth); on filtre, on lave, puis on fait passer dans la liqueur un courant d'hydrogène sulfuré qui sépare les dernières portions d'antimoine à l'état d'hydrosulfate (sulfure); on fait bouillir la liqueur pour en chasser l'excès d'hydrogène sulfuré et l'on obtient une dissolution ferrugineuse, dont on peut séparer l'oxide au moyen d'un alcali ordinaire.

Le métal qui se rencontre le plus fréquemment et en plus grande quantité dans l'antimoine, est le plomb, parce qu'il arrive souvent que les sulfures de ces deux métaux font partie de la même mine. Ce métal présente plusieurs inconvéniens dans la fabrication de certains produits antimoniaux. Ainsi, en faisant du kermès, il se forme du sulfure de plomb qui est noir et qui ternit la couleur de ce médicament. En préparant le protochlorure ou beurre d'antimoine par l'eau régale, il arrive qu'en concentrant la dissolution, il se forme un dépôt plus ou moins considérable de muriate de plomb (chlorure) qui détermine des soubresauts si violens, qu'on est obligé d'interrompre l'opération. Pour reconnaître la présence du plomb, on traite l'antimoine métal pulvérisé par de l'acide nitrique en excès; on fait bouillir fortement, et l'on ne cesse que lorsque les vapeurs qui sortent sont parfaitement blanches et ne contiennent plus de gaz nitreux. A cette époque, tout l'antimoine converti en deutoxide (acide antimonieux), est entièrement insoluble, tandis que le plomb reste combiné avec l'acide nitrique. On étend d'eau, et l'on ajoute dans la solution filtrée de l'acide sulfurique ou un sulfate quelconque; on voit immédiatement se déposer une poudre blanche, qui est du sulfate de plomb, dont la composition, bien connue, fournit la proportion de plomb contenue dans l'alliage. Il faut donc réunir ce sulfate sur un filtre, le laver, le sécher, puis enfin en prendre le poids exact pour en conclure le résultat cherché. (*Dictionnaire technologique*, t. I, art. ANTIMOINE.)

Pour purifier l'antimoine du commerce, il faut le réduire en poudre, et le mettre en digestion dans de l'acide hydrochlorique liquide, qui attaque les sulfures d'antimoine, de fer, etc., ou mieux, le faire fuser dans un creuset incandescent, à diverses reprises, avec une petite proportion de nitre. M. Robiquet, qui conseille d'employer ce dernier procédé, a constamment vu que l'antimoine ainsi traité finissait par perdre sa texture lamelleuse pour en prendre une à grains serrés, comme celle de l'acier ou de certains fers. Toutefois, si l'on voulait avoir de l'antimoine dans lequel on ne pût soupçonner aucune substance étrangère, il vaudrait mieux encore l'extraire du protoxide d'antimoine en le réduisant par l'hydrogène, suivant la méthode de M. Thénard.

On évalue tout au plus à huit ou dix mille quintaux la quantité de sulfure ou de métal livré annuellement au commerce de l'Europe. La France en produit environ trois à quatre mille.

Ve FAMILLE. *TITANE.*

172. Les minerais de cette famille chauffés avec le borax, au chalumeau, colorent le verre diversement, suivant que l'on agit avec telle ou telle partie de la flamme. Ainsi, au feu d'oxidation, ils donnent un verre bleu, opaque après le refroidissement, et au feu de réduction ils en donnent un qui est jaune, améthiste ou bleu, suivant la quantité de titane

qui se trouve dans le minerai. Mais il y a une observation importante à faire sur cette manière de reconnaître le titane ; c'est que comme ses minerais renferment toujours de l'oxide de fer, celui-ci masque les couleurs que le titane fait prendre au borax, et l'on obtient une boule d'essai qui a une teinte rouge sanguin. Il faut alors faire usage de l'étain, qui détruit l'effet du fer en le désoxidant. A cet effet, l'on touche avec l'extrémité d'un fil d'étain le globule fondu, auquel on fait supporter un nouveau coup de feu, après y avoir ainsi introduit un peu d'étain. La boule d'essai offre alors la couleur propre à l'oxide de titane.

Ces minerais se reconnaissent encore en ce qu'ils ne forment pas de sels solubles par la calcination avec les sous-carbonates alcalins, mais un résidu que l'acide hydrochlorique ne dissout qu'avec difficulté; et en ce que la solution qui en résulte devient violette par l'action d'une lame de zinc, et précipite par l'hydrocyanate de potasse en vert gazon lorsqu'il y a du fer, ou en rouge-brun lorsque l'oxide de titane est pur.

Cette famille ne contient que deux espèces.

1re ESPÈCE. *TITANE RUTHILE.*

(*Titane oxidé*, *Schorl rouge*, *titanite* de Kirwan, *sagénite* de Saussure, *crispite*, *gallizinite*.)

173. *Caractères physiques.* Ce minéral se présente avec une couleur d'un rouge de sang foncé, passant au rouge hyacinthe clair et au rouge brunâtre; il est éclatant; sa structure est laminaire, sa cassure transversale et raboteuse; il raie le verre, et quelquefois même le quarz; souvent ses cristaux étincellent sous le choc du briquet; il acquiert l'électricité résineuse à l'aide du frottement. Généralement il est opaque, mais ses cristaux aciculaires et ses fragmens minces sont parfois translucides.

Sa pesanteur spécifique est de 4.

Caractères chimiques. Il est infusible sans addition, mais se dissout dans le borax en produisant beaucoup de bulles. (*V.* les autres caractères ci-dessus.)

Composition. Formé de 1 atome de titane et de 4 atomes d'oxigène = $\overset{::}{\mathrm{Ti}}$. Il est presque toujours mélangé d'oxide de fer, de manganèse, de chaux et même de silice, en quantités variables, suivant M. Vauquelin.

Caractères cristallographiques. Sa forme primitive est un *prisme droit à bases carrées.* Ses variétés de forme sont peu nombreuses; ce sont généralement des prismes octogones à sommets tétraèdres, etc.; mais elles sont remarquables en ce qu'elles ont une tendance générale à se grouper. Les cristaux prismatiques s'accolent deux à deux par un plan de jonction oblique à leur axe. La réunion des deux cristaux se fait de manière qu'ils paraissent engagés l'un dans l'autre par leurs sommets, et que leurs axes font entre eux un angle obtus de 114° 18′, de sorte qu'il en résulte un coude <<; de là les variétés appelées par Haüy *titane géniculé* et *titane bigéniculé.* Ses cristaux sont presque toujours striés sur leur longueur.

Le titane ruthile, suivant certains auteurs, présenterait une autre espèce de forme primitive qui serait un *prisme rhomboïdal,* et c'est à celle-ci que l'on rapporterait les lames hexagonales aiguës, diversement modifiées qui se rencontrent dans quelques lieux.

Les variétés de structure sont les suivantes :

Titane ruthile laminaire.

aciculaire. Ce sont des aiguilles dont la longueur excède souvent plusieurs centimètres. Elles sont presque toujours engagées dans du quarz hyalin.

Titane ruthile réticulé (*sagénite* de Saussure). Ici les aiguilles s'entrelacent de diverses manières, et imitent assez bien un réseau ou filet (en latin *sagena*). Saussure le regardait comme une espèce particulière.

pulvérulent à la surface de la chaux carbonatée.

174. *Caractères d'élimination.* Le titane ruthile se distingue du *sphène* ou *silicio-titaniate de chaux*, en ce que celui-ci ne raie pas le verre, et que sa division mécanique conduit à un octaèdre rhomboïdal, tandis que celle du premier, beaucoup plus nette, donne un prisme rectangulaire qui se sous-divise sur les diagonales de ses bases. Il se distingue encore de l'*étain oxidé brun*, en ce que ce dernier a une densité plus grande dans le rapport de 3 à 2, et que son tissu est moins lamelleux.

Gisement. (*V.* plus bas.)

2° ESPÈCE. *TITANE ANATASE.*

(*Titane oxidé, titane oxidulé* Brongn., *octaédrite* de Saussure, *oisanite, schorl bleu.*)

175. *Caractères physiques.* La couleur de cette espèce varie depuis le bleu d'indigo jusqu'au brun rougeâtre et jaunâtre; mais le plus habituellement elle est d'un gris d'acier joint à un éclat demi-métallique. Elle est opaque et seulement translucide dans certaines parties, ou lorsqu'on la place entre l'œil et une vive lumière. Elle donne une poussière blanchâtre, raie le verre, se rompt aisément, offre une structure laminaire, et s'électrise résineusement par le frottement.

Sa pesanteur spécifique est de 3,8.

Caractères chimiques. Elle est infusible sans addition, et présente les autres propriétés chimiques de l'espèce précédente.

Composition. C'est un oxide de titane très pur, suivant M. Vauquelin, mais l'on ignore quel est son degré d'oxidation.

Caractères cristallographiques. L'anatase se trouve toujours sous forme de petits cristaux, qui sont des octaèdres plus ou moins modifiés sur les arètes ou sur les angles, que l'on rapporte à un *octaèdre aigu à base carrée*, dont l'inclinaison des deux pyramides est de 136° 47'. On peut, à l'aide d'une modification sur les angles, faire dériver cet octaèdre du prisme droit à bases carrées, qui est la forme primitive que nous avons assignée au titane ruthile. Les faces des cristaux présentent ordinairement des stries transversales.

176. *Caractères d'élimination.* L'anatase peut être facilement confondu à la première vue avec le *zinc sulfuré* en petits cristaux ayant l'aspect métallique; mais celui-ci ne raie pas le verre, et dégage une odeur sulfureuse par l'acide sulfurique. La structure et la forme sont d'ailleurs très différentes de part et d'autre.

177. *Gisement général des oxides de titane.* Les deux minerais de titane que nous venons de décrire appartiennent aux terrains les plus anciens, quoique d'ailleurs on les trouve dans toutes les époques de formation. Ainsi on les rencontre dans les granites les plus anciens, dans le gneis, où le titane ruthile surtout est très abondant; dans le granite graphique, le granite alpin, où l'anatase existe principalement; dans des micaschistes supérieurs à celui-ci, et enfin dans les terrains de transition.

Le ruthile est presque toujours disséminé dans ces divers terrains sous forme de cristaux, ayant généralement le quarz pour gangue, et pour association le fer oligiste et le fer spathique. Quelquefois il est en nids ou en veines plus ou moins puissantes. Les cristaux groupés se trouvent dans une multitude de pays différens; à Gourdon (Saône-et-Loire), Saint-Yriex (Haute-Vienne), au Simplon, au Saint-Gothard, aux monts Carpaths (Hongrie), à Arendal (Norwége), dans la Nouvelle-Castille (Espagne), à New-Yorck (États-Unis), à Madagascar, au Brésil, etc. etc.

L'anatase, bien plus rare que le ruthile, existe dans des veines remplies de felspath, de quarz et de chlorite; il est surtout abondant dans les montagnes du bourg d'Oisans (Isère). On le cite aussi près de Moutier (en Tarentaise), dans la vallée de Chamouny, à Barrèges (Pyrénées), au Saint-Gothard, en Espagne, dans les montagnes de la Vieille-Castille, etc.

178. *Annotations.* L'anatase et le ruthile sont-ils deux espèces différentes? La chose est encore indécise. M. Haüy a trouvé que la forme primitive de ces deux oxides de titane est entièrement différente; d'autres cristallographes pensent que l'on peut ramener leurs formes cristallines à un même type primitif. M. Vauquelin a reconnu que l'anatase ne contient rien autre chose que de l'oxide de titane. Jusqu'ici l'on ne voit pas quelle différence on peut établir entre ces deux espèces. Les expériences au chalumeau prouvent, selon M. Berzélius, que le titane a deux degrés d'oxidation, dont l'un, dans la flamme extérieure, donne un verre jaune avec le borax, et l'autre, dans la flamme intérieure, donne un verre d'un pourpre bleuâtre très pur. On peut donc conjecturer que l'anatase est ce dernier degré inférieur d'oxidation, puisqu'on le voit quelquefois translucide et d'un beau bleu. D'un autre côté, MM. Vauquelin et Berzélius ont trouvé que le ruthile contient toujours de l'oxide de fer et de l'oxide de manganèse. On pourrait donc encore supposer que l'anatase est l'oxide pur, et le ruthile un sur-titaniate de fer et de manganèse. Ces deux

hypothèses, que l'on peut également admettre pour le moment, exigent que de nouvelles recherches viennent éclairer ce sujet et faire prévaloir l'une d'elles ou les infirmer toutes deux.

Extraction du titane.

179. Le titane est sans usage dans les arts. On ne l'obtient que dans les laboratoires, pour servir aux expériences. Comme ses oxides naturels sont rarement purs, on est obligé de préparer *ad hoc* un oxide de titane, à l'aide du procédé suivant, indiqué par M. Laugier. On pulvérise l'un ou l'autre de ses oxides naturels, et on le chauffe fortement dans un creuset de platine avec une partie de potasse caustique; celle-ci s'unit à l'oxide de titane, détruit sa cohésion et le rend attaquable par les acides : on lessive la masse calcinée afin d'enlever l'excès d'alcali, et on dissout le résidu (titaniate de potasse), à l'aide de la chaleur, dans de l'acide hydrochlorique liquide; on verse alors dans la solution acide de l'acide oxalique qui détermine la formation d'un précipité blanc floconneux d'oxalate de titane retenant de l'acide hydrochlorique: on lave bien ce précipité, et enfin on le calcine. Cette dernière opération vaporise l'acide hydrochlorique, décompose l'acide oxalique, et laisse pour résidu de l'oxide de titane blanc et entièrement pur. C'est de cet oxide bien desséché qu'on extrait le titane métallique à l'aide du procédé que nous avons déjà indiqué à l'occasion du chrôme (145). On ne l'a encore obtenu que sous forme de pellicules blanches.

VIe FAMILLE. *SILICIUM.*

180. On n'est pas encore entièrement d'accord sur le nombre des espèces contenues dans cette famille. La plupart des minéralogistes n'en admettent qu'une : le silicium oxidé ou quarz, dont la composition est $\dot{Si}$, ou bien en poids 50 d'oxigène et 50

de silicium. M. Berzélius, en admet deux : le silicium oxidé pur et le silicium oxidé impur; mais ces deux espèces passent si fréquemment de l'une à l'autre, qu'il est impossible de les établir sur ce principe. En effet, les différentes matières qui altèrent la pureté de l'oxide de silicium ne paraissent jamais y être à l'état de combinaison, mais à l'état de simple mélange, il ne paraît pas en être de même de l'eau que l'on rencontre dans plusieurs quarz. M. Berzélius la regarde comme simplement interposée; mais il paraîtrait, d'après de nouvelles recherches, qu'elle y existe à l'état de combinaison, et peut-être même qu'il existe plusieurs hydrates de silice. On peut regarder la formule $\dot{\ddot{S}}i^2 + Aq$ comme la plus probable, mais non pas comme certaine à cause de la facilité avec laquelle la décomposition de cet hydrate a lieu. Nous formerons par conséquent dans la famille silicium deux espèces, le silicium oxidé ou le quarz, et le silicium oxidé hydraté ou l'opale. Nous partagerons ensuite chacune de ces deux espèces en sous-espèces, et les sous-espèces en variétés.

181. *Caractères génériques.* L'oxide de silicium pur ou hydraté offre pour caractères communs : une grande dureté qui lui permet de rayer le verre et d'étinceler sous le choc du briquet (*); une infusibilité complète, une pesanteur spécifique de 2 à 2,58; une réfraction double et la propriété d'acquérir l'électricité vitrée par le frottement.

Avant de commencer la description des minéraux nombreux qui composent cette famille, nous avons cru devoir offrir en un seul tableau une distribution méthodique des principales variétés qui la composent. Il s'en faut de beaucoup que nous les ayons indiquées toutes; nous nous sommes contentés de faire

(*) Quelques variétés ne peuvent pas presenter ce caractère, quoiqu'elles le possèdent réellement, ce qui tient à leur état de cohésion. Ainsi le sable, quoique très dur, ne peut pas donner d'étincelles par le briquet.

DISTRIBUTION MÉTHODIQUE

Des Espèces, Sous-espèces et principales Variétés de la famille SILICIUM.

ESPÈCES. — SOUS-ESPÈCES. — VARIÉTÉS.

- FAMILLE *SILICIUM.*
  - Ire ESPÈCE. *SILICIUM OXIDÉ.* (*Quarz.*)
    - 1re SOUS-ESPÈCE. *QUARZ HYALIN.*
      - Variétés de forme.
        - Cristallisé.................. Plein. Aéro-hydre.
        - Pseudo-morphe, sous forme de: Chaux fluatée. Chaux sulfatée. Chaux carbonatée, etc.
      - Variétés de structure.
        - Vitreux. Laminaire. Fibreux. Lamellaire. Granulaire. Massif. Haché. Carié.
      - Variétés de couleurs dues à des mélanges mécaniques.
        - Chloriteux. Argentin. Amphiboleux. Ferrugineux rouge. Ferrugineux jaune. (Topaze du Brésil.) Hématoïde. (Quarz sinople, hyacinte de Compostelle.)
      - Variétés de couleurs dues à des causes chimiques.
        - Incolore. (Cristal de roche.) Rose. (Rubis de Bohême.) Rouge. (Rubace.) Améthiste. Bleu. Brun. (Topaze de Bohême, etc.) Jaune. (Topaze d'Inde.) Noir. Laiteux.
      - Variétés dues aux accidens de lumière.
        - Gras. Irisé. Aventuriné. (Aventurine naturelle.) Chatoyant. (Œil de chat.)
      - Variété due à l'odeur.
        - Fétide.
    - 2e SOUS-ESPÈCE. *QUARZ AGATE.*
      - Variétés de forme.
        - Cristallisé. Stalactiforme. Cylindrique. Guttulaire.
        - Géodique.................. Intérieur mamelonné. cristallin. plein de quarz hyalin. contenant de l'eau.
        - Incrustant.
      - Variétés de couleurs isolées.
        - Rouge orangé. (Cornaline.) Orangé. (Sardoine.) Vert foncé. (Héliotrope.) Vert pomme. (Chrysoprase.) Vert d'Herbe. (Plasma.) Laiteux. (Calcédoine.)
      - Variétés de couleurs réunies.
        - Onyx. Œillé. Figuré. Dendritique. Mousseux.
      - Variété due à des fragmens réagglutinés.
        - Brêché.
    - 3e SOUS-ESPÈCE. *QUARZ NÉOPÈTRE.*
    - 4e SOUS-ESPÈCE. *QUARZ SILEX*.................. Pyromaque. Molaire.
    - 5e SOUS-ESPÈCE. *QUARZ LYDIEN.*
    - 6e SOUS-ESPÈCE. *QUARZ JASPE*..................
      - Commun.................. Fleuri. Universel.
      - Rubané.
      - Égyptien.
    - 7e SOUS-ESPÈCE. *QUARZ TERREUX*.................. Nectique. Pulvérulent.
    - 8e SOUS-ESPÈCE. *QUARZ GRENU*.................. Arénacé. Commun. Lustré. Flexible.
    - APPENDICE. *Tripoli.*
  - IIe ESPÈCE. *SILICIUM OXIDÉ HYDRATÉ.* (*Opale.*)
    - 1re SOUS-ESPÈCE. *OPALE HYALITE.*
    - 2e SOUS-ESPÈCE. *OPALE GIRASOL.*
    - 3e SOUS-ESPÈCE. *OPALE NOBLE.*
    - 4e SOUS-ESPÈCE. ... Cacholong

voir les différens groupes dans lesquels elles viennent se ranger, en y plaçant comme exemples les variétés principales.

1re ESPÈCE. *SILICIUM OXIDÉ.*

(*Quarz.*)

Substance ne blanchissant pas par l'action du feu, ne donnant pas d'eau par la calcination.

182. 1re sous-espèce. *Quarz hyalin.*

Caractères physiques. Substance incolore ou très diversement colorée, à cassure ondulée vitreuse, éclatante, offrant un éclat vitreux, un peu gras, non résineux. Cristaux faciles à casser, ne rayant pas le grenat ni le corindon, mais rayant la majeure partie des substances pierreuses. Réfraction double, que l'on peut observer en regardant à travers une des faces de la pyramide et la face du prisme qui lui est opposée. Souvent phosphorescente dans l'obscurité, et répandant une odeur particulière quand on frotte deux morceaux l'un contre l'autre.

Pesanteur spécifique, 2,58.

Caractères cristallographiques. La forme primitive est un *rhomboèdre obtus* dont les angles sont de 94° 15′ et 85° 45′. Le clivage est très difficile, et l'on ne peut même l'obtenir qu'avec les cristaux noirs des montagnes de la Toscane, encore faut-il les faire rougir, et les plonger dans l'eau froide. On peut rapporter ses formes dominantes à deux principales, qui sont le prisme hexaèdre régulier, terminé par un pointement à six faces placées à l'extrémité de chaque face du prisme, et la double pyramide hexaèdre, qui est la même forme dont les faces du prisme ont entièrement disparu, et ont permis aux deux pointemens de se joindre. On observe différentes modifications sur ces cristaux ; il y a quelquefois élargissement de trois des faces du pointement aux dépens des trois autres qui restent très petites, et il arrive que ces faces donnent l'angle du rhomboèdre primitif. Parmi d'autres modifications, on observe une troncature sur toutes les arètes qui joignent le pointement au prisme. Les faces du prisme sont striées; on observe aussi des troncatures sur les angles solides entre le pointement et les faces du prisme. Ces troncatures sont ordinairement au nombre de trois. Il existe quelquefois sur les angles une troncature en trapèze, qui présente plusieurs facettes successives dont les lignes sont parallèles. M. Haüy a nommé ces cristaux *plagièdres*. On trouve aussi le rhomboèdre primitif dans la nature. Les cristaux sont souvent réunis en druzes plus ou moins serrées, tantôt accolés, tantôt entre-croisés; ils sont implantés ou empâtés, et dans ce dernier cas ils sont souvent pyramidés; on les trouve quelquefois empâtés de cette manière dans des gypses. La cassure des cristaux est conchoïde un peu ondulée. Il arrive quelquefois que ces ondulations sont très régulières et symétriques, et l'on donne à la variété qui les offre le nom de quarz *guilloché*. La cassure est rarement lamelleuse, toujours très éclatante. Les faces des cristaux offrent aussi beaucoup d'éclat, excepté les petites faces trapéziennes des variétés plagièdrés.

Les cristaux sont incolores, demi-diaphanes ou translucides.

Quelques cristaux de quarz présentent des cavités (quarz aéro-hydre) contenant de l'eau et un fluide élastique qui peut changer de position lorsqu'on change celle de la pierre. Ce gaz est tantôt de l'azote, tantôt de l'oxigène très raréfiés; l'eau est quelquefois remplacée par du naphte, et le fluide élastique est alors de l'azote très condensé; enfin, il arrive que l'eau et le naphte se trouvent ensemble dans la même cavité (1).

Il arrive assez souvent que le quarz prend la place d'autres

(*) Le quarz n'est pas la seule substance qui contienne des bulles remplies de liquide et de fluide élastique, on a observé le même phénomène dans des topazes, des cymophanes, et même dans le gypse des environs de Paris.

substances minérales, et forme alors des pseudomorphoses parmi lesquelles on distingue : l'octaèdre régulier de la chaux fluaté, la forme prismatique de la chaux carbonatée, le cube de quelques minéraux, et la forme lenticulaire de la chaux sulfatée. Cette dernière pseudomorphose se trouve dans les couches de marne des collines de Passy, près Paris. Ce sont des groupes formés de cristaux lenticulaires qui ont quelquefois plusieurs pouces de diamètre, sur trois à quatre lignes d'épaisseur à leur centre, et qui sont tout-à-fait semblables, pour la forme et le gisement, aux groupes de gypse lenticulaire de Montmartre. Ce qu'il y a de remarquable, c'est que ces cristaux, quoique très bien terminés de toute part, n'ont cependant que la croûte extérieure; leur intérieur est vide ou souvent tapissé, tantôt de mamelons siliceux, tantôt de petits cristaux de quarz. Enfin, les pseudomorphoses offrent quelquefois des boules, des rosaces dues à l'agrégation de plusieurs petits cristaux, des géodes, etc., etc.

Considéré relativement à sa structure, le quarz peut être

laminaire;
lamellaire;
vitreux;
fibreux, tantôt les prismes sont agrégés parallèlement, tantôt au contraire ils vont en divergeant, et forment alors des masses radiées;
granulaire à gros ou à petits grains ;
massif;
haché, formé probablement dans des fissures de quelque matière terreuse desséchée ;
carié, rempli de cavités nombreuses.

Les couleurs sont extrêmement variées; parmi celles qui sont dues à des mélanges mécaniques, on distingue :

Le *quarz chloriteux,* mélangé de mica verdâtre;

Le *quarz argentin,* mélangé de mica blanc jaunâtre ou nacré ;

Le *quarz amphiboleux* (prase), mélangé de parties vertes, qui paraissent être de l'amphibole ou de l'épidote ;

Le *quarz ferrugineux rouge,* mêlé de lamelles de peroxide de fer dans la proportion de vingt-un pour cent ;

Le *quarz ferrugineux jaunâtre* (topaze du Brésil), mélangé de fer oxidé hydraté ;

Le *quarz hématoïde,* mélangé d'argile rougeâtre. Quand il est en masses, il prend le nom de *sinople,* et celui de *hyacinte de Compostelle* quand il est en cristaux.

Parmi les couleurs qui sont dues à des combinaisons chimiques, on distingue :

Le *quarz incolore* (cristal de roche), facile à distinguer du cristal ordinaire par sa dureté, et parce que les bulles d'air qui s'y trouvent sont disposées sur un même plan ou sur plusieurs plans parallèles, tandis que dans le cristal artificiel elles sont éparses sans aucun ordre. On le trouve quelquefois en cristaux arrondis par les eaux, que l'on connaît sous les noms de *cailloux du Rhin, de Cayenne, du Brésil, de Médoc,* etc. ;

Le *quarz rose* (rubis de Bohême), dont la couleur, due à l'oxide de manganèse, s'altère par le contact de l'air ;

Le *quarz rouge* (rubace), dont la couleur est due aussi à l'oxide de manganèse, et que l'on imite dans les arts en plongeant dans une liqueur colorée des morceaux de matière vitreuse chauffée jusqu'au rouge ;

Le *quarz améthyste,* qui doit encore sa couleur à l'oxide de manganèse ; il se trouve en cristaux ou en masses formées par la réunion d'un grand nombre de cristaux allongés. Souvent il tapisse l'intérieur des géodes d'agates ; il est rare que sa couleur soit uniformément répandue dans tout le cristal, elle est toujours plus foncée à l'extrémité du pointement des prismes.

Le *quarz bleu*, qui se trouve en Espagne sous forme de dodécaèdre ;

Le *quarz brun* ou *enfumé* (topaze de Bohême, diamant d'Alençon, topaze occidentale) ;

Le *quarz jaune* (topaze d'Inde) : on en trouve quelquefois de petites masses roulées qui ressemblent aux topazes du Brésil ;

Le *quarz noir*, dont le clivage peut quelquefois s'opérer ;

Le *quarz laiteux*, d'un blanc mat ; cassure vitreuse, transparence assez complète. On peut aussi parvenir au clivage avec cette variété ; mais, comme la précédente, il faut la faire rougir et la plonger dans l'eau.

Le quarz présente aussi des variétés dues au jeu de la lumière. On y remarque :

Le *quarz gras*, blanchâtre, opaque ou translucide, ayant l'apparence d'une substance onctueuse. C'est ordinairement une gangue des mines d'or du Pérou.

Le *quarz irisé*, par décomposition de la lumière dans ses fissures.

Le *quarz aventuriné* (aventurine naturelle), couleur brune ou grise ; scintillation produite, soit par décomposition de la lumière entre les grains dont la masse est composée, soit par suite d'un mélange de paillettes de mica. Se trouve aux environs de Nantes ; en Sibérie, en Perse.

Le *quarz chatoyant* (œil de chat), couleur brune ou grise ou gris-verdâtre. Les reflets qu'il présente sont dus à la disposition particulière des parties ou bien à la présence de quelques corps étrangers, souvent à de l'asbeste à fibres parallèles, mais contournées.

Enfin, le quarz hyalin présente une variété nommée *quarz fétide*, parce que la percussion ou même le frottement y développe une odeur alliacée ou analogue à celle de l'hydrogène sulfuré. Cette odeur se perd par l'exposition à l'air ou au feu.

Se trouve dans le département de la Mayenne et aux États-Unis d'Amérique.

183. *Caractères d'élimination.* Le quarz hyalin incolore et taillé peut être confondu avec le *diamant*, le *corindon hyalin*, et la *topaze incolore*. Le diamant en diffère par sa dureté, par son éclat adamantin, sa réfraction simple et sa plus grande pesanteur spécifique. Le corindon incolore ou *saphir blanc* en diffère aussi par sa plus grande dureté, son éclat plus vif, sa pesanteur spécifique plus grande, et par la propriété qu'il a de conserver pendant plusieurs heures l'électricité acquise par le frottement. La topaze incolore, dite *goutte d'eau*, en diffère par les mêmes caractères, qui servent aussi à distinguer la *topaze jaune du Brésil*, de la variété jaune du quarz hyalin, et le *corindon violet* du quarz améthyste.

184. *Gisement.* Le quarz hyalin diffère assez des autres sous-espèces, par son gisement. Jamais il ne forme de terrains, quoiqu'il existe en masses considérables, sous forme de couches, d'amas, de cristaux, dans toutes les formation de quelqu'âge qu'elles soient, bien que cependant il soit plus abondant dans les terrains primitifs. C'est surtout dans ces derniers qu'on le trouve en filons, soit seul, soit associé à d'autres substances, les unes terreuses, acidifères, les autres métalliques, et auxquelles il sert de gangue. Ces filons en se dilatant laissent des cavités plus ou moins considérables, dont les parois sont revêtues ou hérissées de cristaux transparens de quarz prismé, qui ont quelquefois jusqu'à trois décimètres ou environ un pied de diamètre. On nomme ces cavités *poches* ou *fours à cristaux*. (Montagnes de la Tarentaise, Alpes du Dauphiné et montagnes de Madagascar.)

A l'état de cristallisation régulière, et plus ordinairement en grains informes de différentes grosseurs, il est une des parties intégrantes de beaucoup d'espèces de roches granitiques. En grains cristallisés, il entre dans la pâte de plusieurs roches porphiriques ; il forme la base ou la matière prédominante d'un grand nombre de roches micacées.

Dans certains lieux, des filons quarzeux de plusieurs mètres de puissance, mis à découvert et devenus saillans par la dégradation des roches dans lesquelles ils étaient engagés, ont pu faire naître l'opinion qu'il existaït des montagnes entièrement composées de quarz.

On trouve assez fréquemment du quarz informe en veines et en filons ; ainsi que des cristaux limpides et réguliers de la même substance, dans les couches de pierres argilo-ferrugineuses et argilo-calcaires des terrains secondaires. Plusieurs carrières d'ardoises, beaucoup de géodes argilo-calcaires, en particulier celles de Meillant, près Grenoble, les collines d'argile adossées aux Apennins, et celles de la Sicile, certaines masses gypseuses, les cavités des couches de marne et de craie qui forment les collines situées le long de la Seine, servent également d'habitation à des cristaux quarzeux, les uns prismés, les autres simplement dodécaèdres, groupés ou solitaires.

L'infiltration dépose continuellement dans les cavités des laves et dans les amas de divers produits volcaniques, des molécules quarzeuses qui se réunissent ensuite, conformément aux lois de l'affinité. (Haüy, d'après Dolomieu).

185. *Usages*. Les diverses variétés du quarz hyalin sont taillées en bijoux, en vases, etc. On emploie aussi la variété incolore pour se procurer la silice dans les laboratoires ; on peut la remplacer par du grès blanc. Dans l'un et l'autre cas, on prend une partie de grès ou de quarz hyalin en poudre fine, on la mélange avec deux parties d'hydrate de potasse, et on chauffe le tout dans un creuset de terre ou de platine, à une température rouge, pendant une heure ; la masse se boursouffle beaucoup, laisse dégager l'eau contenue dans la potasse, et finit par entrer en fusion ; on coule la matière, on la concasse quand elle est refroidie, et on la fait bouillir dans

une capsule avec trois fois son poids d'eau; on filtre la liqueur et on y verse peu à peu de l'acide hydro-chlorique ou de l'acide nitrique. Il se forme un sel à base de potasse, et la silice se précipite sous forme d'hydrate gélatineux; on décante la liqueur, on lave le précipité à plusieurs eaux, on le fait sécher, puis on le calcine jusqu'au rouge. Si l'on dissolvait la potasse silicatée qui se forme dans cette opération, dans une trop grande quantité d'eau, il ne se formerait pas de précipité par l'addition d'un acide, et il faudrait alors faire évaporer la liqueur pour augmenter la cohésion de la silice.

Enfin, le quarz hyalin est quelquefois employé dans quelques opérations métallurgiques, pour séparer le fer de certains minerais, mais on emploie plus fréquemment, pour cet objet, les sables et autres espèces de quarz plus répandues.

186. 2e sous-espèce. *Quarz agate.*

Caractères essentiels. Il est aussi dur que le précédent, translucide, d'une texture légèrement cireuse, à cassure écailleuse. Sa composition est assez variable. Quelquefois il est formé de 98 à 99 pour cent de silice; d'autres fois il renferme 15 à 16 pour cent d'argile et 3 à 4 de fer. La pâte dont il est formé est fine. Il a des couleurs vives et prend un poli très brillant, ce qui le distingue des *silex;* il ne contient pas d'eau, ce qui le différencie du *quarz résinite.*

Les agates présentent presque toutes les couleurs, excepté le bleu et le rouge. Tantôt ces couleurs sont pures et non mélangées, tantôt au contraire elles sont mêlées, sans être pour cela bien fondues.

Parmi les couleurs uniformes, on distingue :

Quarz agate cornaline, rouge-orangé, translucide, homogène, perdant sa couleur et une partie de sa transparence au chalumeau. Les plus belles viennent du Japon ; on les emploie comme objet d'ornement.

Quarz agate sardoine. D'une couleur orangée, susceptible de passer tantôt au brun noirâtre, tantôt au jaune pâle, tantôt au rougeâtre. Les sardoines viennent de la Chine. On en trouve quelques-unes dans le département de l'Indre.

Quarz agate héliotrope (jaspe sanguin). Vert foncé, ponctué de rouge. Se distingue du jaspe par sa translucidité.

Quarz agate prase ou *chrysoprase.* D'un vert pomme qui passe quelquefois au vert foncé ; coloration due à l'oxide de nickel. Se trouve en nodules ou en veines dans la serpentine en Haute-Silésie.

Quarz agate plasma. D'un vert d'herbe, ordinairement entremêlé de blanc, de blanc verdâtre et de jaune brunâtre distribués par taches ; a une cassure un peu résineuse ; se trouve en concrétions mamelonnées recouvertes de silice, en Moravie, dans des serpentines en Hongrie.

Quarz agate calcédoine. Transparence nébuleuse ; renferme tous les quarz agates qui ont une teinte de laiteux, quelle que soit au reste leur couleur. Cassure terne ou très légèrement luisante, souvent écailleuse.

M. Haüy pense qu'elle cristallise en rhomboèdres qui offrent les mêmes angles que le rhomboèdre du quarz hyalin. M. Brongniart ne partage pas son opinion, et croit qu'on ne la trouve jamais qu'en masses.

Elle présente quelques sous-variétés, tant sous le rapport de la nuance de couleur que sous celui de la texture. Parmi les agates dont les couleurs sont mélangées, on distingue :

Quarz agate onyx. Couleurs disposées par bandes successives, dont les bords sont nettement tranchés.

Quarz agate œillé. Couleurs à bandes circulaires, au milieu desquelles se trouve un point isolé et d'une couleur tranchée, de sorte que la pierre ressemble à un œil.

Quarz agate ponctué ou *tacheté.* Couleurs disposées sous forme de petits points isolés et non limités.

Quarz agate figuré. Couleurs offrant l'image de quelque objet.

Quarz agate dendritique ou *herborisé.* Lorsqu'il présente des dendrites dans son intérieur. Ces dendrites sont dues à des infiltrations métalliques au milieu de la pierre.

Quarz agate mousseux (agates mousseuses). C'est lorsque les dendrites offrent la forme de lichens, de byssus, de conferves, etc. Daubenton pensait que ces corps devaient réellement leur origine aux végétaux dont ils offraient l'aspect; cette opinion a été adoptée par plusieurs minéralogistes. D'autres, au contraire, regardent ces mêmes corps comme produits par des dissolutions métalliques qui se sont répandues inégalement dans l'agate. Ce sont surtout des calcédoines qui nous offrent ces dendrites remarquables.

On nomme *quarz agate brèché* une variété formée de morceaux d'agate réunis par un ciment de même nature.

Les variétés de forme sont remarquables. On distingue particulièrement :

Quarz agate cristallisé qui, comme nous l'avons vu, est une calcédoine en cristaux rhomboédriques.

Quarz agate concrétionné ou *stalactiforme.* La plupart de ces concrétions sont formées par voie de dépôt. On les trouve abondamment en Islande, à la surface du sol, près de la source d'eau bouillante du Geyser. Elles sont produites par l'évaporation des eaux qui s'élèvent de plusieurs points du sol, sous forme de jets, et qui renferment une grande quantité de silice en dissolution. On pense que la silice est dissoute dans ces eaux à l'aide d'un alcali et de leur température élevée, mais comme on sait maintenant, d'après les recherches de M. Berzélius sur le silicium, que la silice, avant d'avoir pris l'état solide, est très soluble dans l'eau, ce phénomène paraît assez naturel. Plusieurs de ces stalactites perdent leur dureté et passent à l'état argileux, ce qui fait qu'on les a quelquefois regardées comme une variété de quarz nectique.

Quarz agate cylindrique. En cylindres adhérant par leurs extrémités aux parois supérieure et inférieure de la cavité où ils ont pris naissance.

Quarz agate guttulaire. A la surface d'un tuf où il est accompagné de quarz hyalin prismé.

Quarz agate géodique. En géodes remplies en totalité ou en partie par du quarz hyalin, du soufre, des matières terreuses, de l'eau, ou vides et tapissées à l'intérieur de cristaux divers, mais presque toujours de quarz hyalin violet.

Quarz agate incrustant sur du quarz hyalin et sur la chaux fluatée cubique.

187. *Gisement*. Les agates sont rares dans les terrains primitifs; on les rencontre au contraire très souvent dans les terrains trappéens. Elles forment rarement des lits toujours de peu d'étendue, et se trouvent plus communément sous forme de rognons placés avec d'autres substances au milieu de filons, qu'elles ne remplissent jamais complètement comme le quarz hyalin, ou disséminées dans les cavités des roches amygdaloïdes. Les pays où l'on en trouve le plus sont l'Auvergne, l'Irlande, l'Islande, la Sicile, l'Asie-Mineure, les États-Unis d'Amérique. On en rencontre beaucoup aussi dans le duché de Deux-Ponts et à Oberstein, dans le Palatinat.

Les rognons que les agates présentent, quelquefois complètement massifs, plus communément creux à leur intérieur, sont souvent tapissés de cristaux de quarz hyalin qui, comme nous l'avons vu tout à l'heure, appartiennent principalement à la variété améthyste. Ils paraissent avoir été formés par concrétions; c'est du moins la conséquence qu'on peut tirer de l'examen de leurs couleurs qui offrent des zones d'un parallélisme constant; et l'on remarque que les substances qui les ont formées vont en s'épurant à mesure que l'on approche du centre, car l'extérieur est formé de quarz non polissable : la seconde couche est du quarz plus ou moins pur, mais susceptible de poli, et l'intérieur du quarz hyalin cristallisé. Resterait à savoir comment a pu s'introduire dans leur intérieur le liquide chargé de substance siliceuse pour donner naissance aux cristaux. On pense qu'il s'est introduit au moyen d'un canal, et ce qui le prouve, c'est que toutes les masses d'agates présentent ce conduit, seulement il est difficile à apercevoir.

Usages. Les agates ne sont employées que comme objet d'ornement et pour faire quelques vases, comme des mortiers, etc.

188. 3e sous-espèce. *Quarz néopètre.*

Cette sous-espèce, que Werner avait réunie au pétrosilex, sous le nom de *hornstein*, se distingue de cette dernière substance par son infusibilité, mais elle passe fréquemment à certaines variétés de silex ou d'agate.

Caractères essentiels. Elle diffère des silex et des agates par sa cassure, très rarement conchoïde, souvent esquilleuse à petites esquilles. Les couleurs sont variées, mais ternes et sans éclat. Difficile à casser ; cassure matte, n'offrant pas de points brillans, comme quelques quarz compactes. Se trouve en masses disséminées, soit en morceaux arrondis, mais n'offrant pas de couches concentriques comme les agates ; soit pseudomorphique, formant la plupart des bois pétrifiés, et offrant souvent alors une cassure schisteuse à feuillets minces. Presque toujours translucide sur les bords, quelquefois aussi à l'intérieur, mais le plus souvent opaque.

189. *Gisement.* La variété en masses arrondies se trouve dans les filons des terrains anciens ; les variétés pseudomorphiques se trouvent dans des terrains plus modernes.

190. 4e sous-espèce. *Quarz silex.*

Caractères essentiels. Cette sous-espèce comprend les quarz, soit compactes, soit cariés, qui présentent une cassure parfaitement conchoïde. Leurs couleurs sont ordinairement ternes, leur aspect non luisant. Ils sont translucides sur les bords, et leur pâte est moins fine que celle des agates, ce qui les empêche de recevoir un aussi beau poli. Ils se trouvent en rognons tuberculeux ou en morceaux aplatis, très rarement en couches, excepté la variété cariée.

Quarz silex pyromaque (pierre à fusil). Cassure lisse, largement conchoïde et non écailleuse. Divisible par la percussion en fragmens convexes à bords tranchans qui, étant frappés par l'acier, en tirent de vives étincelles. Il affecte plusieurs couleurs, telles que le noir, le blond, le rouge, le verdâtre. Il devient phosphorescent par collision. Il renferme toujours un peu d'eau interposée, et il paraît que cette eau a beaucoup d'influence sur sa texture, car lorsqu'on l'expose à l'air, elle s'évapore, le silex perd sa cassure conchoïde et en prend une fragmentaire. Dans ce cas, il ne peut plus servir à faire des pierres à fusils, usage auquel on emploie certaines variétés. C'est aussi à cette eau qu'il doit la propriété de blanchir par l'action du feu.

Ce silex se trouve en morceaux irréguliers, presque toujours enveloppés d'une croûte blanche; quelquefois ces morceaux sont creux et tapissés de petits cristaux de quarz hyalin, ou bien remplis par des masses arrondies de chaux carbonatée crayeuse, et quelquefois par un noyau composé de soufre et d'argile. (Polygny, département du Jura; Neuville, département du Doubs.) Quand les morceaux de silex ont été arrondis par leur frottement mutuel, pendant leur transport dans des terrains d'alluvion, ils prennent le nom de *galets*, si abondans sur le rivage de la mer. Enfin, quelquefois il affecte la forme d'autres corps qu'il a remplacés, tels que des cristaux de chaux carbonatée, ou des corps organiques, comme des oursins, des madrépores, etc.

Quarz silex molaire (pierre meulière). Cassure droite, unie, couleurs sales et ternes, blanchâtre ou d'un blanc jaunâtre, souvent avec des taches brunâtres produites par un enduit de fer oxidé. Opacité complète. Se trouve en masses tantôt compactes, tantôt cellulaires ou cariées, c'est-à-dire criblées de cavités souvent comblées par du fer oxidé, dans lequel le retrait a produit des fissures qui ont été remplies par de petites lames quarzeuses. Quelquefois des cavités sont seulement traversées par des filamens de silex.

191. *Gisement.* On trouve très rarement les silex dans les montagnes primitives; cette sous-espèce est particulière aux terrains secondaires et à ceux d'alluvion, et surtout aux roches calcaires, aux bancs de craie ou de marne, avec lesquels on les voit alterner par couches parallèles.

192. *Usages.* Une variété du silex pyromaque est employée pour faire les pierres à fusil, les autres sont employées comme pierres à briquets. On se sert du silex molaire compacte pour faire des meules de moulins, et l'on emploie la sous-variété cariée dans les constructions.

193. 5e sous-espèce. *Quarz lydien.*

Caractères essentiels. Cette sous-espèce comprend les quarz de couleur noire ou noirâtre, colorés par le charbon, à cassure schisteuse en grand, inégale, écailleuse, ou imparfaitement conchoïde en petit; ils sont opaques, tout au plus un peu translucides sur les bords : ils sont tenaces, difficiles à casser, quoiqu'un peu moins durs que le quarz hyalin. Les variétés grises blanchissent au chalumeau, et deviennent friables; les noires, au contraire, noircissent davantage, et se vitrifient un peu sur les bords. Le quarz lydien se trouve en masses et en morceaux arrondis, dont la surface est lisse, et dont l'intérieur est souvent traversé par des veines de quarz blanc; il renferme quelquefois de l'anthracite entre ses feuillets.

194. *Gisement.* On le rencontre en énormes rochers isolés,

qui paraissent provenir de la décomposition de montagnes particulières ; on en rencontre aussi beaucoup en cailloux roulés dans le lit des fleuves et dans certaines plaines. On en a indiqué aussi en place dans quelques endroits, dans la Haute-Lusace et ailleurs.

195. *Usages*. Le quarz lydien est employé comme pierre de touche, mais on emploie aussi comme telle des fragmens de basalte et de schiste argileux dur. Ces matières sont assez dures pour enlever une petite portion du métal que l'on frotte contre elles, de manière à en conserver la trace ; on verse sur cette trace une goutte d'acide nitrique qui ne l'altère nullement si c'est de l'or, qui affaiblit sa teinte si c'est un alliage d'or avec un autre métal, et qui la fait disparaître entièrement si c'est du cuivre.

196. 6e sous-espèce. *Quarz jaspe*.

Caractères essentiels. Cette sous-espèce renferme les quarz à cassure conchoïde ou raboteuse, terne, à pâte fine, opaque, à couleurs variées, souvent mélangées, quelquefois rubanées, mais jamais en zones concentriques, plus tenaces que les silex, et jamais traversés de veines translucides. Les jaspes sont très impurs ; ils contiennent ordinairement des quantités assez considérables d'alumine et d'oxide de fer, qui leur donnent une pesanteur spécifique qui va jusqu'à 2,7, et qui leur communiquent quelquefois la propriété magnétique. Ils présentent un assez grand nombre de variétés de couleurs ; celles qui sont le plus répandues sont le vert et le rouge foncé.

Quarz jaspe commun. Sa structure est massive. Il offre un grand nombre de couleurs disposées par taches, tantôt bien isolées, tantôt mélangées dans beaucoup de directions ; il y en a de rouge, de jaune, de vert, de verdâtre. Il faut éviter de confondre ce dernier avec l'*héliotrope*, dont il diffère par son opacité et l'absence de taches rouges. On le nomme *jaspe fleuri* lorsque ses couleurs sont disposées sous forme d'herborisation, et *jaspe universel* lorsque toutes les couleurs sont disposées avec assez de régularité, de telle sorte qu'aucune ne prédomine plus dans un point que dans un autre.

Quarz jaspe rubané. Les couleurs sont peu nombreuses et disposées par bandes.

Quarz jaspe égyptien (caillou d'Égypte). Il offre des bandes contournées, d'un brun foncé sur un fond d'un jaune brunâtre, quelquefois avec dendrites. Il est commun en Égypte.

197. *Gisement.* Cette sous-espèce paraît appartenir aux terrains secondaires ; elle a beaucoup d'analogie avec le silex par son gisement ; elle se trouve dans les mêmes terrains et dans les mêmes roches : elle se rencontre aussi très souvent avec le quarz agate, disposée en masses arrondies, qui présentent quelquefois des cristaux dans leur intérieur. Le quarz agate passe insensiblement au quarz jaspe, aussi ces deux sous-espèces ont-elles la plus grande analogie. Le jaspe constitue quelquefois des collines entières sous forme de bancs épais et continus.

198. 7e sous-espèce. *Quarz terreux.*

Caractères essentiels. Cette sous-espèce renferme les quarz poreux ou pulvérulens, entièrement ternes, légers, et ne contenant que 2 pour cent de matière étrangère, qui est du carbonate de chaux ; on en distingue deux variétés.

Quarz terreux nectique. Il est remarquable par sa porosité, qui lui permet de surnager l'eau ; il offre un aspect terreux, de la friabilité, de la rudesse au toucher ; il ressemble à de la pierre ponce ; sa pesanteur spécifique est de 0,8 à 0,9. Il ne surnage pas pendant long-temps, à cause de l'imbibition. On le trouve toujours en masses irrégulières plus ou moins arrondies, blanches ou grisâtres, opaques, à cassure inégale ; ces masses enveloppent quelquefois des silex d'une apparence cornée.

On ne le trouve que dans les terrains modernes. On en

rencontre à Saint-Ouen, près Paris, dans des bancs de craie, et sur les bords mêmes de la Seine.

Quarz terreux pulvérulent. On trouve dans le département de la Nièvre de la silice presque pure, au milieu d'une couche de silex.

199. 8e sous-espèce. *Quarz grenu* (grès).

Caractères essentiels. Cette sous-espèce renferme les quarz en petits grains cristallins, libres ou réunis, soit par l'entrelacement des petits cristaux dont ils sont formés, soit par un ciment de nature siliceuse ou calcaire.

Ces derniers, c'est-à-dire ceux dont les grains sont réunis par un ciment, ne devraient pas en quelque sorte faire partie des espèces minérales, mais plutôt être considérés comme des roches hétérogènes; cependant, lorsqu'ils ne contiennent pas d'autres matières que ce ciment, on les conserve comme variétés de cette sous-espèce, tandis qu'on rejette parmi les roches hétérogènes ceux qui, comme le *grès houiller,* le *grès rouge,* etc., contiennent une assez grande quantité de matières étrangères.

Les principales variétés sont :

Quarz grenu arénacé (sable). Ce sont de petits cristaux de quarz isolés, plus ou moins fins, et diversement colorés, qui constituent ce que l'on nomme vulgairement *sable.* Le plus pur est entièrement blanc; il est plus souvent jaune, quelquefois rougeâtre, verdâtre, etc.

Quarz grenu commun. C'est le grès ordinaire : ses grains ne sont pas réunis par un ciment; son tissu est peu serré, sa cassure droite. Il est friable, opaque en masse, translucide sur les bords ou dans ses parties minces; ses couleurs sont variées, mais il est ordinairement blanc : tels sont les grès de Fontainebleau, de Meudon, de Palaizeau, de la forêt de Marly, etc.

Quarz grenu lustré. Ses grains sont réunis par un ciment

de calcédoine; il offre un tissu serré, une cassure luisante et conique. On le trouve aux environs de Paris, à Montmorency.

Quarz grenu flexible. Ce grès est remarquable par sa flexibilité; il est tantôt pur, tantôt mêlé de talc et de mica. Il paraîtrait, d'après Klaproth, qu'il contient un peu d'alumine.

Il existe encore beaucoup d'autres grès; il en est qui sont mous en sortant de la carrière, et qui durcissent à l'air; on leur a donné le nom de *mollasses.* Il en est d'autres d'une structure pseudo-régulière, qui se divisent en fragmens aplatis, assez réguliers; ils contiennent souvent du mica, qui leur donne une structure schisteuse.

200. *Gisement.* On commence à trouver le quarz grenu arénacé dans les terrains de transition, et l'on continue à le rencontrer jusque dans les alluvions les plus modernes. A l'état de sable, on le trouve fréquemment dans les terrains de transport. Il couvre en Afrique des plaines immenses, et s'y amoncelle en collines qui changent journellement de place par l'action des vents. Les eaux qui descendent des montagnes charrient dans les vallées une grande quantité de ce quarz, provenant de la destruction des roches. Le grès rouge, le grès houiller, forment des couches étendues à la base des terrains secondaires, tandis que le quarz grenu commun se trouve dans les terrains plus modernes; il y existe en couches ou en masses isolées, et forme quelquefois des portions de terrain considérables.

Les grès contiennent quelques minéraux disséminés, tels que des sulfures de fer, de mercure, de cobalt, de cuivre, de plomb, des grenats; ils renferment aussi des corps organisés, surtout des empreintes de feuilles, de roseaux, des coquilles marines ou fluviatiles, assez souvent transformées en craie blanche, etc.

Le quarz grenu flexible forme des bancs assez étendus, mais peu épais; il est quelquefois en filons qui contiennent de l'or, et l'on trouve au milieu de ses masses de l'argile lithomarge qui renferme des topazes. Il existe au Brésil, à Villa-Rica.

201. *Usages*. Le quarz grenu est celui dont les usages sont le plus multipliés. On emploie les grès pour faire des meules, des pierres à éguiser, pour paver les rues et les grands chemins. Un assez grand nombre de variétés sont employées aussi comme pierres à bâtir : telles sont les grès rouges, les grès houillers, les mollasses, etc. Ceux qui ont une structure pseudo-régulière, fournissent des dales qui servent à paver et à couvrir les maisons. Certaines espèces poreuses sont employées à filtrer l'eau : leur tissu n'est pas assez serré pour être imperméable à ce liquide, mais il l'est assez pour empêcher les matières étrangères de passer avec lui. Le quarz grenu arénacé, ou sable, est employé en agriculture comme amendement pour des terres humides et trop argileuses ; les fondeurs s'en servent pour mouler leurs objets, mais il faut pour cela qu'il contienne un peu d'argile pour lui donner de la souplesse et lui faire conserver les formes qu'on lui donne. On l'emploie comme fondant, sous le nom d'*erbue*, dans le traitement de certaines mines de fer ; on l'ajoute quelquefois à la pyrite de cuivre, pour en séparer le fer, qui vient avec le quarz former des scories à la surface. Il entre comme partie constituante du verre avec la potasse, comme partie constituante du cristal avec l'oxide de plomb. Il est essentiel, pour obtenir des verres ou des cristaux limpides et blancs, de choisir du sable parfaitement pur ; si l'on n'en a pas à sa disposition, on peut quelquefois y suppléer par des cailloux siliceux que l'on fait rougir, et que l'on plonge aussitôt dans l'eau, afin de pouvoir les pulvériser. Si ces cailloux contenaient de l'oxide de fer, comme cela arrive presque toujours, on met la poudre qu'ils produisent en contact avec de l'acide hydrochlorique très étendu d'eau, qui dissout cet oxide et rend le quarz aussi pur que le beau sable blanc. C'est par ce procédé que l'on se

procure toute la silice nécessaire pour la fabrication des cristaux de Baccarat, près Lunéville. En raison de la dureté de ses grains, le sable est souvent employé à polir des corps durs; il remplace souvent l'émeri pour polir diverses matières, pour la taille des cristaux, etc. Enfin, en donnant aux grains de sable un ciment calcaire, on les met dans le cas de pouvoir se réunir de manière à former des grès artificiels, de pouvoir en quelque sorte s'identifier avec les matériaux pierreux dont on se sert dans les constructions, et l'on forme les *mortiers*.

Appendice au silicium oxidé.

TRIPOLI.

202. *Caractères essentiels.* On le trouve généralement en masses et en couches; sa cassure est terreuse, souvent schisteuse; sa couleur est d'un blanc jaunâtre, grisâtre, souvent rosée; se laisse entamer par l'ongle; poussière très rude : quelques variétés happent à la langue, et répandent une odeur argileuse par l'insufflation; ne forme jamais pâte avec l'eau; infusible au chalumeau.

203. *Gisement.* Tantôt les tripolis se trouvent dans des terrains assez modernes, et paraissent être le résultat d'un dépôt fait par l'eau, de silice extrêmement divisée; ils se rapprochent beaucoup alors du grès : tantôt, au contraire, on les trouve dans le voisinage de pseudo-volcans, dans des terrains qui ont été soumis à une certaine chaleur par la combustion de mines de houille. Ces tripolis, qui contiennent souvent 98 pour cent de silice, sont produits par des schistes argileux dont les molécules ont été durcies par l'action du feu, et qui probablement ont été dépouillées d'alumine par l'acide sulfurique des pyrites de fer qui ont été décomposées.

204. *Usages.* Les tripolis sont employés pour polir les glaces, nettoyer les métaux, etc.; mais on emploie pour cet usage plusieurs autres substances qui portent le même nom que celle que nous venons de décrire, mais qui en diffèrent

par leur composition; telles sont la *terre pourrie* d'Angleterre, qui est le résultat de la décomposition de certaines roches amygdaloïdes, et plusieurs argiles ocreuses.

205. *Préparation.* On fait quelquefois subir aux tripolis une préparation qui consiste simplement à les pulvériser et à les délayer dans l'eau, afin qu'ils puissent déposer le peu de matières sableuses qu'ils contiennent. On en prépare aussi artificiellement en calcinant des schistes argileux et des argiles schisteuses.

2e ESPÈCE. *SILICIUM OXIDÉ HYDRATÉ.*

(*Opale.*)

206. Substance blanchissant au feu, donnant de l'eau par la calcination.

Densité moindre que celle des quarz. Cassure luisante, offrant un aspect analogue à celui de la résine nouvellement cassée, parfaitement conchoïde. Étincelle difficilement par le choc du briquet.

Contient de l'eau combinée, mais la combinaison est faible; est quelquefois mélangée d'oxide de fer, d'amphibole, de chaux. Infusible au chalumeau, excepté une variété mélangée de chaux, en quantité quelquefois assez grande pour lui permettre de se vitrifier.

On peut partager les diverses variétés de l'opale en cinq sous-espèces, bien moins nombreuses en subdivisions que celles des quarz.

207. 1re sous-espèce. *Opale hyalite.* Substance offrant une texture vitrée et souvent une structure concrétionnée, limpide ou opaque et nacrée, présentant quelquefois des couches concentriques. La couleur ordinaire est le gris de perle. Ressemble assez au quarz hyalin. Se trouve dans les terrains d'origine volcanique. Les roches et les eaux qui sont voisines de son gisement renferment toujours de la soude.

208. 2ᵉ sous-espèce. *Opale girasol.* Aspect gélatineux, un peu laiteux, joint à un fond d'un blanc bleuâtre, d'où sortent des reflets rougeâtres et quelquefois d'un jaune d'or, lorsqu'on la tourne vers le soleil. Cassure très luisante. Se trouve dans les mêmes lieux que l'hydrophane (211).

209. 3ᵉ sous-espèce. *Opale noble.* Substance laiteuse, offrant assez souvent une teinte bleuâtre, et remarquable par les beaux reflets d'iris qui jaillissent de son intérieur et présentent les teintes les plus vives et les plus variées. On attribue ces reflets à un grand nombre de fissures dont la pierre serait parsemée, mais quelques physiciens pensent qu'ils sont dus à des vides qui existeraient dans son intérieur. On la trouve à Tscherwenitzka en Hongrie, où elle adhère à une roche qui paraît se rapporter au felspath porphyrique altéré. On la trouve aussi à Sinapan au Mexique.

210. 4ᵉ sous-espèce. *Opale résinite* ou *commune.* Substance offrant toutes les couleurs, quelquefois translucide, le plus souvent opaque, contenant toujours, outre l'eau, de l'alumine et du fer. Il existe une variété rose, qui paraît même être colorée par du fer, et non par du manganèse. Ses principales variétés sont :

Opale résinite cacholong. Substance d'un blanc mat, happant à la langue et plus ou moins terreuse; se distingue de la *calcédoine* par sa cassure, et du *girasol,* par l'absence des reflets. Au contact de l'air, elle subit une altération particulière : elle perd l'eau qu'elle contient, s'exfolie et devient semblable à de la craie. On la trouve à Champigny, sur les bords de la Seine, et dans l'île de Féroë, en Bucharie.

Opale résinite ménilite. (quarz résinite subluisant d'Haüy, pechstein de Menilmontant). Substance un peu translucide, ayant une cassure schisteuse, une couleur brune, d'une pesanteur spécifique de 2,18, contenant beaucoup d'eau et un peu de magnésie, si toutefois cette dernière substance n'appartient pas plutôt à la roche qui l'accompagne. Se trouve en masses tuberculeuses engagées dans une argile schistoïde qui happe fortement à la langue, souvent divisible en feuillets, et que l'on pourrait regarder, selon M. Beudant, comme une variété terreuse et schisteuse d'opale ménilite, souillée par un peu d'argile.

Le ménilite offre une sous-variété brune que l'on trouve à Ménilmontant, à Pantin près Paris, et une autre grisâtre que l'on trouve à Villejuif.

Opale résinite xiloïde. C'est de l'opale résinite qui a pris la place de troncs d'arbres. Tantôt elle a remplacé des troncs d'arbres dicotylédons et présente des couches concentriques, tantôt elle s'est substituée à des troncs de palmiers, et offre une structure semblable à celle arbres monocotylédons.

211. 5e sous-espèce. *Opale hydrophane.* Substance très poreuse, opaque ou seulement translucide sur les bords, remarquable par la propriété qu'elle a de devenir transparente lorsqu'on la plonge dans l'eau, par l'effet de l'imbibition (1). Ses couleurs sont le blanc, le jaunâtre ou le rougeâtre. Elle happe fortement à la langue. L'hydrophane se trouve en veines dans des roches qui ont l'aspect argileux, à Châtelaudren en France, en Saxe et dans l'île de Féroë.

L'hydrophane paraît provenir d'un commencement d'altération de quelques opales. Quand cette altération est parvenue à son terme, on trouve une matière siliceuse pulvérulente et douce au toucher.

212. *Gisement des opales.* L'opale se trouve principalement en rognons, en petites veines ou sous forme de troncs d'arbres, dans les dépôts qui proviennent du remaniement des terrains trachytiques par les eaux, comme sur les bords du Rhin, en Hongrie, au Mexique ; ou bien en petits filons dans

(*) *Voyez*, pour l'explication de ce phénomène, le *Traité de Minéralogie* d'Haüy, seconde édition, tome II, page 281.

des serpentines et des diallages, comme près de Turin, à l'île d'Elbe. On la trouve encore en rognons dans les terrains tertiaires, tels que dans l'argile de Ménilmontant, ou dans des filons métallifères, comme l'hydrophane à Châtelaudren en Bretagne. (Beudant.)

Usages. Plusieurs variétés d'opale sont employées comme objets d'ornement.

IIIe ORDRE. *MÉTAUX ÉLECTRO-POSITIFS*

Dont les oxides ont une glus grande tendance à jouer le rôle de base que celui d'acide.

Ire SOUS-DIVISION.

Métaux dont les oxides, soumis à l'action d'une haute température, se réduisent, soit par eux-mêmes, soit par l'addition de charbon, et qui sont les radicaux des anciens oxides métalliques proprement dits.

Ire FAMILLE. *IRIDIUM.*

ESPÈCE UNIQUE. *IRIDIUM OSMIÉ.*

213. Ce minéral ne s'est encore trouvé que sous forme de grains ou paillettes, à l'état de mélange avec les grains de platine. Ces paillettes ressemblent assez à celles de ce dernier métal, pour qu'il soit à peine possible de les distinguer à la vue; leur couleur est la même, elle est blanche; mais leurs autres propriétés sont essentiellement différentes. Elles sont sensiblement plus dures et plus pesantes, non malléables, insolubles dans tous les acides, et donnent une odeur particulière approchant de celle du chlore, par la calcination dans un tube ouvert.

Leur pesanteur spécifique est de 19,5. Ces grains présentent des indices de cristallisation, et leur forme paraît tendre, suivant M. Haüy, vers celle du *prisme hexaèdre régulier.*

Composition. C'est un alliage, dans des proportions encore inconnues, d'osmium et d'iridium. Le signe chimique est Ir+Os. La découverte en est due au docteur Wollaston, qui traita le sable platinifère en quantité considérable par l'acide hydrochloro-nitrique (eau régale). L'osmiure d'iridium, sur lequel cet acide est sans action, resta sans avoir été attaqué, mêlé avec les substances pierreuses contenues dans le minerai de platine.

IIe FAMILLE. *PLATINE.*

ESPÈCE UNIQUE. *PLATINE NATIF.*

(*Platine natif ferrifère,* Haüy. *Or blanc,* de l'Isle.)

214. *Caractères essentiels.* Sa couleur est d'un gris d'acier très clair, approchant du blanc d'argent; il a un éclat métallique; il est tendre, malléable, flexible; il résiste au feu de forge le plus violent, et n'entre en fusion qu'au moyen du chalumeau à gaz oxigène; il est inattaquable par tous les acides, soluble seulement dans l'acide hydrochloro-nitrique, et sa solution précipite en jaune par les sels de potasse et d'ammoniaque.

Sa pesanteur spécifique est de 17,7 non purifié (Wollaston); elle est de 20,98 lorsqu'il est pur et non forgé, et elle s'élève jusqu'à 21,53, et même 23, suivant Thomson, lorsqu'il a été fortement écroui.

Le platine natif ne s'est encore trouvé jusqu'ici que sous la forme de grains aplatis d'un très petit volume: les deux plus gros morceaux de platine connus pèsent, l'un pas tout-à-fait 58 grammes, et l'autre 1 livre 9 onces 1 gros. Le premier a été rapporté d'Amérique par M. de Humboldt, et le second a été trouvé en 1814 par un esclave nègre dans la mine d'or de Condoto (province de Choco, dans la Nouvelle-Grenade). Tous ces grains ne renferment pas du platine, et ceux qui en contiennent ne l'offrent jamais pur. La mine de platine du commerce présente jusqu'à 13 métaux différens; on y trouve: 1°. des grains arrondis et des paillettes d'un blanc argentin ou grisâtre, formés de platine, de fer, de plomb, de cuivre, de soufre et de deux métaux particuliers à cette mine, le rhodium et le palladium ; 2°. des grains noirs composés d'oxides de fer, de titane et de chrôme; 3°. d'autres grains assez semblables à ceux du platine, mais beaucoup plus durs et nullement malléables, qui sont un alliage d'osmium et d'iridium ; 4°. des paillettes, mais en petit nombre, d'un alliage d'or et d'argent; 5°. quelques globules de mercure; 6°. enfin, parfois des grains de palladium natif; ces derniers, en effet, ne se rencontrent que dans le sable platinifère du Brésil. En ajoutant à ces différentes substances quelques matières pierreuses, parmi lesquelles on trouve quelquefois du zircon et des petits grains vitreux de diverses couleurs, on aura une idée assez exacte de la composition du minerai de platine. (Humboldt).

Le signe chimique de ce métal est Pl.

215. *Gisement.* Le platine natif existe dans le même terrain que l'or granulaire, c'est-à-dire dans des terrains meubles de transport anciens ou antédiluviens, composés de débris de basanite, de diabase ou de dolérite, de trapp et d'autres roches des terrains trappéens pyrogènes. Ce terrain appartient au même gisement que le diamant, et il contient à très peu près les mêmes substances qui accompagnent ce dernier, telles que le fer oxidulé, le cuivre pyriteux, du mercure, du quarz, des spinelles rubis, des zircons, des corindons, des paillettes aurifères, etc. Cependant il paraît que le platine ou les sables platinifères ne se trouvent jamais dans les sables qui renferment le diamant. Le platine n'a été connu pendant longtemps que dans le nouveau monde. Les endroits les plus riches sont le Choco et Barbacoa (Nouvelle-Grenade), Matto-Grosso

(Brésil), Quito (Pérou), Carthagène, diverses autres parties de l'Amérique méridionale, et la rivière d'Yaki à Saint-Domingue.

M. Vauquelin, plus tard, a découvert la présence de ce métal dans les minerais argentifères (cuivre gris) de Guadalcanal en Estramadure, province d'Espagne. Ceux-ci le renferment à l'état métallique, quelquefois en quantité très petite, quelquefois jusque dans la proportion de 10 pour cent; il n'y est point accompagné des divers métaux que nous avons cités, mais seulement d'argent antimonié sulfuré arsénifère. C'est le premier exemple bien authentique de la découverte du platine dans l'ancien continent.

On vient de découvrir l'existence du platine dans les sables aurifères de Kaschwa, à 250 werstes d'Ekaterinenbourg, dans les monts Ourals, en Sibérie. Suivant M. de Humboldt, il se trouve au milieu de fragmens de diorite (grunstein ou mélange intime de felspath et d'amphibole), comme le platine du Choco. Il ne contient pas, d'après M. Laugier, de palladium, mais renferme de l'oxide de fer, des traces de cuivre, d'osmium et d'iridium, et seulement quelques centièmes de rhodium. Il est formé de très petites lames d'un blanc grisâtre, a l'aspect du platine de Choco, mais moins d'éclat et une couleur plus plombée.

On a trouvé isolément, mais presque dans la même localité, des grains plus gros, tantôt gris, tantôt blancs, qui sont composés, d'après le même chimiste, d'osmiure d'iridium, de fer, de platine, de cuivre avec des traces de titane et de chrôme. (*Ann. de Chim. et Phys.* t. XXIX, p. 289.)

M. Boussingault vient de découvrir à Antioquia, dans la Colombie, une véritable mine de platine.

Le platine a été découvert par Wood, essayeur à la Jamaïque, en 1741; mais Don Antonio de Ulloa en parla le premier, quoique la découverte de Wood fût antérieure. C'est à Jennety que l'on est redevable de la manière de le travailler pour les besoins des arts.

216. *Annotations.* Le platine ne s'est encore présenté qu'en grains amorphes. M. Sowerby annonce qu'en examinant quelques échantillons de ce métal, il en aperçut plusieurs parcelles où la structure lamellaire était évidente et le sens du clivage distinct. L'une d'elles offrait de plus quatre faces formant l'angle solide d'un octaèdre. (*Ann. de Chim. et de Phys.*, tom. XV, p. 111.) M. Vauquelin est parvenu à obtenir artificiellement de petits cristaux de platine, dont la forme, suivant Haüy, était celle du cube.

Traitement métallurgique du minerai de platine.

217. L'extraction du platine est assez difficile à cause de la composition même du minerai; ce n'est qu'avec beaucoup de peine qu'on parvient à isoler les différens métaux qui y sont contenus, et surtout les quatre qui appartiennent exclusivement à cette mine, savoir : l'iridium, l'osmium, le palladium et le rhodium. Comme le platine est infusible et que ces métaux sont inoxidables par le feu, on est forcé de recourir à des procédés particuliers, qui généralement sont longs et très compliqués. C'est à MM. Vauquelin et Wollaston que l'on doit les travaux les plus intéressans qui aient été faits sur ce sujet. Le mode d'analyse le plus suivi du minerai de platine est celui donné par M. Vauquelin; le voici tel que M. Thénard l'indique, page 475, tome III.

« A. On introduit le minerai dans un matras; l'on verse dessus cinq à six fois son poids d'eau régale (une partie d'acide nitrique à 34°, et deux parties d'acide hydrochlorique à 22°), et on en favorise l'action par la chaleur. Quand il n'y a plus de réaction, on décante la liqueur, et on remet dans le ballon une nouvelle quantité d'acide qu'on décante, comme la première, au bout d'un certain temps. On traite ainsi le minerai de platine jusqu'à quatre fois, ou plutôt jusqu'à ce que l'acide n'ait plus d'action sur lui; il en résulte une dissolution d'un brun jaune, contenant beaucoup de fer, beaucoup de platine, du cuivre, du plomb, du palladium, du rhodium, du mercure, un peu d'iridium, de l'acide sulfurique et un résidu noir, pulvérulent, formé d'iridium, d'osmium, d'oxide de fer, d'oxide de chrôme et d'oxide de titane. Ensuite on mêle ce résidu avec deux fois son poids de nitrate de potasse; on calcine le mélange dans une cornue, afin de décomposer le nitrate, d'oxider l'osmium et l'iridium, d'acidifier l'oxide de chrôme, et de pouvoir recueillir en même temps une certaine quantité d'oxide d'osmium qui se volatilise; on lessive à plusieurs reprises le produit avec de l'eau tiède; on fait chauffer ce qui ne se dissout point avec un excès d'acide hydrochlorique moyennement concentré, puis on traite de nouveau la portion du résidu non attaqué, par le nitre, l'eau, l'acide, et l'on répète cette opération tant que toute la matière n'est point dissoute. On obtient ainsi deux dissolutions: l'une qui est alcaline, où se trouvent de l'oxide d'osmium, un peu de protoxide d'iridium et de l'acide chromique; et l'autre qui est acide, verte, où se trouvent de l'oxide de fer, de l'oxide de titane et de l'oxide d'iridium.

» B. Pour se procurer l'osmium, on sature la dissolution alcaline par l'acide nitrique pur: elle se trouble, et laisse déposer le protoxide d'iridium sous forme de flocons verts. Après l'avoir filtrée, on l'introduit dans une cornue dont le col se rend dans un récipient qu'on refroidit avec soin, et on la distille presque tout entière. L'oxide d'osmium passe en dissolution dans l'eau. On verse une petite quantité d'acide hydrochlorique dans cette dissolution, qui est incolore; on y plonge une lame de zinc, et bientôt l'osmium s'en sépare: on le rassemble, on le lave et on le calcine dans des vaisseaux fermés, pour lui donner le brillant métallique.

Tout l'osmium du minerai de platine ne fait pas partie du résidu que l'on obtient en le traitant par l'eau régale ; il s'en dissout une portion. Or, comme d'après les expériences de Tennant, cette portion se vaporise, avec une certaine quantité d'acide, pendant le traitement du minerai, il faut, ainsi que le recommande M. Laugier, opérer la dissolution dans une cornue, condenser dans un récipient la liqueur qui se volatilise, saturer cette liqueur par un lait de chaux ou de la chaux en suspension dans l'eau, et procéder à la distillation pour en extraire l'oxide d'osmium.

» C. Pour se procurer l'iridium, on porte à l'ébullition la dissolution acide faite avec le résidu dont nous avons parlé précédemment (A); il s'y produit un précipité vert-jaunâtre de protoxide d'iridium, d'oxide de titane et de fer, unis sans doute ensemble, et elle passe du vert foncé à un beau rouge; alors on la filtre et on lave le résidu. Dans cet état, elle contient encore beaucoup de fer, mais peu de titane. Ensuite on la concentre, on y verse de l'ammoniaque de manière à n'en pas saturer entièrement l'excès d'acide, et à l'instant même il s'en sépare, sous forme de petits grains brillans, un sel noir qui est l'hydrochlorate ammoniaco d'iridium. En lavant convenablement ce sel à l'eau froide, le séchant et le calcinant dans un creuset jusqu'au rouge, on en chasse l'ammoniaque, l'acide hydrochlorique et l'oxigène, et l'iridium reste pur. Mais comme la liqueur contient encore une certaine quantité d'iridium, il faut l'étendre de beaucoup d'eau et y ajouter un excès d'ammoniaque. Par ce moyen, l'on en précipite seulement les oxides de titane et de fer, de sorte qu'en filtrant de nouveau, évaporant à siccité et calcinant, on obtient tout l'iridium qui s'y trouve dissous. On peut se procurer de même la petite portion d'iridium qui se précipite avec les oxides de titane et de fer, au moment où l'on fait bouillir la dissolution acide. Il suffit, pour cela, de traiter auparavant ce précipité par l'acide hydrochlorique. Enfin, on peut aussi se procurer de la même manière la petite quantité d'iridium qui, dans la première opération, échappe à l'action de la potasse et de l'acide hydrochlorique (A); la seule condition à remplir est de l'attaquer par une grande quantité d'eau régale, et d'évaporer ensuite la liqueur pour en chasser en partie l'excès d'acide.

» D. On voit, d'après ce qui précède, que l'extraction de l'osmium et de l'iridium n'est pas compliquée; il n'en est pas de même de celle du platine, du palladium, du rhodium, parce qu'ils se trouvent dissous dans l'acide hydrochlorique avec un assez grand nombre d'autres métaux. La première chose que l'on doit faire est de concentrer la dissolution, afin d'en chasser l'excès d'acide; il faut l'évaporer de manière qu'elle puisse cristalliser par le refroidissement; alors on l'étend de dix fois son poids d'eau, et l'on y verse un excès d'une dissolution d'hydrochlorate d'ammoniaque saturée à froid. Celui-ci se combine avec l'hydrochlorate de platine, et forme un sel double, jaune, très peu soluble, qui se précipite à l'instant; on le recueille sur un filtre et on le lave convenablement. C'est de ce sel double qu'on extrait le platine. A cet effet on le calcine jusqu'au rouge dans un creuset de Hesse; l'hydrochlorate d'ammoniaque se sublime, celui de platine se réduit, et le platine seul reste sous forme d'une masse spongieuse composée de beaucoup de petits grains. »

» E. Ce n'est qu'après avoir retiré la majeure partie du platine de la liqueur provenant de l'action de l'eau régale sur le minerai de platine, que l'on doit s'occuper d'en extraire le palladium et le rhodium. M. Vauquelin plonge des lames de fer dans cette liqueur réunie aux eaux de lavage de l'hydrochlorate ammoniaco de platine; ces lames y déterminent un précipité noir formé de fer, de cuivre, de plomb, de mercure, de palladium, de rhodium, d'iridium, d'osmium, en partie combinés et oxidés. Il met successivement ce précipité en contact, à la température ordinaire, avec de l'acide nitrique et de l'acide hydrochlorique; il enlève, par l'acide nitrique, beaucoup de fer et de cuivre, et un peu de palladium; et par l'acide hydrochlorique, beaucoup de fer encore, du cuivre, du palladium, et même du platine et du rhodium. Lorsque ces acides ont cessé d'agir, il lave le résidu avec de l'eau et le fait dessécher fortement, ce qui en dégage, outre l'eau, du chlorure de mercure sous forme de vapeurs blanches, du chlorure de cuivre, du mercure, et, selon toute apparence, de l'oxide d'osmium. Ensuite il le traite à deux reprises par l'eau régale concentrée, en employant chaque fois environ cinq fois autant d'acide que de résidu : l'action est assez forte à froid; elle devient très vive à chaud. Cependant tout le résidu ne se dissout point, même en soutenant la chaleur pendant long-temps; il en reste une petite portion, où se trouve beaucoup d'iridium.

» Quoi qu'il en soit, la dissolution contient du platine, du rhodium, du palladium, de l'iridium, et même du fer et du cuivre. On l'évapore jusqu'en consistance sirupeuse, pour en chasser l'excès d'acide; puis on l'étend d'une quantité convenable d'eau, pour en précipiter l'hydrochlorate de platine par l'hydrochlorate d'ammoniaque, comme nous l'avons dit précédemment; après quoi on l'évapore de nouveau presque jusqu'à siccité, et de nouveau encore, on l'étend d'une petite quantité d'eau. Par ce moyen, on en sépare un sel grenu, d'un rouge de fleur de grenade, qui n'est formé que d'hydrochlorate d'ammoniaque et de platine, coloré par un peu d'hydrochlorate d'iridium.

» Cela étant fait, on étend la dissolution d'une nouvelle quantité d'eau, et l'on y ajoute un peu d'acide hydrochlorique, si toutefois elle n'en contient point un assez grand excès. Alors on y verse peu à peu de l'ammoniaque, de manière à ne pas saturer tout-à-fait l'excès d'acide; on agite, et à l'instant on voit paraître un grand nombre d'aiguilles fines très brillantes et d'un très beau rose. Ces aiguilles sont uniquement formées d'hydrochlorate ammoniaco de palladium, qui est extrêmement peu soluble. On les laisse déposer, on les lave, on les fait sécher, et on les calcine jusqu'au rouge pour en extraire le palladium.

» Enfin, pour obtenir le rhodium, M. Vauquelin fait évaporer les liqueurs dont le palladium a été séparé, jusqu'à ce qu'elles puissent cristalliser en masse par le refroidissement. Il laisse égoutter les cristaux, les broie dans un mortier de verre ou de porcelaine, les met dans un flacon avec de l'alcool à 36°, et les agite de temps en temps. Au bout de vingt-quatre heures, il décante l'alcool, qui a pris une couleur d'un jaune verdâtre, et en remet d'autre sur les cristaux; il les lave ainsi tant que l'alcool se colore sensiblement. De cette manière, il dissout les hydrochlorates de fer, de cuivre, et l'hydrochlorate d'ammoniaque et de palladium qui a pu se former; et il obtient, sous forme de poudre rouge insoluble dans l'alcool, l'hydrochlorate ammociaco de rhodium. Mais comme celui-ci pourrait encore contenir un peu d'hydrochlorate ammoniaco de platine, il est bon de le dissoudre dans une petite quantité d'eau aiguisée, si l'on veut, d'acide hydrochlorique. L'eau dissout le sel de rhodium, et n'attaque pas sensiblement le sel de platine. Par conséquent, en évaporant la dissolution jusqu'à siccité, et calcinant le résidu jusqu'au rouge, l'on obtiendra le rhodium; ce métal sera blanc, cassant et en masses spongieuses. »

Tels sont les procédés les plus faciles, et en même temps les plus exacts, pour analyser la mine de platine du commerce. Mais lorsqu'on n'a pour but que de se procurer le platine, comme dans les arts, alors, au lieu de tous ces divers traitemens que nous avons indiqués, on traite le minerai de la manière suivante : après l'avoir chauffé jusqu'au rouge pour en dégager le mercure, on le traite par de l'eau régale plusieurs fois de suite, ou jusqu'à ce que l'acide paraisse ne plus agir sur le résidu. On fait évaporer cette dissolution en consistance sirupeuse, pour en séparer l'excès d'acide, on l'étend de dix fois environ son poids d'eau, et l'on y verse un excès de dissolution de sel ammoniac saturée à froid; on recueille le précipité jaune qui se forme (hydrochlorate ammoniaco de platine); on le lave, non avec de l'eau qui en dissoudrait une partie, mais avec une dissolution saturée de sel ammoniac; on le fait sécher, et on le calcine dans un creuset jusqu'au rouge. Le platine se réduit et reste seul sous forme de masse spongieuse. A mesure que celle-ci se forme, on la comprime avec force, afin d'en réunir toutes les parties, lui donner du liant, et pouvoir ensuite la forger sans addition. Généralement, afin de parvenir à forger le platine, on l'allie avec la huitième partie de son poids d'arsenic, on coule l'alliage en plaques peu épaisses ou en lingots, et on l'expose à l'action d'une température graduée jusqu'au rouge-blanc, afin d'en chasser entièrement l'arsenic; on obtient alors le platine aussi pur qu'il était d'abord, et susceptible d'être forgé avec facilité; mais il est préférable d'employer, autant que possible, le premier procédé.

218. *Usages.* La propriété qu'a le platine de résister au feu le plus violent, d'être inattaquable par tous les acides, le rend très précieux dans les arts; on en fait des évaporatoires pour les fabriques d'acide sulfurique, de grandes bassines, etc., et, en Chimie, un grand nombre d'ustensiles, tels que cornues, creusets, capsules, tubes, etc. La Physique l'emploie pour la construction des miroirs de télescope à réflexion. Il est cependant une observation à faire relativement à la durée des vases en platine, c'est d'avoir soin d'éviter de les mettre en contact, à une température élevée, avec des alcalis caustiques, tels que la potasse et la soude, et des métaux fu-

sibles ou des matières capables de laisser dégager du phosphore; car dans le premier cas, on déterminerait la formation d'une quantité très sensible d'oxide de platine, et, dans le second, on opérerait la fusion d'une partie du métal, en sorte que, dans les deux circonstances, les vases seraient perforés. Le platine n'est pas autrement employé en Pharmacie et en Chimie. Sa rareté et sa cherté empêchent que son usage ne soit répandu dans l'économie domestique. Il vaut, brut, de 5 à 6 fr. l'once, et 16 à 24 fr. lorsqu'il est travaillé.

IIIe FAMILLE. *OR.*

219. L'or ne se présentant jamais qu'à l'état natif, il sera toujours facile de le reconnaître. Cependant il existe quelquefois dans les roches en si petites quantités, que pour le découvrir, il faut employer quelque moyen chimique. Dans ce cas, on broie le minerai réduit en poudre avec du mercure, et l'on chauffe ensuite celui-ci pour recueillir le bouton métallique. Ce bouton est en dernier lieu traité par la coupellation.

L'or colore le verre en rouge violet, et sert à imiter le rubis. Lorsque l'or est en combinaison avec quelques autres métaux, il suffit de traiter les minerais par l'eau régale; cet acide dissout l'or contenu, et cette dissolution précipite en pourpre par le protochlorure d'étain; elle fournit encore un précipité brun d'or métallique très divisé par le sulfate de fer ou le proto-nitrate de mercure.

Cette famille comprend deux espèces.

1re ESPÈCE. *OR NATIF.*

220. *Caractères essentiels.* L'or natif est tendre, ductile, flexible; sa couleur est le jaune d'or plus ou moins vif, offrant parfois une teinte verdâtre. Sa cassure est hamiforme. Il présente d'ailleurs tous les caractères de l'or obtenu pour les

besoins du commerce, seulement sa densité est toujours un peu plus faible ; elle n'est que de 19,3, tandis que celle de l'or travaillé est de 20.

Composition. Corps simple de la Chimie, dont le signe est Au, mais qui, dans la nature, n'est jamais pur ; il est allié avec l'argent ou le cuivre, et quelquefois avec le fer. La présence du premier de ces métaux communique à l'or une teinte verdâtre, celle du second exalte sa couleur jaune, et celle du fer la rend bleuâtre. Ces modifications de couleur sont plus ou moins intenses, selon la quantité des métaux étrangers.

Caractères cristallographiques. Sa forme primitive est le *cube*. On le trouve assez fréquemment cristallisé. Ses cristaux, petits, sont des cubes, des octaèdres, des dodécaèdres rhomboïdaux, et des cubo-dodécaèdres. Ces derniers, que l'on trouve au Brésil (Matto-Grosso), sont très réguliers, et d'un volume sensible.

Ses variétés de structure sont plus variées et plus abondantes ; ce sont les suivantes :

Or natif lamelliforme. Se présente en lames tantôt planes, tantôt contournées, à la surface des gangues.

ramuleux ou *dendritique.* En petits cristaux groupés dont les mieux prononcés paraissent composés de petits octaèdres implantés les uns dans les autres.

capillaire.

granuliforme. En grains ou en paillettes disséminées dans les sables ou engagées dans du sulfure de fer ou de l'hydroxide de fer provenant de la décomposition de ce dernier, etc.

Or natif massif. On donne vulgairement le nom de *pépites d'or* aux morceaux d'un volume notable, et qui sont détachés de toute gangue. Les pépites d'une certaine grosseur sont assez rare.

221. *Caractères d'élimination.* Au premier coup d'œil, le *fer sulfuré* et le *cuivre pyriteux* peuvent être confondus avec l'or natif; mais on distinguera toujours très facilement ces trois espèces en observant que les deux premières sont cassantes et que l'or est très ductile, que l'acide sulfurique et l'acide nitrique dissolvent très bien les minerais pyriteux, tandis qu'ils sont sans action sur l'or, etc.

222. *Gisement.* L'or natif se présente dans trois positions géologiques différentes, savoir: formant des gîtes particuliers, disséminé dans des dépôts arénacés, et faisant partie de dépôts métallifères.

I. L'or se trouve dans des filons qui traversent les roches primitives et dans ces mêmes roches, telles que le granite, le gneis, les schistes micacés, les schistes argileux, etc.; il s'y rencontre en grains, en ramifications et en cristaux. Il a généralement pour gangue le quarz, mais il est quelquefois adhérent à d'autres matières pierreuses, telles que la baryte sulfatée, la chaux carbonatée, mélangées de chlorite, de tourmaline, de cuivre sulfaté et carbonaté, de fer oligiste, d'argent rouge, etc. Ces dépôts énormes de quarz (quarz élastique chloriteux de M. d'Eschwege ou *itacolumite*), dans lesquels l'or se trouve disséminé en assez grande quantité et qui se rencontrent au Brésil (dans la capitainerie de Minas-Geraès) ont fait penser à quelques géologues que c'est à leur destruction qu'on doit attribuer les dépôts arénacés dans lesquels on trouve à la fois l'or, le platine et les diamans de cette partie du nouveau monde. Les pays dans lesquels on cite l'or dans des filons quarzeux sont peu nombreux et peu productifs; c'est surtout la Gardette, au pays d'Oisans (Dauphiné), Gastien (Salzburg), le Mont-Rose en Piémont, et quelques provinces du Pérou, du Mexique et de la Nouvelle-Grenade.

II. Mais c'est disséminé dans les sables des terrains de transport anciens et d'alluvions moderne, que se trouve la plus grande partie de l'or qui existe à la surface de la terre. C'est, après le fer, le métal le plus fréquent, mais aussi celui qui se trouve en plus petite quantité. C'est ainsi qu'il se montre d'abord dans le nouveau monde, où il est très abondant au milieu des dépôts arénacés, qui renferment également le platine et le diamant. Ces dépôts, formés de fragmens et de cailloux roulés quarzeux, liés entre eux par une matière argilo-ferrugineuse, sableuse, plus ou moins abondante, renferment accidentellement du fer oligiste, de l'oxide de fer magnétique, de l'oxide rouge métalloïde, diverses variétés de quarz coloré, etc. L'or y est l'objet d'un très grand nombre d'exploitations au Chili, au Brésil et à la Nouvelle-Grenade. Il paraît exister de même dans des dépôts arénacés en Afrique et en Asie.

L'Europe n'est pas dépourvue de ce métal. L'Espagne était célèbre dans les temps anciens par ses mines d'or. C'est encore dans des dépôts sableux (comme en Transylvanie et au Banat) ou dans le lit des rivières qu'on le rencontre dans l'ancien continent. En France, plusieurs rivières charrient des paillettes d'or, telles sont le Rhône, l'Arriège, la Cèze, le Rhin près Strasbourg, le Salat dans les Pyrénées, la Garonne près de Toulouse, l'Hérault près de Montpellier, etc.; et on le connaît également dans divers autres pays, principalement en Espagne, en Piémont et en Allemagne. Il y a des hommes nommés *orpailleurs* ou *pailloteurs*, dont l'unique occupation est de ramasser cet or.

Enfin l'or est extrêmement répandu dans tous les dépôts arénacés, mais en quantité infiniment petite.

III. L'or se rencontre encore, mais d'une manière accidentelle, dans quelques dépôts métallifères, que l'on nomme, pour cette raison, *aurifères*, tantôt disséminé en particules invisibles, tantôt, mais plus rarement, en parcelles ou en petits cristaux implantés dans les fissures des gangues. C'est surtout dans les mines d'argent que l'or se trouve le plus abondamment, et dans beaucoup de localités des minerais d'argent aurifères sont exploités pour en retirer ce précieux métal: telles sont les mines du Pérou, de la Nouvelle-Grenade, du Mexique, dans le nouveau continent, et celles de Hongrie et de Transylvanie, dans l'ancien. Quelques mines de cuivre du Hartz et de Suède en renferment une petite quantité. Les pyrites de fer en contiennent aussi, et, dans quelques endroits, la proportion de l'or est assez considérable pour qu'on les exploite avec avantage: telles sont les pyrites du Piémont, de Bérézof en Sibérie, et de Freyberg en Saxe. Enfin, quelquefois l'or s'associe d'une manière visible à un autre métal; tel est l'or dont les grains sont mêlés avec ceux du platine, ou qui est juxta-posé au tellure et à l'antimoine sulfuré.

2e ESPÈCE. *OR TELLURÉ.*

223. Nous réunissons sous ce titre les diverses espèces que l'on trouve, dans la plupart des auteurs, décrites sous les noms de *tellure natif auro-argentifère, plombifère,* etc. Quoique le tellure existe dans le sein de la terre à l'état métallique, cependant on ne peut pas le considérer comme une espèce distincte, par la raison qu'il est toujours uni à l'or, et souvent à plusieurs autres substances métalliques. Ces unions ne se font pas accidentellement : ces alliages sont de véritables combinaisons en proportions définies. Nous établirons donc une espèce sous le nom d'*or telluré*, et nous la partagerons en trois

sous-espèces distinctes, savoir : l'*or graphique* ou le *tellure auro-argentifère*, le *tellure feuilleté* ou le *tellure auro-plombifère*, et le *tellure blanc* ou le *tellure auro-ferrifère*.

Toutes ces sous-espèces ont pour caractères communs de se présenter avec un éclat métallique, d'être fusibles au chalumeau, d'y brûler avec une flamme assez vive, d'une couleur bleue, qui verdit un peu sur les bords, de former ensuite des fumées blanches, le plus généralement sans odeur sensible, mais quelquefois répandant une odeur de rave ou légèrement alliacée, ce qui provient de la présence accidentelle du sélénium ou de l'antimoine ; d'être solubles en partie dans l'acide nitrique, et de donner une solution qui forme, par les alcalis, un précipité qui se redissout bientôt en tout ou en partie, et qui précipite en noir par l'action d'une lame de zinc ou d'étain.

224. 1re sous-espèce. *Or graphique* ou *tellure auro-argentifère.*

Sa couleur est le gris d'acier clair; sa cassure est inégale, à grains fins; elle est tendre et fragile : passée avec frottement sur le papier, elle le tache légèrement en noir. Sa dissolution dans l'acide nitrique laisse un résidu d'or en poudre ou conservant la forme du fragment, et elle donne l'indice de l'argent sur une lame de cuivre ou par le précipité qu'elle forme avec un hydrochlorate, précipité insoluble dans l'acide nitrique, et soluble dans l'ammoniaque.

Sa pesanteur spécifique est de 5,8.

Ses cristaux, rarement bien formés, dérivent d'un *prisme droit rectangulaire;* ils sont le plus souvent modifiés par des facettes, qui remplacent les bords latéraux, et ordinairement terminés par des pyramides droites à quatre faces. Dans la variété *dendritique,* qui est la plus commune, les petits cristaux prismatiques se réunissent deux à deux, par une de leurs extrémités, sous un angle droit, et ils se groupent par rangées, de telle manière qu'ils imitent grossièrement des caractères orientaux, d'où est venu le nom d'*or graphique.*

Composition. Formée de 1 atome de tellurure d'argent et de 3 atomes de tellurure d'or $= AgTe^2 + 3AuTe$.

225. 2e sous-espèce. *Tellure feuilleté* ou *tellure auro-plombifère*, vulgairement *or de Nagyag.*

Sa couleur est le gris de plomb, quelquefois avec une teinte jaunâtre; sa cassure est lamelleuse, ainsi que sa structure; elle est tendre, flexible sans élasticité; elle tache légèrement le papier en noir. Sa solution nitrique précipite abondamment par l'acide sulfurique, et donne du plomb métallique sur une lame de zinc.

Sa pesanteur spécifique est de 7 à 9.

Elle se présente en lamelles rectangulaires plus ou moins modifiées, ou en petits prismes dérivant d'un *prisme droit à bases carrées.* Quelquefois elle est en masses compactes, composées de lames qui se séparent assez facilement dans le sens de leurs grandes faces, lesquelles sont éclatantes et un peu raboteuses.

Composition. Formée de 1 atome de tellurure d'argent, de 2 atomes de tellurure de plomb, et de 3 de tellurure d'or $= AgTe^2 + 2PbTe^2 + 3AuTe^3$; presque toujours accompagnée de sulfure de cuivre ou de cuivre gris.

On connaît une variété de *tellure auro-plombifère* dont la composition est sensiblement différente; c'est celle que M. Berzélius appelle, dans sa classification, *tellure natif auro-plombifère laminaire*, et qu'il range dans la famille du plomb. Elle ne contient point d'argent, mais paraît être mélangée de sulfure de plomb. Sa formule chimique est $AuTe^3 + 2PbS^2 + 4PbTe^2$, ou plutôt $AuTe^3 + 4PbTe^2$, mélangée de galène, ou PbS^2.

226. 3e sous-espèce. *Tellure blanc* ou *tellure auro-ferrifère.*

Sa couleur est le blanc d'étain un peu sombre, quelquefois avec une teinte jaunâtre, ce qui est dû à un peu de fer sulfuré; sa cassure est lamelleuse, et quelquefois grenue; elle est tendre et aisément frangible; elle tache le papier en noir. Sa solution nitrique précipite en bleu par un ferro-cyanure, et en noir par la teinture de noix de galle.

Sa pesanteur spécifique est de 5,7 à 6.

Elle se présente en petites lames groupées confusément, ou en petites concrétions distinctes grenues, à petits grains; de là deux variétés, l'une *lamellaire*, que l'on appelle *or blanc;* l'autre *grenue*, que l'on appelle *à grains d'acier*. Elle offre rarement des cristaux que l'on rapporte à l'*octaèdre régulier*.

Composition. Formée, d'après Klaproth, de 92,55 de tellure, 7,20 de fer, et de 0,25 d'or. Il est impossible d'établir une formule d'après cette analyse; car si l'on suppose, comme pour les variétés précédentes, que l'or et le fer soient à l'état de bi-tellure, on trouve un excédant considérable de tellure, dont on ne sait que faire. Il faut attendre de nouvelles analyses pour prononcer.

227. *Gisement.* L'or telluré se trouve toujours, comme substance accidentelle, dans les filons argentifères; il est tantôt implanté à la surface de quelques roches, tantôt disséminé: ces roches font surtout partie des terrains trachytiques à base de porphyre et de felspath vitreux. Il est généralement rare dans la nature, et on ne l'a encore signalé qu'en Transylvanie (Nagyag, Zalatua, Offenbanya), en Norwège et en Amérique. Ses associations sont très multipliées; les plus constantes sont avec la blende, le bismuth, le cuivre gris, l'arsenic, le manganèse, le sélénium, le quarz, le calcaire spathique et le calcaire magnésien.

On l'exploite comme mine d'or. La sous-espèce intitulée *tellure blanc* ne renferme pas toujours, à ce qu'il paraît, la même quantité d'or, et quelquefois elle en est totalement dépourvue; aussi lui a-t-on donné, pour cette raison, le nom d'*aurum problematicum, paradoxicum*. L'*or graphique* contient jusqu'à 30 pour cent d'or.

227 *bis*. *Annotations*. N'ayant pas cru devoir établir une famille pour le tellure, nous sommes forcés de parler ici de l'extraction de ce métal, extraction qui se fait très rarement dans les laboratoires. On emploie ordinairement pour cet objet la mine de tellure appelée *tellure blanc*, comme étant la plus commune. Elle est formée, comme nous l'avons déjà dit plus haut, de tellure, de fer et d'or. Après l'avoir séparée de la gangue autant qu'il est possible, et réduite en poudre fine, on la traite par 5 à 6 parties d'acide nitrique à une douce chaleur. La réaction s'opère avec violence; l'acide dissout tout le tellure et la plus grande partie du fer, et ne touche ni à l'or ni à la gangue siliceuse qui n'a pu être séparée. On étend d'eau, on filtre la liqueur, et on y verse une solution concentrée de potasse caustique, qui détermine aussitôt la formation d'un précipité brun foncé composé de l'oxide de fer et de l'oxide de tellure; mais ce dernier, par un excès d'alcali, se dissout entièrement. On jette sur un filtre : l'oxide de fer reste dessus, et dans la liqueur limpide se trouve le *tellurate de potasse*, qu'on décompose par l'acide hydrochlorique. Le tellure se dépose en flocons blancs à l'état de sous-hydrochlorate (sous-chlorure); on le lave avec de l'alcool faible, parce qu'il se dissoudrait dans l'eau; et après l'avoir fait sécher à une douce chaleur, on le mêle avec une certaine quantité de poussier de charbon, et on chauffe le mélange dans une cornue de verre. La réduction s'opère au-dessous du rouge cerise; le métal se fond en culot; une petite partie seulement se sublime et s'attache à la voûte de la cornue. Il serait plus avantageux, au lieu de calciner ainsi l'oxide de tellure avec le charbon, de le dissoudre dans l'acide hydrochlorique, et de

le précipiter par une lame de fer. On laverait les flocons noirs obtenus par ce moyen, et on fondrait le métal dans un creuset, à la manière ordinaire.

Ce procédé d'extraction peut s'appliquer aux autres mines de tellure, seulement il faut un peu le modifier pour celles qui contiennent du plomb, l'oxide de ce métal étant un peu soluble dans les alcalis. Il suffit, dans ce cas, de verser un excès d'acide sulfurique dans la dissolution alcaline où se trouve l'oxide de plomb et celui de tellure; il se forme du sulfate de plomb insoluble et du sulfate de tellure soluble. On précipite ensuite l'oxide de tellure de sa dissolution dans l'acide sulfurique, à l'aide d'une quantité suffisante d'alcali.

Le tellure, dont la découverte, due à Muller de Reichenstein, date de 1782, est sans usages. Ses mines étant rares, on ne s'en procure jamais que de très petites quantités, et comme objet de curiosité.

Traitement métallurgique des minerais d'or.

228. Les principaux minerais d'or exploités sont: 1°. l'or en paillettes mêlées au sable des rivières; 2°. l'or en roche, c'est-à-dire disséminé dans une gangue, sous forme de grains ou de pépites; 3°. les sulfures aurifères et les minerais de tellure.

229. § I. *Or en paillettes.*

Des *orpailleurs* lavent les sables d'alluvion contenant de l'or dans des sébiles de bois d'une forme particulière, ou sur des tables inclinées recouvertes d'une étoffe de laine; en raison des différences de pesanteur, l'or isolé tombe au fond des sébiles ou s'arrête sur le drap: on le recueille, et lorsqu'il n'est plus mélangé que d'une petite quantité de sable, on l'amalgame avec 6 fois son poids de mercure environ. On exprime l'amalgame, pour en séparer l'excès de ce métal, et on le soumet à la distillation dans des appareils fermés, disposés de manière à recueillir les vapeurs mercurielles. L'or plus ou moins pur reste au fond des vases distillatoires.

230. § II. *Or en roche.*

L'or en roche est soumis à un procédé d'exploitation aussi simple que le précédent; on bocarde le minerai, on le lave sur des tables ou dans des sébiles à main, et lorsqu'il est suffisamment débarrassé de sa gangue, on le fond et on l'affine comme les autres espèces d'or.

231. § III. *Sulfures aurifères.*

Ces sulfures sont ceux d'arsenic, de fer, de zinc, de cuivre, de plomb et d'argent. Ils sont beaucoup plus communs que les minerais précédens, mais ils sont bien moins riches: il y en a dans lesquels la proportion d'or ne s'élève pas à deux cents millièmes, et qui cependant sont exploités avec avantage.

L'exploitation des sulfures aurifères, bien moins facile que celle de l'or en roche ou en paillettes, s'exécute de deux manières différentes, ou par fusion, ou par amalgamation.

1°. *Procédé de fusion.* On commence par griller les sulfures aurifères, pour en séparer le soufre et l'arsenic et pour brûler une partie des autres métaux oxidables; on les fond ensuite pour rassembler l'or dans une masse métallique moins considérable et on grille de nouveau les *mattes* qui en proviennent. Alors on les fond avec une suffisante quantité de plomb, et on obtient du *plomb d'œuvre* aurifère que l'on soumet à la coupellation. Les minerais d'or très riches ne sont point grillés préalablement, on les fond de suite avec du plomb. (*Voir* la coupellation de l'argent.)

2°. *Procédé d'amalgamation.* Ce procédé est plus économique que le précédent et conduit à des résultats bien plus exacts. Lorsque le minerai est très pauvre, on le sommet au grillage avant de l'amalgamer; lorsqu'il est très riche, au contraire, que l'or natif y est disséminé en morceaux visibles dans une gangue quarzeuse, on supprime l'opération du grillage et on le broie directement avec le mercure. L'amalgamation se pratique de même que pour l'argent, si ce n'est que l'on n'ajoute ni sel marin, ni pyrite, ni chaux; on opère aussi comme à Freyberg. Alors on prend 100 parties environ de minerai d'or réduit en poudre, on le met dans des tonneaux traversés par un axe horizontal qui tourne au moyen d'une roue mue par l'eau; on y ajoute 50 parties de mercure, 30 d'eau et 6 pour cent de plaques de fer, de la grandeur et de la forme de dames à jouer. On fait tourner ce mélange pendant seize à dix-huit heures. Voici alors ce qui se passe: les différens sulfures se divisent dans l'eau et y restent suspendus, tandis que l'or se précipite à l'état d'une poudre très fine et s'unit au mercure. On retire l'amalgame des tonneaux, on le lave et on l'exprime fortement pour en séparer l'excès de mercure; on retire ensuite le mercure de l'amalgame par la distillation.

Affinage. L'or provenant de l'affinage par le plomb contient presque toujours de l'argent, du cuivre, du fer et de l'étain; celui obtenu par l'amalgamation ne contient que de l'argent. Pour séparer le cuivre, le fer et l'étain du premier, on est obligé de le soumettre à une opération que l'on appelle *poussée*, et qui consiste à le fondre avec du nitre, qui oxide ces trois métaux. Mais pour le séparer de l'argent, on a recours à une autre opération qu'on nomme *départ.* Elle s'exécute dans les fabriques à l'aide de deux procédés.

Mais pour que le départ s'opère exactement, la quantité d'argent contenue dans l'alliage doit être assez grande pour que le métal attaqué devienne très poreux et soit entièrement pénétré par l'acide; car autrement l'or retiendrait une partie de l'argent. Cette quantité d'argent nécessaire est de 3 parties contre une d'or. Lorsqu'on s'est assuré, par un essai préliminaire, que l'alliage ne la contient pas, il faut la compléter, en y ajoutant de l'argent par la fusion dans un creuset, et couler l'alliage en grenaille. On nomme *inquartation*, l'opération qui consiste à ajouter ainsi à l'or la proportion d'argent nécessaire pour qu'elle forme les trois quarts de la masse.

On divise la grenaille (séchée d'avance) dans des pots de grès disposés sur un bain de sable, et on la traite à chaud, par une égale quantité d'acide nitrique à 25° ; on fait bouillir cet acide pendant environ une demi-heure ; on décante la liqueur, et on la remplace par de l'acide à 30 à 32°, que l'on fait bouillir comme le précédent. Ensuite, après avoir décanté de nouveau, on lave l'or et on le traite, pendant huit heures, par le double de son poids d'acide sulfurique très concentré et bouillant. Cet acide dissout la petite quantité d'argent qui avait échappé à l'action de l'acide nitrique. L'or, lavé de nouveau, est parfaitement pur ; il est sous forme de poussière ou de petites masses d'un brun jaunâtre. On le réunit dans des creusets où on le fait fondre, en y ajoutant un peu de nitre ; c'est ce qu'on appelle *or de départ*.

Le nitrate et le sulfate d'argent provenant de cette opération sont décomposés par des lames de cuivre. On verse le nitrate dans des baquets de bois ; on y plonge plusieurs lames de cuivre, pour précipiter l'argent ; au bout de quelques jours on décante la liqueur, on la fait bouillir dans une chaudière de cuivre, pour achever de précipiter l'argent qui restait encore en dissolution ; on concentre la liqueur jusqu'à 40° : on laisse refroidir ; on décante le nitrate de cuivre, dont on retire l'acide nitrique par la distillation : on lave la poussière d'argent restée dans la chaudière, on la réunit avec l'argent précipité au fond des baquets, et on fond le tout avec un peu de nitre et de borax ; on coule ensuite en lingot.

Quant au sulfate qui est très acide, on le met dans une chaudière de plomb, et l'on chauffe ; sans cela, la décomposition complète ne pourrait avoir lieu qu'au bout d'un temps considérable.

Mais l'argent ainsi obtenu contient toujours du cuivre ; il faut le purifier par la coupellation ou tenir compte du cuivre, lorsqu'on a dessein de l'amener à un des titres voulus par la loi.

M. Lesage ayant prouvé que l'*or de départ* retenait un peu d'argent, il était également à présumer que l'*argent de départ* retenait aussi une petite proportion d'or; c'est ce qu'a fait voir M. Dizé, qui a donné un procédé très exact pour traiter l'*or de départ*. Ce procédé, employé maintenant en grand, consiste dans l'emploi de l'acide sulfurique concentré. L'opération se fait à chaud, dans des vases en platine disposés de manière qu'ils communiquent d'abord avec des baches horizontales, puis avec une haute cheminée. Ces baches contiennent de l'eau, ou mieux de l'hydrate de chaux destiné à absorber le gaz sulfureux qui se forme ; si quelques parcelles échappent à l'absorption, elles se rendent par la cheminée à une grande hauteur dans l'atmosphère. Mais comme, outre l'acide sulfureux, il se dégage aussi de l'acide sulfurique, il faut faire précéder ces baches par des récipiens en plomb qui condensent ce dernier acide. Du reste, le sulfate acide d'argent est traité comme dans l'ancien procédé, ainsi que l'or qui s'est précipité dans les vases de platine pendant tout le cours de la dissolution. Quant au sulfate de cuivre, comme il a plusieurs usages dans les arts, on le fait cristalliser et on le livre ainsi au commerce.

232. La quantité d'or qui entre annuellement dans le commerce peut être évaluée à environ 88,100 marcs, ou 440 quintaux et demi, dont la valeur absolue est de 74,000,000 environ. L'Europe n'est presque pour rien dans ces produits, comme on le voit dans le tableau suivant :

France.		fort peu.
Espagne.		*id.*
Piémont.		25 marcs.
Hartz		10
Suède..		8
Autriche.	Salzburg.	118
	Hongrie.	2,600
	Transylvanie.	2,500
Sibérie.		3,000
Afrique		7,000
Asie méridionale, au moins. . . .		2,000
Mexique.		6,754
Nouvelle-Grenade.		19,260
Pérou.		3,194
Chili.		11,468
Buenos-Ayres.		2,067
Brésil		28,100
	Total.	88,004 ou 440 q. ½.

233. *Usages de l'or.* L'or est employé à mille objets divers dans l'économie domestique et industrielle; l'orfèvrerie, la joaillerie, la broderie, la dorure sur bois, métaux et porcelaine en consomment des quantités considérables. C'est l'un des signes représentatifs de la richesse des peuples. Les arts chimiques le réclament aussi, et il fournit aux manufactures de porcelaine la belle couleur connue sous le nom de *pourpre de cassius* (mélange en proportions variables d'oxide d'étain et d'or, à l'état métallique selon les uns, à l'état d'oxide suivant d'autres). Enfin, son oxide et son chlorure sont administrés comme anti-syphilitiques.

La monnaie d'or est faite, en France, avec un alliage formé de 1 partie de cuivre et de 9 parties d'or. Les vases, les ornemens et en général tous les ustensiles d'or sont aussi formés d'or et de cuivre. Les uns sont composés de 0,80 de cuivre et de 9,20 d'or, les autres de 1,60 de cuivre et de 8,40 d'or, enfin, il en est qui sont de 2,50 de cuivre et de 7,50 d'or. Les différentes proportions dans lesquelles on allie l'or au cuivre constituent ce qu'on appelle les *titres de l'or*, et elles sont fixées par la loi. On dit de ces alliages qu'ils sont à un *titre* d'autant plus élevé qu'ils contiennent plus d'or : ainsi, un lingot d'or qui, sur 1000 parties, contient 920 d'or, est au titre de $\frac{920}{1000}$. On voit d'après cela que la monnaie d'or est au titre de $\frac{900}{1000}$ et que les ouvrages d'orfèvrerie sont tantôt, au titre de $\frac{920}{1000}$, tantôt à celui de $\frac{840}{1000}$, et tantôt enfin à celui de $\frac{750}{1000}$. Mais il est une remarque à faire, c'est que, comme l'or naturel contient toujours une petite quantité d'argent qu'on ne pourrait en séparer avec avantage, il s'ensuit que cet argent fait nécessairement partie des monnaies, ainsi que de tous les ouvrages en or; mais cette quantité d'argent est considérée par la loi comme du cuivre et elle n'en tient aucun compte.

4e FAMILLE. *MERCURE.*

234. Les minerais de cette famille sont faciles à reconnaître, à cause de leur facile réduction, soit qu'on les traite immédiatement par la chaleur, soit qu'on les traite par l'intermède du fer. Traités par l'acide nitrique bouillant, ils s'y dissolvent en produisant d'abondantes vapeurs rutilantes ; la solution ne précipite ni par l'acide hydrochlorique ni par l'acide sulfurique; elle donne par l'action d'une lame de cuivre, une poudre grise qui se volatilise très facilement, qui s'amalgame avec le cuivre et l'argent, qui se réunit en globules métalliques, si elle est assez abondante.

On peut encore faire usage du procédé suivant, pour reconnaître les minerais de mercure à l'état sec, et lorsqu'on ne peut agir que sur des quantités très faibles. Ce procédé consiste à humecter la matière et à la frotter sur une lame de cuivre bien décapée ; il s'y forme alors une tache blanche ou qui devient telle par le frottement, que la chaleur fait disparaître, et qui se distingue par là de celle formée par l'argent qui persiste au feu.

Nous en reconnaissons trois espèces.

1re ESPÈCE. *MERCURE NATIF.*

(Vulgairement *vif-argent.*)

235. *Caractères essentiels.* Ce métal, qui est toujours liquide à une température au-dessus du 32e degré — o du thermomètre de Réaumur, et du 40e — o du thermomètre centigrade, offre d'ailleurs, dans la nature, les caractères du mercure obtenu pour le besoin des arts; nous ne les détaillerons donc pas. Nous dirons seulement, qu'exposé à un froid artificiel de 40° — o centigr., il se solidifie et peut être aplati sous le marteau, en rendant un son sourd, analogue à celui du plomb. Dans cet état, il cristallise en octaèdre, offre une cassure grenue, et fait éprouver, lorsqu'on le touche, une sensation douloureuse que l'on ne peut mieux comparer qu'à celle que produit une brûlure. Pallas, Delisle et autres voyageurs ont vu le mercure se congeler par l'effet du froid naturel de la Sibérie, entre les 55e et 57e degrés de latitude.

La pesanteur spécifique du mercure coulant est de 13,5 à 14,1 ; mais par la congélation, il augmente de densité dans le rapport de 9 à 10, puisqu'alors il pèse jusqu'à 1093 livres le pied cube, au lieu de 950 livres qu'il pèse lorsqu'il est liquide. Il offre donc un phénomène entièrement opposé à celui que nous présente l'eau dans son passage à l'état solide.

Composition. Corps simple de la Chimie. Son signe chimique = Hg. Tel qu'on le trouve dans la nature, il est tantôt pur et tantôt amalgamé à un peu d'argent.

236. *Gisement.* Le mercure natif se trouve, sous forme de petits globules, dans la plupart des mines mercurielles, souvent disséminés à la surface des roches qui lui servent de gangue, et quelquefois logés dans l'intérieur. Le plus ordinairement, les gouttelettes, par suite de secousses, viennent à se détacher, coulent à travers les fentes des rochers jusqu'à ce qu'elles aient rencontré des cavités, et là y forment des dépôts plus ou moins considérables que l'on a soin de recueillir de temps à autre. Parmi les diverses substances qui servent de gangue au mercure natif, la plus commune paraît se rapporter à l'espèce de roche que M. Haüy a nommée *schiste bituminifère.* Il y accompagne souvent le mercure sulfuré et quelquefois le fer sulfuré, le plomb sulfuré, l'antimoine sulfuré et plusieurs autres mines. Les mines d'Europe les plus riches en cette espèce sont celles d'Idria dans le Frioul, d'Almaden en Espagne, et de Mochelandsberg, dans le duché de Deux-Ponts. On en rencontre aussi dans diverses contrées du Mexique. On en a observé dans la colline sur laquelle est bâtie la ville de Montpellier. Il ne forme nulle part l'objet d'exploitation particulière. Celui que l'on recueille dans les mines mercurielles est ordinairement passé à travers une peau de chamois, avant d'être livré au commerce.

237. *Purification.* Le mercure, en raison de la propriété qu'il possède de dissoudre un grand nombre de métaux, n'est presque jamais pur dans le commerce ; très souvent aussi on le falsifie avec du plomb, du bismuth et surtout avec de l'étain : cependant il est facile de reconnaître cette sophistication ; car, dans cet état, il a toujours une couleur terne et au lieu de se diviser en globules sphériques très mobiles, lorsqu'on le fait glisser sur un plan uni, il s'aplatit et forme une espèce de filet métallique, ce qui a fait dire qu'il faisait *la queue.* Dans les laboratoires, on est donc obligé de le purifier ; on profite, pour cela, de son extrême volatilité.

A cet effet, on en introduit une certaine quantité dans une cornue de grès, de fonte ou même de verre, à laquelle on adapte une allonge et un récipient convenable, en partie rempli d'eau froide. Afin de mieux conduire les vapeurs mercurielles, et en perdre le moins possible, on adapte au col de la cornue un nouet de linge qui vient se rendre dans l'eau du récipient. On distille à une chaleur modérée (le mercure bout à 350° cent.). Afin de ne point être incommodé par les vapeurs qui se répandent toujours dans l'atmosphère, on doit faire l'opération dans un lieu vaste et aéré. Quoique distillé avec beaucoup de soin, il retient cependant (lorsqu'il était falsifié) quelque partie des métaux qui lui étaient unis, et spécialement un peu de bismuth, dont il est très difficile de le séparer.

238. *Usages*. Les usages du mercure sont très multipliés. Il sert à l'exploitation des mines d'or et d'argent d'Amérique; son amalgame avec ces deux métaux est employé pour dorer et argenter, et celui qu'il forme avec l'étain est appliqué sur les glaces pour les mettre au tain et leur donner la propriété de réfléchir les objets. Il fournit à la Physique ses deux instrumens les plus précieux, le baromètre et le thermomètre; à la Chimie, un nombre infini de composés, et à la Médecine, des préparations énergiques et presque toujours vénéneuses. Il donne à la Pharmacie ses deux chlorures appelés vulgairement *sublimé doux* et *corrosif*, son deutoxide ou *précipité rouge*, ses deux sulfures l'*éthiops minéral* et *le cinabre*, un sous-deutosulfate ou *turbith minéral*, plusieurs autres sels; enfin, il fait la base des pommades citrine, mercurielles, de l'emplâtre de Vigo et de quelques autres médicamens. Un fait assez singulier, c'est que chauffé avec de l'eau, il fait acquérir à celle-ci des propriétés vermifuges très prononcées, quoique les réactifs ne puissent y indiquer sa présence.

2e ESPÈCE. *MERCURE SULFURÉ.*

(Vulgairement *cinabre* (*).)

239. *Caractères physiques.* C'est une substance solide, non métalloïde, d'une couleur rouge pur dans l'état de pureté, et brune par l'effet des mélanges; donnant une poussière plus ou moins rouge. Elle est très fragile et s'électrise résineusement par le frottement, quand elle est isolée; sa cassure est conchoïde.

Sa pesanteur spécifique est de 6,9 à 10,21.

Caractères chimiques. Chauffé au chalumeau, le cinabre y brûle avec une flamme bleue, et se réduit entièrement en vapeurs qui, reçues sur une lame de cuivre, y déposent un enduit argentin ; ces vapeurs sont toujours accompagnées d'une odeur d'acide sulfureux très prononcée ; il en est de même quand on le projette sur les charbons ardens.

Composition. Un atome de mercure et 2 atomes de soufre $= HgS^2$.

Caractères cristallographiques. Sa forme primitive est un *rhomboïde aigu* de 71° 30′, suivant M. Haüy, et non un prisme hexaèdre, comme quelques auteurs le pensent. Il se trouve rarement cristallisé dans la nature. Ses cristaux, ordinairement fort petits et à cassure lamelleuse, sont des combinaisons de rhomboèdres et de prismes hexaèdres réguliers. Souvent leurs faces sont courbes. Généralement ils tapissent des cavités sous forme druzique. Les plus beaux cristaux viennent de Chine et d'Almaden, en Espagne; les premiers sont surtout remarquables par leur volume et la pureté de leurs

---

(*) Tiré du grec *κινναβάρ*, qui signifiait la même chose, et que certains auteurs font dériver de *κινάβρα*, *mauvaise odeur*, à cause de celle qui se dégageait, disent-ils, quand on extrayait ce métal. (Haüy.)

faces. Klaproth a trouvé qu'ils contenaient près de 85 pour cent de mercure.

Variétés de structure. Les variétés de structure du mercure sulfuré sont assez abondantes ; on distingue principalement :

Le mercure sulfuré laminaire,
mamelonné,
granulaire,
fibreux, à fibres divergentes,
compacte,
pulvérulent, vulgairement *vermillon natif.*

Les deux sous-espèces suivantes sont très remarquables, l'une par son abondance, et l'autre par son aspect particulier.

1re sous-espèce. *Mercure sulfuré bituminifère, mercure hépatique.* Ce minerai, qui n'est autre chose qu'un schiste bitumineux empâté de mercure sulfuré, est d'un rouge sombre hépatique ; il est tantôt compacte, et tantôt composé de feuillets qui sont ou droits ou contournés. Souvent il présente des parties qui, isolées, ont l'apparence de madrépores, ou qui se séparent par croûtes testacées semblables à des coquilles. Souvent encore il offre des empreintes de poissons dont les écailles sont conservées, et des débris de plantes de la famille des fougères et des lycopodiacées, dont la matière est quelquefois transformée en houille. Il peut donner parfois une grande quantité de bitume par la distillation. Klaproth, à qui nous en devons une analyse, y a trouvé 81 de mercure et 13 de soufre, plus, du charbon, de la silice, de l'alumine, du fer oxidé, du cuivre et de l'eau pour aller jusqu'à 100. Cette sous-espèce se trouve abondamment à Idria dans le Frioul, dans le Duché de deux-Ponts et dans le Palatinat.

2e sous-espèce. *Mercure sulfuré ferrifère.* Il se trouve sous la forme de petits cristaux d'un gris de fer éclatant, qui deviennent attirables à l'aimant, quand on les expose à la simple flamme d'une bougie, à Moschelandsberg, dans le Palatinat. C'est à M. Lucas que l'on en doit la connaissance.

240. *Caractères d'élimination.* Le mercure sulfuré peut être confondu avec l'*argent antimonié sulfuré* (argent rouge), l'*arsenic sulfuré rouge* (réalgar), le *cobalt arseniaté* (fleurs de cobalt), et le *plomb chromaté* (plomb rouge). On le distingue du *premier,* en ce que celui-ci ne tache pas, comme lui, le papier en rouge et ne se volatilise pas au chalumeau; du *second,* en ce que celui-ci donne une poussière jaune par trituration, et répand une odeur d'ail sur les charbons; du *troisième,* en ce que celui-ci répand également une odeur d'ail au feu, et que sa couleur est le rouge de lilas, celle du mercure sulfuré étant d'un rouge vif; enfin, du *quatrième*, parce que la poussière de ce dernier est d'une couleur aurore, et qu'il se réduit au chalumeau sans s'y volatiliser.

241. *Gisement.* Le mercure sulfuré, qui est le seul des minerais de mercure qui forme des mines à lui seul, est rare dans les terrains primitifs et de transition; il appartient exclusivement, dans toutes les parties du monde, aux terrains secondaires. Les roches qui le renferment en plus grande abondance sont le grès houiller proprement dit, le grès quarzeux, les schistes bitumineux et les argiles endurcies qui sont subordonnées au calcaire qui recouvre la première de ces roches. Presque toujours dans ces derniers gisemens le mercure sulfuré est accompagné de débris de corps organisés, tels que des empreintes de poissons, des coquilles fossiles, des bois silicifiés et des petits amas de houille ou d'anthracite. Le minerai se trouve dans ces diverses roches sous forme d'amas, de veines et de filons, en plus ou moins grande abondance, et ces roches forment elles-mêmes souvent des bancs ou des couches

multipliées d'une très grande épaisseur. Les associations les plus fréquentes du cinabre dans ses mines sont avec le plomb sulfuré, le zinc sulfuré, le fer sulfuré, le fer oxidé, le cuivre pyriteux, etc. Il est presque toujours accompagné de mercure natif, et plus rarement de mercure muriaté et argental.

Les mines de mercure en exploitation sont peu nombreuses. Les plus renommées sont celles d'Idria en Frioul dans le comté de Goritz, d'Almaden en Espagne (ce sont les plus anciennement connues, puisque Pline en parle sous le nom de *mines de Sisapone*), et du Palatinat, sur la rive gauche du Rhin. La Hongrie, la Transylvanie, la Bohême et plusieurs autres parties de l'Allemagne possèdent aussi quelques exploitations, mais leur produit est très faible. Il n'y en a pas ou du moins très peu dans l'Amérique méridionale, malgré les nombreux indices de mines qu'on y connaît; on ne pourrait citer tout au plus que les mines de Guanca-Velica, au Pérou, et celles de Cuença (partie méridionale du royaume de Quito), qui soient en activité; ce qu'il y a de certain du moins, c'est que toute cette belle partie du monde est encore tributaire de l'Europe pour la grande quantité de mercure nécessaire à l'amalgamation. Le grand dépôt de mercure sulfuré de Guanca-Velica appartient, suivant M. de Humboldt, à des roches puissantes de quarz qui sont parallèles au grès rouge et placées sur la limite des porphyres de transition et du calcaire alpin; celui de Cuença appartient au grès rouge. La Chine paraît, au contraire, renfermer beaucoup d'exploitations, mais on n'a aucuns renseignemens certains sur leurs produits et leurs positions. La France n'en offre que de faibles indices, tels qu'à Ménildot, département de la Manche, à Allemont et à Pelançon, département de l'Isère. Quant à l'Italie, la Sardaigne, la Suède, la Sibérie, etc., on n'y connaît également que très peu de mines de mercure.

242. *Préparation.* Le mercure sulfuré fourni par les diverses

exploitations dont nous venons de parler est employé en totalité à l'extraction de son métal, comme nous le verrons plus bas (247), et tout le cinabre du commerce est fait de toutes pièces, par la raison que les arts ne trouvent le cinabre naturel ni assez pur ni assez beau; il est probable cependant qu'on parviendrait à lui donner ces deux qualités en le sublimant avec soin. Quoi qu'il en soit, la fabrication du cinabre artificiel se fait en grand en Hollande et à Idria, de la manière suivante. On fait fondre une partie de soufre dans une chaudière en fonte, puis on presse au-dessus une peau de chamois qui contient 4 parties de mercure : le métal tombe en pluie fine à la surface du soufre et s'y mêle plus intimement par ce moyen ; on agite avec soin, en prenant garde que le mélange ne s'enflamme, et enfin on recouvre la chaudière d'un chapiteau dans lequel on reçoit la combinaison, que l'on chauffe de manière à la sublimer.

243. *Usages*. Le cinabre artificiel est employé en peinture, et offre une des couleurs les plus belles et les plus solides ; on le connaît sous le nom de *vermillon*. La Chine est en possession depuis long-temps de fournir le vermillon le plus estimé; on commence à en faire de très beau en France. En Médecine, le cinabre sert à préparer des fumigations, et on le fait entrer dans la poudre tempérante de Stahl. Le cinabre était connu des anciens, et chez les Romains, il portait le nom de *minium*, où l'un de ses usages était de servir à frotter le corps des triomphateurs.

3e ESPÈCE. *MERCURE CHLORURÉ.*

(*Protochlorure de mercure*, *muriate* ou *hydrochlorate de mercure*, et vulgairement, *mercure corné*, *calomel*, *sublimé doux*, etc.)

244. *Caractères essentiels*. Cette substance, d'un gris de perle dans l'état de pureté, a un éclat diamantaire; fragile, est facile à gratter avec le couteau; se volatilise entièrement au feu et blanchit une lame de cuivre humectée. Sa poudre jaunit dans l'eau de chaux.

Sa pesanteur spécifique est de 7,17?

Ce minéral, qui se présente tantôt en petits cristaux pyramidés, tantôt en concrétions distinctes, grenues à grains fins, a pour forme primitive un *prisme à bases carrées*.

Composition. Un atome de mercure et 2 atomes de chlore $= HgCh^2$.

245. *Caractères d'élimination*. Il se distingue de l'*argent chloruré* qui lui ressemble beaucoup, par sa fragilité et son entière volatilité.

246. *Gisement*. Cette espèce, fort rare, tapisse les cavités d'une gangue ferrugineuse qui se trouve dans les mines de mercure sulfuré.

C'est principalement à Moschelandsberg dans le Palatinat, et à Almaden en Espagne, qu'on la rencontre avec le plus d'abondance, et le plus ordinairement sous forme de concrétions mamelonnées.

Traitement métallurgique des minerais de mercure.

247. En raison de l'abondance du mercure sulfuré et de la rareté des autres minerais de mercure, c'est toujours le premier que l'on traite pour en obtenir le métal; mais le cinabre exploité contient ordinairement une quantité plus ou moins grande de mercure natif. Quoi qu'il en soit, il faut qu'il ren-

ferme au moins 0,006 de mercure, en poids absolu, pour qu'il puisse être traité avec avantage. Du reste, le traitement métallurgique est assez simple et varie suivant les localités.

A Almaden en Espagne, on suit le procédé suivant, qui consiste en une simple distillation opérée très en grand, mais d'une manière imparfaite. Le fourneau dont on sert est carré, et sa sole, qui est en briques, est criblée de trous destinés à livrer passage à la flamme du foyer qui est au-dessous. A la partie supérieure et latérale du fourneau, sont pratiquées des ouvertures, à chacune desquelles est adaptée une suite de conduits en terre, appelés *aludels*, qui sont placés sur une terrasse, et qui vont se rendre dans une grande chambre qui sert à la fois de condensateur et de récipient. La terrasse est inclinée des deux côtés vers son milieu, de manière à former une rigole dont l'objet est de recueillir et verser dans la chambre le mercure que les jointures des aludels, lutés simplement en terre, laisseraient échapper. Après avoir bocardé et quelquefois lavé le minerai, on le pétrit avec de l'argile pour en former de petites masses que l'on dispose sur la sole du fourneau, et l'on élève la température. Au moyen du courant d'air établi par le feu dans tout l'intérieur de l'appareil, le soufre se brûle et passe à l'état d'acide sulfureux qui se dégage, tandis que le mercure se volatilise et se rend, à l'aide des conduits où il se condense en partie, dans la chambre dont nous avons parlé, et d'où on le retire pour le verser dans de grandes bouteilles en fer, fermées par un bouchon à vis de même métal.

A Idria, dans le Frioul, on suit le même procédé, seulement la mine que l'on traite est un peu différente ; c'est la première sous-espèce du mercure sulfuré que nous avons décrite sous le nom de *mercure sulfuré bituminifère*. Mais il n'en est pas de même de celui qui est pratiqué dans les mines du Palatinat ou de l'ancien duché de Deux-Ponts. Là, après avoir trié et bocardé le minerai, on le mêle avec son poids de chaux éteinte et on l'introduit dans des cornues de fonte, de tôle ou même de grès, au col desquelles on adapte des récipiens en terre contenant de l'eau. Ces cornues sont disposées sur deux rangées, en hauteur, dans un fourneau de galère (80) que l'on chauffe avec du bois ou de la houille. La réaction entre les principes du mélange ne tarde pas à s'opérer, et tandis que la chaux se porte sur le soufre et forme du sulfure de calcium et du sulfate de chaux, tous deux fixes et solides, le mercure, qui a repris l'état métallique, se volatilise et vient se condenser dans les récipiens.

Il paraît que les procédés suivis en Chine et au Japon pour l'extraction du mercure, ont assez de rapports avec ceux que nous venons de détailler, puisqu'on chauffe également le cinabre dans des appareils fermés. Il paraît aussi qu'ils se servent d'une peau pour purifier le mercure natif.

248. La quantité de mercure préparée annuellement pour les besoins du commerce est d'environ 30,000 quintaux, qui forment une valeur de 9 millions de francs. Ce sont les mines d'Idria et d'Almaden qui en fournissent la plus grande partie, ainsi que le fait voir le tableau suivant :

Almaden.	20,000 quintaux.
Idria.	6,000
Hongrie, Transylvanie, etc. .	700
Duché de Deux-Ponts.. . . .	600
Pérou.	3,000

Les mines de la Chine et du Japon sont très productives.

Ve FAMILLE. *PALLADIUM.*

ESPÈCE UNIQUE. *PALLADIUM NATIF.*

249. Le palladium n'a encore été trouvé que dans les sables platinifères, où il a été découvert par M. Wollaston. Il se pré-

sente en petites lamelles isolées, dont la couleur ressemble beaucoup à celle du platine natif; mais il se distingue aisément par sa contexture, qui est en fibres divergentes. Il est d'ailleurs soluble dans l'acide hydrochloro-nitrique, et sa solution ne précipite pas par les sels de potasse.

Sa pesanteur spécifique est de 11,3 à 11,8.

Composition. Corps simple de la Chimie, dont le signe est Pa. Mais, dans la nature, il est toujours allié à une petite quantité de platine et d'iridium, suivant M. Wollaston.

Pour son extraction, *voyez* celle du platine (217).

VIe FAMILLE. *ARGENT.*

250. Les minerais de cette famille sont aisés à reconnaître par leur facile réduction au chalumeau; cependant, dans quelques cas, il faut avoir soin de les griller, comme, par exemple, pour le sulfure. Ils ne s'oxident pas au feu, et ne colorent nullement le verre de borax. Lorsqu'ils sont dissous par le moyen de l'acide nitrique, le réactif le plus sensible pour les déceler est l'acide hydrochlorique ou un hydrochlorate quelconque; le chlorure d'argent qui se forme a pour caractères de se présenter en flocons caillebotés, blancs, d'être insoluble dans un excès d'acide, et de se dissoudre au contraire très facilement dans l'ammoniaque.

Cette famille comprend dix espèces.

1re ESPÈCE. *ARGENT NATIF.*

251. *Caractères essentiels.* Il possède tous les caractères de l'argent obtenu par l'art; cependant sa surface, au lieu d'être d'un blanc éclatant, est souvent noire, soit à cause des exhalaisons sulfureuses, soit parce qu'il est enduit d'une couche *d'argent muriaté,* qui s'altère avec bien plus de facilité encore; dans tous les cas, il est facile de lui faire reprendre son éclat

métallique en le frottant. L'acide nitrique le dissout à froid.

Sa pesanteur spécifique est de 10,4.

Caractères cristallographiques. Son système cristallin est régulier, c'est le système cubique. Les formes régulières sous lesquelles on l'observe sont le cube, l'octaèdre et le solide cubo-octaèdre; mais il est plus ordinaire de le rencontrer en petites parties laminaires ou ramuleuses engagées dans des matières pierreuses, et imitant par la disposition de leurs rameaux, tantôt des feuilles de fougère et tantôt des espèces de réseaux ou de filets plus ou moins déliés. Quelquefois ces belles végétations sont composées d'octaèdres implantés les uns sur les autres. On le trouve aussi en grains et en masses amorphes assez considérables. Ses cristaux naturels ont généralement les faces courbes et peu nettes.

Composition. Corps simple de la Chimie; son signe chimique est Ag. Mais l'argent natif est rarement pur dans le sein de la terre: il est allié presque toujours à l'or, au cuivre, au fer, à l'arsenic et quelquefois au plomb; mais ordinairement ces mélanges n'altèrent pas sensiblement ses caractères. C'est encore, parmi les métaux que l'on trouve natifs, celui qui est le plus pur.

252. *Caractères d'élimination.* L'argent natif peut être confondu avec l'*argent antimonial,* l'*antimoine natif* et le *cobalt arsenical.* On le distingue des deux premiers en ce qu'ils sont cassants et ont un tissu lamelleux, tandis qu'il est ductile, et n'offre aucun indice de lames; et du dernier, en ce que celui-ci est cassant et répand au chalumeau une odeur d'ail très marquée.

253. *Gisement.* L'argent natif se trouve assez fréquemment dans les mines d'argent; mais il n'y est jamais seul et ne forme pas non plus la masse principale du minerai. Il est tantôt implanté et tantôt disséminé dans les cavités des roches. Il offre une disposition assez remarquable; il semble avoir suinté à travers la gangue, car il est sous forme de lanières

analogues à celles de la gomme adragante vermiculée. On le trouve parfois en masses informes, dont le volume varie singulièrement. On en cite du poids de 50 à 60 livres, et de 400 quintaux : telle est celle trouvée, en 1478, à Schnéeberg en Saxe ; mais de pareils cas sont rares. Quand on trouve dans les mines de ces masses pures du poids de 1 à 2 livres, on les met à part pour les traiter séparément au creuset. Les mines où l'on a observé l'argent natif sont celles de Norwège, de Saxe, de Bohême, du Hartz, du Derbyshire en Angleterre, et de l'Amérique du sud. En France, on l'a trouvé à Allemont (Isère) et à Sainte-Marie-aux-Mines (Vosges), mais en petite quantité ; on cite dans cette dernière localité un bloc d'argent natif du poids de 40 livres.

Au Pérou on a observé de l'argent natif adhérant à des racines de graminées ; il paraît provenir de la décomposition de quelque minerai d'argent : on a aussi observé des masses d'argent natif, scapiformes ou capillaires, qui sortent des masses d'argent sulfuré.

2ᵉ ESPÈCE. *ARGENT IODURÉ.*

254. M. Vauquelin ayant analysé des minéraux argentifères ramassés aux environs de Mexico dans un rayon de 25 lieues, pour en estimer la quantité d'argent et celle de l'or, a reconnu que l'un d'entre eux, intitulé *argent vierge de serpentine,* et qui avait pour caractères physiques : 1°. une couleur blanchâtre à sa surface usée par le frottement, présentant des grains d'argent métallique ; 2°. une cassure lamelleuse d'un vert jaunâtre, avec quelques parties noires et de l'argent métallique, contenait de l'iode combiné à l'argent dans la proportion de 18,50 pour cent de minerai. Ce minéral paraît être essentiellement composé d'*iodure d'argent* mêlé à de l'argent sulfuré et à du plomb sulfuré, probablement aussi à de l'argent métallique. Sa gangue est une chaux carbonatée.

C'est le premier exemple de la présence de l'iode dans le règne minéral (à l'exception toutefois de celui qui se trouve dans quelques eaux minérales; *voyez* 118). Il est probable qu'on le retrouvera dans d'autres minéraux métallifères, et surtout dans ceux qui renferment de l'argent; car ainsi que le chlore, l'iode exerce une grande action sur ce métal. (*Ann. de Chim. et Phys.* tom. XXIX, p. 99.)

3e ESPÈCE. *ARGENT SULFURÉ.*

(*Argent vitreux.*)

255. *Caractères physiques.* L'argent sulfuré, d'une couleur terne à l'extérieur, est d'un gris de plomb ou d'acier dans la cassure fraîche; il cède aisément au couteau qui en détache de petites lames flexibles, et il est un peu ductile; il tache légèrement les doigts, et acquiert un grand éclat par le frottement; isolé et frotté, il développe une forte électricité résineuse. Sa cassure est inégale et à petits grains.

Sa pesanteur spécifique est de 6,9.

Caractères chimiques. Il est très fusible et facilement réductible; il fond au chalumeau en donnant lieu à de petites bulles qui se crèvent. Une lame de fer ou de cuivre plongée dans sa solution nitrique se couvre d'argent métallique.

Composition. Formé de 1 atome d'argent et de 2 atomes de soufre $= AgS^2$.

Caractères cristallographiques. Ses formes cristallines peuvent être ramenées au *cube*, qui est sa forme primitive. Ses formes les plus ordinaires sont le cube, l'octaèdre régulier, le cubo-octaèdre, le dodécaèdre rhomboïdal et le trapézoèdre; mais on y observe une forme bien remarquable, c'est l'octaèdre qui domine, et sur chacun de ses angles se trouve un pointement à quatre faces, ce qui fait 24 faces, qui sont précisément celles du trapézoèdre.

Ses variétés de structure sont peu nombreuses ; il est tantôt en lamelles, tantôt en petites masses amorphes, et tantôt en parties allongées, ramuleuses ou filiformes. On nomme *argent tricoté* une variété dont les fibres se croisent en différens sens sous l'angle de 120°, qui convient très bien à l'octaèdre.

256. *Caractères d'élimination.* On le distingue du *plomb natif*, en ce que celui-ci a une pesanteur spécifique plus grande, au moins dans le rapport de 10 à 7, et qu'il se fond au chalumeau sans changer de couleur, tandis que l'argent sulfuré y donne un bouton blanc.

257. *Gisement.* L'argent sulfuré est l'espèce la plus abondante du genre et la plus exploitée, puisque, suivant M. de Humboldt, la plus grande partie de l'argent en circulation provient du traitement de cette espèce, qui se fait particulièrement au Mexique. Il se trouve toujours en filons dans les terrains schistoïdes de formation primitive. Il constitue quelquefois des masses fort grandes, accompagnées de chaux fluatée, de cuivre pyriteux, d'argent natif, d'argent rouge, etc. Les mines les plus célèbres sont celles de Freyberg (Saxe), de Joachimsthal (Bohême), de Schemnitz (Hongrie) et du Mexique.

258. *Annotations.* Lorsqu'on expose l'argent sulfuré à une douce chaleur, il s'en dégage des filamens d'argent semblables à celui qu'on apelle *natif;* aussi a-t-on présumé que quand la nature produit de l'argent natif à la surface de l'argent sulfuré, c'est par un procédé analogue, à l'aide de la chaleur qui résulte, soit de l'inflammation spontanée des pyrites, soit de quelque autre phénomène propre à développer l'action du calorique. (Haüy.)

On a donné à l'argent sulfuré le nom d'*argent vitreux*, parce qu'aux endroits où le couteau a passé, il offre une surface qui approche de l'uni du verre ; on avait distingué l'*argent vitreux aigre,* qui n'est pas ductile, et qui paraît être de l'argent antimonié sulfuré. On a quelquefois profité de la mollesse et de la malléabilité de l'argent sulfuré pour en frapper des médailles : on peut même ensuite chauffer peu à peu les pièces, pour en dégager le soufre, et l'argent qui reste garde encore assez fidèlement l'empreinte.

APPENDICE.

259. Nous rangeons ici le minéral connu sous le nom vulgaire de *mine d'argent merde d'oie;* ce composé ayant un aspect terreux noir est formé de cobalt arseniaté, de cobalt oxidé noir, de nickel oxidé, d'argent sulfuré et quelquefois de terre ferrugineuse. C'est le *cobalt arseniaté terreux argentifère* d'Haüy. Les mineurs le considèrent comme mine d'argent: la quantité d'argent est quelquefois de 13 sur 100. On le trouve à Allemont (Isère) et à Schemnitz en Hongrie.

4e ESPÈCE. *ARGENT ROUGE.*

(*Argent sulfuré rouge, argent antimonié sulfuré,* Haüy ; *sulfure d'antimoine et d'argent,* Beudant.)

260. *Caractères physiques.* Ce minéral, d'un aspect généralement lithoïde, offre quelquefois à sa surface un éclat métalloïde ou diamantaire; la couleur de sa surface est le rouge vif ou le gris métallique tirant sur celui du fer ; celle de sa poussière est rouge, mais elle prend une teinte sombre par la trituration ; il est translucide quand il offre une couleur rouge, et opaque quand il possède le brillant métallique. Sa texture est vitreuse, sa cassure conchoïde; il est fragile et facile à racler avec le couteau ; isolé, il devient électro-négatif par le frottement.

Sa pesanteur spécifique est de 5,6.

Caractères chimiques. Il est réductible à la flamme d'une bougie. Au chalumeau, il répand des vapeurs considérables d'antimoine, décrépite, noircit, donne une flamme bleue, et laisse, en dernier résultat, un bouton d'argent. Il se dissout en partie dans l'acide nitrique; sa dissolution acide laisse précipiter de l'argent métallique sur une lame de cuivre; la portion non dissoute forme avec l'acide hydrochlorique une liqueur qui précipite en blanc par l'eau (oxichlorure d'antimoine).

Composition. Formé, suivant Berzélius, de 1 atome de trioxide d'antimoine, de 2 atomes de tri-sulfure d'antimoine et de 6 atomes de bi-sulfure d'argent $= \dot{Sb} + 2SbS^3 + 6AgS^2$. Suivant M. Bonsdorf, il serait formé de 2 atomes de tri-sulfure d'antimoine, et de 3 atomes de bi-sulfure d'argent $= 2SbS^3 + 3AgS^2$. La plupart des minéralogistes adoptent cette dernière formule de composition. Renferme presque toujours un peu d'arsenic.

Caractères cristallographiques. Sa forme primitive est le *rhomboèdre obtus*, dont l'angle au sommet est de 109° 28′; ce rhomboèdre est peu éloigné de celui du *calcaire*, aussi ses formes dominantes se rapprochent-elles beaucoup de celles de ce dernier. Ses formes dominantes sont: le prisme hexagonal; le même terminé par un pointement à trois faces; le même tronqué sur ses arètes; le même terminé par un rhomboèdre très obtus; le même enfin terminé par un pointement à six faces, qui est le dodécaèdre triangulaire scalène. On y observe en outre trois dodécaèdres triangulaires scalènes et des dodécaèdres triangulaires isocèles.

Ses variétés de structure se réduisent au trois suivantes:

Argent rouge botryoïde, ou en grappes,
granuliforme,
compacte.

Mais, il est presque toujours cristallisé, quoique cependant ses cristaux aient rarement une forme bien régulière et des faces exactement planes.

261. *Caractères d'élimination.* On peut le confondre avec le *réalgar*, le *mercure sulfuré*, l'*argent sulfuré*, le *fer oligiste* et le *cuivre gris*. Mais le premier (réalgar) donne une poussière jaune par la trituration et a une densité plus faible dans le rapport de 3 à 5; le second a une densité plus grande au moins d'un sixième, et se volatilise entièrement au chalumeau; le troisième (argent sulfuré) est malléable et facile à couper avec le couteau; le quatrième (fer oligiste) agit sur le barreau aimanté, ne se laisse point racler facilement au couteau, et donne une poussière d'un rouge bien moins prononcé; enfin le cinquième ou le *cuivre gris* donne une poussière noirâtre, ne se laisse point racler au couteau, et présente des formes qui sont des modifications du tétraèdre.

262. *Gisement.* Cette espèce ne forme ni dépôts ni filons, elle est trop rare; mais elle se trouve dans tous les filons d'argent, et fréquemment associée à plusieurs substances métalliques, telles que l'arsenic, le cobalt, le cuivre gris, le fer sulfuré et le fer spathique. Les matières terreuses qui l'accompagnent sont le quarz, la chaux carbonatée, la chaux fluatée, la baryte sulfatée, etc. Les mines qui en contiennent le plus sont celles de Freyberg (Saxe), de Joachimsthal (Bohême), d'Andreasberg (Hartz), de Schemnitz (Hongrie), de Sainte-Marie-aux-Mines (Vosges), etc.

APPENDICE.

263. Nous rangeons ici, à la suite de l'argent rouge, le minéral appelé par quelques minéralogistes *mine d'argent vitreuse, aigre* ou *fragile; argent noir; sprod glaserz* de Werner; *argent sulfuré noir, argent antimonié sulfuré noir,* Haüy; *argent rouge aigre,* Brongniart.

Ce minéral, qui présente tous les caractères de l'argent rouge ordinaire, à l'exception de sa poussière qui est noire, offre une composition chimique trop mal connue pour qu'on puisse en faire une espèce distincte. Il renferme une assez forte proportion d'arsenic, aussi donne-t-il une odeur d'ail très prononcée au chalumeau. M. Beudant le regarde comme un sulfure double d'arsenic et d'argent, dans lequel l'arsenic a remplacé totalement l'antimoine. La plupart des autres minéralogistes le considèrent comme un mélange d'argent rouge et d'arsenic, ou plutôt de sulfure d'arsenic, dans des proportions encore inconnues; nous nous rangerons de cet avis, en attendant que de nouvelles recherches viennent éclairer ce sujet, et faire connaître d'une manière précise la composition de ce corps.

Quoi qu'il en soit, il se présente en masse, en grains, et cristallisé en prismes hexaèdres simples, ou terminés par des sommets pyramidaux, en lentilles et en tables à quatre faces diversement tronquées. On le trouve toujours dans le voisinage de l'argent rouge et de l'argent sulfuré.

Il ne faut pas confondre cette variété, appelée souvent *argent noir,* avec *l'argent noir* des minéralogistes étrangers, qu'ils appellent *silberschwarz,* et dont ils ont fait une espèce particulière. Cette prétendue espèce provient, comme l'a très bien fait voir M. Haüy, tantôt de l'altération de l'argent sulfuré, tantôt de celle de l'argent muriaté (chloruré), ou même de l'argent natif. L'argent, dans cet état, forme des masses noirâtres, ayant un aspect terreux, et qui, soumises à l'action du feu, offrent l'argent sous l'aspect qui lui est propre.

5e ESPÈCE. *ARGENT ARSENIÉ.*

(*Argent arsenical.*)

264. *Caractères essentiels.* Cette espèce est en petits nids compactes ou en masses un peu réniformes, qui se laissent séparer par croûtes, qui offrent une cassure testacée, un éclat vif, une couleur de blanc d'argent, mais qui se ternit à l'air. Elle est fragile. Traitée au chalumeau, elle répand des vapeurs

alliacées, et laisse un bouton d'argent. Chauffée avec l'acide nitrique, elle donne immédiatement un précipité rouge (arseniate d'argent) ou une solution qui précipite en blanc par l'acide hydrochlorique ou un hydrochlorate.

Sa pesanteur spécifique est de 8,11. On l'indique cristallisée en prismes et en pyramides hexaèdres.

Composition. Elle n'est pas encore déterminée sous le rapport des proportions; M. Beudant donne dubitativement la formule $AgAs^2$. Elle est d'ailleurs presque toujours mélangée de fer et d'argent antimonial. M. Haüy la place en forme d'appendice à la suite de l'*argent antimonial,* sous le nom d'*argent antimonial ferro-arsenifère,* et la considère, ainsi que plusieurs autres minéralogistes, comme de l'argent antimonial associé à de l'arsenic et à du fer. Peut-être est-ce une combinaison binaire d'arseniure de fer, et d'un double arseniure d'antimoine et d'argent. Il serait à désirer qu'on soumît cette espèce à une analyse exacte et précise.

265. *Gisement.* Ce minéral est très rare; on ne l'a encore trouvé qu'accidentellement à Andreasberg (Hartz), dans les filons qui traversent le grauwacke, ayant pour gangue une chaux carbonatée lamellaire blanchâtre, et pour associations la galène et l'argent antimonial.

6e ESPÈCE. *ARGENT ANTIMONIAL.*

266. *Caractères physiques.* Sa couleur est le blanc d'argent; son éclat est métallique; il est tendre, aisément frangible : son tissu est lamelleux.

Sa pesanteur spécifique est de 9,44.

Caractères chimiques. Au chalumeau, il répand l'odeur d'antimoine, et se fond. L'acide nitrique le dissout en laissant un résidu d'oxide d'antimoine.

Composition. Alliage d'antimoine et d'argent $= Ag^2Sb$.

Caractères cristallographiques. Ses cristaux, qui sont rares et presque toujours imparfaits, sont des prismes tétraèdres ou hexaèdres, dont les côtés sont striés longitudinalement; ils semblent indiquer, suivant Haüy, que sa forme primitive est un *rhomboïde obtus*.

Il se présente le plus souvent en grains ou en petites masses irrégulières à cassure lamellaire.

267. *Caractères d'élimination*. On le distingue, 1°. de l'*argent natif*; en ce que celui-ci est ductile, non lamelleux, et se dissout entièrement dans l'acide nitrique; 2°. du *cobalt arsenical*, en ce que celui-ci a une structure granulaire, et qu'exposé au chalumeau il devient attirable, et colore en bleu le verre de borax; 3°. du *fer arsenical*, en ce que ce dernier a un tissu à grains serrés, et étincelle sous le briquet, en répandant une odeur d'ail.

268. *Gisement*. Cette espèce, assez rare, ne se trouve que dans les mines d'argent qui traversent les terrains primitifs, ayant pour gangue la chaux carbonatée; elle est presque toujours accompagnée d'argent arsenié. Les localités que l'on cite pour en contenir sont: Andreasberg (Hartz), Wittichen et Wolfach (Furstemberg), Allemont (Isère), Cassala près Guadalcanal (Espagne), etc.

269. *Annotations*. L'argent antimonial est susceptible de s'altérer à l'air, et très souvent il offre à sa surface une teinte de jaunâtre ou de jaune rougeâtre; très souvent encore il prend une couleur noirâtre: cette coloration n'est que superficielle, car il suffit de le gratter pour faire reparaître sa couleur naturelle, qui est le blanc argentin. Il varie aussi singulièrement dans sa composition; la proportion d'argent va de 76 pour 100 à 78 et à 84. Cette dernière variété, qu'on trouve principalement à Wolfach, est le *silberspiesglanz* de Werner, dont la formule chimique est Ag^3Sb, suivant M. Berzélius.

7e ESPÈCE. *ARGENT AURURÉ.*

(*Argent natif aurifère*, Haüy; *or argentifère*, Brongniart; *électrum*, Klaproth.)

270. *Caractères essentiels.* Cet alliage se présente en petites lamelles ou en petites masses d'un blanc jaunâtre, douées de l'éclat métallique, tendres et malléables.

Sa pesanteur spécifique excède 10,6.

Composition. Alliage d'or et d'argent, dont la formule $= AgAu^2$.

271. *Gisement.* Il accompagne toujours les mines d'argent. Sa gangue est un quarz grossier avec zinc sulfuré, plomb sulfuré et baryte sulfatée. Il est très rare; on le trouve à Kongsberg en Norwège et à Schlangenberg en Sibérie.

8e ESPÈCE. *AMALGAME D'ARGENT.*

(*Amalgame natif d'argent*, de l'Isle; *mercure argental*, Haüy, Brongniart.)

272. *Caractères essentiels.* Substance d'un blanc d'argent, d'un éclat métallique; très tendre, frangible; à cassure conchoïde; communiquant au cuivre une couleur argentée à l'aide du frottement; donnant du mercure par la distillation, et laissant sur le charbon un globule d'argent.

Sa pesanteur spécifique est de 14,12.

Ses variétés de forme sont peu nombreuses; elles se présentent rarement avec des arètes vives, mais souvent recouvertes en partie de mercure métallique; elles offrent l'octaèdre, l'octaèdre tronqué et le dodécaèdre rhomboïdal simple ou modifié par des facettes sur ses arètes. Suivant M. Cordier, sa forme primitive est le *dodécaèdre rhomboïdal.*

Ses variétés de structure, plus abondantes que les précé-

277. *Caractères d'élimination.* On distingue l'argent chloruré du *mercure chloruré* en ce que celui-ci n'a pas, comme le premier, la mollesse de la cire, et que chauffé au chalumeau il se volatilise en entier.

278. *Gisement.* L'argent chloruré accompagne toujours les minerais argentifères : on a fait la remarque qu'il ne se trouve jamais que dans la partie supérieure des filons qui le renferment, en sorte que sa position, à l'égard des autres minéraux auxquels il est associé, semble indiquer qu'il a été formé le dernier. Il a pour gangues l'argent natif, le quarz, la baryte sulfatée et la chaux carbonatée. En Europe et en Asie, il ne se montre jamais qu'en très petits cristaux ou sous forme d'enduits dans quelques filons argentifères, principalement à Schemnitz (Hongrie), Joachimsthal (Bohême), Freyberg, Schnéeberg, Johangeorgenstadt (Saxe), Kongsberg (Norwège), Zméof (Sibérie), dans le comté de Cornouailles (Angleterre), etc. Mais c'est surtout dans l'Amérique méridionale qu'on le trouve en plus grande abondance : là, rare en fragmens un peu volumineux, il est surtout disséminé, en parties invisibles, dans les gangues des minerais d'argent et des minerais terreux désignés, au Pérou, sous le nom de *pacos*, et au Mexique, sous celui de *colorados*. Les localités de ces deux empires où on le cite dans cet état sont principalement Huantajaya, Yauricocha, etc., au Pérou, et les districts de Fresnillo, de Catorce, de Zacatecas au Mexique. Dans ces dernières contrées, on l'exploite comme mine d'argent.

10e ESPÈCE. *ARGENT CARBONATÉ.*

(*Argent gris* de Selb.)

279. *Caractères essentiels.* Sa couleur est le gris cendré tirant au gris de fer ; son éclat est faible, mais il devient vif aux endroits nouvellement raclés. Il est facile à entamer avec le

couteau, et jouit d'un peu de ductilité; sa cassure est inégale. Lorsqu'il est isolé, le frottement lui communique l'électricité résineuse. Il se réduit très facilement au chalumeau, et fait effervescence avec les acides; sa solution laisse précipiter de l'argent sur une lame de cuivre. Sa pesanteur spécifique est considérable, mais inconnue. Il n'a offert jusqu'ici aucun indice de cristallisation.

Composition. Elle n'est pas encore bien certaine; il paraîtrait qu'il est formé d'un atome de carbonate d'argent et d'un atome d'antimonite d'argent $= \ddot{A}g\ddot{C}^2 + \ddot{A}g\overset{\cdot\cdot}{\ddot{Sb}}$? Dans la nature, il est mélangé d'oxide de cuivre en petite quantité.

280. *Gisement.* Il n'a encore été trouvé qu'à l'état amorphe, par M. Selb, dans la mine de Wenceslas, près d'Altwolfach dans le Furstemberg. Sa gangue est la baryte sulfatée, qu'accompagnent différentes substances métalliques, telles que l'argent natif, l'argent sulfuré, le plomb sulfuré et le cuivre gris.

Gisement général des minerais d'argent.

281. L'argent forme rarement des mines à lui seul; le plus souvent celles qui sont considérées comme *mines d'argent* ne sont que des minerais argentifères dont on peut extraire ce métal avec avantage.

Parmi les minerais d'argent, l'argent sulfuré est le plus abondant et celui qui fournit la presque totalité de l'argent du commerce; vient ensuite *l'argent natif; l'argent chloruré* et *l'argent antimonial* sont en dernier lieu. Les trois dernières espèces ne se trouvent jamais seules; elles se rencontrent toujours avec le sulfure, et sont en plus ou moins grande proportion par rapport à celui-ci dans certaines localités.

Les mines d'argent se trouvent situées dans les terrains primitifs, les terrains intermédiaires et les terrains secondaires. On ne les rencontre jamais ni dans les terrains d'alluvion, ni dans ceux de transport, ni dans les volcaniques. Elles sont toujours sous forme de filons plus ou moins puissans. On prétend que la formation de l'argent est moins ancienne que celle de l'or.

I. Dans les terrains primitifs, les filons traversent les montagnes de gneis, de micaschiste, les calcaires subordonnés, le granite alpin, etc. Les mines les plus célèbres de ces terrains sont celles de Kongsberg (Norwège), de Schnéeberg (Misnie), d'Altwolfach (Souabe), de Freyberg (Saxe), de Zméof et Kolivan (Sibérie); celles de Condorasto et Pomallata (Amérique méridionale); celles d'Allemont (département de l'Isère), etc.

II. Dans les terrains intermédiaires, qui sont le gîte principal de ces minerais, on trouve des filons très puissans et très riches dans les schistes argileux, les sienites, le grünsten porphyrique et les calcaires intermédiaires. Ils sont accompagnés surtout de cuivre gris et de cuivre sulfuré; ils avoisinent les mines de cobalt. Les mines célèbres de ces sortes de terrains sont celles des districts de Zacatecas, de Catorce, de Guanaxuato, de Real-del-Monte (mines de Valenciana, de la Veta negra de Sombrerete), Pachuca (Mexique); celles de Hongrie, de Transylvanie; celles de Sainte-Marie-aux-Mines, de Lacroix dans les Vosges, etc.

III. Enfin dans les terrains secondaires, les filons traversent les couches du calcaire nommé par les Allemands *zechstein* (calcaire alpin); ils ne sont guère accompagnés que de galène, de cuivre pyriteux et de fer sulfuré. Les mines que l'on cite dans ces terrains sont surtout celles du Pérou (mines de Hualgayoc ou Chota, de Llauricocha ou Pasco. C'est dans ce dernier gisement que se rencontrent ce que les naturels de ces vastes contrées du nouveau monde appellent *pacos;* ce sont des minerais de fer hydraté remplis de filets d'argent natif et de chlorure d'argent; ce dernier forme entre les bancs calcaires des couches ou des amas considérables. Ces *pacos* contiennent, à ce qu'il paraît, de 1 à 3 onces environ d'argent net par quintal.

Quelques auteurs prétendent qu'on trouve, mais bien rarement il est vrai, des dépôts argentifères dans les terrains qui se rattachent aux produits ignés.

Telles sont les différentes espèces de gisement que nous présentent les minerais d'argent; mais ce n'est pas tout: ils nous offrent encore certaines circonstances géologiques qui leur sont communes avec un grand nombre d'autres minerais; c'est de se rencontrer, d'une manière accidentelle, dans beaucoup de dépôts métallifères. Ces dépôts, que l'on traite ordinairement pour l'argent qu'ils contiennent, sont principalement les mines de plomb argentifère, qui sont assez abondamment répandues dans toute l'Europe (Wittichen en Souabe, la plupart des mines du Hartz, celles de Tarnovitz en Silésie, et d'un grand nombre de lieux de l'Allemagne; Vedrin près Namur, dans les Pays-Bas; Pesay en Savoie; et en France, Poullaoen et Huelgoat en Bretagne, Villefort dans la Lozère, etc.), et les mines de cuivre argentifère, dont les produits, quoique moins considérables, sont encore cependant assez élevés (Baigorry dans les Pyrénées, Swatz en Tyrol, Guadalcanal en Espagne, Kolivan en Sibérie, quelques mines de Silésie, etc.).

Traitement métallurgique des minerais d'argent.

282. L'argent sulfuré est de tous les minerais d'argent, comme nous l'avons déjà dit, celui qui est le plus abondant, et dans presque tous les pays c'est lui qui fait la base des exploitations. Cependant nous répèterons encore ici qu'on extrait l'argent de plusieurs autres minerais dans lesquels il se trouve accidentellement, soit à l'état de sulfure, soit à l'état métallique, tels que les minerais de plomb (galène à petites et moyennes facettes) et quelques minerais de cuivre (cuivre gris principalement). Dans le traitement du sulfure d'argent, l'argent est le but principal de l'exploitation; dans le traite-

ment des autres minerais, il n'est qu'accessoire et n'est même retiré qu'autant qu'il peut couvrir au moins les frais que l'opération exige.

Les procédés que l'on suit pour extraire l'argent varient singulièrement en raison de la nature de ses mines, de leur richesse et des lieux où elles se trouvent. Cependant, en dernier résultat, ces procédés consistent presque tous à ramener l'argent à l'état métallique lorsqu'il n'y est point, à l'allier au plomb ou au mercure, et à le séparer ensuite de ceux-ci. Nous allons exposer ces différens procédés avec le plus de soin et de laconisme possibles.

283. I. *Procédé suivi à Kongsberg.* Dans cette localité, qui possède la mine d'argent natif la plus riche de l'Europe, après l'avoir bocardée et séparée de sa gangue par le lavage, on la fait fondre avec partie égale de plomb : il en résulte un alliage qui contient de 0,30 à 0,35 d'argent. On soumet ensuite cet alliage à la coupellation de la manière suivante. Mais d'abord disons sur quels principes est fondée l'opération qui porte le nom de *coupellation;* elle reposse, 1°. sur la propriété qu'a l'air d'oxider le plomb et de ne point oxider l'argent à une température élevée; 2°. sur celle qu'ont l'argent et l'oxide de plomb de ne point s'unir; 3°. sur leur grande fusibilité; 4°. enfin, sur la différence qui existe entre leurs pesanteurs spécifiques, différence qui fait qu'aussitôt qu'ils sont fondus, l'oxide de plomb se porte toujours à la partie supérieure.

On fabrique un très grand creuset avec des os calcinés au blanc, broyés, tamisés, lessivés et mis en pâte avec de l'eau : lorsque ce creuset, qui porte le nom de *coupelle*, est bien sec, on le place au milieu de l'aire d'un four à réverbère, ce qui se fait en l'élevant peu à peu à travers le sol du fourneau qui est à jour, jusqu'à ce que le bord supérieur de la coupelle se trouve de niveau avec l'aire du four; alors, on l'assujettit avec la même pâte qui a servi à la former, de manière qu'elle fasse corps avec le fourneau. Quelquefois la coupelle n'est autre chose que l'aire même du four qui est creusée en coupe, et recouverte d'une couche de cendre lessivée et fortement battue: dans les deux cas, la voûte du four qui recouvre la coupelle est très surbaissée: sur l'un de ses côtés est le foyer, et sur le côté opposé, la cheminée. Un peu au-dessus de l'une des extrémités de la coupelle est placée, sous une légère inclinaison, la tuyère d'un fort soufflet; l'autre est percée d'un trou vertical qui communique supérieurement, par une rigole ou une échancrure, avec l'extérieur de la coupelle.

On remplit presque entièrement la coupelle de plomb argentifère (*), et l'on chauffe le fourneau. Bientôt l'alliage fond; on dirige alors le vent des soufflets vers sa surface; le plomb s'oxide, ainsi que le cuivre et le fer qui peuvent s'y trouver, ce qui arrive presque toujours. L'oxide de plomb se fond lui-même, et forme à la surface du bain une couche liquide qui, poussée par le vent des soufflets, se rend en partie dans la rigole, de là dans le trou vertical, et de là enfin dans un bassin de réception, où en se solidifiant, il cristallise en petites paillettes qui prennent le nom de *litharge*. A mesure que cet effet a lieu, on verse de nouveau plomb dans la coupelle, pour l'entretenir toujours convenablement pleine, et l'on continue ainsi pendant plusieurs jours, ou jusqu'à ce que la coupelle contienne une forte masse d'argent. Alors, pour opérer l'entier écoulement de l'oxide de plomb qui la recouvre, on creuse peu à peu la rigole jusqu'à la surface du bain d'argent, qui devient alors extrêmement brillante. On retire l'argent de la coupelle, en y plongeant à plusieurs reprises et jusqu'à la fin, des ringards froids sur lesquels le métal se solifie et s'attache.

(*) On recouvre ordinairement la coupelle d'un lit de foin, afin que le plomb ne la dégrade pas.

Les crasses, les scories, les écumages de la coupelle, et les portions de coupelle qui sont soupçonnées contenir de l'argent, sont refondus dans le fourneau à manche.

284. II. *Procédé suivi à Freyberg*. Le procédé suivi à Freyberg est différent. Dans cette localité, le minerai que l'on exploite est un sulfure d'argent disséminé dans une grande quantité de pyrites de fer et de cuivre; il contient tout au plus deux millièmes et demi d'argent.

Après avoir bocardé le minerai, on le mêle exactement avec un dixième de sel marin, et on fait sécher le mélange en l'exposant sur l'aire d'une chambre construite au-dessus des fourneaux. On procède ensuite au grillage dans un fourneau à réverbère à trois divisions tellement disposées, que la partie où l'on place le mélange est à une des extrémités, le foyer à l'autre, et que la calcination s'opère dans la capacité intermédiaire. Au-dessus de ces fourneaux se trouve une chambre voûtée et divisée en plusieurs compartimens, où vient se déposer la poussière minérale qui s'élève pendant le grillage. Après avoir fait passer le mélange, à l'aide d'un rable, de la première division du fourneau dans la partie centrale, on chauffe, modérément d'abord, pour éviter qu'il y ait fusion, et l'on brasse continuellement, afin de tenir la matière toujours très divisée. On augmente peu à peu la chaleur; le sel décrépite, le soufre brûle, le tout devient incandescent, et la combustion se continue d'elle-même, bien que le feu ait cessé. Lorsqu'elle est terminée, on donne une nouvelle chaude; il se dégage alors une très grande quantité de chlore; c'est le terme de l'opération: on retire aussitôt du fourneau le résidu de la calcination et on le fait refroidir.

Pendant cette réaction, les sulfures passent à l'état de sulfates: ceux-ci sont bientôt décomposés par la chaleur; leur acide se porte sur le sel marin, et il se forme du sulfate de soude. L'acide hydrochlorique réagit sur les oxides métalliques et les convertit en chlorures; et ces chlorures, suivant M. Rivero, sont eux-mêmes décomposés, et donnent ces vapeurs abondantes de chlore qui avertissent les ouvriers que la calcination est achevée. Lorsqu'on sort le minerai calciné du four, il est d'une couleur noire assez intense; mais à mesure qu'il refroidit, les métaux se suroxident, et la couleur devient rouge. Le chlore continue à se dégager pendant tout le temps du refroidissement.

On réduit le minerai ainsi grillé en poudre très fine, et on l'introduit dans des tonneaux traversés par un axe horizontal qui tourne au moyen d'une roue mue par un courant d'eau. On verse ensuite dans chaque tonneau environ 300 liv. d'eau, un milier de minerai grillé, puis on y ajoute 6 pour cent de disques de fer forgé, de la grandeur et de la forme de dames à jouer. On fait tourner les tonneaux pendant une heure à peu près, afin que le mélange s'imbibe et que les sels solubles se dissolvent. Alors on introduit dans chaque tonneau 50 pour cent de mercure, c'est-à-dire 500 livres; après quoi on met l'appareil en mouvement pendant seize à dix-huit heures. Dans cette opération, le chlorure d'argent est décomposé par le fer; il en résulte du chlorure de fer soluble et de l'argent métallique très divisé qui s'unit au mercure (*). On retire l'amalgame des tonneaux, on le lave, et on le met dans des sacs de coutil, où on lui fait éprouver une forte pression; l'excès de mercure passe à travers les mailles, ne retenant qu'une très petite quantité d'argent, tandis que, dans le sac, reste un amalgame solide contenant un sixième ou un septième au plus d'argent. Pour en extraire l'argent, il suffit de chauffer l'amalgame; seu-

(*) M. Rivero ayant remarqué que la surface des disques de fer se recouvrait à la longue d'une certaine quantité d'amalgame, ce qui empêchait leur contact avec le chlorure d'argent, a conseillé de substituer des tonneaux en fonte aux tonneaux en bois, dont on fait actuellement usage.

lement on opère de manière à recueillir le mercure. L'appareil dont on fait usage consiste en une espèce de trépied qui sert de base à une tige qui supporte quatre coupes en fer forgé, dans lesquelles on place des boules d'amalgame. Ce trépied est placé dans une cuvette en fonte, et celle-ci dans une forte caisse en bois, qui se trouve au-dessous des fourneaux propres à cette distillation. L'espace entre la cuvette et la caisse est rempli par de l'eau qui se renouvelle sans cesse. On recouvre le tout d'une grande cloche en fonte dont le pied plonge dans la cuvette. Lorsqu'on veut faire marcher l'appareil, on lute exactement toutes les jointures avec de la glaise détrempée.

M. Rivero a proposé de traiter immédiatement le minerai grillé par l'ammoniaque, ou mieux encore par un mélange de chaux et de sulfate d'ammoniaque, qu'on peut se procurer à bas prix. Il se forme ainsi un ammoniure d'argent dont la réduction est très facile. Si l'on veut précipiter l'argent en saturant par l'acide sulfurique, on reproduira du sulfate d'ammoniaque, et les frais seront encore moindres. Ce procédé si facile, si expéditif, est encore très économique, puisqu'il évite les opérations si coûteuses de la pulvérisation et de l'amalgamation.

285. III. *Procédés suivis dans diverses localités.* Il est des mines bien moins riches encore que celle de Freyberg : on en exploite même qui ne contiennent que des traces d'argent engagé au milieu de gangues terreuses, d'oxide de fer, de sulfures de fer, de cuivre, etc. Le procédé consiste toujours, dans ce cas, à rassembler l'argent sous un plus petit volume, en y ajoutant de la pyrite et fondant le mélange. On obtient une masse contenant les métaux et les sulfures métalliques tenant argent, que l'on nomme *matte crue*, et des scories. La matte est grillée plusieurs fois en y ajoutant une nouvelle portion de minerai, afin d'augmenter sa richesse. Enfin, on la fond avec du plomb, et l'on passe le plomb argentifère à la coupelle.

286. *Traitement du cuivre gris*. Dans les pays où cette mine est abondante, on la traite pour en retirer principalement l'argent qui est en assez grande quantité. On la pulvérise, on la grille, pour volatiliser le soufre et l'antimoine, et l'on traite le résidu avec un fondant convenable, pour en retirer un culot de cuivre et d'argent, le fer n'ayant pas été réduit. Le culot est rouge, et contient beaucoup plus de cuivre que d'argent.

On fond cet alliage avec environ trois fois et demie son poids de plomb, et on le coule en lingots carrés ou orbiculaires, nommés *pains de liquation*. Ces pains sont ensuite placés de champ dans des fourneaux à réverbère, dont le sol est disposé de manière à pouvoir recueillir le plomb qui se liquéfie. On chauffe d'abord doucement, et l'on n'augmente le feu que graduellement, à mesure que l'alliage devient moins fusible par la séparation du plomb. Ce métal, en fondant, entraîne avec lui l'argent. On expose ensuite les pains, devenus poreux et bien moins fusibles qu'ils n'étaient, à l'action d'une plus haute température pour les faire *ressuer*, ou en séparer une nouvelle quantité de plomb. On passe enfin le plomb à la coupelle pour en retirer l'argent.

287. *Traitement des galènes*. Les variétés de galènes que l'on exploite pour l'argent qu'elles contiennent, la quantité de ce métal couvrant les frais de l'opération, sont la *galène à petites et à moyennes facettes*. Ces mines sont traitées de la même manière que le sulfure de plomb destiné à fournir le plomb immédiatement. (Voyez *Extraction du plomb*, 358.) Mais le plomb obtenu des galènes argentifères prend le nom de *plomb d'œuvre;* on le passe à la coupelle pour en extraire l'argent.

Outre le fer et le cuivre qu'on trouve dans le *plomb d'œuvre*, on y trouve le plus souvent encore un peu de zinc et d'antimoine, provenant des sulfures de zinc et d'antimoine qui accompagnent les galènes, ainsi que les sulfures de cuivre et de fer, et enfin un peu d'arsenic. Ces métaux étrangers ont tant d'affinité pour l'oxigène, qu'ils font partie des premières couches d'oxide ou de litharge qu'on obtient. Lorsqu'on est certain que le plomb argentifère qu'on traite renferme ces métaux, on ne verse point de nouvelles quantités de plomb dans la coupelle à mesure que celui qu'elle contient s'oxide, on creuse tout de suite la rigole, peut-être pour éviter que ces métaux ne s'unissent à l'argent.

288. IV. *Procédés suivis au Mexique et au Pérou.* C'est toujours par le mercure qu'on exploite les mines de l'Amérique. Le procédé le plus usité est le suivant : le minerai, formé le plus souvent d'argent natif, de sulfure d'argent, de chlorure d'argent, d'argent rouge, d'argent antimonial, de sulfures de fer et de cuivre, d'oxide de fer, de silex et de spath calcaire, après avoir été réduit en poudre et mouillé, est porté dans une cour pavée avec des dalles. Là, on le mêle avec environ deux centièmes et demi de sel marin. Le mélange est abandonné à lui-même pendant quelques jours, au bout desquels on y ajoute de la chaux éteinte s'il s'échauffe trop, et des pyrites de fer et de cuivre grillées s'il reste froid. On ne le regarde comme bien préparé que lorsque, humecté et placé sur la main, il cause une légère sensation de chaleur. On l'abandonne de nouveau à lui-même pendant plusieurs autres jours, et alors on commence à incorporer le mercure. Pour cela, on répand le métal uniformément sur la masse, qui a la consistance de boue, et on la fait fouler, soit par des ouvriers qui marchent dedans pieds nus, soit par des chevaux et des mulets qu'on y fait courir en cercles plusieurs heures de suite. De temps en temps on y ajoute tantôt de la chaux, tantôt des pyrites grillées, et tantôt du mercure, dont on fait l'incorporation comme ci-dessus. Lorsque tout l'argent est uni au mercure, ce qui n'a lieu quelquefois qu'au bout de plusieurs mois, et ce que l'on reconnaît à des caractères extérieurs, on lave le

tout à grande eau. Toutes les matières terreuses et salines sont entraînées; l'amalgame seul reste au fond des vases où se fait le lavage : on en retire l'argent à peu près comme à Freyberg.

Dans ce procédé où tant de matériaux sont accumulés, il doit nécessairement se passer un grand nombre de phénomènes intéressans; mais en raison même de leur multiplicité, il doit être assez difficile de pouvoir bien les apprécier. Quoi qu'il en soit, il est présumable que tout se réduit, comme dans le procédé de Freyberg, à enlever la portion d'argent qui est combinée dans la mine et à la convertir d'abord en chlorure, puis à décomposer ce chlorure par une autre substance métallique, et à déterminer ainsi la combinaison de l'argent avec le mercure. Les sulfures métalliques ont évidemment un double but dans cette opération : d'abord de produire de l'acide sulfurique, dont une partie seulement est absorbée par leurs propres bases, tandis que l'autre, devenue libre, réagit sur le sel marin; mais comme cette décomposition a lieu avec le concours de l'humidité, c'est de l'acide hydrochlorique et non du chlore qui se produit en cette circonstance. Or cet acide hydrochlorique ne peut agir sur les alliages métalliques qu'en perdant son hydrogène; cet hydrogène lui-même doit occasioner la réduction d'une partie des oxides contenus dans les sulfates, et ces métaux réduits décomposent à leur tour le chlorure d'argent. L'autre action des sulfures métalliques consiste à entretenir, par leur décomposition spontanée, une certaine élévation de température nécessaire à la réaction chimique. Quant à l'utilité des alcalis, elle semble résulter de leur faculté d'absorber immédiatement les acides et de ralentir l'élévation de température en modérant l'action chimique; au reste, cette manière de voir est assez conforme avec l'opinion qui a été émise par M. de Humboldt lui-même. (Robiquet.)

Il paraît que, dans certaines exploitations, on commence à préférer le plomb au mercure. Si le minerai est très riche en soufre, on le grille au four ou dans un fourneau à réverbère : ensuite on le mêle avec du sous-carbonate de soude, de l'oxide de plomb, et quelquefois du plomb métallique. On humecte le mélange, et on le traite dans une espèce de fourneau à manche. On obtient ainsi des scories composées de sulfate de soude, de sulfure de sodium, de chlorure de sodium, de silice, de chaux, et de la plupart des métaux étrangers à l'argent, et une matte très riche en argent, d'où l'on extrait ce métal.

288 bis. *Affinage des monnaies d'argent.* Après avoir décrit les divers procédés d'exploitation des minerais argentifères, il nous reste à parler de l'affinage que l'on fait subir quelquefois aux monnaies à bas titre, dans l'intention d'en extraire tout l'argent qu'elles contiennent; opération qui s'exécute avec avantage toutes les fois qu'il existe une grande quantité de ces monnaies dans le commerce. On connaît plusieurs procédés d'affinage; mais celui que vient de publier dernièrement M. Serbat, essayeur particulier du directeur de la Monnaie de Paris, nous paraissant réunir plus de précision et d'économie que tous les autres, nous omettrons ceux-ci, pour ne nous occuper que du dernier. Ce nouveau procédé d'affinage est principalement fondé sur la propriété que possède le sulfate d'argent de se réduire, par le contact de la chaleur, en acide sulfureux, en oxigène et en métal, tandis que le sulfate de cuivre ne laisse pour résidu de sa calcination que de l'oxide. Voici comment on l'exécute, et tel qu'il est décrit dans le *Journal de Pharmacie,* tome VIII, page 182.

On commence par faire chauffer dans une mouffle de fonte l'alliage que l'on veut affiner; lorsqu'il est suffisamment chaud, on le divise en le frappant avec un ringard. La poudre qui en résulte est criblée à l'aide d'un bluteau dont le tissu est en fils de fer, afin de séparer les plus gros fragmens, puis portée dans une seconde mouffle placée dans un fourneau à réverbère et chauffée au rouge brun; on étend la matière en couches minces. Alors on projette 25 pour cent de soufre et l'on remue avec un ringard, de manière à mettre successivement en contact avec le soufre toutes les portions de métal : la combinaison s'effectue presque instantanément avec dégagement de calorique et de lumière; et lorsqu'elle est terminée, ce que l'on reconnaît aisément à ce que la masse cesse alors d'être incandescente, on retire les sulfures formés, et on les projette dans des vases de bois remplis d'eau. Les sulfures refroidis sont repris et divisés complètement à l'aide de forts pilons ou de meules, et tamisés sous l'eau; la poudre qui en résulte est portée dans la partie la moins échauffée d'une grande moufle de fonte, placée dans un fourneau à réverbère, où on l'agite pour renouveler la surface. On y projette, quand elle est légèrement chaude, un mélange d'eau et d'acide nitrique dans la proportion de 2 kilogrammes d'acide pour 12 kilogrammes d'eau, le tout pour 100 kilogrammes d'alliage. De là formation de sulfates et dégagement d'abondantes vapeurs rutilantes; la matière est successivement rapprochée du foyer, et portée peu à peu jusqu'à la température rouge que l'on maintient environ pendant quatre heures. A cette température le sulfate d'argent se convertit en acide sulfureux, en oxigène et en métal; le sulfate de cuivre en acide sulfureux, oxigène et oxide; l'argent métallique, l'oxide de cuivre, quelque peu de sulfates et de sulfures non décomposés, forment le résidu. On retire les matières de la moufle, on les laisse refroidir en partie, et on les projette dans un vase de plomb contenant de l'acide sulfurique faible, que l'on a échauffé d'avance en y faisant arriver à l'état de vapeur l'eau destinée à l'étendre. Dans cette opération, l'oxide de cuivre ainsi que les sulfates non décomposés se dissolvent, et l'argent métallique, inattaquable par l'acide sulfurique faible, se rassemble au fond du vase; il n'a plus besoin que d'être lavé, séché, fondu et coulé en lingots. Les liqueurs décantées sont évaporées et mises à cristalliser; le sulfate de cuivre se dépose en cristaux plus ou moins réguliers. Toutefois, avant de procéder à l'évaporation des liqueurs, on s'assurera, au moyen d'une dissolution de sel marin, qu'elles ne contiennent plus de sulfate d'argent; et si elles en contenaient, on précipiterait ce métal à l'aide de lames de cuivre.

On conçoit facilement que ce même procédé modifié peut être employé avec succès au traitement des mines de cuivre argentifère.

289. La quantité d'argent versée annuellement dans le commerce est très considérable, et s'élève à 3,561,382 marcs ou 17,806 quintaux $\frac{9}{10}$, dont la valeur peut être estimée à 192 millions. Le tableau suivant donne le détail des produits de chaque pays.

France (Huelgoat, Villefort). . . .	3,600 marcs.
Savoie (Pesey)	2,500
Pays-Bas (Vedrin).	700
Baden	200
Anhalt-Bernbourg, Saxe-Cobourg	2,000
Nassau-Ussingen.	3,500
Souabe.	1,600
Prusse.	6,200
Saxe.	64,000
Hartz.	36,000
Autriche.	98,400
Suède.	5,000
Sibérie.	87,100
Mexique.	2,196,126
Pérou	573,984
Buenos-Ayres.	542,578
Chili.	27,894
Total du monde. . .	3,561,382 marcs.
ou	17,806 $\frac{9}{10}$ quin.

290. *Usages de l'argent.* Les usages de l'argent sont généralement connus; on en fait des monnaies, des ustensiles et des bijoux; mais comme il serait trop mou si on l'employait pur, on l'allie toujours avec une certaine quantité de cuivre, et cette quantité est déterminée par la loi, comme pour l'or. L'argent a donc aussi son *titre*. Le titre de l'argent des monnaies de France est de 0,900 pour la monnaie blanche, c'est-à-dire que 1000 parties d'alliage contiennent 900 parties d'argent pur; celui de la monnaie de billon est de 0,200. L'argent d'orfèvrerie a deux titres : le premier à 0,950, et le second à 0,800.

L'argent est réduit en feuilles et en fils; ce que l'on nomme fil d'or n'est que de l'argent doré, car l'or seul est trop mou pour être tiré en fil très fin. Enfin l'argent est employé en Chimie et en Pharmacie pour préparer le nitrate d'argent cristallisé et fondu, ou *pierre infernale*.

VIIe FAMILLE. *BISMUTH.*

291. Les minerais de bismuth sont reconnaissables, en ce qu'ils ne colorent pas le verre de borax; que, chauffés au chalumeau sur un support de charbon, le globule fondu est entouré d'une auréole de poussière jaune; enfin, que, traités par l'acide nitrique, ils s'y dissolvent avec ou sans dégagement de gaz nitreux, et donnent une solution qui précipite abondamment par l'eau (sous-nitrate de bismuth).

Cette famille comprend quatre espèces.

1re ESPÈCE. *BISMUTH NATIF.*

292. *Caractères essentiels.* Ce minéral, doué d'un éclat métallique, a une couleur d'un blanc jaunâtre avec des reflets rougeâtres ou irisés, un tissu très lamelleux; il est tendre, facile à couper avec le couteau, fragile et s'égrenant par la pression. Isolé, il acquiert l'électricité vitrée par le frottement; il fond à la simple flamme d'une bougie.

Sa pesanteur spécifique est de 9,022 à 9,57. Celle du bismuth fondu est de 9,82.

Sa forme primitive est l'*octaèdre régulier*. On en a cité des cristaux en octaèdre primitif et en rhomboïdes aigus de 60 et 120 degrés. On les trouve plus communément sous forme de petites lames, tantôt éparses dans la gangue, tantôt imbriquées, ayant une forme rectangulaire, et quelquefois triangulaire, ou en dendrites ordinairement très prononcées, engagées dans un jaspe d'un rouge brunâtre.

Composition. Corps simple de la Chimie, dont le signe chimique est Bi. Le bismuth natif renferme presque toujours un peu d'arsenic et de cobalt; aussi la plupart du temps répand-il une odeur d'ail par l'action du feu.

293. *Caractères d'élimination.* On peut confondre le bismuth natif avec le *bismuth sulfuré* et l'*argent natif ramuleux*. Mais on le distingue du premier, en ce que celui-ci a une couleur d'un gris de plomb, qu'il cristallise souvent en aiguilles, ce qui est jusqu'ici une forme étrangère au bismuth natif, et enfin, qu'il ne se dissout dans l'acide nitrique à froid que très lentement et sans effervescence. On le distingue de l'*argent natif*, quand il est comme lui sous forme de ramifications, en ce que ce dernier est tout-à-fait blanc (lorsque sa surface est nette), ductile, et ne répand pas d'odeur alliacée par la chaleur.

294. *Gisement.* Cette espèce, peu abondante dans la nature, ne s'est encore trouvée qu'accidentellement dans des filons, où il accompagne d'autres substances métalliques, principalement le cobalt, l'argent natif et le plomb sulfuré. Sa gangue est tantôt le quarz, tantôt la chaux carbonatée ou la baryte sulfatée. On en a rencontré à Bieber dans le Hanau, à Wittichen (Souabe), à Poullaoen (Bretagne), à Joachimsthal (Bohême), à Freyberg, à Marienberg et à Schnéeberg (Saxe).

295. *Annotations.* Le bismuth est un des métaux qu'il est

le plus facile de faire cristalliser par la fusion. Si, après l'avoir fait fondre dans un creuset, on laisse refroidir celui-ci jusqu'à ce qu'il se soit formé une croûte à la surface, et qu'on perce ensuite cette croûte afin de décanter les parties intérieures qui sont encore liquides, on trouve le creuset tapissé de cristaux cubiques groupés d'une certaine manière. Ce sont ordinairement, suivant M. Brongniart, des assemblages de lames rectangulaires disposées en recouvrement, et un peu excavées en trémies, comme celles de la soude muriatée. La plus petite quantité de métal étranger suffit pour faire varier les formes cristallines du bismuth ; aussi doit-on, lorsqu'on veut l'avoir en cristaux bien prononcés, l'exposer à une assez forte chaleur, pour le débarrasser d'un reste d'arsenic.

296. *Usages.* Ils sont peu étendus. Il est employé dans des alliages avec divers autres métaux, entre autres, l'étain, auquel il donne plus d'éclat et de dureté. Il fait partie de l'alliage fusible de Darcet. En Chimie et en Médecine, on en fait usage pour préparer le sous-nitrate de bismuth, appelé vulgairement *blanc de fard* ou *magistère de bismuth*, que les arts emploient aussi comme fondant pour certains émaux, dont il augmente la fusibilité, sans leur communiquer aucune couleur particulière. Dans la fabrication des cires à cacheter colorées, ce même sous-nitrate sert de véhicule pour obtenir les diverses nuances de couleur que l'on désire : on lui substitue maintenant le sous-chlorure qui est plus fusible.

2e ESPÈCE. *BISMUTH SULFURÉ.*

297. *Caractères essentiels.* Sa couleur est le gris de plomb avec une légère teinte jaunâtre; à l'intérieur, son éclat est métallique ; il est tendre et facile à racler avec un couteau, aisément frangible; isolé, il acquiert l'électricité résineuse par le frottement; il est très fusible, et soluble sans effervescence dans l'acide nitrique.

Sa pesanteur spécifique est de 6,4.

Sa cassure est légèrement conchoïde; sa structure laminaire conduit à un *prisme rhomboïdal*, sa forme primitive. Il se trouve ou en petites lamelles ou en petites aiguilles rhomboïdales engagées au milieu de roches quarzeuses.

Composition. Formée de 1 atome de bismuth et de 2 atomes de soufre = BiS^2.

298. *Caractères d'élimination.* On le confond quelquefois avec le *bismuth natif*, le *plomb sulfuré* et l'*antimoine sulfuré*. Nous avons donné ses caractères distinctifs d'avec le premier de ces corps (293); on le distingue du second, en ce que celui-ci ne se fond pas, comme lui, à la flamme d'une bougie, et qu'il se divise en cubes par des coupes également nettes dans tous les sens; et du troisième, en ce que ce dernier, exposé au chalumeau sur un charbon, finit par s'y vaporiser en entier, et que ses vapeurs forment sur le charbon une auréole blanche, tandis que celles du bismuth sulfuré, bien moins abondantes, forment une auréole jaune ou roussâtre.

299. *Gisement.* Le bismuth sulfuré, aussi rare que l'espèce précédente, se trouve dans les mêmes gisemens, mais d'une manière isolée; ainsi on le cite à Bieber dans le Hanau, ayant pour gangue un fer spathique lamellaire; en Saxe, et en Bohème, dans un quarz-agate grossier; à Bastnaès en Suède, dans le cérium oxidé silicifère.

3e ESPÈCE. *BISMUTH OXIDÉ.*

300. *Caractères essentiels.* Cette espèce, très tendre et même friable, a une couleur jaune-verdâtre ou grise-jaunâtre; elle est facilement réductible et attaquable par l'acide nitrique sans dégagement de gaz nitreux.

Sa pesanteur spécifique est de 4,3.

Composition. Formée de 1 atome de bismuth et de 2 atomes d'oxigène = $\ddot{B}i$.

Gisement. On ne l'a encore trouvée qu'en masses informes ou à l'état pulvérulent (vulgairement *fleurs de bismuth*) à la surface des minerais de bismuth natif, principalement près de Schnéeberg en Saxe, et de certains minerais de nickel et de cobalt.

4° ESPÈCE. *BISMUTH CARBONATÉ.*

301. Cette espèce, encore peu connue, est en petites masses terreuses qui font effervescence avec l'acide nitrique, et qui donnent une solution précipitant par l'eau.

Sa pesanteur spécifique est de 4,31.

Composition. Formée de 51,30 d'acide carbonique, et de 28,80 d'oxide de bismuth; le reste, jusqu'à 100, est composé d'oxide de fer, de silice, d'alumine et d'eau. Sa formule chimique n'est pas connue.

Gisement. Elle a été annoncée, par M. William Gregor, comme venant de Sainte-Agnès, en Cornwal.

Traitement métallurgique des minerais de bismuth.

302. Le bismuth étant très fusible et se rencontrant presque toujours à l'état natif, rien n'est plus facile que le traitement de ses minerais.

Le plus souvent on se contente de concasser le minerai et de le mettre dans des creusets autour desquels on fait un feu de bois. Le métal ne tarde pas à fondre, et il se rassemble à la partie inférieure de ces vases. Lorsque la gangue est en grande quantité, ce qui arrive quelquefois, on ajoute une proportion convenable d'un fondant terreux et alcalin, afin d'en opérer complètement la séparation.

A Schnéeberg en Saxe, le procédé est un peu différent. Le minerai, qui est une mine de cobalt ou d'argent, contenant accidentellement du bismuth métallique, est placé par morceaux dans des tuyaux de fer de 1 décimètre de diamètre et de

14 décimètres de long. On dispose ces tuyaux en travers sur un fourneau, et on les incline légèrement. L'une de leurs extrémités est fermée par un couvercle en fer; l'autre, par laquelle doit s'écouler le bismuth, est en partie fermée par de l'argile dans laquelle on a ménagé une petite ouverture. On allume le feu dans le fourneau, et lorsque la température est suffisamment élevée (256° environ), le bismuth fond et vient se rendre dans un récipient de fer.

Quel que soit, au reste, le procédé d'exploitation suivi, le bismuth obtenu doit être tenu long-temps en fusion à une température modérée, pour lui faire perdre la majeure partie de l'arsenic qu'il contient presque toujours. Si l'on chauffait trop, le bismuth s'oxiderait, et se volatiliserait ensuite. Le meilleur moyen de reconnaître s'il en est totalement dépourvu, est de le traiter par l'acide nitrique: il se dissoudra complètement s'il est pur; dans le cas contraire, il laissera déposer de l'arseniate de bismuth.

Les usages du bismuth sont très bornés; aussi ne s'en consomme-t-il guère en Europe que 100 quintaux par an, qui sont fournis presque entièrement par les mines de Schnéeberg en Saxe.

302 *bis*. La seule préparation un peu importante que fournisse le bismuth aux arts et à la Médecine, est le sous-nitrate, vulgairement *blanc de fard*, dont nous avons déjà dit quelques mots. Sa préparation est très simple; elle consiste à faire dissoudre le bismuth métallique dans de l'acide nitrique à 32°, et à verser la liqueur acide qui en résulte dans une grande quantité d'eau distillée : il se fait aussitôt un précipité blanc de sous-nitrate de bismuth qu'on recueille sur un filtre et qu'on lave à plusieurs reprises. On le fait ensuite sécher. Il reste dans la liqueur d'où s'est formé le précipité, du nitrate acide de bismuth qu'on peut utiliser dans une opération suivante. Le blanc de fard du commerce contient toujours une quantité variable

d'arseniate du bismuth provenant de ce que le métal employé retient constamment de l'arsenic, comme nous l'avons déjà dit. Ce mélange offre peu d'inconvéniens dans son emploi dans les arts; mais lorsque le sous-nitrate est destiné aux usages de la Médecine, il faut être plus scrupuleux sur le choix du bismuth; ou si l'on ne peut se procurer de ce métal pur, il faut recueillir le nitrate acide de bismuth qui reste en dissolution dans les eaux de lavage de l'opération décrite ci-dessus, et le transformer en sous-nitrate à l'aide d'un alcali. Ce sel acide ne retenant aucune portion sensible d'arsenic (celui-ci étant entièrement transformé en arseniate de bismuth insoluble), le précipité blanc d'oxide de bismuth qu'il fournit est donc sensiblement pur.

VIIIe FAMILLE. *ÉTAIN.*

303. On peut considérer comme caractère distinctif des minerais d'étain, la propriété qu'ils possèdent de colorer le verre de borax en blanc opaque; mais ce caractère est le plus souvent impossible à observer, à cause de l'impureté de ces minerais. Le meilleur consiste alors à les griller, à les fondre sur le charbon avec le carbonate de soude, et à recueillir le bouton métallique. Celui-ci, repris et chauffé sur un charbon, donne une poudre blanche non volatile, et qui est contiguë au globule fondu. On peut aussi traiter le bouton métallique par de l'acide nitrique qui le convertit en oxide d'étain insoluble, que l'acide hydrochlorique peut dissoudre et que l'eau ne précipite pas de cette dernière dissolution, comme elle le fait pour l'antimoine.

Cette famille ne renferme, dans la méthode que nous suivons, qu'une seule espèce.

ESPÈCE UNIQUE. *ÉTAIN OXIDÉ.*

(*Deutoxide d'étain des chimistes;* vulgair. *pierre d'étain.*)

304. *Caractères physiques.* Ce minéral, ayant un aspect tantôt lithoïde et tantôt métallique, est diversement coloré depuis le blanc jaunâtre jusqu'au brun noirâtre ; il est pesant, dur, et étincelle par le choc du briquet ; il est ou opaque ou translucide ; le frottement lui communique l'électricité vitrée. Sa cassure est raboteuse.

Sa pesanteur spécifique est de 6,9 à 7.

Caractères chimiques. Il est difficile à fondre et à réduire par l'action du chalumeau ; inattaquable par l'acide nitrique, attaquable par l'acide hydrochlorique ; donnant avec ce dernier une dissolution qui ne précipite pas par l'eau, et qui forme, avec les sels d'or, un précipité pourpre (pourpre de Cassius).

Composition. C'est un quadri-oxide, dont la formule $= \ddot{\dot{S}}n$. Il est presque toujours accompagné d'oxide de fer qui le colore.

Caractères cristallographiques. Il cristallise très bien, et s'offre même plus souvent en cristaux qu'en masses amorphes. Sa forme primitive est un *octaèdre symétrique* de 67°42′32″ et de 133°36′18″. Il se présente ordinairement en prismes carrés, terminés par des pointemens à facettes plus ou moins nombreuses, ou des sommets tétraèdres, octaèdres, etc. Souvent les cristaux se groupent, éprouvent des hémitropies, ce qui rend leur détermination difficile.

Ses variétés de structure peuvent se réduire à deux :

1°. *Étain oxidé cristallin.* Sa structure est cristalline. Ses couleurs varient : le *blanc jaunâtre* et le *blanc grisâtre* paraissent être celles des cristaux les plus purs ; viennent ensuite le *brun,* le *brun rougeâtre,* l'*orangé brunâtre,* le *brun noirâtre* et le *noir.*

Ces deux dernières couleurs sont les plus ordinaires, et proviennent du mélange d'une petite quantité de manganèse selon les uns, et de fer selon les autres. Lorsqu'il est jaune, on l'a quelquefois confondu avec la *topaze*, qui l'accompagne dans quelques circonstances.

2°. *Étain oxidé compacte* ou *concrétionné*. Il n'a plus d'apparence cristalline. Il est en masses d'une figure globuleuse ou ovoïde, et quelquefois mamelonnée. Sa couleur est tantôt d'un brun clair, tantôt d'un brun noirâtre; sa surface est quelquefois veinée de zones concentriques plus ou moins foncées, et recouverte d'une espèce d'enduit brun-marron. Sa cassure présente une texture striée, infiniment serrée, qui lui permet de recevoir un assez beau poli. L'intérieur des masses est composé de fibres déliées, qui divergent en partant d'un centre commun. On a comparé cette disposition à la structure interne des couches ligneuses; d'où est venu le nom d'*étain de bois*, qu'on a donné vulgairement à cette variété. Quelquefois on la trouve sous forme de grains, dans les terrains d'alluvion, où ces grains ont été charriés par les eaux, et aussi sous forme massive, et que l'on a appelée *étain en roches*.

305. *Caractères d'élimination*. On distingue l'étain oxidé du *schéelin ferrugineux* ou *wolfram*, en ce que celui-ci n'étincelle pas sous le choc du briquet, et que sa poussière, qui est brune, forme des taches de la même couleur sur le papier, tandis que celle du premier, d'un blanc grisâtre, n'y laisse point de traces bien sensibles. On le distingue du *schéelin calcaire*, en ce que la poussière de ce dernier jaunit dans les acides, tandis que celle de l'étain y conserve sa couleur, et que le schéelin, outre les divisions parallèles aux faces d'un cube, en admet d'autres dans le sens des faces d'un octaèdre régulier, ce qui n'a pas lieu pour l'étain oxidé. Enfin, on ne confondra point cette dernière espèce avec le *zinc sulfuré*, en ob-

servant que celui-ci n'étincelle pas sous le briquet, n'est point conducteur de l'électricité, et se divise facilement en lames, à l'aide du couteau, l'étain n'étant divisible que par une percussion assez forte.

306. *Gisement.* L'étain oxidé est une des substances métalliques dont l'origine est regardée comme très ancienne par les géologues; sous ce rapport il vient immédiatement après le titane, qui ne le cède qu'au molybdène en ancienneté. Ses gîtes se trouvent presque exclusivement dans les terrains primitifs les plus anciens, où le minerai forme des filons, plus souvent des amas, et est fréquemment disséminé dans la gangue. Les roches primitives qui renferment l'étain sont surtout les granites, les gneis, les micaschistes très durs, etc.

Les terrains intermédiaires ou de transition renferment aussi une certaine quantité d'étain oxidé engagé dans les porphyres et les schistes qui en forment la base. Au-dessus de ces terrains il n'en existe plus, ou du moins d'une manière sensible; seulement il s'en trouve en très grande quantité dans des dépôts d'alluvion dont on ne peut trop bien préciser l'âge, et qui sont placés à peu de distance des autres mines d'étain. Il paraît qu'une grande partie du minerai exploité de l'Inde provient de ce gisement; tel est aussi celui du comté de Cornouailles.

Les substances métalliques qui accompagnent l'étain oxidé dans ses mines sont le schéelin ferrugineux, le schéelin calcaire, le fer arsenical, le fer arseniaté, le cuivre pyriteux, le cuivre arseniaté, le molybdène sulfuré, le fer sulfuré, le fer oxidé, le cuivre natif. Quant aux matières pierreuses qui adhèrent immédiatement à l'étain oxidé, et qui lui servent de gangue, on peut citer surtout le quarz, le mica hexagonal, le talc granulaire, le talc chlorite, la topaze blanche et la chaux fluatée.

Les lieux qui renferment les mines d'étain en plus grande

abondance sont : l'Angleterre, dans le comté de Cornouailles; la Bohême, la Saxe; les Indes, à Banca, Malaca; le Mexique; l'Espagne, en Galice, etc. La France ne possède que de faibles indices de ce minéral à Saint-Léonhard, près de Limoges, et aux environs de Nantes, sur la côte de Piriac (Bretagne).

307. *Usages.* L'oxide d'étain naturel sert à la préparation de son métal. L'oxide artificiel était employé autrefois à la préparation de la *potée* (mélange ou plutôt combinaison d'oxides de plomb et d'étain), pour donner le poli aux glaces. Maintenant la potée se prépare en chauffant directement le plomb et l'étain.

Extraction de l'étain.

308. Le minerai dont on retire l'étain métallique est toujours en roches ou disséminé, sous forme de sable, dans des terrains d'alluvion. Celui-ci est préféré au premier, parce qu'il n'est accompagné d'aucune substance étrangère pesante, et qu'il donne un étain de qualité supérieure; circonstance due probablement à ce que les métaux, qui accompagnaient l'étain dans son gisement primitif, étant plus facilement altérables que lui, ont été décomposés par l'action successive de l'eau, de l'air et du transport. Dans le cas où l'on agit sur du minerai en roche ou en filon, on bocarde la mine, et on lave la matière sablonneuse qui en résulte dans des caisses, et ensuite sur des tables, pour séparer la gangue qui, étant moins pesante que le minerai, est entraînée par l'eau. Dans le cas où l'on traite des sables d'alluvion, on fait le lavage sur le terrain même, en y faisant arriver une quantité d'eau convenable.

Lorsque le minerai contient des sulfures de fer et de cuivre, de la pyrite arsenicale, ce qui arrive souvent, on en extrait l'étain, en Bohême et en Saxe, par le procédé suivant. On grille le minerai dans un fourneau à réverbère, à une chaleur qui n'excède pas de beaucoup le rouge brun. Par ce moyen, on vaporise l'arsenic, on décompose les sulfures, on les transforme en sulfates et en oxides de fer et de cuivre qui restent mêlés avec l'oxide d'étain, et l'excès de soufre se dégage à l'état d'acide sulfureux. Le grillage terminé, on jette la matière, encore rouge, dans des cuves pleines d'eau: les sulfates de cuivre et de fer se dissolvent, et les trois oxides se précipitent. On lave de nouveau ceux-ci sur des tables; ceux de cuivre et de fer, plus légers que l'oxide d'étain, se séparent de telle manière que celui-ci reste presque pur. Cependant il arrive quelquefois que, comme à Alt-Saint-Johan, l'oxide, après cette opération, est encore mêlé avec une assez grande quantité d'oxide de fer attirable au barreau aimanté; alors on enlève ce dernier oxide avec une forte pierre d'aimant.

L'oxide ayant été ainsi purifié est projeté, avec du charbon mouillé, dans un fourneau à manche très bas, dont la sole est inclinée et en granite. On mouille le charbon, afin que le vent des soufflets emporte le moins possible d'oxide. Celui-ci ne tarde pas à se réduire. L'étain tombe sur la sole, d'où il s'écoule dans un premier bassin, dit d'*avant-foyer* ou de *réception*, et de là dans un autre dit *bassin de percée*. Le laitier provenant de terres échappées au lavage, combiné à de l'oxide de fer qui n'a pas été réduit et à une certaine quantité d'oxide d'étain, reste dans le premier bassin.

En Angleterre, le traitement du minerai d'étain se fait au fourneau de réverbère, par la raison que le combustible employé à fondre l'étain est la houille, dont le prix est très modique. Le minerai, dont la richesse est à peu près de 65 pour cent d'étain, est mêlé avec 10 ou 12 pour cent de poussière de houille sèche; on le mouille, afin d'éviter le plus possible sa déperdition; on l'étend sur la sole du fourneau, et l'on ferme hermétiquement toutes les ouvertures. Le feu est conduit graduellement, de manière à faciliter la réduction de l'oxide d'étain sans opérer la fusion de la gangue; sans cela on s'expose à perdre une grande portion d'oxide, qui se dissout dans les scories pour lesquelles il a une grande affinité. La réduction n'est ordinairement terminée qu'au bout de six à huit heures; on ouvre alors la porte du fourneau, on brasse la matière avec un râble en fer, afin de faciliter la séparation de l'étain métallique et des scories; on enlève celle-ci hors du fourneau, et l'on fait couler l'étain dans les bassins de réception, où par le repos il finit de se dépouiller des restes de scories qu'il a entraînées avec lui. On le coule ensuite en lingots.

Raffinage. L'étain obtenu par ces divers procédés est loin d'être pur; il renferme plusieurs métaux, notamment de l'arsenic, du fer, du cuivre et du tungstène. On est donc obligé de le purifier avant de le livrer au commerce; et c'est sur la moins grande fusibilité des métaux alliés avec lui qu'est fondé le procédé de raffinage que nous allons décrire. Il se divise en deux opérations successives, dont la première est une espèce de *liquation*, qui s'opère sur la sole d'un fourneau de réverbère analogue à celui qui sert pour le raffinage de la fonte, si ce n'est qu'au lieu d'un bassin de réception, il existe, sur une des parois du fourneau, une chaudière en fonte, dans laquelle l'étain coule à mesure qu'il se fond sur la sole du fourneau; et c'est dans cette chaudière que doit se faire la seconde opération ou *raffinage* proprement dit.

On dispose l'étain en saumons sur la sole du fourneau, et on chauffe légèrement: l'étain, plus fusible que les métaux auxquels il est allié, se fond le premier, et se rend dans la chaudière de réception. Il reste sur la sole un alliage d'étain et de beaucoup de fer, retenant la presque totalité des métaux désignés plus haut. On fait fondre ainsi des saumons d'étain, jusqu'à ce que la chaudière d'affinage soit remplie. Il est bon d'observer que cette chaudière est disposée au-dessus d'un petit foyer, afin que l'étain soit toujours en fusion parfaite. C'est alors qu'on procède au raffinage. On plonge dans le bain métallique plusieurs bûches de bois vert. Celui-ci dégage une grande quantité de gaz, qui produit une violente agitation dans la masse, et détermine la séparation des métaux les plus pesans, qui se précipitent au fond du vase, tandis que les parties plus légères, telles que les scories, l'oxide d'étain, viennent à la surface sous forme d'écume. Au bout de trois heures de cette ébullition artificielle, on laisse reposer le bain pendant deux heures environ; l'étain se sépare en couches de pureté différente, et de telle sorte que le plus pur occupe la partie supérieure, tandis que celui qui est le plus chargé de métaux étrangers gagne le fond de la chaudière. On moule en lingots les deux tiers environ de la masse reconnue assez pure pour être livrée au commerce sous le nom d'*étain raffiné* : l'autre tiers, trop impur, est soumis à un second raffinage. Quant à l'alliage qui est resté sur la sole du fourneau à réverbère lors de la fusion des saumons, comme il contient encore beaucoup d'étain, on le raffine également; mais il ne donne qu'un produit de très mauvaise qualité.

Par le raffinage que nous venons d'exposer, on sépare bien l'étain du fer, du cuivre et du tungstène; mais il n'en est pas de même de l'arsenic : quelque soin que l'on prenne, quelque longue que soit l'exposition du mélange à la chaleur, il est presque impossible de dépouiller complètement l'étain de l'arsenic; aussi celui du commerce en contient-il toujours une certaine quantité, si ce n'est toutefois l'étain des Indes et celui qui provient des minerais d'alluvion.

309. Dans le commerce, on distingue plusieurs espèces d'étain par le nom des lieux d'où elles viennent. L'*étain de Malaca* ou *des Indes,* qui est sous forme de pyramides quadrangulaires tronquées, dont la base aplatie donne au lingot la forme d'un chapeau; c'est le plus pur : l'*étain d'Angleterre,* qui est en saumons plus ou moins considérables, et qui renferme du cuivre et une très petite portion d'arsenic; enfin

l'*étain d'Allemagne*, qui a la même forme que le précédent, mais qui est beaucoup plus impur.

310. La quantité d'étain livrée annuellement au commerce par les diverses contrées de l'Europe qui possèdent des exploitations, ne va pas au-delà de 100 à 110,000 quintaux, valant à peu près 7,600,000 francs. Sur cette quantité, l'Angleterre en fournit la plus grande partie, puisqu'elle livre annuellement plus de 100,000 quintaux d'étain. La Saxe en fournit 3 à 4,000 quintaux; la Bohême environ 2,000. Les mines d'Espagne et de Portugal sont épuisées, à ce qu'il paraît. Quant à celles de France, elles sont trop peu connues pour qu'elles puissent être exploitées actuellement avec avantage. Tout l'étain nécessaire aux besoins de l'industrie y est apporté de l'étranger : il en entre annuellement environ 7,000 quintaux, dont la valeur s'élève à 500,000 francs.

Les autres parties du monde en produisent encore d'assez grandes quantités, mais sur lesquelles on n'a cependant pas de données. Le Mexique, le Brésil en possèdent des mines abondantes; la partie méridionale de l'Asie paraît être très riche en ce genre; il y en a beaucoup en Chine, au Pégu, à la presqu'île de Malaca, à Sumatra, Banca, etc. On assure que cette dernière île en fournit à elle seule plus de 70,000 quintaux.

IXe FAMILLE. *PLOMB*.

311. Les minerais de plomb diffèrent beaucoup entre eux ; les uns ont l'aspect métallique, sont noirs, et donnent une poussière de même teinte ; les autres ont l'aspect lithoïde, et offrent presque toutes les couleurs : ils ont tous cependant pour caractères communs d'avoir une grande pesanteur, de noircir par le contact de l'hydrogène sulfuré, de se laisser aisément réduire en les grillant et les traitant sur un charbon par un fondant alcalin. On observe alors qu'ils présentent

une poussière jaunâtre qui passe au rouge en la chauffant légèrement.

Cette famille renferme seize espèces.

1re ESPÈCE. *PLOMB NATIF.*

312. On doute s'il existe réellement : tout celui que l'on a décrit jusqu'à présent paraît avoir été produit par l'art, si ce n'est peut-être celui de l'île de Madère, qui est en petits grains allongés et empâtés dans une masse volcanique. On dit aussi en avoir trouvé dans l'Amérique méridionale par couches qui alternent avec du plomb sulfuré. Quoi qu'il en soit, l'existence du plomb natif est encore fort douteuse.

Composition. Corps simple de la Chimie, dont le signe chimique est Pb.

2e ESPÈCE. *PLOMB SULFURÉ.*

(*Bi-sulfure de plomb*, vulgairement *galène.*)

313. *Caractères physiques.* Sa couleur est le gris de plomb, quelquefois irisé ; son éclat est métallique. La surface des cristaux est souvent éclatante, mais bien moins que la surface des lames de clivage ; dans tous les cas, il se ternit peu à peu au contact de l'air ; il est aigre, non malléable, assez dure ; il est facile à casser, et s'égrène quand on veut le rayer. Sa structure est éminemment laminaire.

Sa pesanteur spécifique est de 7,58.

Caractères chimiques. Traité au chalumeau, il décrépite, se fond très facilement, et se réduit sur le charbon, en répandant une odeur sulfureuse. Sa solution dans l'acide nitrique précipite en blanc par un sulfate (sulfate de plomb), et donne du plomb métallique sur une lame de zinc.

Composition. C'est un bi-sulfure dont la formule est $=PbS^2$. Renferme presque toujours de l'argent, du fer, du cuivre, de l'antimoine, à l'état de sulfures.

Caractères cristallographiques. Sa forme primitive est le *cube*. Le clivage est parfait, et a lieu parallèlement aux faces du cube. Les cristaux se divisent aisément par la percussion en petits solides de cette forme.

Les variétés de forme sont simples et assez rares. Le cube et l'octaèdre dominent, et sont modifiés de diverses manières. Ainsi on observe le cube tronqué sur ses arètes, le cubo-octaèdre, l'octaèdre tronqué sur ses angles, ou portant un biseau sur ses arètes; un autre octaèdre présente un pointement à 4 faces sur chacun de ses angles, ce qui fait 24 faces, mais qui ne sont pas celles du trapézoèdre. Des cristaux cubiques tronqués sur les angles et passant à l'octaèdre offrent un allongement dans le sens d'un des trois axes du cube. On observe rarement le dodécaèdre rhomboïdal. La surface des cristaux est quelquefois arrondie irrégulièrement, et paraît avoir été fondue.

Ses variétés de structure sont aussi remarquables; on distingue surtout

Le *plomb sulfuré laminaire.*

lamellaire; celui-ci est en petites lames ou écailles brillantes, et qui se croisent dans tous les sens.

compacte.

spéculaire; il a pris naturellement le poli qui a converti sa surface en miroir.

globuleux; il est en petites masses mamelonnées, avec cristaux saillans à la surface.

stalactitique; il est fort rare.

pseudomorphique; en prisme hexaèdre appartenant au plomb phosphaté.

ou au plomb carbonaté, dans lesquels il y a eu substitution de soufre à l'acide phosphorique ou carbonique et à l'oxigène.

Le *plomb sulfuré incrustant*; il recouvre des cristaux de chaux carbonatée ou fluatée, qui quelquefois sont détruits, et ont laissé le sulfure en carcasse plus ou moins solide.

314. *Caractères d'élimination.* On confond souvent le plomb sulfuré avec le *zinc sulfuré* (qui jouit du brillant métallique), le *fer carburé* et le *molybdène sulfuré*. On peut le distinguer du premier en ce que celui-ci offre une raclure terne, perd son éclat par la vapeur de l'haleine, et ne le reprend qu'au bout d'un très long temps (le plomb sulfuré recouvre à l'instant le sien), et surtout en ce que sa dissolution dans l'acide nitrique ne précipite pas par un sulfate. Il diffère du deuxième en ce qu'il n'a pas comme lui une surface grasse et onctueuse au toucher, et qu'il ne forme point de traces d'un gris métallique sur le papier; enfin, du troisième en ce qu'il n'offre pas non plus un toucher onctueux et une tachure noirâtre, ni un tissu feuilleté analogue à celui du talc lamellaire.

315. *Gisement.* La galène ne se trouve pas généralement dans les terrains les plus anciens et les plus nouveaux, mais son gîte principal est dans les terrains intermédiaires ou de transition.

I. Dans les terrains primitifs proprement dits, elle se rencontre dans les granites les plus modernes, le gneis, le micaschiste et les schistes argileux primitifs, le plus souvent en filons, quelquefois en amas avec la blende, la baryte sulfatée, la chaux fluatée, le silex corné, etc. Elle est assez pure, presque toujours argentifère.

II. Dans les terrains de transition, elle existe en très grande quantité, mais rarement en filons, plus ordinairement en amas irréguliers, et quelquefois ellipsoïdes ou en couches. Tantôt elle paraît s'être déposée dans les cavités des roches, tantôt elle semble s'être déposée en même temps que les roches elles-mêmes, et se présente alors sous forme de nodules. Elle se rencontre dans deux espèces de roches, les psammites et le calcaire compacte noirâtre, qui termine cette période de formation.

III. Dans les assises inférieures des terrains secondaires, la galène, encore très abondante, est sous forme de petits amas, de dépôts ou de nodules. Enfin, on la retrouve dans les dépôts calcaires gris ou noirâtres nommés *zechstein,* qui recouvrent le grès houiller; elle est souvent accompagnée, dans ce cas, de débris organiques, de bitume, de baryte sulfatée, de fluor, etc.

Les associations les plus constantes du plomb sulfuré sont avec le zinc sulfuré surtout, qui en est presque inséparable, le zinc oxidé, le fer sulfuré, le cuivre pyriteux, le cuivre gris, l'argent rouge, etc. Quant aux substances pierreuses qui lui servent de gangues, elles ne sont pas moins variées; ce sont le quarz, la baryte sulfatée, la chaux fluatée, la chaux carbonatée, etc. (*)

(*) Il est à remarquer que la galène des terrains primitifs et de transition, composés de roches dures, quarzeuses, felspathiques, cristallisées, contient plus d'argent que la galène des terrains calcaires. M. Jameson a fait observer depuis long-temps que la galène des filons est plus riche en argent que celle des couches et des amas; et en effet la galène des premiers terrains est celle dont la disposition en vrais filons est le mieux caractérisée. On a observé en outre à la mine de Pontpeau en Bretagne, que le minerai de plomb était d'autant plus riche en argent, qu'il s'approfondissait davantage, et qu'il y avait une différence de 31 à 43 dans le produit d'une même quantit de galène, prise à l'entrée du filon ou dans sa profondeur. (Brongniart.)

Presque toutes les contrées renferment un nombre plus ou moins considérable de mines de plomb sulfuré. Ce minerai est extrêmement abondant en France, mais il y a peu d'usines en activité; les seules exploitations qui fournissent quelques produits sont celles de Huelgoet et Poullaouan (Bretagne), de Villefort et Viallas (dans les Cévennes, Lozère), de Vienne (Isère), de Saint-Julien-Molin-Molette (Loire), et quelques autres de peu d'importance. Dans les autres pays, parmi les mines exploitées, les plus remarquables sont celles de Pezey en Savoie; celles de Bleyberg et de Willach (Carinthie), les nombreuses mines du Hartz, et surtout les mines du Derbyshire en Angleterre. La galène se rencontre aussi en plus ou moins grande abondance dans différentes parties de l'Écosse, de la Saxe, de la Hongrie, dans la Silésie, la Pologue, les provinces prussiennes rhénanes, le Mexique, etc.

316. *Usages.* Le plus grand usage du plomb sulfuré est sans contredit de servir à l'extraction du plomb que le commerce consomme. Les potiers de terre l'emploient aussi, sous le nom d'*alquifoux,* pour vernir leurs poteries grossières; pour cela, après l'avoir réduit en poudre fine, ils en saupoudrent les diverses pièces, ordinairement après la cuisson, et les reportent ensuite au four; par ce moyen, le soufre passe à l'état d'acide sulfureux qui se dégage, et le plomb à l'état d'oxide qui s'unit et se vitrifie avec la substance du vase. Mais ce vernis est très tendre, et a le grave inconvénient d'être facilement attaquable par les graisses et les acides, ce qui le rend fort malsain.

APPENDICE.

317. Nous joignons ici, comme appendice,

Le *plomb sulfuré sélénifère,* qui se reconnaît facilement à l'odeur de rave qu'il exhale au chalumeau; on le cite à Fahlun en Suède et au Hartz, d'après M. Rose.

Le *plomb sulfuré argentifère*, ou la galène, que l'on exploite comme mine d'argent; mais cette variété contient presque toujours en outre de l'antimoine, en sorte qu'elle rentre dans les variétés de plomb sulfuré antimonifère, dont nous parlerons à la suite de la bournonite. Dans le langage des mineurs, on distingue trois variétés de galène argentifère : la galène *à grandes facettes*, *à petites facettes* et *à grain d'acier*. La première est presque toujours à peu près pure; la seconde contient une certaine quantité d'argent, et la troisième en contient davantage : cette dernière est celle que l'on exploite presque exclusivement; c'est le *plomb sulfuré granulaire* d'Haüy. La quantité d'argent s'y élève quelquefois jusqu'à 10 et même jusqu'à 15 pour cent.

3e ESPÈCE. *PLOMB SULFURÉ STIBIO-CUPRIFÈRE.*

(*Antimoine sulfuré plombo-cuprifère*, Brongniart, Haüy; *triple sulfure d'antimoine, de plomb et de cuivre*, Bournon; *bournonite*, Thomson; *endellione.*)

318. *Caractères physiques*. Cette substance métalloïde a pour couleur le gris d'acier; son éclat est très faible, sa texture est vitreuse, sa cassure inégale à gros grains; elle raie la chaux carbonatée et est rayée par la chaux fluatée; elle se laisse couper au couteau et est aisément frangible. Elle forme sur le papier une trace noire; souvent sa surface est irisée.

Sa pesanteur spécifique est de 5,7.

Caractères chimiques. Projetée sur un fer rouge, sa poussière donne une lueur phosphorescente d'une couleur blanche bleuâtre, mais sans odeur. Chauffée rapidement au chalumeau, elle pétille et s'éclate; chauffée plus lentement, elle répand des vapeurs antimoniales, fond, et donne un globule dans le centre duquel on trouve un peu de cuivre.

Sa dissolution nitrique étendue donne immédiatement un

précipité en partie soluble dans l'acide hydrochlorique, dont il se sépare par l'addition de l'eau (poudre d'Algaroth); la liqueur surnageante précipite elle-même par l'addition de l'eau, puis par l'addition d'un sulfate (sulfate de plomb); elle laisse enfin précipiter une poudre rouge cuivreuse sur une lame de fer. (Beudant.)

Composition. Formée de 1 atome de bi-sulfure de plomb, de 1 atome de sulfure de cuivre, et de 1 atome de tri-sulfure d'antimoine, $= PbS^2 + CuS + SbS^3$.

Caractères cristallographiques. Sa forme primitive est un *prisme droit à base carrée.* Ses formes dominantes sont une table dont les quatre angles offrent un biseau, ou bien ce sont des cristaux entièrement ronds par la grande quantité de facettes qu'ils présentent; quelquefois aussi ces cristaux sont plus allongés et se croisent. Les faces latérales de ces cristaux admettent un clivage; on en a cité qui étaient en pyramides à six faces et en double pyramide à six faces, formes qui ne peuvent pas dériver de la forme primitive de cette substance, mais qui peuvent appartenir à du cuivre sulfuré qui serait simplement mélangé. Les cristaux de bournonite sont ordinairement gros, et leur surface est très éclatante.

La bournonite se rencontre aussi en masses amorphes.

319. *Gisement.* La bournonite se trouve toujours, comme matière étrangère, dans les mines de cuivre ou de plomb cuprifère, et dans les filons d'argent; on la cite surtout dans le comté de Cornwal en Angleterre, aux environs de Servez en Savoie, au Pérou, au Brésil, et près de Freyberg en Saxe.

320. *Annotations.* M. Haüy considère la bournonite, non pas comme espèce particulière, mais comme une réunion accidentelle des trois sulfures que M. Hatchett y a démontrés, et à laquelle le sulfure d'antimoine imprime le caractère de sa propre forme. Il fonde son opinion sur l'identité du mécanisme

compliqué de la structure dans les cristaux des deux substances, et la coïncidence parfaite des lois de décroissement et des mesures prises avec le plus grand soin sur des échantillons de forme nettement prononcée. Ce sentiment n'étant pas celui du plus grand nombre des minéralogistes de l'époque actuelle, nous ne l'avons pas suivi.

APPENDICE.

Nous plaçons ici comme appendice les minéraux suivans, qui paraissent être de simples mélanges.

321. *Plomb sulfuré antimonifère et argentifère*, vulgairement *argent blanc* (Lichtes Weissgültigerz). Substance métalloïde, d'un gris de plomb, tantôt presque mat, tantôt un peu luisant, qui passe quelquefois au noirâtre. Sa cassure est à grain fin; sa pesanteur spécifique de 5,32. Sa dissolution nitrique étendue donne immédiatement un précipité, en partie soluble dans l'acide hydrochlorique; elle précipite par un sulfate, et donne de l'argent sur une lame de cuivre. On y distingue quelquefois des fibres d'antimoine sulfuré, et plusieurs morceaux sont accompagnés de plomb sulfuré lamellaire.

Suivant l'analyse de Klaproth, c'est un mélange ou une combinaison de sulfure de plomb, de sulfure d'argent, avec une petite quantité de sulfure d'antimoine; il s'y trouve quelques atomes de fer. On le trouve près de Freyberg, à Himmelsfürst. La formule citée par M. Berzélius = PbS^2, AgS^2, SbS^3, NiAs. (*Annales de Chimie et de Physique*, tome XXXI, page 17.)

322. *Plomb sulfuré antimonifère* (Dunkel Weissgültigerz). Substance métalloïde, d'un gris de plomb, composée d'une multitude de petits cubes souvent allongés en forme de prismes rectangulaires, et groupés plusieurs ensemble, de manière que les différens groupes laissent entre eux des interstices plus ou moins sensibles. Les cubes sont souvent modifiés par des

facettes, en sorte qu'on les prendrait pour des prismes terminés par des pyramides. On les rencontre aussi en masses amorphes.

Mêmes caractères chimiques que ci-dessus.

Suivant l'analyse de Klaproth, c'est un mélange de sulfure d'antimoine et de sulfure de plomb, avec argent et sulfure d'argent; il y a aussi un peu de fer. On le trouve dans le comté de Cornouailles en Angleterre, à Andreasberg et à Clausthal, dans le Hartz. La formule citée par M. Berzélius = $PbS^2 SbS^3$.

323. *Plomb sulfuré antimonifère et arsenifère;* c'est le *bleischimmer* des Allemands. Suivant M. Pfaff, c'est un mélange de sulfure d'antimoine et de sulfure de plomb avec de l'arsenic. On le rencontre dans les filons de plomb sulfuré et les filons argentifères, de même que les variétés précédentes.

4ᵉ ESPÈCE. *PLOMB SULFURÉ BISMUTIFÈRE.*

(*Wismuth Bleierz.*)

324. *Caractères essentiels.* Sa couleur est le gris de plomb pâle; il est peu éclatant, d'un éclat métallique; sa cassure est inégale, à grains fins. Il est tendre, se laisse couper au couteau et est aisément frangible. Sa dissolution nitrique précipite par l'eau en blanc, et par l'addition d'un sulfate; elle laisse précipiter de l'argent sur une lame de cuivre.

On le trouve en masses amorphes, et quelquefois cristallisé en cristaux capillaires dont la forme n'est pas déterminée.

Composition. C'est une combinaison de 1 atome de bi-sulfure de fer, de 1 atome de bi-sulfure d'argent, de 2 atomes de bi-sulfure de plomb et de 2 atomes de bi-sulfure de bismuth = $FeS^2 + AgS^2 + 2\,PbS^2 + 2\,BiS^2$? Il contient accidentellement un peu de cuivre.

Gisement. Cette espèce, très rare, n'a encore été trouvée jusqu'à présent que dans une mine de la forêt Noire.

5ᵉ ESPÈCE. *PLOMB SÉLÉNIURÉ.*

M. H. Rose a analysé plusieurs échantillons trouvés au Hartz, qui lui ont tous offert le sélénium comme un de leurs principes constituans. Voici le résultat de ses recherches.

1°. *Un séléniure de plomb*, en masses implantées dans la chaux carbonatée magnésifère, ayant une structure lamelleuse, développant, par l'action du chalumeau sur un charbon, une forte odeur de raves putréfiées, et produisant promptement une efflorescence d'une couleur rouge brun, que l'action du chalumeau dissipe bientôt. Son signe chimique $= PbSe^2$.

2°. *Un séléniure de plomb cobaltifère*, qui ne diffère du précédent que par les réactions qu'il donne au chalumeau avec les fondans. Sa formule $= CoSe^4 + 6\,PbSe^2$. Ce minéral a été trouvé, il y a quelques années, avec le calcaire brunissant, dans les mines de Lorenz, près de Clausthal, appartenant aux bancs de roches au-dessous de Bourgstadt. Les échantillons de cette dernière localité, analysés par MM. Stromeyer et Hausmann, diffèrent sensiblement de ceux du Hartz par la proportion de cobalt.

3°. *Un séléniure de plomb cuprifère*. Bien que sa composition générale le rapproche du précédent, il présente cette difficulté que, si l'on suppose le plomb à l'état de $PbSe^2$, il restera trop de sélénium pour transformer le cuivre en CuSe, et pas assez pour le faire passer à l'état de $CuSe^2$. M. Rose pense qu'il contient ces deux combinaisons en même temps.

4°. *Un séléniure de plomb hydrargyré*. Il paraît être un mélange variable de $HgSe^2$ et $PbSe^2$; diffère peu ou point du séléniure de plomb.

Tous ces minéraux sélénifères ont été découverts par M. Zinken, dans la partie orientale du Hartz, en deux endroits peu éloignés l'un de l'autre. L'un est près de Zorge, dans des filons de fer qui traversent le schiste argileux et la diorite; les séléniures y sont disséminés dans la chaux carbonatée magnésifère; l'autre est près de Tilzerode, dans des filons. Les séléniures s'y trouvent en plus grande quantité, dispersés de la même manière dans la chaux carbonatée magnésifère, et souvent accompagnés d'or natif en petite quantité.

6e ESPÈCE. *PLOMB OXIDÉ JAUNE.*

(*Massicot, protoxide de plomb des chimistes.*)

325. Cette espèce, admise depuis peu dans la classification, se rencontre toujours en masse amorphe. Sa couleur est le jaune citron; sa cassure est terreuse dans une direction, et lamelleuse dans l'autre, avec un clivage triple. A l'extérieur, elle est matte; à l'intérieur, elle a un éclat demi-métallique. Elle est opaque, peu dure, aigre, aisément frangible. Elle ne tache pas les doigts ou le papier. Elle prend un peu d'éclat par la raclure.

Sa pesanteur spécifique est de 8,00. Elle se réduit facilement au chalumeau, et se dissout sans effervescence dans l'acide nitrique.

Composition. Bi-oxide de plomb, dont la formule $=\dot{P}b$.

326. *Gisement.* Cette espèce est extrêmement rare et se trouve à la surface de quelques minerais de plomb. Quelques minéralogistes n'en admettent pas l'existence, et veulent que l'on rapporte les masses pulvérulentes jaunâtres ou verdâtres que l'on considère comme plomb protoxidé, au plomb phosphaté terreux.

7e ESPÈCE. *PLOMB OXIDÉ ROUGE.*

(*Minium natif, deutoxide de plomb* des chimistes.)

327. Cette espèce, admise aussi récemment dans la méthode, se présente en général à l'état pulvérulent; on dit l'avoir trouvée dans quelques endroits, sous une forme lenticulaire,

ayant une contexture floconneuse et cristalline. Sa couleur est le rouge foncé, qui ne permet guère de la confondre qu'avec le *cinabre*; mais on l'en distingue surtout en ce que celui-ci est volatil, tandis que l'autre, chauffé sur des charbons, se réduit sans se volatiliser.

Sa pesanteur spécifique est de 8,94.

Composition. Tri-oxide de plomb = $\dot{\ddot{P}}b$.

328. *Gisement*. Cette espèce, très rare, tapisse à l'état pulvérulent certaines cavités, ou se trouve à la surface de quelques minerais de plomb et du zinc carbonaté compacte. Trouvée pour la première fois par M. Smithson, à Langueheck, pays de Hesse-Cassel; elle a été citée depuis dans quelques autres localités, comme à Schlangenberg en Sibérie, à Anglesea; Brillon en Westphalie, à Badenweiler, Breinig, près d'Aix-la-Chapelle. Quelques minéralogistes pensent que l'existence de cet oxide de plomb est accidentelle; qu'il résulte de la décomposition de la galène par quelque cause encore inconnue; d'autres croient que ce n'est pas un produit naturel, et qu'il provient d'anciennes exploitations de mines de plomb sulfuré.

8e ESPÈCE. *PLOMB SULFATÉ.*

(*Plomb vitreux.*)

329. *Caractères physiques*. Cette substance, d'un aspect lithoïde, a un éclat diamantaire et une limpidité parfaite, lorsqu'elle est pure; elle est blanche ou plus généralement d'un blanc grisâtre ou jaunâtre; sa texture est compacte, sa cassure vitreuse, souvent grasse. Elle jouit à un haut degré de la double réfraction; elle est tendre et facile à écraser par la pression de l'ongle.

Sa pesanteur spécifique est de 6,3.

Caractères chimiques. Fusible à la simple flamme d'une bougie; elle décrépite au chalumeau, bouillonne et se réduit.

Elle noircit par le contact des hydrosulfates, et ne fait point effervescence dans les acides.

Composition. Formé de 1 atome de protoxide de plomb et de 2 atomes d'acide sulfurique ; c'est un bi-sulfate dont la formule est $= \dot{\mathrm{Pb}}\dddot{\mathrm{S}}^{2}$.

Caractères cristallographiques. Sa forme primitive est un *prisme droit, à base rhomboïdale,* dont les angles sont de 103°42′ et de 76°18′. (Phillips.)

Ses variétés de forme, peu nombreuses, ont toutes pour forme dominante l'octaèdre rectangulaire, mais modifié par des troncatures, tantôt sur ses arètes, tantôt sur ses angles. Ainsi, on observe des troncatures sur les arètes de la base, tantôt sur deux et quelquefois sur quatre ; des troncatures obliques sur chacun des angles. On voit par là que les sulfates de baryte, de strontiane et de plomb présentent des formes qui, si elles ne sont pas identiques, se rapprochent beaucoup les unes des autres.

Ses variétés de structure sont très bornées ; on ne trouve que les suivantes :

Plomb sulfuré granuliforme,
mamelonné,
compacte, lithoïde ou vitreux ; en petites masses testacées, disséminées ;
terreux.

330. *Caractères d'élimination.* Le plomb sulfaté et le *plomb carbonaté* offrent absolument les mêmes caractères extérieurs ; ils ne diffèrent l'un de l'autre qu'en ce que le premier est un peu plus tendre, plus fusible, et qu'il ne fait pas effervescence avec l'acide nitrique. Le plomb sulfaté, d'une couleur jaunâtre, se confond encore avec le *plomb molybdaté ;* on peut l'en distinguer en ce que celui-ci ne se réduit qu'au chalumeau, tandis que l'autre se réduit à la simple flamme d'une bougie,

et en ce qu'il colore en vert plus ou moins intense le verre de phosphate de soude et d'ammoniaque, le plomb sulfaté ne lui faisant acquérir aucune couleur.

331. *Gisement.* Le plomb sulfaté se trouve toujours dans les dépôts de galène; il accompagne aussi particulièrement les minerais de fer. Il n'est pas très commun, quoiqu'on le connaisse actuellement dans une foule de lieux. On le cite en Écosse, au Hartz, en cristaux mal déterminés, connus sous le nom de *verre de plomb ;* on le rencontre dans la forêt Noire, en Andalousie, en Sibérie, au Chili et dans les États-Unis d'Amérique. Sa gangue la plus ordinaire est le quarz hyalin coloré par de l'oxide de fer.

APPENDICE.

M. Berzélius indique dans les *Annales de Chimie et de Physique,* t. XXXI, p. 32, deux minerais de plomb sulfaté mélangés ou plutôt combinés, l'un avec de l'hydrate de cuivre, l'autre avec du carbonate de plomb.

Le 1er, intitulé *plomb sulfaté cuprifère,* a pour formule $= \ddot{C}uAq^2 + \ddot{P}b\dddot{S}^2$.

Le 2e, intitulé *plomb sulfo-carbonaté,* offre les deux formules suivantes :

$$\ddot{P}b\ddot{C}^2 + \ddot{P}b\dddot{S}^2$$
$$\ddot{P}b\ddot{C}^2 + 3\ddot{P}b\dddot{S}^2.$$

9e ESPÈCE. *PLOMB HYDROCHLORO-CARBONATÉ.*

(*Plomb murio-carbonaté,* Berzélius; *carbo-hydrochlorate de plomb,* Beudant; *plomb carbonaté muriatifère,* Haüy.)

332. *Caractères essentiels.* Ce minéral a pour couleur le vert jaunâtre; il est peu éclatant extérieurement, et à l'intérieur, il offre un éclat vif et diamantaire; il est demi-transparent. Sa cassure principale est lamelleuse, sa cassure en travers est

conchoïde ; il se laisse couper au couteau, est rayé par le plomb carbonaté et sa raclure est d'un blanc mat de neige. Au chalumeau, il donne d'abord un bouton polyédrique et fond ensuite en un verre d'un jaune citron.

Sa pesanteur spécifique est de 6.

Ses cristaux paraissent dériver d'un *prisme droit à bases carrées*, les angles ayant donné 90°. Il offre des troncatures sur les arètes.

Composition. Elle est mal connue : la formule de M. Berzélius $= PbCh^4 + \dot{Pb}\ddot{C}^4$, ou 1 atome de quadri-chlorure de plomb et 1 atome de quadri-carbonate de plomb, d'après l'analyse de Klaproth. Voici, à ce sujet, comment s'exprime M. Beudant :

« Est-ce un chloro-carbonate ou une combinaison de carbonate et de chlorure, ou enfin, un mélange des deux composés, qui peut varier en toute proportion, et auquel le chlorure donnerait ici la forme ? Ce sont des questions auxquelles on ne peut répondre : ce qu'il y a de certain, c'est que presque tous les carbonates de plomb renferment une plus ou moins grande quantité de chlorure. Mais, de quelque manière qu'on envisage cette substance, on ne pourra jamais la confondre avec le carbonate de plomb, comme l'a cru M. Haüy, parce que les mesures les plus exactes des facettes modifiantes sur le prisme dominant conduisent à regarder celui-ci comme un prisme à bases carrées, qui, par conséquent, ne peut avoir aucun rapport avec un prisme rhomboïdal. » (*Traité élémentaire de Minéralogie*, page 455.)

Gisement. Ce minéral, extrêmement rare, n'a été trouvé, jusqu'à présent, qu'en petits cristaux implantés sur d'autres minerais de plomb, dans le Derbyshire en Angleterre, dans une mine qui est actuellement inondée, où il est accompagné de blende, de galène et de fluor ; dans le Sommersetshire, avec du plomb carbonaté ; dans le duché de Bade, au Vésuve, en petites paillettes blanches solubles dans l'eau ; enfin, dans une mine de plomb au Massachusset (Etats-Unis d'Amérique), où il est en petits prismes à quatre pans, terminés par un pointement à quatre faces, implantés sur la galène cristallisée.

10e ESPÈCE. *PLOMB PHOSPHATÉ.*

(*Pyromorphite, plomb vert, traubenerz.*)

333. *Caractères physiques.* C'est une substance lithoïde, offrant presque toutes les couleurs et surtout le vert et le brun, donnant une poussière grise, quelle que soit la couleur de la masse ; ayant un éclat gras et diamantaire, une texture compacte, une cassure légèrement ondulée et peu éclatante, rayant le plomb carbonaté.

Sa pesanteur spécifique est de 6,9.

Caractères chimiques. Elle se dissout sans effervescence dans l'acide nitrique ; la solution précipite par les sulfates, et donne du plomb métallique sur une lame de zinc. Elle donne au chalumeau un bouton polyédrique qui ne se réduit qu'avec le secours du charbon.

Composition. Formé d'un atome de bi-oxide de plomb et d'un atome d'acide phosphorique $= \dot{\mathrm{Pb}}\,\overset{.....}{\mathrm{P}}$. M. Wöhler a trouvé que tous les minéraux compris sous le nom général de *plomb phosphaté* sont des combinaisons d'un atome de chlorure de plomb et de 5 atomes de sous-phosphate de plomb $= \mathrm{Pb\,Ch}^{l} + 5\,\dot{\mathrm{Pb}}^{3}\,\overset{.....}{\mathrm{P}}^{2}$.

Caractères cristallographiques. Sa cristallisation se rapporte à un *prisme hexagonal ;* on peut la rapporter aussi à un *rhomboïde obtus* de 111°. Ses variétés de forme peuvent se réduire à deux dominantes, savoir, les *prismatiques* et les *pyramidées*, comme pour le quarz. On trouve surtout : le prisme hexagonal ou la double pyramide à 6 faces qui est un dodécaèdre triangulaire isocèle, le prisme hexagonal tronqué sur les arètes latérales, ou sur celles de la base, terminé par un pointement à 6 faces ou par un pointement aigu.

Ses variétés de structure se réduisent à deux principales:

Plomb phosphaté bacillaire, en aiguilles ordinairement courtes et divergentes. Le plomb phosphaté *bryoide* se rapporte à cette variété; ses aiguilles sont très courtes et disposées entre elles de telle sorte que l'ensemble offre l'apparence de mousses. Il tapisse des pierres très ferrugineuses.

mamelonné.

Les variétés de couleur que présente cette espèce sont assez variées; ainsi on y trouve le *jaunâtre*, le *rougeâtre* (la variété qui offre cette couleur renferme habituellement un peu d'acide arsenique), le *violâtre*, le *brunâtre* et le *vert*. Les cristaux verts sont translucides; tous les autres sont opaques.

Quelques chimistes attribuent la coloration du *plomb phosphaté vert* à du phosphate de fer qui est jaunâtre et qui par son mélange avec le phosphate de plomb, qui serait bleu, donnerait le vert. D'autres l'attribuent à du cuivre. Pourquoi ne serait-elle pas inhérente au phosphate de plomb?

334. *Caractères d'élimination.* Le plomb phosphaté se distingue du *plomb carbonaté*, en ce que celui-ci fait effervescence avec l'acide nitrique et se réduit au chalumeau sans addition. On confond encore le plomb phosphaté en mamelons verts avec le *cuivre carbonaté vert;* mais celui-ci fait effervescence avec les acides, et sa poussière conserve toujours une teinte de vert plus ou moins prononcée.

335. *Épigénie.* Le plomb phosphaté s'altère quelquefois; il acquiert une couleur qui tient le milieu entre le bleu d'indigo et le gris de plomb, prend une texture lamellaire, et se transforme complètement en *plomb sulfuré;* il constitue alors le *plomb noir* ou le *plomb bleu* de quelques minéralogistes, et le *plomb sulfuré épigène* d'Haüy. Dans cet état, il conserve toujours la forme cristalline du plomb phosphaté; et celui qui subit une telle métamorphose est ordinairement cristallisé en prismes. Il y a beaucoup de fer sulfuré dans le terrain d'où l'on retire ces cristaux. Peut-être se forme-t-il d'abord du gaz hydrogène sulfuré, qui réagit ensuite sur le phosphate. Cette singulière épigénie n'a encore été trouvée qu'à Tschopau en Saxe, et à Huelgoët, département du Finistère.

336. *Gisement.* Le plomb phosphaté, de même que le plomb sulfaté, est bien moins commun que le plomb carbonaté, qui, après la galène, est le minerai de ce genre le plus abondamment répandu; du reste il accompagne presque toujours ces deux dernières espèces dans leurs gisemens. On le cite dans un assez grand nombre de localités, comme à Poullaouan et à Huelgoët (Finistère); Lacroix et Sainte-Marie (Haut-Rhin), Pontgibaut (Auvergne); dans plusieurs mines de plomb d'Angleterre et d'Ecosse; dans les mines du Hartz; à Marienberg, Johangeorgenstad, Tschopau (Saxe), etc.

Le plomb phosphaté est presque toujours associé, dans ses gisemens, au cuivre carbonaté vert, au fer oxidé, au fer sulfuré, au cuivre pyriteux, à la blende et à la galène. Sa gangue la plus commune est le quarz hyalin plus ou moins ferrugineux; quelquefois c'est la baryte sulfatée. Suivant quelques géologues, l'espèce qui nous occupe se rencontre dans certains lieux en assez grande quantité pour qu'on l'exploite directement; et elle serait, mais très rarement, argentifère.

APPENDICE.

337. On doit ranger à la suite du plomb phosphaté le *plomb phosphaté arsenifère* d'Haüy (arsenio-phosphate de plomb, Jameson), qui est un simple mélange de phosphate et d'arseniate de plomb. Il donne des vapeurs arsenicales, lorsqu'on le chauffe avec un peu de charbon. Du reste, ses caractères sont sensiblement les mêmes que ceux de l'espèce précédente. Il se trouve tantôt en masses concrétionnées testacées, tantôt en cristaux bien nets, absolument semblables à ceux du plomb phosphaté. On sait, en effet, par les expériences de M. Mitscherlich, que les phosphates et les arseniates ont le même système cristallin. Cependant il paraîtrait, d'après de nouvelles mesures, que les arseniates donnent un degré de moins dans les angles.

On trouve ce plomb phosphaté arsenifère dans les mêmes localités que le précédent; mais il est moins abondant. Certaines analyses y ont indiqué de l'eau et de l'acide hydrochlorique; d'autres n'ont pas donné du tout d'acide phosphorique, ce qui remettrait les échantillons de ce genre avec le plomb arseniaté.

11e ESPÈCE. *PLOMB ARSENIATÉ.*

338. *Caractères essentiels.* Ce minéral, d'un aspect lithoïde, d'un vert jaunâtre ou d'un jaune pur, est facile à pulvériser, tendre, translucide et sans éclat diamantaire; il répand des vapeurs arsenicales sur les charbons, donne au chalumeau sans se réduire un bouton polyédrique, et fournit par la fusion avec le carbonate de soude un sel soluble qui précipite en rouge le nitrate d'argent.

Sa pesanteur spécifique est de 5.

Composition. Formé de 1 atome de bi-oxide de plomb et de 1 atome d'acide arsenique $= \ddot{Pb}\overset{\therefore\cdot\cdot}{As}$. Suivant M. Wöhler, il serait formé, comme le plomb phosphaté, de 1 atome de chlorure de plomb et de 3 atomes de sous-arseniate de plomb, $= PbCh^{f} + 5\ddot{Pb}^{7}\ddot{A}s^{2}$; et l'acide arsenique peut y être remplacé ou entièrement ou partiellement, et en des proportions indéterminées, par l'acide phosphorique, parce que celui-ci est isomorphe avec le premier.

Caractères cristallographiques. Il offre le même système cristallin que le plomb phosphaté; il se présente toujours en prismes qui dérivent d'un *prisme hexagonal* ou d'un *rhomboïde obtus;* ses prismes sont des hexaèdres, ou des doubles pyramides hexaèdres appliquées base à base.

Ses variétés de structure se réduisent aux trois suivantes :

Plomb arseniaté fibreux; en filamens soyeux, contournés, légèrement flexibles et très tendres.

compacte; en masses qui ont un aspect vitreux et gras.

terreux; sous forme pulvérulente, remplissant les cavités de certaines roches formées de débris organiques.

339. *Caractères d'élimination.* Le plomb arseniaté se distingue du plomb carbonaté en ce que celui-ci fait effervescence avec l'acide nitrique, et se réduit sans odeur d'ail; du *plomb molybdaté,* en ce que celui-ci ne répand pas sur les charbons d'odeur arsenicale; et du *plomb phosphaté,* par le même caractère.

340. *Gisement.* Cette espèce, fort rare, a été indiquée en Espagne, dans les montagnes de Brisgaw, aux environs de Redruth dans le comté de Cornouailles, en Sibérie, et aux environs de Saint-Prix, dans le département de Saône-et-Loire. Il accompagne presque toujours le plomb sulfuré.

341. *Annotations*. Le plomb arseniaté a la plus grande analogie avec le plomb phosphaté : en effet, il offre la plupart des propriétés physiques de celui-ci, présente la même composition et le même système cristallin; il est donc bien difficile au premier aperçu de les distinguer l'un de l'autre : il n'y a que les propriétés chimiques qui puissent fournir un moyen certain de séparation.

12e ESPÈCE. *PLOMB CARBONATÉ.*

(Vulgairement *plomb blanc ;* autrefois *céruse native.*)

342. *Caractères physiques.* Le plomb carbonaté a un aspect lithoïde, un éclat diamantaire et une limpidité parfaite; lorsqu'il est pur, il est blanc ou plus généralement jaunâtre : sa texture est compacte; sa cassure vitreuse, ondulée, souvent avec reflet gras. Il jouit à un haut degré de la double réfraction, est tendre et fragile.

Sa pesanteur spécifique est de 6,5.

Caractères chimiques. Il se dissout avec effervescence dans l'acide nitrique étendu, noircit par le contact des hydrosulfures, décrépite au feu, et se réduit facilement sur les charbons.

Composition. Formé de 1 atome de bi-oxide de plomb et de 2 atomes d'acide carbonique $= \ddot{P}b\dot{C}^2$. Il est très souvent mélangé de sulfate de plomb et de diverses matières terreuses : ce sont surtout les variétés compactes qui offrent ces mélanges.

Caractères cristallographiques. Sa forme primitive est, suivant M. Phillips, un *prisme droit à base rhomboïdale,* de 117° et 63°, et dans lequel la hauteur est à la petite diagonale :: 34 : 98. Cette forme est donnée par le clivage et mieux, encore par l'observation des formes secondaires. Mais il se rencontre généralement cristallisé en prismes rhomboïdaux à sommets dièdres; en prismes hexaèdres irréguliers, avec un ou plusieurs rangs de facettes annulaires ou bien avec des pyramides à 6 faces; en prismes tétraèdres, en prismes rectangulaires plus ou moins modifiés. Les cristaux sont ordinairement petits, et ont beaucoup de tendance à se grouper de diverses manières; leurs faces ont un poli vif.

Ses variétés de structure sont les suivantes :

Plomb carbonaté aciculaire, en aiguilles d'un blanc soyeux, très éclatantes, tantôt libres, tantôt réunies en faisceaux et souvent recouvertes d'une poussière d'un vert brillant qui est du cuivre malachite. Se trouve au Hartz.

bacillaire, en baguettes cannelées et entrelacées en différens sens; ressemble beaucoup à la baryte sulfatée. Se trouve en Saxe.

massif, en masses compactes, jaunâtres, à cassure luisante et comme onctueuse; tantôt entièrement amorphes, tantôt mamelonnées.

343. *Caractères d'élimination.* Le plomb carbonaté est facile à confondre avec le *schéélin calcaire,* la *chaux carbonatée,* quelques variétés de *baryte sulfatée* (celle en aiguilles fasciculées; en octaèdres cunéiformes) et la *grammatite.* On le distinguera toujours du premier, en ce que celui-ci ne se dissout pas dans l'acide nitrique, n'y fait que jaunir à l'aide de la chaleur, et ne noircit pas par le contact des sulfures alcalins; de la deuxième, en ce que celle-ci a une densité moitié moindre,

se divise en rhomboïdes et non en octaèdres, et ne noircit pas par les sulfures alcalins; de la troisième, en ce que celle-ci est insoluble dans l'acide nitrique et ne noicit pas par les sulfures; enfin de la quatrième, par les mêmes caractères, et en ce que la pesanteur spécifique de cette dernière substance est moitié moins grande que la sienne.

344. *Epigénie*. Certains cristaux de plomb carbonaté, et surtout ceux qu'on trouve à Poullaouan et à Huelgoët (Bretagne), présentent un genre d'altération analogue à celui qu'éprouve le plomb phosphaté, c'est-à-dire qu'ils passent à l'état de sulfure de plomb, et sont d'un gris sombre métallique à leur surface. Dans cet état, ils constituent la *mine de plomb noir* de Kirwan et le *plomb carbonaté noir* d'Haüy.

345. *Gisement*. Le plomb carbonaté n'est pas très commun dans la nature; cependant c'est l'espèce qui vient après le plomb sulfuré, parmi tous les minerais de plomb, relativement à l'abondance; non-seulement il se trouve dans les mines de plomb proprement dites, mais encore dans plusieurs mines d'argent et de cuivre (celles de cuivre carbonaté); il n'existe jamais en grandes masses; ses cristaux sont souvent accompagnés de quarz, ou reposent immédiatement sur lui. Les plus beaux échantillons viennent des mines de Gazimour en Daourie, du Hartz, de Léadhills en Écosse, du Derbyshire, du Cumberland en Angleterre, de Poullaouan en Bretagne, de Saint-Sauveur en Languedoc, et de Lacroix et Sainte-Marie-aux-Mines dans le Haut-Rhin.

346. *Annotations*. Nous avons dit plus haut que très souvent le plomb carbonaté était accompagné de plomb sulfaté à l'état de simple mélange. M. Beudant, à cause de cette circonstance, partage son espèce *carbonate de plomb* en deux sous-espèces : la première, qu'il appelle *carbonate de plomb prismatique*, est le plomb carbonaté pur, auquel il donne pour forme primitive un prisme rhomboïdal de 117° et 63°; et la

deuxième, nommée *carbonate de plomb rhomboédrique*, est celui qui est mélangé de sulfate, dans des proportions variées, et qui se présente en petits cristaux rhomboédriques aigus d'environ 72° 30′ et 107° 30′. Suivant M. Brooke, cette seconde sous-espèce serait une combinaison, et non un simple mélange de sulfate et de carbonate de plomb, dans les proportions de 27,50 du premier et de 72,50 du second ; ou de 52,10 de sulfate et de 47,90 de carbonate, comme cela se rencontre quelquefois. Quelques auteurs regardent aussi comme une espèce distincte la variété de plomb carbonaté qui est mélangée de plomb sulfaté et de cuivre carbonaté, dans des proportions fixes, suivant eux. Mais comme les analyses de ces diverses substances ne conduisent pas à des proportions définies, il faut attendre que de nouvelles expériences viennent enfin démontrer, d'une manière péremptoire, la véritable nature de ces composés. Jusqu'alors on doit les considérer comme des mélanges.

APPENDICE.

Plomb carbonaté cuprifère. C'est un mélange de plomb carbonaté et de cuivre carbonaté, qui se rencontre dans la plupart des mines où ces deux minerais sont associés ; le plus pur et le mieux caractérisé est celui de la mine de plomb de la Croix près Linarez en Andalousie. Il est en masses laminaires, et offre une couleur bleuâtre avec l'éclat vitreux.

13ᵉ ESPÈCE. *PLOMB CHROMATÉ.*

(Plomb rouge de Sibérie.)

347. *Caractères physiques.* Il a un aspect lithoïde, une couleur rouge orangée, donne une poussière jaune orangée, est translucide et quelquefois transparent (*) ; sa cassure est

(*) Lorsque le plomb chromaté est transparent, on peut y observer, sui-

transversale et raboteuse ; son éclat est gras ; il se laisse facilement gratter par le couteau.

Sa pesanteur spécifique est de 6.

Caractères chimiques. Traité au chalumeau, il pétille, se fendille aussi dans la longueur des cristaux ; une certaine portion se réduit, et la masse se convertit en scorie noire qui colore le borax en vert.

Composition. Formé de 1 atome de bi-oxide de plomb et de 1 atome d'acide chromique $= \overset{..}{\mathrm{Pb}}\overset{:::}{\mathrm{Cr}}$.

Caractères cristallographiques. Ses cristaux se rapportent à un *prisme rhomboïdal oblique,* dont l'angle est de 93° et dont la base repose sur une arète. Sa forme dominante est un prisme à quatre pans terminés par un double biseau, ou par un seul très comprimé ; les faces du prisme sont souvent striées en longueur. Presque toujours ses cristaux sont brillans, groupés et difficiles à déterminer.

Le plomb chromaté s'offre toujours en petits cristaux brillans, implantés dans des cavités et couverts parfois de stries profondes.

348. *Caractères d'élimination.* Nous avons dit plus haut que ce minéral colorait le borax en vert au chalumeau. Ce caractère le distingue suffisamment de tous les minéraux rouges avec lesquels on pourrait le confondre, tels que le *mercure sulfuré, l'arsenic sulfuré rouge, l'argent rouge,* etc. Le *cuivre oxidulé rouge* pourrait seul présenter ce caractère ; mais ce minerai est d'une couleur rouge si différente, que l'on n'a pas même besoin d'être très exercé pour le distinguer au premier coup d'œil du plomb rouge.

---

vant M. Soret, deux axes de double réfraction ; et en regardant perpendiculairement aux pans des prismes, on remarque une espèce de dichroïsme, qui fait paraître le cristal tantôt rouge, tantôt orangé, suivant la position qu'on lui donne.

349. *Gisement*. Ce minerai ne s'est encore trouvé que dans quatre localités seulement : 1°. au Brésil, dans les environs de Cocaes, sur la route de Villa-Rica à Tejuco, en cristaux d'un rouge vif, accompagnés de plomb chromé vert, dans un psammite sablonneux et ferrugineux alternant avec une argile schisteuse, et à Congonhas-do-Campo, dans un filon de quarz aurifère qui traverse un terrain de stéachiste; 2°. à Zimapan, au Mexique, en cristaux bruns renfermant 15 pour cent d'acide chromique, avec du fer et de l'arsenic; 3°. en Moldavie, en petits cristaux sur un quarz très celluleux, associés avec de l'oxide de fer; 4°. enfin en Sibérie, dans les mines d'or de Bérésof, sur la lisière orientale des monts Ourals, etc. En Sibérie, dans les mines d'or de Bérésof, il est disséminé sur une gangue quarzeuse, dans un filon de plomb sulfuré, parallèle à celui qui renferme les pyrites aurifères décomposées. Cette gangue quarzeuse contient dans sa partie supérieure de l'oxide de plomb, de l'antimoine et de la silice; et dans sa partie inférieure elle est entièrement siliceuse. On le trouve encore en cristaux implantés sur un psammite, analogue à celui du Brésil, formant des collines à 15 lieues au nord de Bérésof, et renfermant aussi des pyrites aurifères décomposées.

350. *Usages*. Le chromate de plomb est employé dans les arts, à cause de la belle couleur qu'il fournit. On s'en sert dans la peinture sur toile et sur porcelaine. On l'emploie aussi pour faire des fonds jaunes, particulièrement sur les caisses de voitures.

351. *Annotations*. C'est en analysant le plomb rouge de Sibérie que M. Vauquelin a découvert, en 1797, l'acide chromique et le chrôme.

14e ESPÈCE. *PLOMB MOLYBDATÉ.*

(*Plomb jaune de Carinthie.*)

352. *Caractères physiques.* Cette espèce est d'un jaune plus ou moins pur, tendre et cassante ; elle a une cassure conchoïde et un éclat vitreux non diamantaire.

Sa pesanteur spécifique est de 5,6.

Caractères chimiques. Traitée au chalumeau, elle décrépite, se fond en une masse d'un gris jaunâtre et se réduit, mais avec peine ; elle donne au borax une couleur bleuâtre. Chauffée avec l'acide nitrique, elle s'y dissout en laissant précipiter une poudre blanche, un peu soluble dans l'eau, qui devient d'un bleu pur par l'action d'un barreau de zinc.

Composition. Formée d'un atome de bi-oxide de plomb et de 2 atomes d'acide molybdique $= \ddot{Pb}\,\dddot{Mo}^2$.

Caractères cristallographiques. Ses cristaux se rapportent à un *octaèdre symétrique à triangles isocèles*, dans lequel l'incidence des faces d'une pyramide sur celle de l'autre est de 76°40′. Elle offre pour formes dominantes : le parallélépipède rectangle ; l'octaèdre à base carrée, le même tronqué sur ses angles et très aplati, le même avec une troncature oblique sur les arètes. Il y a des cristaux laminaires, qui sont le parallélépipède rectangle, dont les petites faces terminales sont souvent arrondies.

Le plomb molybdaté est toujours cristallisé dans la nature ; ses cristaux sont ordinairement très petits, et offrent un éclat vif à leur surface.

353. *Caractères d'élimination.* On le distingue du *plomb carbonaté* en ce que celui-ci se dissout avec effervescence dans l'acide nitrique étendu, et ne colore point le verre de borax.

354. *Gisement.* Le plomb molybdaté, très rare dans la nature, se trouve surtout à Bleyberg en Carinthie ; on le cite

encore en Saxe, dans le Tirol, en Transylvanie, en Écosse, aux États-Unis, et au Mexique. Partout sa gangue est la même; c'est un calcaire compacte jaunâtre. En France, on le trouve dans une diabase verdâtre, au pied de la montagne des Chalanches, près d'Allemont, département de l'Isère. Dans ses divers gisemens, il est associé à d'autres minerais de plomb, à de la blende, du fer ocreux, rarement des pyrites, à du fluor, de la baryte sulfatée et du calcaire spathique.

15e ESPÈCE. *PLOMB TUNGSTATÉ.*

355. *Caractères essentiels.* Cette espèce, fort rare, a une couleur jaunâtre ou verdâtre; chauffée avec l'acide nitrique, elle s'y dissout en laissant une poudre qui devient jaune par l'ébullition de la liqueur.

Sa pesanteur spécifique est de 8?

Elle se présente en petits cristaux implantés sur du quarz. Ce sont des prismes terminés par une pyramide à 6 faces, très aiguë.

Composition. Formée de 1 atome de bi-oxide de plomb et de 2 atomes d'acide tungstique $= \ddot{P}b\ \dddot{T}u^2$.

Gisement. On ne l'a encore trouvée qu'à Zinwald, en Bohême, accompagnant l'étain oxidé.

16e ESPÈCE. *PLOMB HYDRO-ALUMINATÉ.*

(*Plomb hydro-alumineux,* Haüy; vulgairement *plomb gomme.*)

356. *Caractères essentiels.* Cette espèce ressemble à des gouttelettes de gomme arabique. Elle a une couleur jaunâtre plus ou moins sale, un éclat très vif; elle est plus dure que le fluor; a une cassure conchoïde, une texture compacte; isolée et frottée, elle acquiert l'électricité résineuse; par la chaleur elle décrépite, donne de l'eau, se divise en feuillets et se change en une espèce de chou-fleur; fondue avec la potasse caustique et traitée par l'acide nitrique, elle s'y dissout en totalité; la so-

des tas dans un espace entouré de trois petits murs destinés à soutenir la matière, et à la griller convenablement. On est souvent obligé de faire subir plusieurs grillages à la masse, afin de la décomposer entièrement. Par cette opération, le soufre se convertit en acide sulfureux qui se dégage; mais le plomb se trouve oxidé en même temps; de plus, une portion de cet oxide se combine avec de l'acide sulfurique produit, et forme du sulfate de plomb. On mêle ce mélange d'oxide et de sulfate avec du charbon de bois, et on le fond dans des fourneaux à manche plus ou moins élevés. L'oxide libre est promptement réduit: mais le sulfate passant à l'état de sulfure, donne des mattes qu'il faut griller et refondre de nouveau pour en retirer le métal.

II. Un autre procédé de traitement pour la galène suffisamment pure, et qui présente beaucoup d'avantages, c'est de griller et de fondre dans un fourneau à réverbère chauffé au bois ou à la houille.

On commence d'abord par griller le minerai à une chaleur modérée, et pendant quelque temps sans le remuer; on augmente ensuite le feu peu à peu, et on a le soin de mélanger les couches supérieures presque entièrement composées de sulfate de plomb, avec les couches inférieures, qui ne sont formées que de sulfure non décomposé: par ce moyen, le soufre de ce dernier enlève tout l'oxigène à l'oxide et une partie de celui de l'acide du sel, en sorte qu'il en résulte du plomb métallique provenant du sulfate et du sulfure, et du gaz acide sulfureux en très grande abondance.

III. Le troisième procédé n'exige aucun grillage, et est très économique; il consiste à *désulfurer* le minerai par le moyen du fer. A cet effet, on se sert encore du fourneau à réverbère; mais, dès l'instant que le minerai est fondu, on ajoute successivement un quart de son poids de vieille ferraille ou de fonte granulée, en ayant soin de bien brasser toute la masse. Le soufre est alors absorbé par le fer, et le plomb se trouve réduit très promptement; ce métal fond et se rassemble au bas du fourneau, et s'écoule ensuite dans un bassin destiné à le recevoir; mais comme le sulfure de fer coule avec lui dans ce premier récipient, et qu'il reste d'ailleurs à sa surface à cause de sa moindre pesanteur, on décante le bain métallique dans un second bassin, à l'aide d'une ouverture pratiquée à la partie inférieure du premier.

Quelquefois on grille d'abord le minerai, on le fond ensuite dans le même fourneau à réverbère, et on n'ajoute le fer que sur la fin de l'opération, pour décomposer les sulfures et les sulfates de plomb qui demeurent encore sur la sole du fourneau. Cette pratique réduit de beaucoup la consommation du fer métallique, et diminue les frais.

Lorsque les minerais ne sont point argentifères, ce qui arrive assez rarement, le plomb obtenu par ces divers procédés peut être immédiatement livré au commerce. Mais, pour peu qu'il renferme en argent de quoi couvrir les dépenses, et tel est celui qui provient de la galène à petites et à moyennes facettes, on cherche à en séparer ce métal précieux. Il prend alors le nom de *plomb d'œuvre,* et on le soumet à la coupellation, comme nous l'avons dit en parlant de l'extraction de l'argent (283).

359. La quantité de plomb extrait annuellement dans les diverses parties du globe s'élève à plus de 550,000 quintaux, dont la valeur est de plus de 22,000,000 de francs. Le tableau suivant indique les quantités de ce métal que fournissent les pays où se trouvent des exploitations en activité.

Angleterre.	250,000 quintaux.
Prusse.	71,000
Autriche.	67,000
Hartz	60,000
Espagne.	32,000
France.	16,000
Nassau-Ussingen.	12,000
Saxe.	10,000
Savoie.	4,000
Pays-Bas.	4,000
Anhalt-Bernbourg.	3,000
Pays de Baden.	800
Total.	529,800 quintaux.

360. *Usages et diverses préparations.* Les usages du plomb sont très multipliés et assez généralement connus : réduit en lames d'environ deux lignes d'épaisseur, on l'emploie à couvrir des édifices ; on en fait des tuyaux de conduite, des réservoirs, des chaudières, des chambres dans lesquelles se fabrique l'acide sulfurique, des balles et de la grenaille. Allié avec environ un quart de son poids d'antimoine, il constitue les caractères d'imprimerie; avec la moitié de son poids d'étain, il forme la soudure des plombiers. On en prépare en grand le *blanc de plomb* ou *céruse*, la *litharge*, le *massicot* et le *minium*. Il est également très employé pour l'exploitation des mines d'argent et d'or. En Médecine, on n'en fait point directement usage; mais il entre dans la composition de plusieurs préparations, telles que les acétates de plomb, les différens emplâtres à base d'oxide, etc.

Nous allons entrer dans quelques détails relativement à la préparation de quelques-uns des composés que le plomb fournit aux arts et qu'on obtient toujours en grand, c'est-à-dire la *litharge*, le *massicot*, le *minium*, la *céruse* et le *sel de saturne*.

361. La *litharge* est le protoxide de plomb fondu. On ne la fabrique jamais directement ; elle provient toujours de la coupellation du *plomb d'œuvre ;* cette opération, comme nous l'avons dit (283), se pratique dans un fourneau à réverbère, de telle manière que le plomb s'oxide et forme au-dessus du bain d'argent une couche liquide, qui s'écoule par une échancrure pratiquée à la partie supérieure de la coupelle, et qui est reçue dans un bassin particulier, où elle se divise, par le refroidissement, en petites lames micacées opaques, et d'une couleur d'or. Mais cet oxide, ainsi obtenu, est rarement pur ; il renferme presque toujours un peu de cuivre et de fer, provenant du plomb d'œuvre soumis au traitement ; aussi l'ammoniaque produit-elle, dans sa dissolution nitrique, un léger précipité d'oxide de fer, et communique-t-elle une couleur bleue plus ou moins marquée à la liqueur surnageante. On connaît dans le commerce deux espèces de litharge, la *litharge anglaise* et la *litharge d'Allemagne :* la première est généralement plus pure et par conséquent plus estimée que la seconde. La litharge, quelle que soit d'ailleurs sa pureté, contient toujours une petite quantité d'acide carbonique qu'elle enlève peu à peu à l'air avec lequel elle est en contact. On distinguait autrefois cet oxide, suivant que sa couleur tirait sur le jaune ou sur le blanc, en *litharge d'or* et *litharge d'argent*, et l'on croyait que ces deux variétés devaient leur teinte, la première à de l'or, la seconde à de l'argent ; cette opinion, tout-à-fait fausse, n'a plus de crédit qu'auprès des gens dépourvus de connaissances chimiques, et l'on sait fort bien maintenant que cette différence de couleur tient uniquement aux oxides étrangers ci-dessus mentionnés, et à la proportion variable d'un peu de minium que la litharge renferme constamment et qui s'est formé pendant l'écoulement et le refroidissement de cette dernière par le contact de l'air.

362. Le *massicot* est le protoxide de plomb ordinaire ; il

est jaune ; le *minium* est le deutoxide (*); il est d'un rouge vif. Tous deux se préparent en grand dans les arts par la calcination du plomb au contact de l'air. Voici le procédé le plus généralement suivi : on calcine le plomb dans de grands fourneaux de réverbère dont l'aire est concave ; de chaque côté, sont deux foyers au niveau de l'aire. Le plomb entre en fusion (au 260e degré centigrade), et se recouvre bientôt d'une couche d'oxide jaune, connu sous le nom de *massicot;* on enlève cette première couche, qui est remplacée par une seconde et une troisième, qu'on enlève de même à l'aide d'un ringard. Quand tout le bain de plomb est converti en massicot, on continue la calcination pendant un certain temps, en retournant la matière, afin d'oxider le plomb qui pourrait encore être à l'état métallique : on retire l'oxide du four et on le refroidit en jetant de l'eau dessus. Dans cet état, il contient encore un peu de plomb métallique ; pour l'en séparer, on l'agite dans des tonneaux pleins d'eau. Le métal étant le plus pesant, se précipite au fond des vases, tandis que l'oxide, très divisé, reste en suspension dans l'eau : on décante promptement et on laisse précipiter l'oxide ; on le fait sécher, et on le met de nouveau dans un four chauffé jusqu'au rouge, dont on laisse tomber la chaleur peu à peu ; on l'y laisse pendant deux jours ; après quoi l'opération est terminée. On le retire du four, on le passe au travers d'un crible, et on en remplit des barils que l'on expédie dans le commerce ; on le connaît sous le nom de *minium* ou *mine de plomb rouge*. Dans quelques fabriques, on ajoute au bain de plomb un peu d'étain pour enlever la petite quantité de cuivre que le plomb pourrait

(*) Suivant M. Proust, le minium est une combinaison en proportions définies de protoxide et de tritoxide (*oxide puçe*) de plomb. Cette opinion, qui s'accorde si bien avec tous les faits, est généralement admise maintenant.

contenir. Le cuivre et l'étain s'oxident avant le plomb; on rejette la première couche qui surnage le bain. On peut également séparer l'oxide de cuivre et le protoxide de plomb qui seraient mélangés au minium, en le mettant en contact pendant quelques jours avec de l'eau aiguisée d'acide acétique : les deux oxides se dissolvent; tandis que le deutoxide de plomb reste inattaqué. Dans les arts, on donne la préférence au minium d'Angleterre, à cause de sa grande pureté. Il est employé pour vernisser les poteries, pour la fabrication du cristal et dans la peinture à l'huile.

363. Le *blanc de plomb*, appelé aussi vulgairement *blanc de céruse*, *blanc de Krems*, *céruse*, etc., est du sous-carbonate de plomb, qu'on se procure de la manière suivante : on fait passer à travers une dissolution de sous-acétate de plomb, un courant de gaz acide carbonique; il se forme du sous-carbonate de plomb qui se précipite, et le sous-acétate de plomb est ramené à l'état d'acétate qu'on fait bouillir de nouveau avec de l'oxide de plomb. On sature le sous-acétate formé une seconde fois par le gaz acide carbonique, jusqu'à ce qu'il ne se précipite plus de blanc de plomb, etc.; et l'on voit que s'il n'y avait pas un peu de perte, le même acétate servirait long-temps pour la fabrication du sous-carbonate de plomb. Tel est le procédé que l'on suit à *Clichy* près Paris. En Hollande et à Krems en Autriche, ou plutôt auprès de Vienne, on suit un autre procédé qui est déjà très ancien. On expose des lames de plomb roulées en spirale, dans des pots de terre au fond desquels on met quelques pouces d'épaisseur de mauvais vinaigre ; on place ensuite ces pots dans des couches de fumier neuf, ou mieux, dans de la *tannée*, de manière à ce qu'ils en soient presque entièrement recouverts. Au bout de deux mois environ, on découvre ces pots et l'on retire les lames de plomb, qui sont presque entièrement attaquées et converties en sous-carbonate de plomb, et en une petite quantité d'acétate :

on sépare ce dernier sel par le lavage, et l'on fait sécher à l'air le sous-carbonate sensiblement pur. Le plus beau se vend à part sous le nom de *blanc d'argent*. Celui qui est moins blanc est pulvérisé dans les fabriques mêmes, broyé sous l'eau et divisé en pains coniques, qui prennent plus particulièrement le nom de *céruse*; celle-ci est presque toujours falsifiée avec de la craie ou du sulfate de baryte. Le blanc de plomb fabriqué à Krems n'a pas la teinte grisâtre de celui de Hollande, par la raison qu'au lieu d'entourer les pots de fumier ou de tan, on les élève artificiellement au degré de chaleur convenable; on évite, par ce moyen, le contact du gaz hydrosulfurique qui se dégage incessamment du fumier en putréfaction. Le blanc de Clichy, tout aussi beau que celui de Krems, doit lui être préféré, puisque c'est une production nationale. Le sous-carbonate de plomb est principalement employé dans la peinture à l'huile sur boiserie; en Pharmacie, il entre dans la composition de plusieurs emplâtres et onguens siccatifs, et dans celle des trochisques blancs de *rhasis*.

364. Le *sel de saturne*, nommé encore *sucre de saturne*, *sucre de plomb*, est de l'acétate neutre de plomb, qu'on trouve dans le commerce, cristallisé en longs prismes à quatre pans terminés par des sommets dièdres. Les arts en consomment une grande quantité; aussi sa fabrication est-elle très étendue. On le prépare en combinant directement la litharge au vinaigre distillé ou au vinaigre de bois purifié. A cet effet, on fait chauffer l'oxide avec un excès de vinaigre dans de grandes chaudières en plomb ou en cuivre étamé. La dissolution opérée, on concentre la liqueur et on la verse dans des vases où elle cristallise par le refroidissement. On décante les eaux mères, on les évapore de nouveau, et on les soumet à une nouvelle cristallisation. Les dernières portions d'acétate obtenues sont presque toujours jaunâtres; on les purifie par des dissolutions et cristallisations réitérées. Dans quelques fabriques, on suit

un autre procédé qui nous semble moins économique que le précédent ; il consiste dans l'emploi du plomb métallique au lieu de litharge. On réduit le métal en lames très minces, on les place dans des baquets très évasés, et on les baigne de vinaigre : le tout reste exposé au contact de l'air. Les lames se convertissent en acétate qui se dissout dans la liqueur surnageante : lorsqu'elles ne paraissent plus diminuer sensiblement, on les immerge dans de nouveau vinaigre, et l'on continue ainsi jusqu'à ce qu'elles soient entièrement dissoutes. On rassemble alors toutes les liqueurs, on les fait évaporer et cristalliser.

L'acétate de plomb neutre jouit de la singulière propriété de dissoudre une certaine quantité de son oxide et de se transformer en sous-acétate. C'est par ce procédé que l'on prépare, en Pharmacie, ce dernier sel, connu sous le nom d'*extrait de saturne,* et qui, étendu d'eau, prend ceux d'*eau végéto-minérale,* d'*eau de Goulard*, d'*eau blanche*. L'acétate neutre est aussi très employé dans les manufactures de toiles peintes pour fabriquer, par double décomposition, l'acétate d'alumine que l'on y consomme comme *mordant,* et encore pour préparer le blanc de plomb, comme nous venons de le dire plus haut.

Xe FAMILLE. *CUIVRE.*

365. Les minerais de cuivre sont faciles à reconnaître. Tous, ramenés par un grillage convenable à l'état d'oxides, puis fondus avec le verre de borax, colorent celui-ci en vert d'émeraude : quelquefois la teinte n'est pas aussi pure, elle est vert-jaunâtre ; alors on peut faire usage de l'ammoniaque pour lever tous les doutes. Les sels de cuivre colorent en beau bleu cet alcali. Il arrive parfois cependant que cet effet ne se produit pas ; il faut, dans ce cas, fondre le minerai avec de la soude et du charbon, recueillir le globule métallique et l'es-

sayer, ce que l'on fera en le traitant par l'acide nitrique. La solution bleue que l'on obtiendra par ce moyen deviendra d'un bleu plus intense par l'addition de l'ammoniaque, par laquelle l'oxide est d'abord précipité, puis dissous. Une lame de fer plongée dans cette solution se recouvrira de cuivre métallique. La liqueur précipitera, en outre, en brun marron par l'hydrocyanate ferruginé de potasse, et en bleu permanent par la potasse et la soude.

Cette famille renferme vingt-trois espèces.

1re ESPÈCE. *CUIVRE NATIF.*

366. *Caractères essentiels.* Le cuivre natif offre tous les caractères du cuivre obtenu pour le besoin des arts; seulement sa surface est le plus ordinairement recouverte d'un enduit grisâtre qui masque sa couleur : pour l'apercevoir, il faut le frotter; elle est alors semblable à celle du cuivre pur.

Sa pesanteur spécifique est de 8,584; mais elle varie suivant son degré de pureté. Celle du cuivre fondu est de 8,895.

Ses cristaux, que l'on trouve souvent dans la nature, appartiennent au système cristallin cubique. On observe le cube, l'octaèdre, le cubo-octaèdre, le cubo-dodécaèdre et le triforme ou combinaison du cube, de l'octaèdre et du dodécaèdre. Sa forme la plus ordinaire est l'*octaèdre cunéiforme* (*).

On le rencontre aussi en parties ramuleuses dendritiques, tantôt saillantes à la surface des diverses gangues, tantôt sim-

---

(*) Le cuivre peut être obtenu cristallisé artificiellement par la fusion et un refroidissement habilement ménagé : la forme qu'il affecte dans ce cas est une pyramide quadrangulaire; mais il est nécessaire, pour obtenir ces cristaux, d'agir comme pour le bismuth, etc., c'est-à-dire de les mettre à nu avant que toute la masse soit solidifiée. La forme des cristaux artificiels ne paraît pas compatible avec le système cristallin cubique du cuivre natif.

plement superficielles, tantôt enfin sous forme de réseaux engagés entre les feuillets des pierres. Il se présente encore en petits filamens, en petites lames, en petits grains, et en masses mamelonnées ou botryoïdes, quelquefois considérables, que l'on trouve isolées à la surface du sol.

Composition. Corps simple de la Chimie, dont le signe chimique = Cu. Dans la nature il n'est jamais parfaitement pur; il contient presque toujours du fer, de l'or ou de l'argent.

367. *Caractères d'élimination.* Les minéraux qui peuvent être confondus avec le cuivre natif sont: l'*or natif,* le *cuivre pyriteux* et le *nickel arsenical.* Le premier s'en distinguera à sa couleur jaune pure, à sa pesanteur double au moins de celle du cuivre, et en ce qu'il est inattaquable par l'acide nitrique; le deuxième, à sa couleur jaune tirant sur le verdâtre, et en ce qu'il est cassant; enfin, le troisième en ce qu'il est cassant et étincelle sous le briquet en répandant une odeur alliacée sensible.

368. *Gisement.* Le cuivre natif existe généralement dans les terrains primordiaux, mais moins anciens que ceux qui contiennent le nickel et le cobalt. Il est très commun dans les mines de cuivre, où il s'associe surtout au cuivre carbonaté, sulfuré et pyriteux; il y est toujours engagé dans les roches ou les matières pierreuses qui les accompagnent, telles que le micaschiste, le gneis, le jaspe ferrugineux, le calcaire saccharoïde, la chaux fluatée, la baryte sulfatée. On le trouve, mais rarement, empâté dans de la prehnite radiée, que l'on rencontre dans des roches amygdaloïdes des terrains secondaires, accompagné, dans ce cas, de cuivre oxidulé, carbonaté et hydrosilicaté. Enfin, on l'a trouvé en masses isolées dans des sables, au Brésil, au Chili, au Canada, etc. Une de ces masses, trouvée à peu de distance de Bahia au Brésil, pesait 2,616 livres.

Le cuivre natif offre deux sortes de formations différentes : tantôt il entre dans la composition des roches et des filons qui les traversent, tantôt il est d'une formation bien plus récente, mais plus rare. Il se nomme alors *cuivre de cémentation, cuivre concrétionné.* Il vient des dissolutions de sulfate cuivre qui coulent dans l'intérieur des mines, et qui sont décomposées par le fer, les corps organisés, et par tous les corps combustibles que rencontrent ces eaux cuivreuses.

Après l'or, le cuivre est certainement le métal que l'on rencontre le plus souvent à l'état natif. On en a trouvé, dit-on, une variété en petits grains qui contient de l'antimoine.

2e ESPÈCE. *CUIVRE SULFURÉ.*

(Cuivre vitreux.)

369. *Caractères physiques.* Ce minéral a pour couleur dominante le gris de plomb ; celle de sa poussière est noirâtre. Il est tendre, se laisse couper au couteau, est aisément frangible, s'égrène sous le marteau et ne se prête point à la division mécanique ; sa texture est grenue, sa cassure conchoïde et éclatante.

Sa pesanteur spécifique est de 5 environ.

Caractères chimiques. Il est très fusible ; il fond même à la flamme d'une bougie. Au chalumeau, il fond en bouillonnant et donne un bouton métallique, souvent attirable à l'aimant, à cause d'un peu de fer avec lequel il est mélangé.

Composition. Formé de 1 atome de cuivre et de 1 atome de soufre = CuS.

Caractères cristallographiques. Sa forme primitive est un *prisme hexaèdre régulier.* Toutes ses variétés de formes, peu nombreuses, présentent le même prisme plus ou moins modifié sur les arètes de la base ; quelquefois les troncatures atteignent leurs limites et donnent de chaque côté du prisme une double pyramide, ce qui fait le dodécaèdre triangulaire isocèle ; tantôt il est complet et tantôt profondément tronqué au sommet. Quelques variétés offrent un clivage, mais dont les joints naturels ne peuvent être reconnus que par un chatoiement à une vive lumière.

Ses variétés de structure se réduisent aux suivantes :

Cuivre sulfuré massif. Il est presque toujours accompagné de cuivre carbonaté vert. Il se décompose à la longue au contact de l'air, et passe à l'état de *cuivre oxidulé ;* il donne lieu alors à ce que M. Haüy appelle *cuivre sulfuré hépatique.*

Cuivre sulfuré pseudo-morphique. Cuivre spiciforme, vulgairement *argent en épis.* Il est en petites masses ovales et aplaties, dont la surface présente des espèces d'écailles imbriquées à la manière des cônes de pin. C'est cette configuration qui a fait penser à plusieurs naturalistes que les types de cette pseudomorphose pourraient bien être des portions de cônes de pin qui auraient été pénétrées ou même remplacées par le cuivre sulfuré. D'autres croient que ce sont les épis d'une espèce de graminée, le *phalaris bulbosa* de Linné. On trouve cette variété à Frankenberg (Hesse), dans des filons qui traversent un terrain primitif et reposent sur une gangue argileuse. Ces deux circonstances semblent exclure l'idée que la pseudomorphose a été produite par une substance végétale, ou pour mieux dire organique.

370. *Caractères d'élimination.* On le distingue, 1°. du *cuivre gris*, en ce que celui-ci décrépite au chalumeau et y donne des vapeurs blanches antimoniales ; sa forme primitive est, en outre, bien différente de celle du cuivre sulfuré ; 2°. du *cuivre oxidulé*, en ce que celui-ci a ordinairement une couleur rouge et dégage d'abondantes vapeurs nitreuses par le contact de l'acide nitrique ; 3°. de l'*argent sulfuré*, en ce que ce dernier est très malléable et donne au chalumeau un bouton blanc, celui du cuivre sulfuré étant d'un gris d'acier.

371. *Gisement.* Cette espèce se trouve, tantôt accompagnant le cuivre pyriteux, mais en petite quantité, et ne faisant par conséquent jamais l'objet de l'exploitation; tantôt seule et en grande quantité; aussi, dans ce cas, l'exploite-t-on avec avantage, car c'est une des mines de cuivre le plus productives. Isolée, elle forme des filons qui traversent les montagnes primitives et dont quelques-uns sont très puissans, comme en Hongrie, en Suède, en Saxe, etc. D'autres fois, accompagnée de malachite soyeuse, d'argile diversement colorée et de sable, elle se trouve dans les terrains primitifs, comme dans les monts Ourals en Sibérie.

3e ESPÈCE. *CUIVRE SULFURÉ ARGENTIFÈRE.*

(*Argent et cuivre sulfuré,* de Bournon; *sulfure de cuivre et d'argent,* Beudant.)

372. *Caractères essentiels.* Il a un aspect métallique très éclatant, une couleur d'un gris d'acier; il est très fragile, et a une texture compacte. Il est très fusible, et donne au chalumeau un bouton qui, traité par l'acide nitrique chaud, s'y dissout et forme une liqueur qui dépose de l'argent métallique sur une lame de cuivre et bleuit par l'ammoniaque.

Composition. Formé de 2 atomes de sulfure de cuivre et de 1 atome de bi-sulfure d'argent $= 2CuS + AgS^2$.

Gisement. Cette espèce, qui ne s'est encore présentée qu'en masses amorphes et compactes, se rencontre dans les mines de Kolivan, en Sibérie.

4e ESPÈCE. *CUIVRE PYRITEUX.*

(*Pyrite cuivreuse; double sulfure jaune de cuivre et de fer,* de Bournon.)

373. *Caractères physiques.* Ce minéral offre un éclat métallique peu intense extérieurement et très développé à l'inté-

rieur, une couleur jaune de bronze presque toujours irisée, une texture grenue et une cassure raboteuse. Il est tendre, non malléable, cède aisément à la lime, et donne à peine des étincelles avec le briquet.

Sa pesanteur spécifique est de 3,5 à 4,5.

Caractères chimiques. Traité au chalumeau, sur un charbon, il décrépite, donne une odeur sulfureuse, et se fond en un globule noir, qui prend peu à peu, mais avec lenteur, la couleur et l'éclat du cuivre. Sa dissolution nitrique abandonne du cuivre métallique sur une lame de zinc, et précipite en bleu par l'hydroferrocyanate de potasse.

Composition. Formé, suivant M. Rose, de 1 atome de bi-sulfure de cuivre et de 1 atome de bi-sulfure de fer $= CuS^2 + FeS^2$. Il renferme dans quelques cas, mais comme accident, un peu d'or ou un peu d'argent, et plus rarement encore un peu d'arsenic.

Caractères cristallographiques. Sa forme primitive, suivant M. Mohs, est un *octaèdre à base carrée*, dans lequel l'incidence d'une face de l'une des pyramides sur la face adjacente de la seconde est de 108°40'. Dans cet *octaèdre*, quatre des faces se sont très développées, et les quatre autres ont disparu, ce qui donne un *tétraèdre*, mais qui n'est pas régulier. M. Haüy a admis pour forme primitive de cette espèce le *tétraèdre régulier*, s'appuyant sur ce que sa forme dominante est en général un octaèdre qui paraît se rapprocher beaucoup du régulier, et trompé sans doute par cette circonstance remarquable, que de véritables cristaux de cuivre gris se présentent fréquemment sous le masque de la pyrite cuivreuse, à cause de la tendance qu'a cette pyrite à s'incorporer avec eux, et à se mouler sur leur surface. Mais M. Mohs a entièrement détruit cette opinion, en faisant voir que les angles de l'octaèdre du cuivre pyriteux sont sensiblement différens de ceux de l'octaèdre régulier. Les formes du cuivre pyriteux paraissent souvent n'avoir été qu'ébauchées, et les sommets pyramidaux qu'elles offrent tendent encore à favoriser l'illusion d'après laquelle on rapporte ces formes au système cristallin tétraédrique régulier.

Les cristaux de cette espèce sont généralement assez rares, et leurs variétés de forme sont peu nombreuses. On trouve des tétraèdres irréguliers simples ou modifiés par des troncatures de diverses manières; on observe encore l'octaèdre, le cubo-tétraèdre, le dodécaèdre, etc.

Les variétés de structure sont plus communes; on la rencontre en *masses amorphes* d'un volume souvent assez considérable; en *concrétions* ou *stalactites;* sa surface est alors bronzée, terne, et même criblée d'une infinité de petits trous. Quelquefois cette surface présente, par suite d'une altération particulière, un aspect irisé; et comme ces reflets irisés imitent assez ceux qui ornent la gorge des pigeons ou la queue des paons, on a donné aux échantillons qui offrent ce joli phénomène le nom vulgaire de *pyrite à gorge de pigeon, pyrite à queue de paon.*

374. *Caractères d'élimination.* On peut confondre le cuivre pyriteux avec le *fer sulfuré,* l'*or natif* et le *bismuth natif*. On le distingue du premier de ces minéraux, en ce que celui-ci a une forme primitive bien différente de la sienne, qu'il résiste beaucoup plus à la lime, et donne toujours des étincelles par le choc du briquet; du second, en ce que celui-ci est malléable et conserve sa couleur après avoir été fondu au chalumeau; et du troisième (*bismuth natif*), en ce que ce dernier a un tissu essentiellement lamelleux, et se fond très facilement au chalumeau sans rien perdre de son éclat.

375. *Gisement.* Le cuivre pyriteux, qui est le plus important des minerais de cuivre, non pas à cause de sa richesse, mais parce qu'il est le plus abondant et le plus exploité, appartient plus particulièrement aux terrains primitifs: il se trouve tantôt disséminé, tantôt implanté dans diverses roches de ces terrains, et surtout le gneis, le micaschiste, le talc

schistoïde, etc. D'autres fois on le rencontre dans les cavités des filons qui traversent ces roches, et il est ordinairement associé dans ces cas à diverses substances, telles que le quarz, le calcaire, le fluor, la baryte sulfatée, le spath perlé, le fer spathique, etc. Il se présente aussi dans les terrains de transition, comme dans les schistes argileux et la serpentine, et enfin dans les premiers dépôts des terrains secondaires, soit dans le grès rouge, soit dans les schistes bitumineux, qu'on appelle alors *schistes cuivreux*. Presque tous les pays contiennent plus ou moins de cuivre pyriteux. En France, on en trouve surtout à Baigorry, dans les Pyrénées, et à Chessy, Saint-Bel, près Lyon.

APPENDICE.

376. *Cuivre pyriteux panaché*. C'est le *cuivre pyriteux hépatique* d'Haüy, et le *buntkupfererz* de Werner. C'est peut-être une espèce distincte, car sa cristallisation et sa composition chimique, quoique mal connues, sont différentes de celles du cuivre pyriteux. On le trouve cristallisé en cube, en octaèdre régulier, en cubo-octaèdre; sa formule chimique semblerait être $4CuS + FeS^2$ ou une combinaison de 4 atomes de sulfure de cuivre, et 1 atome de bi-sulfure de fer.

Ses couleurs sont vives et panachées de rouge, de brun, de violet et même de vert. Il est assez tendre pour se laisser racler par l'ongle. Sa poussière est rougeâtre; ses masses présentent une cassure conchoïde ou raboteuse à petites cavités.

Cette variété ou cette espèce forme des couches ou des filons assez puissans dans le micaschistoïde, en Silésie, en Norwège, en Bohême, au Hartz, en Hongrie et en Angleterre.

377. *Annotations*. La composition du cuivre pyriteux est loin d'être bien connue, de même que celle du cuivre panaché. En effet les diverses analyses de cette substance faites par Chenevix, Klaproth, MM. Guenyveau, H. Rose, conduisent à des formules bien différentes, et font penser que les deux sulfures

simples qui la constituent peuvent se combiner en diverses proportions; cette manière de voir, assez conforme avec les faits, mènerait à établir plusieurs espèces dans le cuivre pyriteux, et déjà M. de Bournon en a séparé les variétés d'un jaune pâle et d'un grain fin et compacte. (*Voyez* Catalogue de la collection minéralogique particulière du Roi, Paris, 1817, page 232.) De nouvelles recherches sont donc nécessaires pour éclaircir ce point obscur et important.

5e ESPÈCE. *CUIVRE GRIS.*

(*Fahlerz* des Allemands.)

378. *Caractères physiques.* Cette substance, dont l'éclat métallique est tantôt vif et tantôt terne, a pour couleur le gris d'acier plus ou moins foncé, soit à l'extérieur, soit dans sa cassure fraîche; sa poussière est noirâtre avec une légère teinte de rouge; sa texture est grenue, sa cassure raboteuse et peu éclatante; elle se brise facilement, n'est pas malléable, et acquiert par le frottement une forte électricité résineuse, lorsque toutefois elle est isolée.

Sa pesanteur spécifique est de 4,8.

Caractères chimiques. Elle est difficile à fondre au chalumeau; elle donne un globule brun et fragile qu'il n'est pas aisé de réduire complètement, et qui colore en jaune rougeâtre le verre de borax.

Composition. Elle est très variable. Elle paraîtrait devoir être composée uniquement de cuivre, de fer et de soufre; mais elle contient toujours des métaux autres que ceux-ci, tels que l'arsenic, l'antimoine, l'argent, le zinc, le mercure; peut-être sont-ce autant d'espèces particulières, soit seules, soit mélangées avec du cuivre pyriteux; mais jusqu'ici les analyses n'ont point mené à des proportions définies. (*Voyez* les annotations).

Caractères cristallographiques. Sa cristallisation se rapporte au *tétraèdre régulier,* et aussi à l'*octaèdre*. On admet plus généralement la première forme pour la primitive ; aussi est-elle un caractère distinctif pour cette espèce. Ses formes secondaires sont très multipliées, et dérivent toutes du tétraèdre, qu'elles ne masquent jamais totalement. L'octaèdre et le dodécaèdre sont très rares, ainsi que la variété appelée par Haüy *triforme,* et qui résulte de la combinaison de l'octaèdre régulier, du dodécaèdre rhomboïdal et du cube.

379. *Caractères d'élimination.* On confond le cuivre gris avec le *cuivre sulfuré*, l'*argent sulfuré,* le *fer oligiste,* le *fer oxidulé* et le *fer arsenical.* On peut le distinguer du premier (*V.* 370) ; du second, en ce que celui-ci se laisse entamer par le couteau ; du troisième et du quatrième, par sa forme primitive et l'absence des propriétés magnétiques ; enfin du dernier par sa forme, sa couleur qui est le gris d'acier, et non le blanc d'argent comme pour ce dernier, et en ce qu'il ne donne pas, comme lui, une odeur d'ail sensible par le choc du briquet ou par l'action du feu.

Variétés de composition. On peut ajouter à la suite de cette espèce, comme variétés de composition, les diverses substances suivantes, qui ne paraissent être que des mélanges.

380. 1°. *Cuivre gris arsenifère* (Kupferfahlerz) ou *Tennantite.* Couleur d'un gris d'acier clair ; au chalumeau répand des vapeurs d'ail sans éprouver de fusion ; ses cristaux sont des dodécaèdres rhomboïdaux. Sa composition paraît être la suivante : soufre, cuivre, fer, arsenic, dans des proportions qui varient beaucoup, quoique la forme cristalline soit la même. On peut le considérer, suivant M. Berzélius, comme un cuivre pyriteux mêlé d'arseniure de cuivre, à différens degrés de saturation $= FeS^2 + CuS^2 + CuAs$ ou Cu^2As. ou, suivant M. Phillips, comme une combinaison de sulfure de cuivre et d'arseniure de fer $= 9\,CuS + FeAs$.

381. 2°. *Cuivre gris antimonifère* (Graugültigerz et Schwarz-

gültigerz), ou *mine de cuivre noir.* Il est d'un gris plus foncé que le précédent, et passe quelquefois au noir de fer; il est aussi plus dur et sa cassure est plus brillante; au chalumeau il répand des vapeurs antimoniales très épaisses, et se fond en un globule métallique éclatant. Sa composition semblerait être : soufre, cuivre, fer, antimoine, argent, dans des proportions variables; plus, plomb, zinc et mercure; mais ces trois dernières substances y sont très rares. On peut le considérer comme un cuivre pyriteux mêlé de sulfure d'antimoine (graugültigerz) et de sulfure d'argent (schwartsgültigerz), et quelquefois de sulfures de zinc, de mercure et de plomb. (Berzélius.)

Nota. On nomme encore cette variété *argent gris*, parce que, contenant quelquefois jusqu'à 9 pour cent d'argent, elle est exploitée pour ce métal.

382. 3°. *Cuivre gris antimonifère et plombifère* (bleyfahlerz). Mêmes caractères physiques que le précédent; se comporte aussi de la même manière au chalumeau. Sa composition paraît être la suivante : soufre, cuivre, fer, plomb, antimoine, argent (des traces), dans des proportions diverses. On peut le considérer, suivant M. Berzélius, comme un cuivre pyriteux mêlé d'antimoniure de plomb $= FeS^2 + CuS + PbSb$.

383. *Gisement.* Le cuivre gris se présente sous forme de filons puissans ou disséminé dans certaines roches des terrains primitifs, principalement dans les roches fissiles à base de talc, de stéatite ou de mica, dans les gneis, etc. Quelquefois on le trouve en cristaux fort nets implantés dans les cavités des filons qui traversent ces terrains; généralement il accompagne le fer spathique, le cuivre pyriteux, l'argent rouge et les mines de plomb et de cuivre argentifères. Ses gangues sont surtout la chaux carbonatée, la chaux fluatée, le quarz, etc. On rencontre encore avec lui le zinc sulfuré, le plomb sulfuré, etc. Il est très commun dans les mines du Hartz, de la Hongrie,

du Palatinat, de la Saxe; et en France dans celles de Sainte-Marie-aux-Mines (Haut-Rhin), d'Allemont (Isère) et de Baigorry (Pyrénées). A Guadalcanal en Espagne, le cuivre gris est mélangé de platine et d'argent rouge arsenifère. De cette espèce, il n'y a que les variétés argentifères qui soient exploitées avec quelque avantage pour l'argent qu'elles contiennent.

384. *Annotations.* Il s'en faut de beaucoup que la composition chimique du cuivre gris soit parfaitement et irrévocablement établie. Les minéralogistes ne sont point d'accord sur la distinction à établir entre cette espèce et la précédente ou cuivre pyriteux. MM. Haüy et Berzélius ont pensé, d'après le rapport des analyses et des formes des deux substances, que le cuivre gris n'est autre chose qu'un cuivre pyriteux mélangé d'un arseniure, ou d'un antimoniure ou de divers sulfures; mais, depuis, les travaux de M. Mohs ont fait voir que les deux espèces n'avaient point la même forme primitive, comme on le croyait généralement, et comme ces deux savans l'avaient admis. Ce résultat doit donc de nouveau porter les chimistes à envisager la composition du cuivre gris sous un autre jour. Cette question, quelle qu'en soit la solution, est d'une haute importance, et demande des mains habiles comme celles du célèbre professeur de Stockholm.

6e ESPÈCE. *CUIVRE SULFURÉ BISMUTHIFÈRE.*

(*Sulfure de bismuth cuivreux,* Klaproth; *sulfure de cuivre et bismuth,* Beudant; *wismuth kupfererz.*)

385. *Caractères essentiels.* Ce minéral, doué de l'éclat métallique, a pour couleur le gris d'acier; mais par l'exposition à l'air il acquiert une teinte rougeâtre ou bleuâtre terne. Sa cassure est inégale, à petits grains; sa raclure est d'un noir mat; il est tendre, se laisse couper au couteau, est pesant. Sa solu-

tion nitrique précipite du cuivre sur une lame de fer, et donne un précipité blanc par l'addition de l'eau.

On le trouve en masses amorphes et en aiguilles cristallines groupées confusément.

Composition. Il est formé de 2 atomes de bi-sulfure de bismuth et de 3 atomes de sulfure de cuivre $= 2BiS^2 + 3CuS$?

386. *Gisement.* Ce minéral, peu répandu, a été découvert par M. Selb à Furstenberg, dans une mine de cobalt où il forme un filon d'environ 1 mètre de large. Il a été pendant long-temps confondu avec le sulfure de bismuth et le bismuth natif, et il est probable qu'il accompagne souvent ces deux espèces.

7e ESPÈCE. *CUIVRE SULFURÉ STANNIFÈRE.*

(*Étain pyriteux*, Brongn.; *étain sulfuré*, Haüy; *sulfure de cuivre et d'étain*, Beudant.)

387. *Caractères essentiels.* Cette espèce, encore mal caractérisée, offre l'éclat métallique et une couleur d'un gris d'acier, qui passe au jaune de bronze. Sa poussière est noire, sa structure sublaminaire, sa cassure inégale, et quelquefois conchoïde. Elle est fragile, facile à entamer et à pulvériser; elle se fond aisément au chalumeau, en répandant d'abord une odeur sensible d'acide sulfureux, et donnant ensuite une scorie noire irréductible. Traitée par l'acide nitrique, elle donne lieu à un dégagement de gaz nitreux et à la précipitation du peroxide d'étain. La liqueur surnageante précipite du cuivre métallique sur une lame de fer.

Sa pesanteur spécifique est de 4,3 à 4,7.

On ne l'a encore trouvé jusqu'ici qu'en masses tantôt compactes et tantôt sublaminaires. M. Haüy a cru apercevoir dans quelques fragmens des joints naturels, qui paraissent indiquer pour la forme primitive un *prisme rhomboïdal droit*, divisible dans le sens de sa petite diagonale.

Composition. Elle est encore mal connue. Elle paraîtrait composée, suivant Klaproth, d'un atome de bi-sulfure de cuivre et d'un atome de bi-sulfure d'étain $= CuS^2 + SnS^2$, mélangé avec 40 pour cent de cuivre pyriteux. (Beudant.)

388. *Gisement.* Cette espèce, encore rare dans la nature, n'a été trouvée jusqu'à présent qu'en petite quantité dans les mines qui renferment en même temps du cuivre et de l'étain, principalement à Wheal-Rock, dans le comté de Cornouailles, où elle fait partie d'un filon composé surtout de cuivre pyriteux. On la cite aussi à Catorce et à San-Luis au Mexique.

8e ESPÈCE. *CUIVRE SULFURÉ PLOMBO-BISMUTHIFÈRE.*

(*Bismuth sulfuré plombo-cuprifère,* Haüy; *sulfure de bismuth et plomb,* etc., Beudant; *nadelerz,* W. et K.)

389. *Caractères essentiels.* Sa couleur est le gris d'acier souvent avec une teinte de jaunâtre; sa cassure est inégale et médiocrement luisante. Il est opaque et facilement rayé par le couteau. Il dégage d'abondantes vapeurs rutilantes par l'acide nitrique.

Sa pesanteur spécifique est de 6,12.

On le trouve en masses amorphes et cristallisé en prismes hexaèdres obliques, dans lesquels les faces latérales ont sur leur longueur des rayures profondes. Les cristaux sont longs et souvent aciculaires.

Composition. Il est formé de 1 atome de bi-sulfure de plomb, 2 atomes de sulfure de cuivre et 2 atomes de bi-sulfure de bismuth $= PbS^2 + 2CuS + 2BiS^2$. Il contient, en outre, mais probablement comme principes accidentels, un peu de nickel et de tellure.

390. *Gisement.* Cette espèce, peu importante et assez rare, se rencontre dans les mines de Pyschminskoi et de Klintzefskoi,

près de Bérésof, dans le district de Ekatherinbourg en Sibérie, où il a pour gangue un quarz gras.

9e ESPÈCE. *CUIVRE SÉLÉNIÉ.*

(*Séléniure de cuivre*, Berz. et Beudant.)

391. *Caractères essentiels.* Il est d'un blanc d'argent, métalloïde, tendre, malléable et susceptible de poli; il acquiert l'électricité résineuse par le frottement; au chalumeau, il répand une forte odeur de raves. Sa dissolution nitrique donne du cuivre sur une lame de fer.

Sa pesanteur spécifique est inconnue.

Composition. Formé de 1 atome de sélénium et de 1 atome de cuivre = CuSe.

392. *Gisement.* Cette espèce, fort rare dans la nature, a été trouvée, sous forme de dendrites, dans les fissures d'une chaux carbonatée lamellaire, qu'elle colore en noir, dans une mine de cuivre à Skrickerum en Smolande (Suède). Ces dendrites se présentent sous la forme de taches noires qui prennent un poli métallique lorsqu'on les frotte avec un corps dur, et qui paraissent être de la serpentine pénétrée de séléniure de cuivre.

10e ESPÈCE. *CUIVRE SÉLÉNIÉ ARGENTAL.*

(*Séléniure de cuivre et argent*, Beudant; *eukairite*, Berzélius.)

393. *Caractères essentiels.* Il est d'un gris de plomb, métalloïde, mou et se laissant entamer par le couteau. Sa raclure a le brillant de l'argent. Sa cassure est grenue. Lorsqu'il est isolé, le frottement lui communique l'électricité résineuse; au chalumeau, il entre en fusion, dégage une forte odeur de raves, et donne un grain métallique gris, doux, mais non malléable. Sa dissolution nitrique laisse précipiter du cuivre et de l'argent sur une lame de fer.

Sa pesanteur spécifique est inconnue.

Composition. Il est formé de 2 atomes de séléniure de cuivre et de 1 atome de bi-séléniure d'argent = $2CuSe + AgSe^2$.

394. *Gisement.* Cette espèce, aussi rare que la précédente, se trouve avec elle dans la même gangue et sous la même forme.

395. *Annotations.* Ces deux espèces ont été décrites et analysées pour la première fois par M. Berzélius, qui y a trouvé le corps nouveau auquel il a donné le nom de *sélénium* et qu'il a considéré comme un corps simple, métalloïde. (*Ann. de Chim. et de Phys.*, décembre 1818.) Ce sélénium est regardé, par quelques chimistes, comme une substance métallique, et par d'autres comme un corps combustible non métallique, ayant beaucoup de rapports avec le soufre. C'est ici le lieu d'indiquer les moyens de se le procurer à l'état de pureté.

On se sert des pyrites qui contiennent le cuivre sélénié, pour obtenir du soufre avec lequel on prépare de l'acide sulfurique. Il se dépose pendant cette préparation une matière rougeâtre qui reste attachée aux parois de la chambre de plomb dans laquelle on fabrique l'acide. C'est de ce dépôt, qui est formé de soufre, de sélénium, de mercure, de plomb, d'étain, de fer, de cuivre, de zinc et d'arsenic, dont on extrait le sélénium par le procédé suivant : on verse dessus assez d'acide hydrochloro-nitrique pour faire une bouillie un peu claire que l'on expose pendant quarante-huit heures à une chaleur modérée. Alors on y ajoute de l'eau; on agite le tout, on laisse déposer un instant, et on filtre. On sépare, par ce moyen, du soufre et du sulfate de plomb, et l'on obtient une liqueur qui contient des acides sélénique, sulfurique et arsenique, et des oxides de mercure, d'étain, de fer, de cuivre et de zinc. On fait passer un courant d'acide hydro-sulfurique qui donne lieu à un dépôt formé de sulfures de sélénium, de cuivre, d'étain, d'arsenic et de mercure. On sépare ce dépôt et on le traite de nouveau par l'acide hydrochloro-nitrique qui oxide ou acidifie les corps qui formaient dépôt. On sépare la liqueur acide d'un peu de soufre qui n'a pas été dissous, et l'on y ajoute une solution de potasse jusqu'à ce que les acides soient neutralisés. On filtre pour séparer la presque totalité des oxides qui se sont précipités ; on fait évaporer la liqueur à siccité ; on mêle le produit avec un excès d'hydrochlorate d'ammoniaque, on introduit le mélange dans une cornue de verre et l'on chauffe modérément. Il se forme du chlorure de potassium et du séléniate d'ammoniaque qui se décompose à une certaine température, de telle sorte que l'acide sélénique est réduit par une portion de l'hydrogène de l'ammoniaque. On traite le tout par l'eau, qui dissout les sels solubles et n'a pas d'action sur le sélénium. Il suffit alors de le distiller dans une petite cornue de verre pour l'obtenir très pur.

M. de Lewenau a proposé un procédé différent de celui-ci, dont nous allons donner une idée. On introduit une livre de dépôt dans une cornue tubulée de quatre pintes ; on la place au bain de sable, on y adapte un ballon assez grand et un flacon plein d'eau qui communique avec le ballon par un tube de Woulf. On lute, puis on introduit l'acide dans les proportions de 8 livres d'acide hydrochlorique à 1,200 de densité et 4 livres d'acide nitrique pesant 1,500. On a soin de n'ajouter l'acide que petit à petit ; il produit d'abondantes vapeurs rouges. Lorsque la réaction est calmée, on introduit encore 1 liv. et demie d'acide. Alors, pour achever l'action des acides et se débarrasser des liquides désormais inertes, on chauffe doucement, de manière à faire passer la liqueur dans le ballon, ce qui se fait avec dégagement d'un gaz jaune rougeâtre. Lorsqu'on a ainsi chassé la presque totalité de la liqueur épuisée, on introduit de nouveau, et aussi par portions, les quantités d'acides restantes. La réaction est toujours assez violente, et l'on est obligé de changer plusieurs fois l'eau du flacon saturée par les vapeurs des acides. A la fin, on reverse dans la cornue toutes ces eaux que l'on distille une seconde fois. Alors le résidu insoluble et les parois de la cornue paraissent fortement colorés en rouge ; l'on introduit dans la cornue une demi-livre d'acide nitrique, puis on distille à un feu doux jusqu'à ce qu'il n'y ait plus de liqueur surnageante, sans pourtant dessécher tout-à-fait le résidu. Sur la masse restée au fond de la cornue, on verse de l'eau distillée, on fait bouillir, on filtre, on lave le résidu, et on réunit les liqueurs.

Pour séparer le sélénium des lavages du résidu de la cornue dans lequel il se trouvait à l'état d'acide sélénique, sans s'inquiéter des métaux qu'il peut contenir, on emploie du *sulfite d'ammoniaque* récemment préparé, qui précipite le sélénium sous forme de flocons d'un rouge de cinabre. Il faut mettre un excès de précipitant et attendre quelquefois assez long-temps le précipité, selon le degré de concentration de la liqueur. Il suffit alors de le laver jusqu'à ce qu'il ne précipite plus par le muriate de baryte, et de le sécher à l'ombre.

On peut encore obtenir du sélénium de la liqueur, en l'évaporant aux deux tiers dans une cornue. Il s'en dépose en paillettes métalliques, puis on en retire encore en la traitant de nouveau très concentrée par le sulfite d'ammoniaque. Les produits acides qui se trouvent dans le ballon laissent encore déposer du sélénium, en y plongeant quelque temps des baguettes de zinc. (*Journal de Pharmacie,* tome X, p. 94.)

11e ESPÈCE. *CUIVRE OXIDULÉ.*

(*Cuivre oxidé rouge, cuivre rouge,* Brongn. ; *protoxide de cuivre,* Beudant ; vulgairement *cuivre vitreux.*)

396. *Caractères physiques.* Cette substance est d'un rouge vif ou purpurin ; quelquefois elle offre à sa surface le gris métallique, mais il suffit de la broyer pour voir reparaître la couleur rouge. La couleur de sa poussière est le rouge de co-

chenille. Son éclat est moitié vitreux, moitié métalloïde. Elle est opaque et friable.

Sa pesanteur spécifique est de 5,4 à 5,6.

Caractères chimiques. Elle est très peu fusible, mais facilement réductible; elle se dissout dans l'acide nitrique avec dégagement de gaz nitreux, et ne colore l'ammoniaque en bleu que par le contact de l'air.

Composition. Formée de 1 atome de cuivre et de 1 atome d'oxigène $= \dot{C}u$.

Caractères cristallographiques. Sa forme primitive est l'*octaèdre régulier*. Les joints parallèles aux faces de l'octaèdre sont assez sensibles. Ses formes secondaires les plus ordinaires sont l'octaèdre et le dodécaèdre rhomboïdal, quelquefois modifiés sur les arètes ou sur les angles; on trouve aussi parfois le cube, le cubo-octaèdre et le cubo-dodécaèdre.

Quelquefois les cristaux sont verts, ce qui tient à une petite couche de malachite qui s'est formée à la surface aux dépens de la substance elle-même. Des variétés offrent la cassure lamelleuse parallèlement aux faces de l'octaèdre.

Ses variétés de structure sont assez remarquables; on distingue surtout:

Cuivre oxidulé capillaire. En petites aiguilles satinées, d'un rouge très vif. Se trouve près Cologne, dans le Devonshire, et sur le cuivre gris argentifère en Galicie.

filiforme. En filamens tortueux, qui paraissent composés de très petits cristaux rangés à la file. Quelquefois ils sont entrecroisés et comme réticulés.

lamellaire.

Cuivre oxidulé compacte. Il est quelquefois clivable en octaèdre. Trouvé en Pensylvanie.

terreux, vulgairement *cuivre tuilé*. Il a une couleur rouge de brique, est terne et opaque. C'est un mélange naturel de cuivre oxidulé et de fer hydroxidé. Il est infusible au chalumeau et colore le verre de borax en vert sale. Ses fragmens, chauffés à la flamme d'une bougie, agissent sur l'aiguille aimantée.

397. *Caractères d'élimination.* Le cuivre oxidulé se distingue : 1°. de l'*argent rouge*, en ce que celui-ci ne fait pas effervescence dans l'acide nitrique, et que ses formes ne tendent jamais vers l'octaèdre ou le cube ; 2°. du *cinabre*, en ce que celui-ci n'est pas soluble dans l'acide nitrique et qu'il est volatil ; 3°. de l'*antimoine sulfuré en plumes rouges*, en ce que la couleur de celui-ci est d'un rouge sombre, et qu'il se volatilise au chalumeau ; 4°. du *cobalt arseniaté aciculaire*, au moyen du verre de borax que ce dernier colore en bleu ; 5°. enfin, du *cuivre sulfuré* par les caractères déjà indiqués (370).

398. *Gisement.* Le cuivre oxidulé n'existe point en masses considérables isolées dans la nature, et seul il n'est l'objet d'aucune exploitation particulière. Il se trouve presque uniquement dans les terrains primordiaux, en veines ou petits amas dans la roche environnante ou dans la gangue des filons. Les variétés *compacte* et *terreux* semblent appartenir à des terrains plus nouveaux. Généralement le cuivre oxidulé accompagne les mines de cuivre pyriteux, de cuivre sulfuré et de cuivre carbonaté ; c'est surtout dans ces derniers dépôts

que, mélangé avec le minerai, il en fait une partie importante, et est exploité concurremment avec lui. Les minéraux qui sont ordinairement associés à cette espèce sont le quarz et le fer hydroxidé. C'est principalement des mines de Cornouailles en Angleterre, que viennent les beaux cristaux de cuivre oxidulé; on en trouve aussi en Sibérie de très nets, mais ils sont presque toujours recouverts de cuivre carbonaté vert; on y rencontre souvent encore des morceaux composés d'octaèdres implantés les uns sur les autres.

APPENDICE.

399. *Cuivre oxidulé arsenifère.* Cette variété a un aspect plus métallique que le cuivre rouge pur; au chalumeau, elle fond en bouillonnant, sans exhaler d'odeur; exposée sur les charbons, elle répand des vapeurs très sensibles qui ont une odeur alliacée.

Elle se trouve avec le cuivre arseniaté, d'où l'on peut admettre qu'elle doit cette odeur à une petite portion d'acide arsenique qu'elle renferme.

12e ESPÈCE. *CUIVRE OXIDÉ.*

(*Cuivre noir,* Brongn.; *oxide noir de cuivre,* Beudant.)

400. *Caractères essentiels.* Cette substance se présente en masses à texture terreuse, ou en enduit à la surface de certains cuivres sulfurés ou pyriteux. Elle est noirâtre, tache les doigts, colore très promptement l'ammoniaque en bleu, et se dissout dans l'acide nitrique sans effervescence ni dégagement de vapeurs rutilantes; est infusible au chalumeau, pesante, et a toujours plus ou moins de cohérence.

Composition. C'est un bi-oxide dont la formule $=\ddot{C}u$. Presque toujours accompagnée de fer oxidé.

401. *Gisement.* Le cuivre oxidé noir paraît provenir, dans

le plus grand nombre de cas, de la décomposition des carbonates et des sulfures; ce qu'il y a de certain, du moins, c'est que souvent il donne au chalumeau une odeur sulfureuse qui paraîtrait indiquer qu'il renferme du soufre à l'état de mélange, ou des portions de cuivre sulfuré ou pyriteux non encore décomposées. Quoiqu'il ne soit pas rare dans la nature, cependant il ne se trouve jamais qu'en très petite quantité; et comme il est mélangé avec les autres mines cuivreuses, on l'exploite avec elles, comme en Hongrie, en Saxe, en Silésie, au Hartz, dans les monts Ourals, en Angleterre, etc., ainsi qu'à Chessy près de Lyon, en France.

13e ESPÈCE. *CUIVRE SULFATÉ.*

(*Hydro-tri-sulfate de cuivre*, Beudant; vulgairement *vitriol bleu*, *couperose bleue*, *vitriol de Chypre*, *calchante* des anciens minéralogistes.)

402. *Caractères essentiels.* Il est d'une couleur bleue céleste, translucide dans son état de pureté et offrant une cassure conchoïde et brillante. Il est soluble dans l'eau, et doué d'une saveur styptique. Exposé au feu, il se fond très vite, dégage de la vapeur d'eau et se décolore ensuite ou devient d'un blanc bleuâtre; passé avec frottement sur une lame de fer poli et humectée, il y dépose un léger enduit cuivreux. Sa solution aqueuse précipite également avec abondance du cuivre métallique sur une lame de fer.

Sa pesanteur spécifique est de 2,19.

La forme primitive de ses cristaux est un *prisme oblique à base de parallélogramme obliquangle*, d'environ 124° et 56°, dont la base est inclinée sur les pans d'environ 109°30′, 128°30′ et leurs supplémens. (Beudant.) Elle est plus ou moins modifiée sur les arètes et les angles opposés, de manière que les formes secondaires portent toujours l'empreinte visible de ce type irrégulier. Toutes les variétés de forme que présente cette espèce sont des produits de l'art ; elle n'existe jamais dans la nature qu'en petites masses concrétionnées ou amorphes, ou en grains adhérens à la surface des parois des filons appartenant aux mines de cuivre.

Composition. Il est formé de 1 atome de tri-sulfate de cuivre et de 10 atomes d'eau $= \ddot{Cu}\,\dddot{S}^2 + 10\,Aq$.

403. *Gisement.* Le sulfate de cuivre naturel paraît provenir de l'action de l'air et de l'eau hygrométrique sur les pyrites cuivreuses. Il se trouve presque toujours en dissolution dans les eaux voisines des mines de cuivre ou qui circulent dans leur intérieur. Il est tout naturel de penser que celui qu'on rencontre à l'état d'incrustation sur les parois de quelques galeries des mines, ou sous forme de poussière disséminée à la surface de différentes substances, a été déposé par les eaux qui en étaient primitivement chargées. Ce sont ces eaux que l'on a nommées *cémentatoires*, parce qu'on a supposé que, dans certaines circonstances, le cuivre en était précipité par l'intermède du fer ou de quelques autres substances, soit métallifères, soit organiques. (Voyez *Cuivre natif*, 368.)

404. *Préparation dans les arts.* Le sulfate de cuivre, dont on consomme une assez grande quantité dans les arts, se prépare artificiellement par divers procédés que nous allons faire connaître. Dans certains pays, on l'extrait par évaporation des eaux qui le tiennent en dissolution. Dans d'autres, on en obtient des quantités assez considérables en grillant des minerais qui contiennent du sulfure de cuivre, comme cela se pratique particulièrement à Marienberg, où l'on exploite une mine d'oxide d'étain contenant des sulfure de cuivre et de fer. Le grillage a lieu dans un fourneau à réverbère : le sulfure de cuivre, plus un peu de celui de fer, passe à l'état de sulfate ; on lessive la masse, on fait évaporer la liqueur, et l'on obtient le sel par cristallisation. L'oxide d'étain s'est précipité sous

forme de poudre, pendant les lavages; on le recueille, et si on le juge convenablement pur, on s'en sert pour l'extraction de son métal. Le sulfate de cuivre obtenu par ce procédé, ainsi que celui provenant des dissolutions naturelles, contient toujours un peu de tritosulfate de fer, dont il est très aisé de le dépouiller: il s'agit simplement de mettre un excès de deutoxide de cuivre dans la dissolution saline: tout l'oxide de fer se précipite en peu de temps.

Enfin, en France, on obtient le sulfate de cuivre sensiblement pur, en préparant directement le sulfure et le grillant ensuite. Pour cela, on mouille des lames de cuivre et on les saupoudre de soufre; puis on les porte dans un four chauffé au rouge où on les laisse pendant quelque temps. On les retire du four pour les plonger dans l'eau, les saupoudrer de nouveau, et ainsi de suite. Chaque fois qu'on les immerge dans l'eau, cette dernière dissout tout le sulfate qui s'est formé, et remet le cuivre à nu. Lorsque l'eau est suffisamment chargée, on la fait évaporer, et le sulfate de cuivre cristallise.

On pourrait encore préparer ce sel en traitant le carbonate de cuivre naturel par l'acide sulfurique étendu d'eau; on obtiendrait ainsi très facilement et à peu de frais une grande quantité d'excellente couperose. (Thénard.)

405. *Usages.* Le sulfate de cuivre est employé en Médecine comme escharotique; mais c'est surtout dans les arts qu'on en fait usage pour obtenir des couleurs très usitées en peinture, telles que les *cendres bleues* et le *vert de Scheèle* ou arsenite de cuivre. Les premières sont, suivant Pelletier, une combinaison de chaux et d'hydrate de deutoxide de cuivre, mêlée d'un peu de sulfate de chaux. On s'en sert, en outre, pour colorer les plumes bleues dont on fait des panaches, et on le fait entrer dans la composition du noir, auquel il donne de la solidité. Il est un des principaux mordans du principe colorant jaune, et il est indispensable pour la préparation des violets:

dans ce cas, on l'allie toujours avec le nitre, le sel ammoniac, l'acétate de fer, le sel marin, etc. Les usages de ce sel sont donc très étendus.

14ᵉ ESPÈCE. *CUIVRE SOUS-SULFATÉ.*

(*Hydro-sulfate de cuivre,* Beudant.)

406. *Caractères essentiels.* Cette espèce, encore fort rare dans la nature, n'a été observée jusqu'ici qu'en petites masses compactes et terreuses, au Pérou, dans quelques mines de cuivre. Elle est verdâtre, insoluble dans l'eau et attaquable par l'acide nitrique: sa dissolution précipite abondamment du cuivre sur une lame de fer; exposée au feu, elle se fond d'abord, dégage ensuite de la vapeur d'eau, se dessèche et devient noire.

Composition. Formée de 1 atome de sous-sulfate de cuivre et de 6 atomes d'eau $= \ddot{C}u^3 \dot{\ddot{S}}^2 + 6Aq.$

Cette espèce est encore peu connue.

15ᵉ ESPÈCE. *CUIVRE HYDROCHLORATÉ.*

(*Cuivre muriaté*, Haüy; *chlorure de cuivre,* Berzélius; *hydrochlorate de cuivre*, Beudant; vulgairement *atakamite* ou *atacamite.*)

407. *Caractères essentiels.* Sa couleur est le vert d'émeraude assez foncé; celle de sa poussière est le vert-pomme; ses masses sont tendres et assez faciles à entamer par le couteau; elles sont opaques et offrent une structure et une cassure lamelleuses. Ses cristaux sont transparens; leur surface est lisse et douée de l'éclat diamantaire. Il colore la flamme en vert, n'exhale aucune odeur arsenicale par l'action du feu, se dissout dans l'acide nitrique sans produire d'effervescence, et colore instantanément l'ammoniaque en bleu.

Sa pesanteur spécifique est de 4,43.

Variétés. On peut y établir deux variétés principales.

I. *Cuivre hydrochloraté massif.* Il est tantôt compacte, tantôt cristallisé régulièrement, tantôt enfin en petites aiguilles plus ou moins déliées, et groupées confusément. La petitesse des cristaux ne permet guère d'en déterminer la forme ; cependant on croit généralement que ce sont de petits prismes rhomboïdaux donnant souvent des *octaèdres cunéiformes* dont les angles sont inconnus.

Cette variété se trouve au Chili et au Pérou, ayant pour gangue un quarz mélangé d'argile ferrugineuse, et pour associations l'argent sulfuré, l'argent chloruré et quelquefois le cuivre oxidulé terreux.

II. *Cuivre hydrochloraté pulvérulent.* Il est sous forme de poudre verte mêlée de grains de quarz, et paraît se trouver dans une petite rivière de la province de Lipèz, qui se perd dans les sables du désert d'Atacama, entre le Pérou et le Chili; de là les noms de *sable vert du Pérou* et d'*atacamite,* qu'il a reçus à l'époque où il fut apporté en Europe par Dombey. Il paraîtrait que cette poudre provient de masses compactes ou aciculaires, qui ont été broyées par les naturels du pays. C'est dans ce sable cuivreux que se trouvent les petits cristaux octaédriques observés pour la première fois par M Lucas.

Enfin, on a rencontré le cuivre hydrochloraté en enduits à la surface de laves, dans des terrains évidemment volcaniques. Le Vésuve a plusieurs fois vomi des laves dans les fissures desquelles se trouvait du cuivre hydrochloraté sublimé.

Composition. Sa composition n'est pas encore fixée invariablement; suivant M. Berzélius, on peut la représenter par la formule suivante $= CuCh^4 + 3\ddot{C}u + 8Aq$. Suivant M. Beudant, ce serait celle-ci $= \ddot{C}u^3 (HCh)^2 + 6Aq$.

408. *Caractères d'élimination.* Le cuivre hydrochloraté

peut être confondu avec le *cuivre arseniaté* d'un beau vert, et le *cuivre carbonaté vert*. On le distinguera du premier en ce que celui-ci dégage une odeur arsenicale par l'action du feu; et du deuxième en ce que celui-ci fait effervescence avec l'acide nitrique, et ne colore l'ammoniaque en bleu qu'au bout d'un certain temps.

16e ESPÈCE. *CUIVRE PHOSPHATÉ.*

(*Hydro-phosphate de cuivre,* Beudant.)

409. *Caractères essentiels.* Ce minéral est d'un noir grisâtre à l'extérieur, et d'un vert d'émeraude passant au vert foncé à l'intérieur; il est opaque et éclatant; il prend par la raclure une couleur vert-pomme; sa cassure est fibreuse, à fibres divergentes; il se laisse couper au couteau, mais est plus dur que le calcaire; il fond au chalumeau en donnant des scories brunes; se dissout dans l'acide nitrique sans effervescence, et colore l'ammoniaque en bleu.

Sa pesanteur spécifique est de 4,7.

Sa forme primitive est un *octaèdre rectangulaire,* dont les angles sont de 109° 28′, 112°12′ et 98°12′, suivant M. Haüy. Il s'offre rarement cristallisé, et alors il présente de petits cristaux octaédriques rectangulaires ou des prismes rhomboïdaux, dont les pans forment une courbure dans le sens latéral. Ces cristaux se rencontrent en groupes, et sont souvent si petits qu'ils ressemblent à de la mousse. Plus souvent on le rencontre en masses compactes ou à structure fibreuse, ou bien encore en concrétions à la surface d'autres minerais. Il est d'ailleurs fort rare.

Composition. C'est un sous-phosphate de cuivre combiné avec une quantité d'eau qui n'est pas bien connue, mais qu'on porte à 2 atomes $= \ddot{Cu}^2\overset{.\,.\,.}{\ddot{P}} + 2Aq$. Suivant M. Beudant, il faut admettre en outre, dans les dépôts concrétionnés, une certaine proportion d'hydrate de cuivre. M. Berzélius indique la formule d'un phosphate de cuivre d'Ehrenbreitstein $=\ddot{C}u^5\dddot{P}^2+5Aq$. (*Ann. Chim. et Phys.* t. XXXI, p. 30).

410. *Caractères d'élimination.* On distingue le cuivre phosphaté du *cuivre arseniaté,* en ce qu'il n'exhale pas d'odeur arsenicale par la chaleur, et du *cuivre hydrochloraté,* en ce qu'il ne colore pas la flamme comme ce dernier.

411. *Gisement.* On ne le cite que dans un petit nombre de lieux, à Libethen et à Schemnitz en Hongrie; à Rheinbreitbach, dans le Duché de Berg; à Coquimbo, Sapallar et Forallon, au Chili. Sa gangue la plus ordinaire est un quarz hyalin blanc ou grisâtre, presque toujours coloré par l'oxide de fer. On l'a rencontré à Firenberg, sur les bords du Rhin, et au pied d'un cône basaltique, à une lieue de Lintz, sur le Rhin; il fait partie, dans ces deux endroits, d'un filon qui traverse un psammite schistoïde ou un schiste argileux.

17ᵉ ESPÈCE. *CUIVRE CARBONATÉ VERT.*

(*Hydro-carbonate vert de cuivre*, Beudant; *cuivre malachite,* Brongn.; vulgairement *malachite.*)

412. *Caractères essentiels.* Sa couleur est le vert pur plus ou moins foncé; sa structure est fibreuse; il est facile à briser; sa cassure est souvent testacée et striée; il fond et se réduit facilement au chalumeau; il donne de l'eau par la calcination, et se dissout avec effervescence dans l'acide nitrique.

Sa pesanteur spécifique est de 3,5.

Composition. Formé de 1 atome de carbonate de cuivre et de 1 atome d'eau $=\dot{C}u\ddot{C}+Aq$. Presque tous les échantillons renferment quelques traces d'hydrochlorate de cuivre. (Beudant.)

Caractères cristallographiques. Sa forme primitive est,

suivant M. de Bournon, un *prisme rhomboïdal droit*, d'environ 103° et 77°, le même que celui que M. Haüy croyait appartenir au cuivre hydro-siliceux. Ses cristaux, très rares et d'ailleurs translucides, sont des prismes rhomboïdaux ou hexagonaux à sommets dièdres. Très souvent le cuivre carbonaté vert offre des pseudomorphoses; ainsi il se présente cristallisé en cubes, en octaèdres, en dodécaèdres rhomboïdaux: il provient dans ce cas de la décomposition ou plutôt de l'altération de l'oxide rouge de cuivre par le contact de l'air. On le trouve aussi en prismes rhomboïdaux obliques, provenant de l'altération du cuivre carbonaté bleu; c'est alors le *cuivre carbonaté vert épigène* d'Haüy.

On peut distinguer deux séries de variétés de structure; savoir:

1°. Le *cuivre carbonaté vert fibreux*. Il est ordinairement en fibres ou aiguilles soyeuses, le plus souvent divergentes, quelquefois droites et parallèles, d'autres fois encore entrelacées. On le rencontre aussi sous forme de mamelons et de cylindres stalactitiques.

2°. Le *cuivre carbonaté vert compacte*. Il a une texture concrétionnée, mamelonnée ou compacte; ses mamelons sont composés de couches concentriques de différentes nuances de vert, et souvent séparées l'une de l'autre; on trouve parfois dans leurs interstices des dendrites d'oxide de fer ou de manganèse. Souvent les masses prennent une couleur jaunâtre due à des mélanges hétérogènes. Cette variété compacte est connue plus particulièrement sous le nom de *malachite*. On la rencontre à l'état terreux, rendue impure par des matières terreuses, qui en affaiblissent la couleur; dans cet état elle porte le nom de *cendres vertes, vert de montagne*.

412 *bis*. *Caractères d'élimination*. Le cuivre carbonaté vert se distingue de tous les minéraux qui offrent la même couleur que lui, tels que le *cuivre phosphaté, hydrochloraté, arseniaté,*

l'*urane oxidé vert*, en ce qu'il fait effervescence avec l'acide nitrique, caractère constant que les autres ne présentent jamais.

413. *Gisement*. Le cuivre carbonaté vert accompagne toujours l'espèce suivante ou cuivre carbonaté bleu, et ils se trouvent tous deux, mais comme principes accidentels, dans les autres mines de cuivre. Le premier se rencontre généralement dans les terrains primordiaux, remplissant sous forme de stalactites les fissures des filons cuprifères. On le voit quelquefois en morceaux d'un assez grand volume pour qu'on puisse en faire des tables considérables, comme dans la mine de Goumechefski, en Sibérie, si renommée pour de belles malachites. Ses autres mines sont à Chessy, près de Lyon; en Hongrie, au Hartz, en Pensylvanie et au Chili.

413 *bis*. *Usages*. La malachite dont les couleurs sont si flatteuses à l'œil, surtout lorsque le poli en a rehaussé l'éclat soyeux occasioné par la structure fibreuse, est formée par le groupement de petites stalactites; aussi peut-on dire, avec M. Haüy, que c'est l'*albâtre* des substances métalliques. Elle forme souvent des masses considérables; mais comme, en raison de sa structure et de son mode de formation, elles sont fréquemment criblées de fissures et de cavités, il est difficile d'en avoir de grandes pièces pour le besoin des arts. On scie les morceaux de malachite en feuilles très minces, et on l'applique comme les bois de placage; c'est par ce moyen que l'on en construit des tables d'une assez grande étendue, des chambranles de cheminée, des tabatières et autres ornemens bien supérieurs et plus recherchés que ceux faits avec les marbres les plus beaux.

18e ESPÈCE. *CUIVRE CARBONATÉ BLEU.*

(*Hydro-carbonate bleu de cuivre,* Beud.; *cuivre azuré,* Brongn. vulgairement *azurite.*)

414. *Caractères essentiels.* Sa couleur est le bleu d'azur passant au bleu indigo; il tache en bleu le papier sur lequel on le comprime fortement; il est facile à gratter avec un couteau. Sa cassure est droite et rayonnée à rayons scapiformes. Il fond et se réduit facilement au chalumeau; il donne de l'eau par la calcination, et se dissout avec effervescence dans l'acide nitrique.

Sa pesanteur spécifique est de 3,6.

Composition. Formé de 1 atome d'hydrate de cuivre et de 2 atomes de bi-carbonate $= \dot{Cu}Aq^2 + 2\dot{Cu}\ddot{C}^2$.

Caractères cristallographiques. Sa forme primitive est un *prisme rhomboïdal oblique* de 98° 50′ et 81° 10′, à face terminale inclinée sur les pans de 91° 30′ et 88° 30′. Ses variétés de forme, peu nombreuses et assez difficiles à déterminer, présentent toutes ce prisme légèrement modifié, soit sur les angles, soit sur les arêtes, et principalement sur celles des bases.

Ses variétés de structure, toujours altérées par des mélanges hétérogènes, sont :

Cuivre carbonaté bleu lamellaire; en petites lamelles peu distinctes.

aciculaire ou *fibreux;* cette variété très rare est en aiguilles agglomérées, qui convergent vers un centre commun; elle ressemble à de beau velours bleu.

Cuivre carbonaté bleu concrétionné; en petites concrétions distinctes ou groupées, striées du centre à la circonférence.

compacte; cette variété est en masses arrondies, dont l'intérieur est ordinairement vide et tapissé d'une foule de petits cristaux : ce sont de petites druzes.

terreux; sa couleur est pâle, ce qui est dû à des matières étrangères, et surtout à de l'argile, qui y sont mélangées; dans cet état, il prend les noms de *cendre bleue native, bleu de montagne.*

Les *pierres d'Arménie*, si célèbres chez les anciens, ne sont que des pierres quarzeuses ou calcaires pénétrées de cuivre azuré.

414 *bis. Caractères d'élimination.* On distingue le cuivre carbonaté bleu du *fer phosphaté*, en ce que le premier communique au verre de borax une belle couleur verte, tandis que le second ne produit qu'une couleur d'un brun noirâtre; et de plus en ce que l'huile n'altère pas la teinte du cuivre carbonaté, tandis qu'elle noircit le fer phosphaté.

415. *Gisement.* Le cuivre azuré se trouve sous deux états dans la nature; tantôt tapissant, en enduits, concrétions, cristaux, les parois des filons cuprifères; tantôt en masses cristallisées, disséminées dans les terrains secondaires anciens, au milieu du grès rouge. Dans ce dernier gisement,

il est accompagné d'une quantité plus ou moins grande de cuivre oxidulé cristallisé et de cuivre carbonaté vert fibreux. C'est ainsi qu'on le rencontre à Chessy près de Lyon, et sur le revers occidental de la chaîne des monts Ourals en Sibérie. Dans ces dernières localités, il forme des amas dans des matières argileuses et sableuses, blanchâtres ou rougeâtres; c'est dans ces dépôts que se trouvent les plus beaux groupes de cristaux. On le trouve encore dans les mines du Hartz, de Bannat en Hongrie, d'Angleterre, etc. Il recouvre assez souvent la surface du cuivre gris.

415 *bis*. *Usages*. Le carbonate bleu de cuivre n'est employé qu'en peinture, à cause de sa belle couleur azurée.

416. *Annotations*. M. Haüy croyant que la forme primitive du cuivre azuré était identiquement semblable à celle du cuivre carbonaté vert, a réuni ces deux espèces en une seule sous le nom commun de *cuivre carbonaté*. Les analyses des chimistes ont, pendant quelque temps, semblé confirmer cette opinion; M. Berzélius en ayant fait de nouvelles, a fait voir qu'on devait séparer le cuivre azuré de la malachite, d'autant plus que les formes primitives de ces deux substances ont été reconnues depuis pour être différentes. Il a le premier considéré le carbonate vert comme un sous-carbonate avec eau de cristallisation, puisque tous les sous-sels de l'oxide de cuivre ont cette couleur et contiennent tous de l'eau; et le carbonate bleu comme la combinaison de l'hydrate avec le carbonate neutre de l'oxide de cuivre, parce que la plupart des sels neutres de cette base sont bleus, et que par conséquent la couleur bleue intense de l'hydrate n'en peut être altérée.

19e ESPÈCE. *CUIVRE CARBONATÉ ANHYDRE*.

417. *Caractères essentiels*. Cette espèce a pour couleur, lorsqu'elle est pure, le brun noirâtre foncé; mais comme elle

est presque toujours mélangée avec le cuivre carbonaté vert et le fer hydraté, sa teinte est un mélange de vert, de rouge et de brun. Elle est en petites masses compactes ou terreuses, souvent traversées par de petites veines de malachite. Sa cassure est conchoïde à petites cavités, quelquefois légèrement lamelleuse. Elle est tendre, se laisse couper au couteau, et prend par la raclure une couleur brune rougeâtre. Elle ne donne pas d'eau par la calcination, et se dissout avec effervescence dans les acides.

Sa pesanteur spécifique est de 2,620?

Composition. C'est un sous-carbonate anhydre, dont la formule est $= \dot{C}u\ddot{C}$.

Bien plus rare que les deux espèces précédentes et accompagnant presque toujours la malachite, cette espèce paraîtrait provenir, suivant quelques chimistes, de l'altération de cette dernière.

20e ESPÈCE. *CUIVRE ARSENIATÉ.*

(*Cuivre micacé, olivenite.*)

418. Cette espèce est plutôt un groupe d'espèces, car on a réuni sous ce nom plusieurs minerais dont presque toutes les propriétés essentielles diffèrent, telles que celles tirées de la forme, de la composition et de la pesanteur; aussi M. de Bournon, qui, le premier, a publié un travail intéressant sur ce sujet, a-t-il établi cinq espèces différentes de cuivre arseniaté, qui ont été analysées par M. Chénevix et M. Vauquelin. Cependant quelques naturalistes, à la tête desquels on doit placer M. Haüy, ne partagent pas l'opinion de M. de Bournon; et Haüy lui-même ayant examiné les mesures de ce dernier savant, n'a point eu de résultats assez décisifs pour prononcer en dernier ressort; mais il a considéré comme un exemple jusqu'à présent inouï, celui d'une combinaison qui offre cinq

points d'équilibre essentiellement distincts les uns des autres. En outre, les analyses qui ont été faites des diverses espèces de M. de Bournon sont si différentes que toutes paraissent être inexactes, et qu'elles viennent encore apporter des obstacles à la solution de cette importante question. « Cependant, dit M. Berzélius, comme on peut croire que l'acide arsenique est susceptible de former un sel neutre avec l'oxide de cuivre, et deux ou même trois sels avec excès de base, et comme il serait fort possible que quelques-uns des cuivres arseniatés continssent de l'acide arsenieux, ce nombre de combinaisons différentes ne présente rien d'étonnant, d'autant plus qu'un des arseniates analysés paraît avoir été un arseniate double de cuivre et de fer. Ainsi il ne faut rien décider sur la nature de ces différentes espèces d'arseniate de cuivre, avant d'en avoir examiné de nouveau la composition. » (*Nouveau système de Minéralogie*, page 252.) Nous suivrons donc le sentiment du chimiste que nous venons de citer, et nous continuerons à décrire une seule espèce dans laquelle nous établirons des variétés distinctes.

Caractères essentiels. Cette espèce a pour caractères généraux de se dissoudre sans effervescence dans l'acide nitrique, de colorer sur-le-champ l'ammoniaque en bleu, de se fondre au chalumeau en répandant l'odeur d'ail, de rayer le calcaire et d'avoir une structure laminaire.

Ses formes cristallines appartiennent à des systèmes bien différens : ainsi on trouve, 1°. l'octaèdre rectangulaire extrêmement obtus; les cristaux sont d'un bleu de ciel clair; 2°. la forme hexagonale avec des troncatures qui conduisent au rhomboïde; les cristaux sont lamelliformes, d'un beau vert d'émeraude; 3°. l'octaèdre aigu à base rectangle; les cristaux sont petits, d'un noir verdâtre; 4°. un prisme triangulaire sous l'angle de 110° 50′; les cristaux sont d'un vert sombre ou bruns.

Nous établirons, avec M. Brongniart, deux variétés principales dans cette espèce.

I. *Cuivre arseniaté obtus.* Ses cristaux dérivent d'un *octaèdre rectangulaire obtus.* Sa couleur varie entre le beau bleu céleste, le vert foncé et le vert pâle; elle est toujours assez vive. Sa pesanteur spécifique est de 2,81. Sa composition, suivant Chénevix, serait :

Oxide de cuivre.	49
Acide arsenique.	14
Eau.	35
Perte..	2

Mais les essais au chalumeau y indiquent aussi, suivant M. Berzélius, un autre métal irréductible.

Cette variété se présente, tantôt avec la forme primitive, tantôt sous celle de lames qui sont l'octaèdre obtus, mais très comprimé et qui a subi une modification sur ses angles, tantôt enfin en masses mamelonnées.

419. *Caractères d'élimination.* La sous-variété en lames, ou le *cuivre arseniaté lamelliforme* de Bournon, ressemble beaucoup à l'*urane oxidulé cuprifère ;* mais on l'en distingue surtout en ce qu'elle colore l'acide nitrique en vert, et non en jaune citrin comme la seconde substance.

II. *Cuivre arseniaté aigu.* Ses cristaux dérivent d'un *octaèdre rectangulaire aigu.* Sa couleur est le vert bouteille foncé ou le vert noirâtre. Sa pesanteur spécifique est de 4,28. Sa composition serait, suivant Chénevix :

Oxide de cuivre.	60,00
Acide arsenique.	39,70
Perte..	0,3

On réunit à cette variété plusieurs autres qui n'en diffèrent que par leur aspect extérieur, telles que

Le *cuivre arseniaté trièdre,*

Le *cuivre arseniaté capillaire,*
mamelonné ou *fibreux.* Son aspect
est soyeux , quelque-
fois cristallin.

Quelquefois le cuivre arseniaté renferme du fer, et constitue la variété de M. Haüy nommée *cuivre arseniaté ferrifère,* que les uns regardent comme une combinaison triple d'acide arsenique, de fer et de cuivre, et d'autres comme un mélange de cuivre arseniaté et de fer. Il est probable que c'est un arseniate double de fer et de cuivre.

420. *Gisement.* Le cuivre arseniaté se rencontre, dans la nature, dans des terrains granitiques dont le granite s'est altéré par la conversion d'une partie du felspath en kaolin. On le trouve surtout dans le comté de Cornouailles en Angleterre; à Wolfach, pays de Bade; Farbitzin, près Libethen en Hongrie; à Altenkirken dans la pricipauté de Nassau; à Stammosser, près de Schnééberg en Saxe, et aux environs de Limoges en France. Mais c'est principalement en Angleterre que cette espèce s'offre avec le plus d'abondance et de diversité de formes cristallines.

En résumé, l'histoire de cette espèce est, comme on a pu le voir, obscure et très incertaine.

21ᵉ ESPÈCE. *VAUQUELINITE.*

(*Chromate double de plomb et de cuivre,* Beudant; *plomb chromé,* Haüy.)

421. *Caractères essentiels.* Cette espèce a une couleur verte; elle est en petites aiguilles ou en masses terreuses; elle ressemble beaucoup au *plomb phosphaté* vert aciculaire, mais elle s'en distingue par sa poussière qui est jaunâtre, celle du dernier étant grise. Sur le charbon, elle se boursouffle un peu, fond ensuite en produisant beaucoup d'écume, et se con-

vertit en une boule d'un gris sombre métallique, et autour de laquelle on voit de petits grains de plomb réduit.

Composition. Formé de 1 atome de bi-chromate de cuivre et de 2 atomes de bi-chromate de plomb $= \ddot{Cu}^3 \overset{\cdots}{\overset{\cdots}{Cr}}{}^2 + 2\ddot{Pb}^3 \overset{\cdots}{\overset{\cdots}{Cr}}{}^2$. On croyait, d'après les expériences de M. Vauquelin, que c'était une combinaison d'oxide de plomb et d'oxide de chrôme; c'est M. Berzélius qui en a fait connaître la véritable composition.

422. *Gisement.* Cette espèce, encore peu connue, accompagne ordinairement le plomb chromaté, et se trouve à la surface de ses masses sous forme de poudre ou de petites aiguilles.

22ᵉ ESPÈCE. *CUIVRE DIOPTASE.*

(*Cuivre silicaté hydraté*, Brongniart; *silicate de cuivre*, Berzélius; vulgairement *dioptase, achirite.*)

423. *Caractères essentiels.* Cette espèce se présente ordinairement sous la forme de cristaux prismatiques hexaèdres réguliers, terminés par un pointement à 3 faces reposant sur 3 arètes en alternant. Ils sont translucides, d'une belle couleur vert d'éméraude, d'un éclat vitreux, et un peu plus durs que le verre; isolés, ils acquièrent par le frottement l'électricité résineuse; ils donnent de l'eau par la calcination, sont infusibles au chalumeau, et insolubles dans l'acide nitrique, dans lequel ils conservent leur couleur.

Sa pesanteur spécifique est de 3,3.

Sa forme primitive est un *rhomboïde obtus* de 124° et 56°. Les joints naturels parallèles aux faces de ce rhomboïde sont très nets.

Composition. M. Vauquelin vient de reprendre l'analyse de cette espèce sur une assez grande échelle, et la formule chimique qui en résulte se trouverait $= \ddot{Cu}^3 \overset{\cdot}{\dddot{Si}}{}^4 + 6Aq$. C'est donc un bi-silicate au lieu d'un sesqui-silicate, comme l'avait annoncé Lowitz.

424. *Gisement.* On n'a pas de données positives sur son gisement. Elle a été apportée de la Bucharie chinoise par un négociant nommé Achir Mahmet, ce qui lui a fait donner le nom d'*achirite.* Elle est assez rare.

23ᵉ ESPÈCE. *CUIVRE SILICEUX.*

(*Cuivre hydro-silicaté, cuivre hydro-siliceux* ou *hydraté siliceux,* Haüy ; *cuivre résinité,* Brongn. ; *cuivre hydraté, kieselmalachit, cuivre scoriacé, chrysocolle.*)

425. *Caractères essentiels.* Cette substance, d'un vert bleuâtre, quelquefois noirâtre, est facile à casser, plus dure que le verre ; elle a une texture compacte, une cassure imparfaitement conchoïde et un éclat résineux ; isolée, le frottement lui communique l'électricité résineuse. Elle donne de l'eau par la calcination, est infusible au chalumeau, et blanchit, sans se dissoudre, dans l'acide nitrique ; quelquefois elle y produit une légère effervescence, due à la présence d'un peu de malachite interposée.

Sa pesanteur spécifique est de 2,7.

Cette espèce, presque toujours à l'état concrétionné ou de masses compactes, a pour forme primitive, suivant M. Haüy, un prisme *droit rhomboïdal* de 103°20′ et 76°40′. Ses cristaux, fort rares, sont des prismes le plus souvent à 6 faces, présentant un biseau sur les arètes aiguës, et un autre sur les arètes latérales obtuses.

Composition. C'est un hydro-silicate de cuivre, dont la formule $= \ddot{C}u^3\dddot{S}i^2 + 12Aq$; plus, des matières étrangères accidentelles.

426. *Gisement.* Cette espèce, ordinairement disséminée dans des roches ferrugineuses, se trouve en Sibérie, dans les monts

Ourals, au Chili, en Espagne au cap de Gates, et à Ehl sur les bords du Rhin. Elle est assez rare.

427. *Annotations.* Plusieurs minéralogistes pensent que le cuivre siliceux n'est qu'une variété du cuivre dioptase ; et le peu de différence que présentent les analyses de ces deux substances semble devoir confirmer cette opinion. D'autres sont d'un avis tout opposé, et admettent pour chacune d'elles une forme primitive différente. En attendant que de nouvelles recherches viennent éclaircir cette question douteuse, nous continuerons à les regarder comme des espèces distinctes, et en cela nous suivrons le sentiment de MM. Haüy, Berzélius et Brongniart.

Gisement général des minerais de cuivre.

428. Le cuivre n'appartient pas à toute espèce de terrain, comme on a déjà pu le voir par ce que nous avons dit à la suite de chaque espèce ; il n'existe guère que dans les terrains primitifs, les terrains intermédiaires et les premières assises des terrains secondaires.

Il ne forme ni montagnes ni couches. Dans les premiers, il constitue des filons, qu'il remplit en partie plutôt encore qu'en totalité. Les espèces qui s'y rencontrent sont :

Le *cuivre sulfuré,*
pyriteux,
gris,
oxidulé,
arseniaté,
phosphaté,
hydrochloraté,
natif.

Dans les terrains intermédiaires, le cuivre est toujours sous forme d'amas peu considérables. Les espèces qui s'y trouvent sont les trois suivantes :

Le *cuivre azuré,*
malachite.
pyriteux.

Dans les premières couches des terrains secondaires, on rencontre le cuivre carbonaté vert et bleu, le cuivre oxidulé, et même le cuivre pyriteux qu'on cite dans les schistes.

Au-dessus de ces terrains on ne rencontre plus de cuivre. Les terrains trappéens offrent bien quelquefois la malachite associée principalement à la prenhite, mais en petite quantité. Les terrains volcaniques ne présentent guère que quelques parcelles de cuivre hydrochlorate sublimé sur des laves.

Traitement métallurgique des minerais de cuivre.

429. Les minerais de cuivre qui font l'objet d'un traitement métallurgique sont : le cuivre natif, le cuivre sulfuré, le cuivre pyriteux, le cuivre oxidulé, les deux carbonates, enfin les cuivres gris plus ou moins argentifères. Le cuivre pyriteux étant la plus commune de ces espèces, est celle qu'on traite le plus habituellement dans toutes les contrées de l'Europe ; les autres, qui s'y trouvent accidentellement mélangées, sont traitées conjointement avec elle. Il n'y a qu'en Sibérie que le cuivre sulfuré et les carbonates vert et bleu forment l'objet principal de l'exploitation.

Les préparations mécaniques que l'on fait subir à la plupart de ces minerais se réduisent seulement au bocardage, et dans quelques cas seulement au bocardage et au lavage. (Cette dernière opération se pratique surtout pour les minerais de filons.) On fait usage du bocardage, tantôt parce que les minerais se trouvent disséminés en petites parties dans des dépôts où les matières terreuses sont trop abondantes, comme dans les grès rouges et les schistes bitumineux du Mansfeld, tantôt, au contraire, parce que ces minerais se trouvent en amas considérables, dont les gangues sont en très faible proportion ou même tout-à-fait nulles.

430. I. Pour le *cuivre natif*, le *cuivre oxidulé* et les *carbonates*, il suffit de les fondre avec du charbon ou du coke, dans un fourneau à manche, et mieux, lorsqu'ils sont suffisamment purs, dans un fourneau à réverbère, pour en avoir le cuivre. Ce seraient sans doute les minerais les plus avantageux, puisqu'ils ne renferment aucune substance qui puisse nuire à leur fusion, si ce n'est le carbonate, qui est fréquemment mélangé avec une grande quantité de matières terreuses qui embarrassent toujours la fusion; mais ils sont en très petite quantité dans la nature.

Autant le traitement des espèces précédentes est simple, autant celui des sulfures est compliqué.

431. II. On commence par griller le minerai, ce qui s'exécute suivant plusieurs procédés, entre autres par le suivant. On dispose le minerai en pyramides tronquées, sur un lit de bois, et de telle sorte, que les plus gros morceaux soient placés au centre et les plus petits à la surface: ceux-ci sont battus et quelquefois mêlés d'un peu de terre, pour ralentir la combustion et diriger les vapeurs vers le haut. Au centre de la pyramide, on a eu soin de ménager un canal vertical dans lequel on jette quelques tisons enflammés; le bois placé au bas prend feu, et le communique peu à peu au sulfure qui, une fois échauffé, continue de brûler et de se griller par lui-même. Il se forme pendant ce grillage, qui dure quelquefois plus d'un an, des oxides et des sulfates de cuivre et de fer, du gaz sulfureux et du soufre. Ces deux derniers produits se dégagent; mais on recueille une partie du soufre réduit en vapeur dans des cavités que l'on a pratiquées à cet effet dans la partie supérieure de la pyramide.

Le résidu de ce grillage doit donc être considéré comme

un mélange d'oxides de cuivre et de fer en partie combinés avec l'acide sulfurique, et d'une certaine quantité de sulfure échappé au grillage. On le traite au fourneau à manche par le charbon de bois ou le charbon de terre épuré, et on ajoute du quarz, s'il ne se trouve pas assez de silice dans la gangue. Ce quarz a plusieurs usages : 1°. d'aider la vitrification des matières pierreuses que renferme naturellement le minerai; 2°. d'arrêter souvent l'ardeur de la fusion, et de donner ainsi aux matières oxidables le temps de s'oxider; 3°. enfin d'entraîner plus facilement le fer dans les scories, lorsque ce métal se trouve en trop grande quantité dans ce minerai. On élève convenablement la température, et par la fusion les portions de sulfates repassent à l'état de sulfures, tandis que les oxides, et principalement celui de cuivre, se réduisent : on obtient un produit brun et fragile, nommé *matte*, qui est composé de beaucoup de cuivre et d'une bien moins grande quantité de fer et de soufre qu'auparavant. Quand les minerais exploités sont pauvres, on y ajoute du persulfure de fer, afin d'y porter un peu de soufre, dont la présence est indispensable dans les résidus de grillage, afin de réunir le métal et d'empêcher qu'il ne demeure disséminé et perdu dans une grande masse de scories.

Quoi qu'il en soit, la matte ainsi obtenue est concassée et soumise à un assez grand nombre de grillages successifs, quelquefois huit, souvent douze, dans l'intention de diminuer de plus en plus le soufre qui s'y trouve encore; puis fondue de nouveau au fourneau à manche, avec addition d'une certaine quantité de quarz, afin de s'opposer à la réduction de l'oxide de fer, et d'en faciliter la fusion. Les résultats de cette opération longue et laborieuse sont du cuivre impur, appelé *cuivre noir*, une nouvelle matte, et des scories composées principalement de silice et d'oxide de fer. On rejette ces scories, et on grille la matte derechef. Quant au *cuivre noir*, qui contient environ 0,90 de cuivre pur, un peu de soufre, de fer et quelquefois du zinc, on le porte au *fourneau d'affinage.*

Ce fourneau est à réverbère : sa sole, qui est concave et recouverte d'une brasque de charbon et d'argile bien battus, sert pour la fusion du métal; sur l'un de ses côtés sont placés deux soufflets, et sur le côté opposé se trouvent des bassins de réception ayant la forme de deux cônes renversés, et qui communiquent à volonté avec le bassin du fourneau même : à une extrémité est le foyer, à l'autre la cheminée. On charge la sole du fourneau de *cuivre noir,* et l'on allume le feu : le cuivre fond, et forme à la surface des scories que l'on enlève avec une espèce de râteau sans dents : alors on dirige dessus le vent des soufflets, ce qui le fait rouler sur lui-même, et offrir successivement toutes ses parties au contact de l'air ; le fer et le soufre se brûlent, et le cuivre s'affine. Cette opération dure ordinairement deux heures ; mais on s'aperçoit plus sûrement de la pureté du métal à sa couleur et à l'absence des scories : à ce moment on met le bassin de fusion en communication avec ceux de réception que l'on a tenus chauds : le cuivre y coule et s'y refroidit ; mais pour hâter son refroidissement, on projette avec un balai de l'eau à sa surface, et avec un ringard on enlève la croûte solide à mesure qu'elle se forme. Le cuivre ainsi obtenu est sous forme de plaques rondes et couvertes d'aspérités ; il porte dans le commerce le nom de *cuivre de rosette.*

432. III. Nous avons dit plus haut, en parlant du sulfate de cuivre (402), que ce sel existait souvent en dissolution dans les ruisseaux des galeries des mines qui contiennent des pyrites de cuivre. Il s'y rencontre quelquefois en assez grande quantité pour que l'on cherche à en retirer le cuivre ; et pour cela on recueille ces eaux, on les fait évaporer, et l'on y jette des morceaux de fer ou de la vieille ferraille, sur lesquels le cuivre vient se mouler en se précipitant. Ce cuivre porte le nom de *cuivre de cémentation.* Mais on en obtient encore par le même

moyen des minerais de cuivre pyriteux, qui sont trop pauvres en cuivre pour qu'on leur fasse subir la fusion; on les grille pour en extraire du soufre, et on lessive le résidu pour dissoudre les sulfates de fer et de cuivre qui se sont formés pendant le grillage. C'est dans cette dissolution qu'on jette des morceaux de fer comme ci-dessus. Le sulfate de fer qui reste dans la liqueur après la précipitation du cuivre est recueilli pour être livré au commerce.

433. IV. Nous avons dit, à l'article extraction de l'argent, comment on traitait les diverses espèces de cuivre gris pour en extraire ce précieux métal (286); nous n'y reviendrons donc pas: seulement nous ajouterons ici, que les pains de cuivre qui restent après l'opération du *ressuage* sont très poreux et criblés de trous, comme une éponge. Dans cet état, ces pains, qu'on appelle *carcasses,* retiennent encore un peu de plomb dont il est essentiel de les priver, si l'on veut les convertir en *cuivre marchand;* c'est à quoi l'on parvient en les tenant fondus pendant quelque temps dans un fourneau de réverbère, à peu près de la même manière que pour l'affinage dont nous venons de parler: le plomb en effet se convertit en litharge, et le cuivre devient sensiblement pur.

434. Tels sont les procédés le plus en usage pour l'extraction du cuivre, dont le commerce consomme annuellement quatre cent mille quintaux environ, ce qui forme une valeur moyenne de soixante-et-dix millions de francs. Le tableau suivant indique les quantités respectives fournies par les diverses contrées du globe qui possèdent des mines en rapport.

Angleterre		200,000 quint.
Russie, Suède, Autriche		de 60 à 70,000
Saxe		12,600
Norwège		8,000
Prusse		6,400
Allemagne occidentale		10,600
France..	Chessy et Saint-Bel, près de Lyon	2,500
	Poullaouan et Huelgoet	quelques quint.
Espagne		300
Mexique, provinces de Valladolid et de Guadalaxara		4,000
Total		314,400 quint.

La Perse, le Japon, la Chine, l'Arabie, la Tartarie, la Natolie, plusieurs îles de la mer des Indes, l'Abyssinie, le royaume de Maroc dans la Barbarie, etc., renferment des mines de cuivre, mais leurs produits sont inconnus.

434 *bis. Usages du cuivre.* Le cuivre est, après le fer, le métal dont les usages sont le plus multipliés. Dans l'économie domestique, on en fait des ustensiles, tels que des casseroles, des baignoires, des chaudières, des tuyaux, etc. Depuis long-temps il sert au radoubage des vaisseaux. Combiné avec 0,10 d'étain, il constitue le *métal des canons;* avec 0,25 du même, il forme le *métal des cloches,* et avec 0,25 de zinc, l'alliage connu dans les arts sous les noms de *similor, laiton* et *cuivre jaune.* Tantôt pur, et tantôt uni à l'or et à l'argent, il sert à représenter la valeur des objets commerciaux. Les arts chimiques lui doivent aussi une foule de produits intéressans, tels que ses oxides employés pour colorer les émaux, le protoxide en rouge et le deutoxide en vert; le sulfate de cuivre,

l'acétate de cuivre brut ou *vert-de-gris,* l'acétate cristallisé ou *verdet,* l'ammoniure ou *eau céleste,* etc.

Nous devons dire ici quelques mots des acétates de cuivre, qui se préparent en grand dans les arts.

435. Le vert-de-gris ou l'acétate de cuivre brut est un sous-deutacétate de cuivre qu'on fabrique dans le midi de la France, et surtout à Montpellier ou dans les environs de cette ville. Le procédé suivi consiste à stratifier des lames de cuivre avec du marc de raisin récemment exprimé. Ce marc retenant encore une certaine quantité de vin, la masse ne tarde pas à s'échauffer, à entrer en fermentation; de l'acide acétique est formé, et il se combine immédiatement avec le cuivre, oxidé en même temps par le contact de l'air: de là le vert-de-gris. Lorsque la fermentation est terminée, ce qui arrive ordinairement au bout de quelques semaines, on retire les lames de cuivre, on les stratifie une seconde fois avec de nouveau marc, et on répète cette opération jusqu'à ce qu'elles soient presque entièrement converties en acétate. Pour séparer celui-ci du cuivre non encore attaqué, on place les lames dans des pots en grès, et on les humecte de vinaigre, qui fait gonfler le sel et détruit son adhérence. Alors on le pétrit avec un peu de vin, et on l'enferme dans des peaux de mouton pour le livrer au commerce. Il est en masses d'un vert bleuâtre, d'une faible odeur de vinaigre et d'une forte saveur cuivreuse, composées de sous-acétate, de parcelles de cuivre et de débris atténués de marc de raisin.

436. L'acétate de cuivre cristallisé, ou le *verdet cristallisé,* est un deutacétate neutre qui se fabrique également à Montpellier. A cet effet, des hommes, nommés *leveurs*, vont recueillir le vert-de-gris chez tous les particuliers qui en préparent, et le portent dans les ateliers où se fait en grand l'opération. Là, on dissout le verdet dans le vinaigre, à l'aide de la chaleur: on laisse déposer; on décante pour séparer

les parcelles de cuivre ; on fait évaporer la liqueur et on la met à cristalliser. Mais cette cristallisation s'opère d'une manière particulière ; on plonge dans la liqueur des bâtons fendus en quatre par un bout et dont on tient les quatre branches écartées au moyen de petites fiches de bois. C'est sur ces bâtons que le sel cristallise en prismes rhomboïdaux, quelquefois très gros et réguliers ; et les masses présentent la forme de pyramides quadrangulaires tronquées. C'est sous cet état qu'il arrive dans le commerce ; il est d'un vert bleuâtre pâle et légèrement efflorescent.

Ces deux acétates sont employés en peinture. Le premier est quelquefois en usage en Médecine, comme escharrotique ; le second est surtout usité en Pharmacie pour la préparation du vinaigre radical ou acide acétique concentré.

XIe FAMILLE. *NICKEL.*

437. Les minerais de nickel ont pour caractères généraux de se réduire en oxide vert par la chaleur et avec le contact de l'air, de colorer le verre de borax en jaune hyacinthe, et de donner des dissolutions acides vertes. Leur solution dans l'acide nitrique devient bleue violacée par l'addition de l'ammoniaque, précipite en vert pomme par la potasse et par l'hydro-ferro-cyanate de potasse.

Cette famille comprend huit espèces, dont la plupart sont encore mal déterminées.

1re ESPÈCE. *NICKEL SULFURÉ.*

(*Nickel natif capillaire*, Haüy ; *pyrite capillaire*, Reuss. et Werner.)

438. *Caractères essentiels.* Cette espèce, d'un aspect métalloïde, d'un jaune de bronze, est en petits cristaux capillaires groupés, très fragiles, plus ou moins élastiques, opaques ; elle

répand au feu une odeur sulfureuse, noircit et donne sur le charbon un globule métallique, malléable et magnétique.

Composition. C'est un bi-sulfure de nickel $= NiS^2$. Klaproth considérait cette espèce comme une combinaison de nickel, de cobalt et d'arsenic; mais il est bien constaté maintenant qu'il n'existe pas de nickel à l'état métallique dans la nature.

439. *Gisement.* Le nickel sulfuré se trouve toujours implanté dans les fissures de l'arseniure de cobalt ou de nickel, surtout à Annaberg, Schnéeberg, Johangeorgenstadt en Saxe, à Andréasberg au Hartz et à Joachimsthal en Bohême. Il a pour gangue le quarz hyalin grisâtre, mêlé de quarz agate commun dont il tapisse les cavités. Il est assez rare.

2e ESPÈCE. *NICKEL ARSENICAL.*

(*Arseniure de nickel,* Beudant; *kupfernickel* des Allemands.)

440. *Caractères essentiels.* La couleur de ce minéral est le jaune rougeâtre tirant sur celui du cuivre; il a un éclat métallique; il étincelle sous le choc du briquet en répandant une odeur d'ail; sa texture est grenue, sa cassure raboteuse et peu brillante; il est très cassant; exhale au chalumeau une odeur arsenicale, et jeté dans l'acide nitrique forme instantanément un dépôt verdâtre d'arseniate.

Sa pesanteur spécifique est de 6,6 à 7,5.

On ne le trouve qu'en masses amorphes plus ou moins volumineuses et jamais cristallisé.

Composition. Formé de 1 atome de nickel et de 1 atome d'arsenic $= NiAs$. Mais il est rarement pur, et presque toujours mélangé de fer, de cuivre, de cobalt.

441. *Caractères d'élimination.* On peut le confondre avec le *cuivre natif* et le *cuivre panaché.* Pour le distinguer du premier, *voyez* 367. On le distingue du second, en ce que

celui-ci ne donne point de dépôt verdâtre dans l'acide nitrique et ne répand point d'odeur d'ail par la chaleur.

442. *Gisement*. Cette espèce, qui est la plus commune de toutes celles de nickel, accompagne presque toujours l'une des quatre substances métalliques suivantes : l'argent, le plomb, le cuivre et surtout le cobalt. On la rencontre, en effet, dans les dépôts métalliques des terrains primitifs où se trouve le cobalt arsenical, mais elle n'y est jamais cependant en très grande quantité. Pour les localités, voir celles du cobalt arsenical (459).

Usages. Le nickel arsenical ne sert qu'à l'extraction du nickel métallique.

APPENDICE.

443. Nous rangeons ici un minéral dont la composition est assez compliquée, et qui n'est pas encore assez bien connu pour qu'on en fasse une espèce à part ; c'est le *nickel arsenical antimonifère* de Berzélius (antimoine sulfuré nickelifère de Haüy, nickelspiesglanzerz des Allemands).

Il est composé en partie de larges lames parallèles d'un bleu métallique éclatant, à peu près pareilles à celles de l'antimoine natif, et en partie d'une autre matière compacte légèrement luisante, dont la couleur tire sur le gris de plomb. Sa surface est couverte d'une couche jaunâtre qui ressemble à de l'oxide de fer ; il fond au chalumeau en répandant des vapeurs arsenicales blanches, et dont une partie s'attache sur le charbon et le colore en jaune. Il se dissout en partie dans l'acide nitrique qu'il colore en vert, en laissant précipiter une poudre blanche au fond de la liqueur. Suivant l'analyse de Klaproth, ce serait un mélange ou une combinaison d'arseniure de nickel, d'antimoniure de nickel et de tri-sulfure d'antimoine $= NiAs, NiSb, SbS^3$. On l'a trouvé dans une mine située près de Trensbourg, comté de Sayn-Altenkirchen, dans le pays de Nassau.

3e ESPÈCE. NICKEL SULFO-ARSENICAL.

(*Sulfo-arseniure de nickel*, Beudant; *mine blanche de nickel*, Berzélius; *nickel gris*.)

444. *Caractères essentiels.* Cette espèce, fort rare, a un aspect métallique; sa couleur est le gris de plomb clair ou le blanc d'étain; elle donne par la chaleur une grande quantité de sulfure d'arsenic, qui se sublime dans le matras où on opère, sous forme de masse fondue, transparente, roussâtre. Elle se dissout dans l'acide nitrique, qu'elle colore en vert; et le nitrate de strontiane y indique la présence de l'acide sulfurique.

Sa pesanteur spécifique est de 6,12. Elle est toujours en petites masses amorphes.

Composition. Formée de quadrisulfure de nickel et de biarseniure de nickel $= NiS^4 + NiAs^2$. Elle contient toujours un peu de fer, qui paraît y être à l'état d'arseniure.

445. *Gisement.* Se trouve avec les autres minerais de nickel et de cobalt. Mal connue.

4e ESPÈCE. NICKEL SULFO-STIBIURÉ.

(*Sulfo-antimoniure de nickel*, ou *double sulfure de nickel et d'antimoine*.)

446. Cette espèce, tout aussi rare que la précédente, et découverte depuis peu dans les Pyrénées, est en petites masses disséminées dans un quarz blanc calcarifère, où elle est associée à du zinc et à du plomb sulfuré. Traitée au chalumeau, avec le tartrite de potasse, elle se réduit en un grain métallique qui a tous les caractères de l'antimoine pur; il se produit pendant la fusion des vapeurs sulfureuses sans mélange d'odeur arsenicale. Sa composition, suivant M. Vauquelin, est,

Soufre.	0,175
Antimoine.	0,140
Nickel.	0,143

Plus un peu de cobalt, de zinc et de silice. Ces deux dernières substances provenaient probablement de la gangue. Mal connue.

5e ESPÈCE. *NICKEL OXIDÉ NOIR.*

(*Protoxide de nickel, nickel schwärze* des Allemands.)

447. *Caractères essentiels.* Ce minéral, d'un aspect terreux, est gris, noir ou brun; sa raclure est luisante; il est léger et fort tendre; il colore l'acide nitrique en vert pomme, en laissant précipiter de l'oxide blanc d'arsenic avec lequel il est mélangé.

Il forme de petites croûtes ou de petits nids dans les cavités d'un schiste bitumineux qui contient aussi du nickel arsenical et arseniaté, et qui provient de la mine de Friedrich Wilhelm, près Riegelsdorf en Hesse. Suivant M. Hausmann, il serait le produit d'une altération du nickel arsenical, et suivant M. Leman, il proviendrait du nickel arseniaté ou hydraté vert qui aurait perdu son eau, ainsi que cela arrive lorsque l'on fait dessécher de l'hydrate de nickel artificiel.

Son signe chimique $= \ddot{N}i$.

6e ESPÈCE. *NICKEL ARSENIATÉ.*

(*Arseniate de nickel,* Stromeyer; autrefois *arsenite de nickel* de Berzélius.)

448. *Caractères essentiels.* Substance verdâtre ou blanchâtre, ayant un aspect terreux, tantôt en masses, tantôt en poussière; insoluble dans l'acide nitrique; réductible par le charbon, et à l'aide du borax, en nickel métallique, en répandant de fortes vapeurs arsenicales.

Composition. Formée, suivant Berthier, de 1 atome de sous-arseniate de nickel et de 18 atomes d'eau $= \dot{N}i^3 \ddot{\ddot{A}}s^2 + 18 Aq.$ Mais il existe aussi dans la nature un sous-arsenite, dont la formule $= \dot{N}i^2 \ddot{\dot{A}}s + 18 aq.$

449. *Caractères d'élimination.* On peut quelquefois confondre le nickel arseniaté avec le *cuivre carbonaté vert.* Celui-ci se dissout plus ou moins lentement dans l'acide nitrique, colore l'ammoniaque en bleu et le verre de borax en vert.

450. *Gisement.* Il recouvre presque toujours les mines de nickel arsenical, sous la forme d'une espèce de croûte ou d'une efflorescence plus ou moins verte; et il paraît que c'est à ce dernier qu'il faut en rapporter la formation. Outre cette association, on le rencontre aussi mélangé avec le cobalt, et formant les parties verdâtres du minéral connu sous le nom vulgaire d'*argent merde d'oie* (259). C'est ainsi qu'il se trouvait dans l'ancienne exploitation d'Allemont en Dauphiné.

7e ESPÈCE. *NICKEL SULFATÉ.*

(*Hydrosulfate de nickel,* Beudant.)

451. *Caractères essentiels.* Substance verdâtre, soluble dans l'eau, d'une saveur très styptique; sa solution devient bleue violâtre par un excès d'ammoniaque, mais elle ne donne pas de cuivre métallique sur une lame de fer.

Composition. Formée de 1 atome de tri-sulfate de nickel et de 14 atomes d'eau, $= \dot{N}i \dddot{S}^2 + 14 Aq.$

452. *Gisement.* Elle se rencontre en petits dépôts superficiels dans les mines de nickel. On l'obtient dans les laboratoires en cristaux qui dérivent d'un *prisme à base carrée.* Elle est fort rare dans la nature.

8e ESPÈCE. *NICKEL SILICATÉ.*

(*Pimelite,* Berzélius, Beudant.)

453. *Caractères essentiels.* C'est une substance terreuse, d'une couleur vert pomme, en couches minces et ressemblant beaucoup, par ses propriétés physiques, à un talc stéatite verdâtre. Chauffée dans un matras, elle noircit et dégage une eau qui a une odeur empyreumatique. Elle est infusible; mais elle se scorifie dans les parties minces et devient gris sombre.

Composition. C'est un hydrosilicate de nickel, dont le signe chimique est $= \ddot{N}i\,\dot{\ddot{S}}i^4 + 20\,Aq.$

454. *Gisement.* Cette variété du *quarz agate prase* d'Haüy se trouve dans la principauté de Munsterberg en Basse-Silésie, près des villes de Kosemütz, Grochau et Glassendorf.

Gisement général des minerais de nickel.

455. Le nickel n'a pas de mines qui lui soient propres; il entre dans la composition des filons ou des dépôts métalliques appartenant aux terrains primitifs. Il est presque toujours associé au cobalt, à l'arsenic, au plomb, à l'antimoine, au cuivre et au fer; enfin, il fait partie des aérolithes ou du fer natif météorique.

Extraction du nickel.

456. L'extraction du nickel se fait ordinairement, dans les arts chimiques, avec le nickel arsenical, et mieux avec la matière connue sous le nom de *speiss,* qui est composée, en général, de soufre, arsenic, nickel, cobalt, cuivre et fer. Le *speiss* est un des produits des mines de cobalt que l'on a grillées, puis fondues avec du sable siliceux et de la potasse, pour obtenir le verre de cobalt bleu qui sert à la fabrication de l'*azur.* Le speiss diffère principalement des mines de cobalt, d'où il provient, par une proportion plus forte de nickel et de

cuivre. Dans la calcination de ces mines, une portion des métaux s'oxigène, tandis que l'autre conserve l'état métallique. Lorsqu'on vient à fondre la matière grillée, non-seulement l'oxide de cobalt de la première portion se dissout dans le silicate de potasse qui se forme, mais il arrive encore que la plus grande partie du cobalt de la seconde portion s'y dissout, après avoir absorbé l'oxigène d'une quantité correspondante de cuivre et de nickel qui s'étaient oxidés pendant le grillage.

Pour extraire le nickel du speiss, dont la nature est bien connue maintenant, on le pulvérise; on le grille à une chaleur insuffisante pour le faire fondre, jusqu'à ce qu'il ne se dégage plus de vapeurs arsenicales. On traite alors la masse grillée par l'eau régale. L'arsenic s'acidifie, les autres métaux s'oxident. S'il y a assez de fer dans la liqueur, on précipite la plus grande partie de l'acide arsenique à l'état d'arseniate de fer, en faisant évaporer la dissolution à siccité et reprenant par l'eau. En ajoutant du sous-carbonate de soude jusqu'à ce que le précipité cesse d'être d'un blanc jaunâtre, on sépare encore de l'arseniate de fer : après cela on filtre, et on soumet la liqueur à un courant de gaz hydrogène sulfuré qui précipite ainsi le cuivre et les dernières portions d'arsenic qui pourraient rester. On filtre, on fait bouillir pour chasser l'hydrogène sulfuré; on ajoute un peu d'acide nitrique; on continue de faire bouillir; puis on précipite par un excès de sous-carbonate de soude, du peroxide de fer, et des carbonates de nickel et de cobalt. On lave le précipité, et on le traite par l'acide oxalique, qui dissout le fer et forme des oxalates de nickel et de cobalt insolubles. On filtre et on lave les oxalates.

On pulvérise ces oxalates; on les agite dans un matras avec de l'ammoniaque liquide étendu d'une fois et demie son volume d'eau. La dissolution étant opérée, on l'expose à l'air : peu à peu il se dépose de l'oxalate ammoniaco de nickel, qui est d'un bleu verdâtre, et la liqueur retient de l'oxalate ammoniaco de cobalt, qui est d'un beau rouge brun. On juge que les liqueurs ne contiennent plus de nickel, lorsqu'après avoir séparé le dépôt, elles ne précipitent plus, au bout de quelques heures, de l'oxalate ammoniaco de nickel. Pour purifier le dépôt du cobalt qu'il pourrait retenir, on le traite à plusieurs reprises par l'ammoniaque, et dès qu'il est déposé, on le lave à l'eau bouillante. Le dépôt ainsi traité donne de l'oxide de nickel par la calcination. On obtient le nickel métallique en chauffant cet oxide dans un creuset brasqué.

Ce procédé, dû à M. Laugier, donne du nickel parfaitement pur, mais il est long et dispendieux. M. Berthier a conseillé le suivant comme plus économique.

M. Berthier calcine le speiss avant de le dissoudre dans l'eau régale; il ajoute assez de fer pour que celui-ci forme une quantité de peroxide suffisante pour neutraliser tout l'acide arsenique qui provient de l'arsenic que le grillage n'a pas séparé du speiss; il fait évaporer la liqueur à siccité, reprend le résidu par l'eau, et tout ou presque tout l'arseniate de fer est séparé. Il ajoute à la liqueur filtrée du sous-carbonate de soude à plusieurs reprises, jusqu'à ce que le précipité soit verdâtre. Il filtre, soumet la liqueur, qui ne contient plus que du nickel, du cobalt et un peu de cuivre, à un courant d'hydrogène sulfuré qui précipite ce dernier. Il filtre, fait bouillir la liqueur filtrée avec du sous-carbonate de soude en excès, qui précipite le nickel et le cobalt à l'état de sous-carbonates. Il lave le précipité, le délaie dans l'eau, tandis qu'il est encore humide, et le soumet à un courant de chlore. Il laisse la liqueur exposée à l'air; et quand elle a perdu son excès de chlore, il la filtre : la liqueur filtrée ne contient plus que du nickel. L'hydrate de peroxide de cobalt qui reste sur le filtre retient un peu d'hydrate de peroxide de nickel. En calcinant l'hydrochlorate de nickel dans un creuset brasqué, on obtient le métal très pur.

Le nickel est sans usage dans les arts ; il n'est connu que dans les laboratoires de Chimie.

XIIe FAMILLE. *COBALT.*

457. Les minerais de cobalt ont pour caractères distinctifs de colorer en bleu toutes les matières vitreuses. Leur dissolution nitrique est rose et précipite en flocons gélatineux violacés par les alcalis lorsqu'elle est bien neutre, et en brun rougeâtre si la solution renferme de l'acide arsenique ; l'hydro-ferro-cyanate de potasse y détermine un précipité jaune brunâtre ; enfin, chauffée sur un charbon avec de l'alumine bien pure, elle colore celle-ci en bleu magnifique.

Cette famille comprend huit espèces.

1re ESPÈCE. *COBALT SULFURÉ.*

(*Pyrite de cobalt,* Hisinger.)

458. *Caractères essentiels.* Cette espèce, admise seulement par les minéralogistes suédois, a une couleur d'un gris d'acier clair, un éclat métallique, une cassure inégale grenue. Elle est assez dure et non attirable à l'aimant ; elle répand au chalumeau une odeur sulfureuse, et se fond en un globule gris qui colore le verre de borax en bleu d'azur.

On la trouve en masse et cristallisée, mais d'une manière si confuse, qu'il n'est pas possible de déterminer la figure des cristaux. Elle est assez rare et peu répandue. On la rencontre seulement dans la mine de New-Bastnal ou Saint-Gorans, à Riddarhytta en Suède. Elle y est en couches dans le gneis, où elle accompagne l'actinolite et le cuivre pyriteux.

Composition. Ce n'est point un simple sulfure de cobalt ; M. Berzélius, d'après l'analyse de M. Hisinger, la regarde comme une combinaison de quadri-sulfure de fer, de sulfure de cuivre, et de tri-sulfure de cobalt $= FeS^4 + 4CuS + 12CoS^3$.

2e ESPÈCE. *COBALT ARSENICAL.*

(*Arseniure de cobalt*, Brongniart.)

459. *Caractères essentiels.* C'est une substance métalloïde, d'un gris d'acier dans sa cassure fraîche, ou d'un blanc d'argent, noircissant promptement à l'air; sa texture est grenue, sa cassure raboteuse, à grain fin et serré. Elle est aigre et cassante; elle donne des étincelles par le choc du briquet, et une odeur d'ail par la chaleur. Sa dissolution nitrique est rosâtre; elle précipite en bleu violâtre par les alcalis, et en verdâtre par l'hydro-ferro-cyanate de potasse.

Sa pesanteur spécifique est de 7,72.

Caractères cristallographiques. Sa forme primitive est le *cube.* Ses variétés de forme sont l'octaèdre, le cubo-octaèdre et le triforme, solide qui réunit le cube, l'octaèdre et le dodécaèdre rhomboïdal.

Ses variétés de structure se réduisent à trois; celles qui sont en masses concrétionnées, et quelquefois radiées; celles qui sont en masses compactes, tantôt d'un blanc argentin et tantôt d'un gris noirâtre; enfin, celles qui sont en dendrites. Parmi celles-ci on distingue le *cobalt réticulé* (*cobalt arsenical pseudomorphique filiciforme* d'Haüy), qui paraît devoir son origine à de l'argent natif filiciforme, dont les molécules sont remplacées successivement par celles de cobalt arsenical, de manière que la forme ramuleuse est conservée. C'est une mine d'argent cobaltifère.

Composition. C'est un bi-arseniure de cobalt avec de l'arsenic surabondant, probablement en mélange $= Co\,As^2, As$. Il est, en outre, presque toujours mélangé d'arseniure de fer, ou plutôt d'arseniure double de cobalt et de fer, quelquefois même de sulfo-arseniure. L'absence du soufre dans sa composition intime le distingue du cobalt gris, dans lequel le soufre est un des composans essentiels.

460. *Caractères d'élimination.* On distingue le cobalt arsenical, 1°. du *fer arsenical,* en ce que celui-ci communique au borax une teinte noirâtre, et ne colore pas l'acide nitrique en rose; 2°. de l'*argent antimonial,* en ce que celui-ci ne colore ni le borax ni l'acide nitrique, et qu'il ne répand pas de vapeurs d'ail; 3°. enfin, du *cobalt gris,* en ce que celui-ci ne donne pas une odeur d'ail aussi sensible et que son tissu est très lamelleux; en outre, sa pesanteur spécifique est plus faible dans le rapport de 4 à 5.

461. *Gisement.* Cette espèce, la plus commune de toutes celles de la famille, se trouve tantôt en couches, tantôt en filons, dans les dépôts métallifères des terrains primitifs, et particulièrement dans ceux d'argent, de cuivre pyriteux, rarement dans ceux de plomb, et jamais dans ceux de fer; c'est ainsi qu'elle existe à Wittichen en Souabe, en Bohême, en Saxe, en Hongrie, en Norwège, etc., et à Allemont, dans le département de l'Isère. Elle se rencontre aussi dans quelques dépôts des terrains intermédiaires, comme à Sainte-Marie-aux-Mines, et enfin dans des terrains secondaires, au voisinage du schiste cuivreux. Les substances qui accompagnent le plus ordinairement le cobalt arsenical sont le bismuth natif, le nickel arsenical et la baryte sulfatée.

3e ESPÈCE. *COBALT ARSENICAL GRIS NOIRATRE.*

(*Arseniure double de cobalt et de fer,* Berzélius, Beudant.)

462. *Caractères essentiels.* Sa couleur est le gris noirâtre; son éclat est métallique, mais il se perd bientôt au contact de l'air; sa cassure est inégale à grains fins, et quelquefois fibreuse et rayonnée; il est aigre, aisément frangible; il émet, lorsqu'il est frappé, une odeur arsenicale; sa dissolution nitrique, d'un brun rosâtre, précipite en bleu sale ou en vert par les alcalis, et en brun par l'hydrocyanate de potasse.

Sa pesanteur spécifique est de 7,37.

On le trouve ordinairement en masses compactes ou concrétionnées ; quelquefois il est cristallisé : ses cristaux, le plus souvent petits et à faces lisses, sont des cubes ou des dodécaèdres ; sa forme primitive est donc la même que celle de l'espèce précédente.

Composition. C'est un double arseniure de cobalt et de fer dont la formule = CoAs + FeAs.

463. *Gisement.* Il est aussi commun que le cobalt arsenical, et se trouve dans les mêmes gisemens.

APPENDICE.

464. Nous rangeons à la suite de cette espèce un minéral qui n'en est qu'une simple variété, et dont les propriétés physiques, un peu différentes, dépendent de mélanges de substances hétérogènes ; nous voulons parler du *cobalt arsenical blanc argentin*. En effet, M. Berzélius le regarde, d'après l'analyse de M. Laugier, comme un mélange du précédent arseniure double avec du mispickel (sulfo-arseniure de fer), et peut-être aussi un peu de cobalt gris, qui lui communique une couleur plus pâle. La teinte argentine qu'il présente est due au mispickel. Voici la formule que M. Berzélius admet pour représenter sa composition, $= CoAs^2 + CoS^4, FeAs^2 + FeS^4$.

4e ESPÈCE. *COBALT GRIS.*

(*Sulfo-arseniure de cobalt*, Beudant.)

465. *Caractères essentiels.* Cette espèce, douée d'un aspect métallique, a pour couleur le bleu d'étain ou le gris d'acier très éclatant ; elle a une texture très lamelleuse, étincelle par le choc du briquet et répand une odeur d'ail. Exposée à l'action de la chaleur, sans le secours du chalumeau, elle ne manifeste pas sensiblement cette odeur comme le cobalt arseni-

cal; d'ailleurs celle qu'elle exhale est toujours mêlée de celle du soufre.

Sa pesanteur spécifique est de 6,45.

Caractères cristallographiques. Sa forme primitive est le *cube.* Les formes régulières sous lesquelles elle se présente sont le cube, l'octaèdre, le dodécaèdre pentagonal, l'icosaèdre et le cubo-icosaèdre. Ces cristaux sont remarquables, non-seulement par la netteté et le poli de leurs faces et par la grandeur de leur volume, mais encore par l'identité parfaite qu'ils offrent avec ceux du fer sulfuré jaune, identité telle qu'elle s'étend jusqu'aux nuances les plus légères.

Le cobalt gris s'offre rarement en masses; il est presque toujours cristallisé.

Composition. Composé de bi-arseniure de cobalt et de quadri-sulfure de cobalt $= CoAs^2 + CoS^4$.

466. *Caractères d'élimination.* Le cobalt gris ressemble beaucoup au *cobalt arsenical;* le meilleur caractère pour l'en distinguer est tiré de sa texture. En effet, le cobalt arsenical a un tissu très grenu; l'autre a, au contraire, un tissu très lamelleux. On le distingue, en outre, du *fer sulfuré,* en ce que celui-ci est d'un jaune de bronze et qu'il ne donne point d'odeur d'ail par le briquet; du *fer arsenical,* en ce que ce dernier a une cassure raboteuse à grain serré et que ses formes dérivent d'un prisme à bases rhombes; enfin, de l'*antimoine natif,* en ce que celui-ci ne donne pas d'odeur arsenicale par le briquet et qu'il se volatilise au chalumeau en fumées blanches.

467. *Gisement.* Le cobalt gris appartient exclusivement aux terrains primordiaux. Il est moins commun que le cobalt arsenical, et ne s'est guère montré jusqu'ici qu'en Suède (Tunaberg), en amas assez considérables, avec du cuivre pyriteux, ayant pour gangue un calcaire lamellaire, dans le terrain de gneis. On le trouve aussi à Los et à Modum en Norwège, et à Giern en Silésie.

468. *Usages.* C'est principalement de cette espèce, et en particulier de la variété qu'on trouve à Tunaberg, qu'on extrait le cobalt, parce qu'elle est plus riche en métal, plus pure et plus aisée à traiter que les autres (478).

5e ESPÈCE. *COBALT OXIDÉ NOIR.*

(*Cobalt terreux*, Brongn.; *peroxide de cobalt*, Beudant.)

469. *Caractères essentiels.* Il a une texture et un aspect terreux, une couleur noire bleuâtre; il tache les doigts, est tendre et friable, acquiert de l'éclat lorsqu'on le frotte avec un corps dur et uni, et colore très facilement le borax en bleu.

Sa pesanteur spécifique est de 2,4.

Composition. C'est un tri-oxide impur dont la formule $=\ddot{\mathrm{C}}\mathrm{o}+\ddot{\mathrm{M}}\mathrm{n}+3\mathrm{Aq}$. Il est souvent mêlé de matière argileuse.

470. *Caractères d'élimination.* On le confond souvent avec le *manganèse oxidé terreux*, le *cuivre oxidé noir*, l'*argent noir*, etc. On l'en distingue facilement par sa réaction au chalumeau sur les substances vitreuses.

470 *bis. Gisement.* On trouve cette espèce en masses ou en mamelons adhérens à la chaux carbonatée et au cuivre carbonaté bleu. Elle accompagne presque toujours le cobalt arsenical, à la décomposition duquel, suivant certains auteurs, elle paraît être due. On la cite surtout à Kitzbuchel (Tyrol), à Sealfeld (Thuringe), à Freydenstadt (duché de Wurtemberg), à Schnééberg, Kamsdorf (en Saxe), à Allemont (Isère), etc. Elle est très rare dans la nature.

6e ESPÈCE. *COBALT SULFATÉ.*

(*Hydrosulfate de cobalt*, Beudant.)

471. *Caractères essentiels.* Cette espèce a une couleur rosâtre ou brunâtre, avec un éclat quelquefois soyeux; sa raclure est d'un blanc rougeâtre; elle est opaque, tendre, aisément fran-

gible. Sa texture est cristalline et même un peu laminaire; elle a une saveur styptique, et est soluble dans l'eau.

Sa structure laminaire conduit à un *prisme oblique rhomboïdal,* d'environ 80° 20′ et 99° 30′, dont la base est inclinée sur les pans d'environ 82° et 108°.

Composition. Formé, suivant M. Berzélius, de 1 atome de sulfate de cobalt et de 24 atomes d'eau, $= \ddot{C}o^3 \dddot{S}^2 + 24 Aq$.

472. *Gisement.* Le cobalt sulfaté, assez rare dans la nature, se trouve en léger enduit superficiel dans les mines de cobalt, et en solution dans les eaux de ces mines. C'est à Bieber, près Hanau, en Allemagne, qu'il a été rencontré pour la première fois par Kopp.

7ᵉ ESPÈCE. *COBALT ARSENIATÉ.*

(*Arseniate de cobalt,* Beudant; *sous-arseniate de cobalt,* Berzélius; *cobalt violet,* Brongniart.)

473. *Caractères essentiels.* Sa couleur est le beau rouge violet, qui s'affaiblit quelquefois et passe à celui des fleurs de pêcher; la poussière de ses masses offre la même couleur; son éclat est quelquefois vitreux, quelquefois terreux; sa texture est terreuse et parfois aussi laminaire. Il ne donne pas d'acide arsenieux par la sublimation, mais, sur les charbons, il fume et dégage une odeur d'arsenic; il forme, avec l'acide hydrochlorique, une dissolution que l'hydrogène sulfuré ne trouble qu'à la longue. (Proust.)

Sa pesanteur spécifique est de 4,3.

Composition. Formé de 1 atome de sous-arseniate et de 12 atomes d'eau, $= \ddot{C}o^3 \overset{\therefore}{A}s^2 + 12 Aq$.

Caractères cristallographiques. On le trouve en petits cristaux rares, que l'on fait dériver d'un *prisme à base de parallélogramme obliquangle* de 124° et 56′. Il se présente aussi sous forme d'aiguilles divergentes, qui partent d'un centre commun et forment de jolies rosettes à la surface de la gangue; c'est la variété *aciculaire* d'Haüy, nommée par les Allemands *kobalt bluthe* ou *fleurs de cobalt*. On le rencontre encore en masses concrétionnées, mais plus souvent sous forme pulvérulente.

474. *Caractères d'élimination.* Le cobalt arseniaté se distingue de tous les minéraux qui présentent la même couleur que lui, tels que l'*antimoine oxidé sulfuré*, le *mercure sulfuré*, le *fer oligiste rouge*, le *cuivre oxidulé capillaire*, etc., par le caractère qui est particulier à toutes les espèces de cette famille, savoir, la coloration en bleu qu'il donne aux matières vitreuses.

475. *Gisement.* Cette espèce, assez généralement répandue, accompagne tantôt le cobalt arsenical, et tantôt le cobalt oxidé noir; il colore fréquemment aussi la chaux arseniatée, qui se trouve dans les mêmes gisemens.

8e ESPÈCE. *COBALT ARSENITÉ.*

(*Arsenite de cobalt*, Beud.; *sous-arsenite de cobalt*, Berz.)

476. Cette espèce, que l'on a long-temps confondue avec la précédente, et qui lui est presque toujours mélangée, est rose, pulvérulente; on peut très bien la distinguer de l'arseniate en ce qu'elle donne de l'acide arsenieux par la sublimation, et forme avec l'acide hydrochlorique une dissolution que l'hydrogène sulfuré trouble sur-le-champ. (Proust.)

Sa composition est encore inconnue sous le rapport des proportions; peut-être peut-on le représenter par $\ddot{Co}\,\dddot{A}s^{2}$? (Beudant.)

Gisement général des minerais de cobalt.

477. Les minerais de cobalt se rencontrent dans quatre espèces de terrains, savoir : les terrains primitifs, de transition cristallins, de transition compactes, secondaires. Ils sont bien

plus abondans dans les premiers que dans tous les autres. C'est toujours dans les premières assises qu'ils sont situés dans les terrains secondaires. Ils ne constituent jamais de filons ou de masses a eux seuls. Tantôt ils sont disséminés dans certaines roches, tantôt ils font partie des filons qui présentent des renflemens et des étranglemens alternatifs, et qui, pour cette cause, prennent le nom de *filons en chapelets*.

Les associations du cobalt sont constantes ; ainsi on le rencontre toujours avec de l'arsenic, du fer principalement, du nickel, du cuivre, de l'argent, et quelquefois du bismuth.

Extraction du cobalt.

478. Le cobalt n'étant d'aucun usage dans les arts, n'est connu que dans les laboratoires de Chimie, où on l'extrait de ses mines comme objet de curiosité. Il est d'ailleurs si peu fusible et si peu malléable, qu'on ne l'obtient que par petits culots et jamais en grosses masses. Avant que M. Laugier eût fait connaître son beau procédé pour séparer le nickel du cobalt, on ne connaissait ce dernier métal que mêlé avec le premier. Maintenant on peut l'avoir parfaitement pur, mais l'opération est longue et minutieuse ; déjà nous l'avons fait connaître en parlant du nickel (456). Nous ne la rapporterons donc pas de nouveau ; nous dirons seulement qu'au lieu de *speiss*, on traite par l'acide nitrique le cobalt gris de Tunaberg, connu dans les arts sous le nom de *mine de Tunaberg* ; et que, lorsque par le procédé ci-indiqué on a obtenu l'oxalate de cobalt sous forme de poudre, il ne s'agit plus que de le calciner en vaisseaux clos pour obtenir le métal, qui, dans ce cas, est toujours divisé en poussière. Pour l'avoir en culot, il faut y ajouter des fondans et le soumettre à une haute température dans un creuset brasqué.

Mais si le cobalt métallique n'a pour les arts chimiques aucun intérêt, il n'en est pas de même de ses oxides, qui, soit seuls, soit unis avec les acides, sont fréquemment usités, à cause de la belle couleur bleue qu'ils communiquent aux matières vitreuses lorsqu'on les chauffe avec ces substances à une température élevée. Cette propriété qu'ils possèdent à un si haut degré, ils ne la partagent avec aucun autre corps, et on se rappelle que nous nous en sommes servis avec avantage pour distinguer les minerais de cobalt de tous ceux qui peuvent avoir avec eux quelques caractères communs. Dans les arts, on met à profit cette belle couleur bleue pour colorer les verres, les émaux, les porcelaines, etc. ; et à cet effet, on prépare très en grand les matières colorantes connues sous les noms de *safre*, de *smalt*, d'*azur*, de *bleu d'émail*, etc. Nous allons donner une idée succincte du procédé employé, et ce que nous dirons sera extrait du *Dictionnaire technologique*.

L'azur se fabrique avec la mine de Tunaberg, composée de cobalt, de soufre et d'arsenic, plus, de fer et de nickel, selon M. Laugier. Pour cela, après avoir trié et bocardé le minerai pour en séparer les matières étrangères, on le grille sur la sole d'un fourneau à réverbère qui se termine par une longue cheminée horizontale. Là, il subit une calcination soutenue pendant plusieurs heures, pendant laquelle il perd la plus grande partie de son soufre et de son arsenic, tandis que le cobalt s'oxide. L'acide arsenieux se condense dans la cheminée horizontale. C'est par ce moyen qu'on se procure presque tout l'oxide d'arsenic employé dans les arts, comme nous l'avons dit (139). Le minerai ainsi grillé est ensuite pilé, tamisé, et mêlé avec deux ou trois parties de quarz ou de sable très pur, et on obtient alors ce qu'on nomme *safre*. Les proportions de matière siliceuse varient, suivant la nature du minerai et l'intensité de couleur que l'on veut obtenir. Pour obtenir le verre d'azur, il ne s'agit plus que de vitrifier le safre avec de la potasse et un peu d'acide arsenieux, dont les quantités correspondent à la richesse en cobalt du minerai. Le mélange de ces substances étant fait, on le fond dans de grands creusets de terre. Quand il est complètement vitrifié, ce qui n'a lieu qu'au bout de huit ou dix heures d'une forte chaleur, on projette le verre dans de l'eau froide, afin qu'il se refroidisse subitement et s'éclate en petites parties, ce que l'on appelle *étonner.* On réunit alors ce verre d'azur, on le bocarde à sec, on le tamise à travers un crible de fer, puis on le porte au moulin où il est broyé le plus fin possible, entre deux meules horizontales d'un grès micacé très dur. Ensuite on le projette dans de grandes cuves pleines d'eau bien claire, on l'y délaie et on le lévige, afin de l'obtenir en poudre impalpable; on repasse au moulin les résidus de lévigation. Mais pour obtenir les divers degrés d'azur qui sont connus dans le commerce sous les noms d'azur de premier, de second, de troisième et de quatrième feu, en raison de leur finesse, on délaie la poudre dans une cuve percée sur sa hauteur de quatre ouvertures à égales distances l'une de l'autre, et on la laisse reposer quelques instans. On fait couler d'abord la portion du liquide qui est au-dessus de l'ouverture supérieure, et qui entraîne l'azur le plus divisé, et successivement on ouvre les trois autres ouvertures pour faire couler l'azur tenu en suspension. On recueille les divers précipités provenant de ces eaux de lavage, on les dessèche dans une étuve, et comme par la dessication la matière s'est agglomérée, on la broie à sec et on la tamise dans des tamis de soie très fins, après quoi l'azur est mis dans des tonneaux et livré au commerce. Son prix est d'autant plus élevé que sa ténuité est plus grande et sa couleur plus pure. Nous renverrons, pour plus de détails sur ce sujet, aux savans articles AZUR, BLEU DE THÉNARD et COBALT, du *Dictionnaire technologique*, tomes II, III, V.

479. La quantité de minerais de cobalt exploitée dans toutes les mines d'Europe s'élève à environ 20,000 quintaux, dont la valeur est tout au plus 1 million de francs, savoir :

Saxe.	8,200 quintaux.
Bohême	4,000
Prusse.	600
Pays de Siegen.	800
Hesse.	2,000
Souabe.	1,200
Saxe-Cobourg..	600
Norwège.	2,600
Suède..	600
TOTAL.	20,600 quintaux.

La quantité de smalt ou bleu d'azur faite avec ces produits s'élève à environ 38,000 quintaux, ce qui vaut alors près de 3 millions de francs. On en importe annuellement en France 5 ou 600,000 kilog. (Beudant.)

XIIIe FAMILLE. *URANE.*

480. Les minerais d'urane peuvent se reconnaître au moyen du chalumeau et du verre de borax. Ils colorent celui-ci en jaune sombre ou orangé quand on les place dans la flamme extérieure ou d'oxidation, et en vert sale dans la flamme intérieure ou de réduction. On peut encore faire usage des phénomènes que présentent ces minerais lorsqu'on les dissout dans l'acide nitrique. La solution a une teinte légèrement jaunâtre; les alcalis y déterminent un précipité jaunâtre, qui se redissout dans le carbonate de potasse, et l'hydro-ferro-cyanate de potasse y forme un précipité de couleur rouge de sang.

Cette famille renferme quatre espèces qui ne sont pas encore bien déterminées.

1re ESPÈCE. *URANE OXIDULÉ.*

(*Urane noir,* Brongn. ; *pech-blend* ou *mine de poix,* Kirw. ; *bi-oxide d'urane,* Beudant.)

481. *Caractères essentiels.* Cette espèce a une couleur brune noirâtre ; son éclat est presque résineux ou semi-métalloïde ; elle donne une poussière noire ; elle est plus dure que le fluor ; sa texture est subgrenue, sa structure feuilletée dans un sens, ou laminaire ; sa surface extérieure est quelquefois mamelonnée ; elle se dissout dans l'acide nitrique avec dégagement de gaz nitreux et le colore en jaune.

Sa pesanteur spécifique est de 6,6 à 7.

Composition. C'est un bi-oxide dont le signe chimique $= \ddot{U}$. Dans la nature, le minerai ne renferme jamais que 86 pour cent d'oxide d'urane ; le reste est du plomb sulfuré, du fer oxidé et de la silice.

L'urane oxidulé se présente en masses amorphes compactes ou en concrétions distinctes, lamelleuses à lames courbes, épaisses, et grenues à gros grains anguleux.

482. *Caractères d'élimination.* On distingue cette espèce du *zinc sulfuré brun*, à sa pesanteur beaucoup plus grande et à la couleur jaune qu'elle donne à l'acide nitrique ; du *fer chromé,* en ce que celui-ci communique une belle couleur verte au borax avec lequel on le fond au chalumeau ; et du *schéélin ferrugineux,* en ce que ce dernier présente des coupes nettes dans deux sens perpendiculaires entre eux, tandis que l'urane oxidulé n'a qu'un tissu feuilleté dans un sens unique, et enfin en ce que la poussière du *schéélin* est d'un brun violet, celle de l'autre étant noire.

483. *Gisement.* L'urane oxidulé ne se rencontre que dans les terrains primitifs, où ses filons, qui sont peu considérables, traversent le gneis. Il y accompagne les filons argentifères et

plombifères, ainsi que le fer oxidé et le cobalt arsenical. On le cite surtout dans les environs de Joachismsthal (Bohême) et à Schnééberg, Freyberg, Annaberg, Marienberg, Johan-Georgenstadt (Saxe), etc. Rare.

2.e ESPÈCE. *URANE OXIDÉ HYDRATÉ.*

(*Ocre d'urane*, Kirw.; *hydroxide d'urane*, Beudant.)

484. *Caractères essentiels.* Cette espèce, qu'on trouve tantôt sous la forme d'une poudre jaune citrin à la surface de l'espèce précédente, et tantôt, mais plus rarement, en petites masses compactes de même couleur, donne de l'eau par la calcination, et prend une couleur rouge tant qu'elle est chaude.

Sa pesanteur spécifique est de 3,15 à 3,24?

Composition. Formée de tri-oxide d'urane et d'eau en quantité indéterminée $= \dddot{U} + Aq^x$. La variété *compacte* est un mélange mécanique d'hydrate d'urane, d'uranate de chaux et d'uranate de plomb. (Berzélius.)

485. *Gisement.* Se trouve dans les mêmes gisemens que l'espèce précédente.

3e ESPÈCE. *URANE PHOSPHATÉ.*

(*Urane jaune*, Brongn.; *uranite; urane micacé*, Kirw.; *mica vert; calcholithe*, W.; *urane oxidé*, Haüy; *torbérite.*)

486. *Caractères essentiels.* Sa couleur est le jaune passant au vert; sa structure est laminaire. Il est translucide et éclatant; il est tendre, aisément frangible; il se dissout sans effervescence dans l'acide nitrique; il est infusible par les alcalis.

Sa pesanteur spécifique est de 2,19 à 3,12.

Caractères cristallographiques. Sa forme primitive est un *prisme à bases carrées* dont la hauteur et le côté sont à peu près comme les nombres 16 et 5. Ses cristaux sont de petits prismes rectangulaires plus ou moins modifiés, ou de très petits octaèdres.

Ses variétés de structure se réduisent aux trois suivantes :

Urane phosphaté flabelliforme. En petites lames divergentes en manière d'éventail.

laminaire. En petites lames irrégulières, disséminées sur la gangue.

terreux. En couches superficielles à la surface de l'urane oxidulé.

Composition. La dernière formule indiquée par M. Berzélius la représente comme formée de 1 atome de sous-phosphate de chaux, 4 de phosphate d'urane et 48 d'eau $= \dot{C}a^3 \overset{\cdot\cdot\cdot}{\ddot{P}} + 4 \ddot{U} \overset{\cdot\cdot\cdot}{\ddot{P}} + 48Aq.$ — La variété, nommée *calcholithe,* et qui est colorée en vert par de l'hydro-sous-phosphate de cuivre, serait, d'après le même savant, représentée par la formule $= \dot{C}u^3 \overset{\cdot\cdot\cdot}{\ddot{P}}{}^2 + 4 \ddot{U} \overset{\cdot\cdot\cdot}{\ddot{P}} + 48\,Aq.$ (*Ann. de Chimie et de Phys.*, t. XXXI, p. 30.)

487. *Caractères d'élimination.* L'urane phosphaté se distingue du *mica* par sa fragilité, et sa solubilité dans l'acide nitrique ; du *cuivre muriaté,* en ce que celui-ci communique à la flamme une couleur en partie bleue et en partie verte ; et enfin du *cuivre arseniaté laminaire,* en ce qu'il ne donne pas au feu l'odeur arsenicale.

488. *Gisement.* L'urane phosphaté se trouve dans les terrains primitifs, de même que l'urane oxidulé, dans des granites graphiques et autres roches primitives, comme à Saint-Yrieix et Chanteloube, dans les environs de Limoges ; à Saint-Symphorien, près d'Autun ; à Brunswick, province du Maine (États-Unis), etc. Il accompagne souvent les minerais d'é-

tain, comme à Carrarach, dans le comté de Cornouailles; à Steinheidel, Zinnwald en Bohême, ainsi que les filons argentifères, à Schnééberg, Joan-Georgenstadt en Saxe; les filons ferrifères, à Eibenstock et Rheinbreidenbach en Saxe, et quelquefois les minerais de cuivre, comme dans le comté de Cornouailles. Il a souvent pour gangue un quarz agate grossier ou la chaux fluatée fétide d'un violet noirâtre. Sans être très abondant, il est assez répandu; c'est le plus commun des minerais d'urane.

4ᵉ ESPÈCE. *URANE SULFATÉ.*

489. M. John de Berlin admet cette espèce, qui, selon lui, serait en cristaux aciculaires groupés en rayons divergens, qu'on pourrait rapporter à des prismes rhomboïdaux obliques; ils sont verts d'herbe, translucides et ont un éclat vitreux; ils se dissolvent dans l'eau. Il regarde aussi comme un *sous-sulfate d'urane* une substance jaunâtre, terreuse, insoluble dans l'eau, qui accompagne l'urane sulfaté. Ces deux espèces se trouvent à Joachimsthal en Bohême, dans un filon appelé *rothengang*, sur le mica schistoïde, et associées à de la chaux sulfatée cristallisée en aiguilles. Leur histoire n'est pas assez complète pour qu'on puisse définitivement les ranger dans la classification des espèces minéralogiques.

Extraction de l'urane.

490. L'urane est sans usages; il en est de même de ses minerais. On ne l'obtient qu'avec une peine incroyable à l'état métallique dans les laboratoires; il est toujours sous forme de poudre noirâtre ou de masse poreuse très peu homogène, ce qui tient à ce qu'il résiste aux plus violens feux de forge.

Quoi qu'il en soit, pour obtenir l'urane pur, il faut exposer le peroxide dans un creuset brasqué à une forte température, ou mieux le réduire par l'hydrogène dans un tube de porcelaine, comme nous l'avons déjà indiqué pour le chrôme, le molybdène, etc. (145, 151, etc.). On obtient le peroxide d'urane en décomposant le deuto-nitrate par la potasse ou la soude; et le deuto-nitrate se prépare en calcinant l'urane phosphaté naturel avec le double de son poids de carbonate de soude, lavant à plusieurs reprises le produit obtenu, dissolvant le résidu dans l'acide nitrique et faisant cristalliser.

XIVe FAMILLE. *ZINC.*

491. Les minerais de ce genre sont assez difficiles à reconnaître à cause du peu de caractères précis qu'on peut employer. On doit les griller convenablement et les traiter par le charbon et le carbonate de soude pour les revivifier. Ensuite on les chauffe sur le charbon, et alors on observe que le métal répand une poudre blanche qui entoure le globule fondu sans lui être contiguë, et qui se volatilise facilement en ne colorant pas la flamme en bleu verdâtre, comme le fait l'oxide d'antimoine.

On peut encore chauffer les minerais revivifiés sur les charbons avec un peu de cuivre rouge; on forme alors du laiton reconnaissable à sa couleur jaune; mais cette expérience est difficile à faire.

Leur dissolution dans l'acide nitrique donne par les alcalis un précipité qui se redissout lorsqu'ils sont en excès (zincates). Cette famille comprend sept espèces.

1re ESPÈCE. *ZINC SULFURÉ.*

(Vulgairement *blende.*)

492. *Caractères physiques.* Ce minerai est un de ceux qui se présentent sous des aspects les plus variés. Sa couleur dominante est le jaune; il donne une poussière ordinairement grise; il a un éclat diamantaire, et ressemble souvent à une substance résineuse, tant à cause de sa couleur que du luisant de ses lames; son tissu est très lamelleux, sa réfraction simple;

il est rayé par l'acier, et il raie la baryte sulfatée; il est phosphorescent par le plus léger frottement: c'est un des corps qui manifestent le plus cette propriété; il s'électrise par le frottement, même sous l'eau, et il peut rester assez long-temps dans cet état au milieu de ce liquide.

Sa pesanteur spécifique est de 4,16.

Caractères chimiques. Il est infusible, même avec le secours du borax, et il répand l'odeur d'hydrogène sulfuré par le contact de l'acide sulfurique. Sa dissolution dans l'acide nitrique est assez difficile à opérer.

Composition. Formé de 1 atome de zinc et de 2 atomes de soufre $= ZnS^2$. Les blendes sont ordinairement ferrugineuses; quelques-unes renferment un peu de cadmium, probablement à l'état de sulfure.

Caractères cristallographiques. Sa forme primitive est un *dodécaèdre rhomboïdal* subdivisible en octaèdre, tétraèdre et rhomboèdre obtus de 109°30′. Ses variétés de forme sont peu nombreuses, ce sont le tétraèdre et l'octaèdre plus ou moins modifiés, le dodécaèdre rhomboïdal modifié par des facettes additionnelles, un solide à 24 faces dont 12 sont des trapèzes et 12 des triangles isocèles allongés, et un autre à 28 faces augmentées de 4 triangles équilatéraux.

Ses variétés de structure sont les suivantes.

Zinc sulfuré lamellaire;
- *fibreux,* à fibres divergentes;
- *mamelonné;*
- *globuliforme.* L'intérieur des globules est ordinairement strié du centre à la circonférence.
- *testacé.* Formé de couches concentriques non striées. Cette variété est fréquemment mélangée d'arsenic.

Les couleurs que le zinc sulfuré présente sont assez variées;

ainsi on remarque le jaune citrin, le verdâtre, le brun, le noirâtre, le gris métallique et le rouge. Il est d'ailleurs tantôt transparent, tantôt seulement translucide, tantôt enfin opaque.

493. *Caractères d'élimination.* La grande mutabilité de son aspect permet de confondre ce minéral avec plusieurs autres, notamment le *plomb sulfuré*, l'*urane oxidé*, l'*étain oxidé* et le *fer chromaté*. Nous avons déjà indiqué les moyens de distinguer ces substances les unes des autres (315,482,305,572 *bis*). On le confond encore avec le *grenat;* mais on l'en distingue facilement en observant que ce dernier a un tissu bien moins lamelleux, est plus dur, étincelle par le choc du briquet, et ne se dissout pas dans l'acide nitrique.

494. *Gisement.* Le zinc sulfuré se trouve presque uniquement dans les filons des terrains intermédiaires, surtout dans les filons de plomb. Il s'y trouve en masses peu étendues ou en cristaux implantés. Il est associé principalement au cuivre gris, au fer carbonaté, au cuivre pyriteux, à l'antimoine sulfuré aciculaire, à la chaux carbonatée, à la chaux fluatée et à la baryte sulfatée. On l'a pendant long-temps confondu avec le plomb sulfuré, et c'est probablement ce qui lui a fait donner, comme l'observe M. Haüy, le nom de *blende,* qui signifie en allemand *substance trompeuse,* ainsi que celui de *pseudo-galène* ou *fausse galène*. Le zinc sulfuré est très abondamment répandu dans la nature.

2e ESPÈCE. *ZINC OXIDÉ.*

(*Zinc rouge, zinc oxidé manganésifère,* Brongn.; *bioxide de zinc manganésien* ou *ferro-manganésien,* Beud.)

495. *Caractères essentiels.* Substance d'un rouge orangé, translucide sur les bords ou opaque, ayant une structure lamellaire; facilement rayée par le couteau; infusible au cha-

lumeau. Sa dissolution nitrique précipite en brun par les alcalis, et la liqueur surnageante, saturée d'acide, précipite en blanc par l'hydrocyanate de potasse.

Sa pesanteur spécifique est de 6,2. Elle est toujours en masses amorphes.

496. *Gisement.* Le zinc oxidé rouge se trouve en abondance dans quelques-unes des mines de fer du comté de Sussex, dans le New-Jersey ; il est en couches et en amas liés à la siénite intermédiaire. La franklinite se rencontre également dans les mêmes gisemens, et principalement aux environs de la ville de Franklin, dans la même province des États-Unis d'Amérique.

Composition. Formé de 88 à 92 d'oxide de zinc, et de 12 à 8 d'oxide de manganèse et de fer $= \ddot{Zn} + \ddot{Mn}$.

497. *Annotations.* Nous rapportons à cette espèce le minéral d'un noir de fer auquel on a donné le nom de *franklinite,* et qui est un mélange ou peut-être bien une combinaison d'oxide de zinc, d'oxide de manganèse et d'oxide de fer, dans la proportion de 17 parties du premier, 16 parties du second, et 66 parties du dernier. Ce minéral, que quelques minéralogistes regardent comme une espèce distincte, paraît cristalliser en octaèdre régulier; sa poussière est un peu rougeâtre, et il agit fortement sur l'aiguille aimantée. M. Berzélius indique la formule suivante $= \dot{Zn}\dddot{Fe}^2 + \dot{Mn}\dddot{Fe}^2$. (*Ann. de Chim. et Phys.* t. XXXI, p. 18.)

3e ESPÈCE. *ZINC SULFATÉ.*

(*Hydrosulfate de zinc,* Beud. ; vulgairement *gallizinite.*)

498. *Caractères essentiels.* Il est blanc, soluble dans l'eau ; possède une saveur styptique très forte ; dégage de l'eau par la calcination et se boursouffle en laissant une scorie grise. Sa dissolution précipite en blanc par l'hydrocyanate de potasse.

Sa pesanteur spécifique est de 2.

Il se présente tantôt concrétionné, tantôt en petites aiguilles capillaires. Ses cristaux dérivent d'un *prisme droit quadrangulaire;* ils sont terminés par des pyramides à 4 faces.

Composition. Formé de 1 atome de tri-sulfate de zinc et de 12 atomes d'eau $= \dot{Z}n\dot{S}^3 + 12Aq$. Presque toujours mélangé de divers autres sulfates.

499. *Gisement.* Ce sel existe en très petite quantité dans les eaux qui circulent dans les galeries de quelques mines contenant du zinc sulfuré, et on le trouve quelquefois attaché aux parois des galeries dans les lieux où on l'obtient artificiellement du minerai que nous venons de nommer. On le cite en aiguilles dans les mines de mercure d'Idria en Carniole, et en concrétions ou en stalactites dans les mines de Rudein et de Pakherstolln, à Schemnitz en Hongrie. L'intérieur de ces concrétions offre communément un tissu fibreux.

500. *Préparation dans les arts.* Le sulfate de zinc, connu dans les arts sous le nom de *vitriol blanc, couperose blanche,* se prépare en grand dans les lieux mêmes où la blende est exploitée, comme à Ramelsberg, près de Goslar, en Suisse; à Idria en Carinthie, à Schemnitz en Hongrie, etc. La plus grande partie de celui qui est répandu dans le commerce vient de Goslar. Voici le procédé que l'on suit pour se le procurer. On grille le sulfure de zinc dans un fourneau à réverbère; par l'action de l'air et de la chaleur, il passe à l'état de sulfate, en même temps que les sulfures de plomb, de fer et de cuivre, avec lesquels il est constamment mêlé. On lessive la masse grillée, on laisse reposer, on décante et l'on fait évaporer la liqueur jusqu'à ce que par le refroidissement elle se prenne en une masse cristalline blanche, assez semblable au sucre en pain. Mais il s'en faut de beaucoup que ce soit du sulfate de zinc pur; il est souillé par du sulfate de fer, et quelquefois aussi par du sulfate de cuivre; aussi a-t-il une légère teinte jaunâtre. Pour le

purifier, on le dissout dans l'eau, et on le fait bouillir avec de l'oxide de zinc, qui précipite les oxides de fer et de cuivre; on décante alors ou l'on filtre; par l'évaporation et la cristallisation on obtient le sel suffisamment pur.

Usages. Il est employé en Médecine comme astringent. Pris à forte dose, il est vénéneux; il n'est que vomitif pris en petite quantité, aussi était-il usité pour produire le vomissement avant la découverte de l'émétique.

4e ESPÈCE. *ZINC CARBONATÉ*.

(*Zinc calamine*, Brongniart.)

501. *Caractères essentiels*. Cette espèce a un aspect lithoïde, une couleur blanche, jaune ou rougeâtre, une texture subvitreuse, un éclat vitreux, gélatineux ou résineux; elle est opaque ou translucide; sa structure est laminaire; elle est facilement rayée par le couteau, et sa poussière, passée avec frottement sur le verre, le dépolit. Elle n'est pas électrique par la chaleur, et se dissout dans les acides avec effervescence, tantôt à froid, tantôt à chaud. Elle ne donne pas d'eau par la calcination, mais devient semblable à un émail blanc.

Sa pesanteur spécifique est de 3,6 à 4,3.

Composition. C'est un bi-carbonate, dont la formule $= \ddot{Z}n\ddot{C}^2$.

Caractères cristallographiques. Ses cristaux dérivent d'*un rhomboïde obtus* dont les dimensions sont inconnues, mais qui paraît peu différent de celui de la chaux carbonatée; c'est à cette forme que conduit le clivage qui a lieu parallèlement aux faces du rhomboïde. Ses variétés de forme sont peu nombreuses; elle se présente seulement en petits cristaux rhomboédriques aigus, et en dodécaèdres à triangles scalènes. Ses cristaux sont quelquefois sous la forme de petites aiguilles rayonnantes à la surface des masses compactes de cette espèce.

Elle se présente en stalactites et en stalagmites, et elle est susceptible d'une pseudomorphose. Ainsi elle se montre sous la forme propre à la chaux carbonatée métastatique et lenticulaire ; c'est alors le *zinc carbonaté pseudomorphique* d'Haüy. Cette pseudomorphose s'est opérée probablement par des molécules de carbonate de zinc qui sont venues remplir une cavité occupée d'abord par de la chaux carbonatée métastatique ou lenticulaire.

Ses autres variétés de structure sont :

Zinc carbonaté lamellaire ou grossièrement *fibreux*.

concrétionné ou *oolitique*. Cette variété est en petites concrétions distinctes à la manière du calcaire oolitique.

compacte. Celle-ci a souvent un aspect terreux et quelquefois un aspect carrié. Elle est parfois mélangée d'oxide de fer, qui lui communique alors une couleur rouge.

cuprifère. Elle est colorée en bleu par une quantité variable de cuivre carbonaté. On la regarde comme une mine naturelle de laiton.

Enfin cette espèce est quelquefois très impure et entremêlée de petits cailloux siliceux.

502. *Caractères d'élimination*. On devrait, à l'effervescence que le zinc carbonaté produit avec les acides, le distinguer du *zinc hydrosilicaté ;* mais comme celui-ci est presque constamment mêlé de chaux carbonatée, ce caractère devient nul.

Suivant M. Haüy, un caractère distinctif de cette espèce

(mais qui peut aussi convenir au zinc oxidé et au zinc hydro-silicaté) consiste à la dissoudre dans l'acide nitrique, à imprégner un papier de cette dissolution, à faire sécher celui-ci et à l'exposer ensuite à la distance d'environ un pied d'un brasier ardent : il s'allume spontanément en répandant une flamme d'une blancheur éblouissante.

503. *Gisement*. Le zinc carbonaté, bien plus abondant dans la nature que le zinc sulfuré, se trouve d'abord comme ce dernier dans divers dépôts métallifères, et surtout dans ceux de galène et de cuivre, mais il forme aussi à lui seul des gîtes particuliers, tantôt dans les terrains intermédiaires, comme à Bleyberg en Carinthie; à Limbourg, aux environs d'Aix-la-Chapelle; dans le pays de Juliers, etc.; tantôt dans les terrains secondaires, comme à Mendiphills près Bristol; à Piekary, Haute-Silésie; et en France, à Montalet, près d'Uzès; à Poitiers, à Saint-Sauveur dans le Languedoc; à Combecave, dans le département du Lot, etc. Enfin, il existe aussi quelques petits dépôts de cette espèce dans les terrains tertiaires, comme à Passy près Paris; à Marine, Vaume, au-delà de Pontoise.

APPENDICE.

504. *Zinc carbonaté cadmifère*.

Quelques variétés de zinc carbonaté contiennent, d'après les expériences de M. Stromeyer, une petite quantité de cadmium, probablement à l'état d'oxide. Un caractère qui peut servir à les reconnaître, c'est que, d'après M. Berzélius, lorsqu'on les expose sur le charbon à la flamme de réduction, elles s'entourent au premier coup de feu d'un anneau rouge ou orangé. Ce phénomène est surtout sensible après le parfait refroidissement du charbon. Quoi qu'il en soit, la proportion d'oxide de cadmium contenue dans ces minerais ne s'élève tout au plus qu'à quelques centièmes. C'est en examinant des échantillons de ce carbonate, que l'on vendait pour de l'oxide de zinc dans les pharmacies de la principauté de Hildesheim et de l'état de Magdebourg, que M. Stromeyer découvrit en 1817 le nouveau métal auquel il donna le nom de *cadmium*, pour rappeler qu'il accompagnait les minerais de zinc.

505. Son extraction consiste à faire dissoudre à chaud le carbonate de zinc dans l'acide sulfurique faible, à saturer cette dissolution par un courant d'hydrogène sulfuré; il se forme un sulfure de cadmium, un peu de sulfure de zinc, et quelquefois aussi du sulfure de cuivre, quand la mine renferme de ce dernier métal. Les différens sulfures sont redissous dans l'acide hydrochlorique. Il se dégage de l'hydrogène sulfuré et il y a formation de chlorure de cadmium et de zinc, dont on évapore la dissolution jusqu'à siccité. On dissout le tout dans l'eau; on y ajoute un excès de carbonate d'ammoniaque; il y a formation d'hydrochlorate d'ammoniaque et précipitation de carbonate de zinc et de carbonate de cadmium: celui de zinc est dissous par l'excès de carbonate d'ammoniaque, et celui de cadmium reste seul. On filtre: le précipité lavé et séché est introduit, avec un mélange de noir de fumée et d'huile, dans une cornue de grès que l'on chauffe jusqu'au rouge. Par ce moyen, le cadmium se réduit et se sublime dans le col de la cornue. On l'en détache pour le refondre dans un creuset, si l'on veut l'obtenir en culot. Sa pesanteur spécifique est de 8,640. Il n'est d'aucun usage, à cause de sa rareté.

5e ESPÈCE. *ZINC SOUS-CARBONATÉ.*

(*Hydro-carbonate de zinc*, Beudant; *calamine terreuse hydratée*, Jameson; *zinc carbonaté terreux*, Berzélius.)

506. *Caractères essentiels*. Cette espèce, qui présente presque tous les caractères de la précédente, en diffère seulement par sa composition, et en ce qu'elle ne se trouve jamais qu'en petites masses compactes et terreuses. Elle donne de l'eau par la calci-

nation, et peut être volatilisée au feu de réduction par une insufflation soutenue; elle laisse alors une très faible scorie ferrugineuse.

Composition. Formée de 1 atome d'hydrate de zinc et de 3 atomes de carbonate de zinc, $= \ddot{Z}n Aq^6 + 3\ddot{Z}n \ddot{C}$.

Il paraîtrait que la quantité d'hydrate de zinc est variable; de sorte que la substance n'est peut-être qu'un simple carbonate de la formule $\ddot{Z}n \ddot{C}$, qui serait toujours bien distincte de l'espèce précédente, qui est un bi-carbonate de la formule $\ddot{Z}n \ddot{C}^2$ (Beudant.)

507. *Gisement*. Cette espèce, assez rare, accompagne le zinc carbonaté dans quelques-uns de ses gisemens, comme dans ceux que nous avons cités en France, et surtout dans ceux de Bleyberg en Carinthie. On l'indique aussi dans quelques dépôts des Indes orientales.

6e ESPÈCE. *ZINC SILICATÉ*.

(*Zinc calamine*, Berzélius; *calamine*, Beudant; *calamine électrique*, Jameson; *zinc oxidé silicifère*, Haüy; *zinc hydro-silicaté*, Brongniart.)

508. *Caractères essentiels*. Cette espèce a un aspect lithoïde, une couleur blanchâtre avec des teintes de bleu, de gris et de jaune; elle est tendre, facile à pulvériser; sa cassure est rayonnée ou lamelleuse; son éclat est vitreux; elle devient électrique par la chaleur; au chalumeau, elle pétille, dégage de l'eau et devient d'un blanc laiteux sans se fondre; elle est soluble en gelée dans les acides, sans y produire d'effervescence.

Sa pesanteur spécifique est de 3,4 à 3,7

Composition. M. Berzélius la regarde comme formée de 1 atome de silicate de zinc et de 3 atomes d'eau, $= \ddot{Z}n^3 \dot{S}i^2 + 3Aq$, ou de 1 atome de bi-silicate de zinc et de 3 atomes d'hydrate de zinc $= \ddot{Z}n^3 \dddot{S}i^4 + 3 \ddot{Z}nAq^2$. La quantité d'eau ne paraît pas être constante : tantôt elle surpasse la proportion indiquée par la formule, tantôt au contraire elle lui est inférieure ; dans quelques cas enfin, l'espèce n'en contient aucune trace et offre seulement la formule $\ddot{Z}n^3 \dddot{S}i^2$.

Caractères cristallographiques. Sa forme primitive est un *prisme rhomboïdal* de 102° 30′ et 77° 30′, ou un *octaèdre rectangulaire* de 120° et 80°,4′ suivant Haüy. Mais les cristaux sont petits et leur figure n'est pas très distincte. Ils sont ou en tables à 4 ou 6 faces avec des bords en biseau, ou en prismes hexaèdres, ou en pyramides trièdres.

Ses variétés de structure sont peu nombreuses ; on distingue :

Zinc silicaté aciculaire ;
- *fibreux,* à fibres droites, divergentes ou palmées.
- *lamellaire.*
- *globuliforme* ou *concrétionné.* Formé par la réunion de petits cristaux groupés.
- *stalactitique.*
- *compacte.*
- *caverneux.*
- *terreux.*

Les trois dernières variétés que nous venons de citer sont des mélanges accidentels de zinc silicaté, d'oxide de fer, d'argile, de carbonate de chaux et d'autres matières terreuses ; elles se présentent sous la forme de masses ondulées, souvent cellulaires, spongieuses et comme vermoulues, ou de masses informes, qui ont l'aspect entièrement terreux. Ce sont ces diverses variétés, très impures, qui sont proprement ce que l'on a appelé *pierre calaminaire*.

509. *Gisement*. Cette espèce forme rarement des dépôts à

elle seule; elle accompagne presque partout le zinc carbonaté, et lui est unie assez intimement dans les grands dépôts. Rarement cristallisée, plus souvent en masses volumineuses et en couches étendues avec un aspect terreux dans les terrains secondaires de beaucoup de pays, on la rencontre dans les montagnes primitives de New-Jersey, et surtout dans la chaux carbonatée stratiforme, au Derbyshire, en Angleterre, en Silésie, en Westphalie, etc., ou quelquefois interposée entre un schiste et un grès quarzeux micacé. C'est l'espèce la plus abondamment répandue dans la nature. Les dépôts qu'elle forme avec le carbonate sont quelquefois immenses, tel est surtout celui qui se trouve près d'Aix-la-Chapelle, sur la route de Liége; il est encaissé entre deux bancs de schiste quarzeux micacé; son étendue en longueur est de 1500 pieds du nord au sud, sur 100 pieds au moins d'épaisseur, et sa profondeur n'est pas connue, quoiqu'on y fasse des excavations de plus de 250 pieds perpendiculaires. On en extrait annuellement plus de 1500 milliers de calamine.

Les deux substances métalliques auxquelles cette espèce est le plus souvent associée sont le plomb sulfuré et le fer oxidé; il est même rare de la rencontrer sans cette dernière. C'est principalement dans les mines de plomb et de cuivre qu'on la trouve cristallisée. Les plus beaux échantillons cristallisés proviennent des mines de Limbourg, du Brisgaw, du Derbyshire.

7e ESPÈCE. *ZINC ALUMINATÉ.*

(*Spinelle zincifère*, Haüy; *gahnite, antomalite, fahlunite.*)

510. *Caractères essentiels.* Sa couleur est le noir verdâtre, avec l'éclat métallique dans quelques endroits. Ses fragmens minces sont verdâtres par transparence; moins dur que le spinelle, il raie le quarz. Sa cassure est conchoïde et luisante, avec un éclat vitro-résineux. Il est infusible au chalumeau,

insoluble dans les acides ; fondu avec la potasse caustique, il se dissout dans l'eau et les acides d'où l'ammoniaque précipite l'alumine, et l'hydrocyanate de potasse, l'oxide de zinc.

Sa pesanteur spécifique est de 4,7.

Composition. Formé de 1 atome d'oxide de zinc et de 4 atomes d'alumine $= \dot{Zn}\,\dddot{Al}^{4}$. C'est un véritable spinelle dans lequel l'oxide de zinc remplace la magnésie.

Gisement. Il se présente sous la forme de cristaux octaédriques disséminés dans un schiste talqueux et accompagnés de cuivre pyriteux. C'est ainsi qu'on le trouve à Fahlun en Suède.

Traitement métallurgique des minerais de zinc.

511. Les minerais que l'on exploite pour en tirer le zinc ou servir directement à la fabrication du laiton sont : le carbonate, l'hydrosilicate et le sulfure. Les deux premiers sont presque toujours mêlés ; ils ont été presque exclusivement employés jusque dans ces derniers temps ; mais on commence maintenant à employer le sulfure, qu'on n'avait point encore utilisé.

512. *Traitement de la calamine.* La mine que l'on traite à la Vieille-Montagne, près de Liége, est en masses concrétionnées ; elle est presque entièrement composée d'oxide de zinc, de silice, d'eau, d'un peu d'oxide de fer, de carbonate de chaux et d'alumine. C'est une calamine très riche.

On commence d'abord par la calciner pour en chasser l'eau et l'acide carbonique, et pour la diviser plus facilement. Après l'avoir bocardée, on la mêle avec du charbon ou de la houille, puis on introduit le mélange dans des tuyaux de terre qui traversent un fourneau sous une légère inclinaison et qui communiquent, par leur extrémité supérieure, avec d'autres tuyaux inclinés en sens contraire, et situés hors du fourneau. On chauffe fortement, et lorsque la température est au-delà de la chaleur rouge, l'oxide de zinc se réduit; le zinc se volatilise et vient se condenser, sous forme de grenaille, dans les tuyaux extérieurs, que l'on rafraîchit au besoin. Pour le livrer au commerce, on le fond dans un creuset, ou on le coule en tablettes du poids de 6 à 8 kilogrammes.

Dans la Carniole, le traitement de la calamine est le même, seulement l'appareil est un peu différent. Il consiste en un grand nombre de tuyaux en terre placés verticalement, fermés par le haut et ouverts à la partie inférieure. De cette manière, les vapeurs de zinc qui se produisent au moment de la réduction descendent à travers le minerai, et viennent se condenser au-dessous de la voûte qui porte les tuyaux. Le métal est ensuite fondu comme précédemment, et coulé en plaques qu'on lamine.

513. *Traitement de la blende.* Le traitement du sulfure de zinc ou *blende* se fait dans des appareils semblables aux précédens. On le réduit d'abord en poudre, on le grille ensuite dans des fourneaux à réverbère; on le mêle avec du charbon, auquel on ajoute une petite quantité de fondant salin, comme du tartre, du sel marin, et on introduit ce mélange dans les tuyaux.

514. *Préparation du laiton.* Le laiton ou cuivre jaune, que les arts emploient en si grande quantité, se prépare ordinairement en traitant à une haute température un mélange de cuivre, de calamine la plus pure possible et de charbon. C'est principalement à Namur, à Liége et dans la principauté de Nuremberg que se fabrique le laiton, de la manière suivante. On grille convenablement le minerai de zinc, non-seulement pour le diviser, mais aussi pour brûler en partie le soufre des sulfures métalliques qui pourraient s'y trouver mélangés, puis on le réduit en poudre très fine; on prend 50 parties de

cette poudre, on la mêle avec 20 parties de charbon pulvérisé, et on stratifie ce mélange dans de grands creusets avec 30 parties de cuivre en grenaille; on expose ces creusets à une forte chaleur. L'oxide de zinc, après s'être réduit, se combine avec le cuivre à peu près dans le rapport de 3 à 7. Lorsque la combinaison est opérée, on réunit le laiton de plusieurs creusets en un seul, on le met en pleine fusion, et on le coule en planches ou tables du poids de 40 à 50 kilogrammes, dans des moules ordinairement de granite.

On substitue maintenant dans bien des endroits le sulfure de zinc à la calamine, pour la préparation du laiton. On a l'attention alors de bien griller le minerai avant de le mêler avec le charbon; mais quelque bien conduit que soit le grillage, on ne peut chasser entièrement le soufre : il est plus que probable que les dernières portions de ce corps sont alors enlevées par le charbon, à l'état de carbure, pendant l'opération.

515. Dans les ateliers où l'on traite les minerais zincifères pour en obtenir le laiton ou le zinc métallique, on recueille, dans le haut des cheminées ou sur les parois des fourneaux, une matière d'un gris cendré ou jaunâtre, dure, sonore, ordinairement contournée en écorces d'arbre, que l'on a nommée *tuthie* ou *cadmie des fourneaux*. Cette substance n'est autre chose que de l'oxide de zinc mêlé de suie et de quelques autres matières étrangères qu'il a entraînées dans sa sublimation. On l'emploie en Pharmacie dans quelques préparations anti-ophthalmiques. Les anciens minéralogistes appelaient *cadmie naturelle* ou *fossile* la calamine ou *pierre calaminaire*, l'oxide blanc d'arsenic, l'arseniate de cobalt, etc.

516. La quantité de zinc métallique fournie annuellement au commerce s'élève de plus en plus; on la porte, pour ces dernières années, à 33,000 quintaux environ, dont la valeur est à peu près de 1 million de francs. On peut la répartir

ainsi pour les états qui possèdent des exploitations de ce genre :

Belgique et Prusse (surtout provinces rhénanes)	18,000 quint.
Empire d'Autriche	3,000
Angleterre..	22,000

La France jusqu'à présent est tributaire de l'étranger pour une valeur annuelle de 400,000 francs, et cependant elle a plusieurs dépôts de carbonate et une grande quantité de sulfure de zinc.

La quantité d'oxide de zinc préparée pour la fabrique du laiton monte annuellement à 120,000 quintaux, d'une valeur de 600,000 francs, répartie ainsi qu'il suit :

Prusse..	50,000 quint.
Angleterre..	50,000
Pays-Bas (Liége).	16,000
Carinthie.	4,000
Hartz (mais accidentellement) de 1,000 à	12,000

517. *Usages du zinc.* Le plus grand emploi du zinc est dans les arts, où l'on commence à en fabriquer, depuis quelques années, des conduits, des bassins, des baignoires, des gouttières, des couvertures de toit, etc. La préparation du laiton en consomme des quantités immenses. Dans les laboratoires, il sert à la construction des piles voltaïques et à la préparation de plusieurs alliages, tel est surtout celui dont on se sert pour frotter les coussins des machines électriques, et qui est formé de zinc, d'étain et de mercure. Le *cuivre blanc* ou *cuivre chinois* et la *toutenague* sont d'autres alliages qui n'ont d'importance que parce qu'ils viennent de Chine et sont rares. Enfin, le zinc donne à la Pharmacie son oxide et son sulfate, qui sont employés comme médicamens.

518. L'oxide de zinc (protoxide) s'obtient dans les laboratoires en soumettant le métal dans un creuset, à l'air libre, à l'action d'une température rouge; le zinc fond et brûle avec une belle flamme verdâtre, et il se forme à sa surface une couche lanugineuse, que l'on enlève avec une spatule de fer au fur et à mesure : une portion de cet oxide se répand dans l'atmosphère, et ressemble à des flocons de neige. On le connaissait autrefois sous les noms de *fleurs de zinc*, d'*oxide de zinc sublimé*, de *pompholix*, de *nihil album*, de *laine philosophique*, noms ridicules dont on a fait justice depuis longtemps.

XVe FAMILLE. *FER.*

519. Tous les minerais de fer peuvent être reconnus à l'aide des essais suivans. On grille le minerai, on le fond sur le charbon avec du carbonate de soude, en ayant soin d'en employer un excès, et l'on obtient pour résidu une matière qui, broyée, lavée, afin d'enlever, à l'aide de la décantation, la partie vitreuse et charbonneuse, laisse pour second résidu le fer sous forme d'une poudre noire, qu'on traite par un acide, pour ensuite essayer sa solution, 1°. par la teinture de noix de galle, qui doit précipiter en noir; 2°. par l'hydro-ferro-cyanate de potasse qui doit précipiter en vert ou en bleu. Enfin, les minerais de fer donnent avec le borax, au feu de réduction, un verre coloré en vert bouteille.

Cette famille comprend vingt espèces.

1re ESPÈCE. *FER NATIF.*

Nous partagerons cette espèce en trois sous-espèces bien distinctes, savoir : le *fer natif pur*, le *fer natif aciéré* et le *fer météorique*.

520. 1re sous-espèce. *Fer natif pur.*

Il paraît n'avoir dans la nature qu'une existence accidentelle, qu'il doit le plus souvent à l'action des feux volcaniques. Tel est celui qu'on cite en très petites parties dans des amas de fer hydraté, comme à Kamsdorff en Saxe (il n'est pas pur : il contient, suivant Klaproth, 0,06 de plomb et 0,015 de cuivre ; aussi est-il cassant) ; en stalactites rameuses, dans un filon des environs de Grenoble (Isère), dans les laves de la montagne de Graveneire, département du Puy-de-Dôme. Dans ce dernier cas, il paraît provenir bien évidemment de la réduction du fer oxidé par les feux volcaniques ; car il se trouve au milieu de laves, de scories, enveloppé encore de fer oxidé rubigineux, et dans un terrain qui a été anciennement volcanisé. Tous les minéralogistes ne regardent pas encore comme bien prouvée l'existence du fer natif pur dans la nature.

521. 2e sous-espèce. *Fer natif aciéré* ou *acier natif.*

Il a tous les caractères de l'acier fondu. Il se trouve aussi en très petite quantité, non dans les produits volcaniques, comme le précédent, mais dans les produits des houillères embrasées ; tel est celui qu'on indique à La Bouiche, près de Néri (département de l'Allier), aux environs d'une mine de houille. On devrait peut-être rapporter à cette espèce la masse de fer natif de 800 myriagrammes, trouvée sous le pavé de la ville d'Aken, près de Magdebourg, dont le fer, selon M. Chladin, avait les qualités de l'acier.

522. 3e sous-espèce. *Fer météorique* ou *fer natif nickelifère.*

C'est cette espèce qui forme les *météorites* et les *aérolithes* ou *bolides*, connus sous les noms vulgaires de *pierres de la lune, pierres du ciel.* On peut distinguer trois sortes de météorites : I. les *météorites métalliques,* composés de fer presque pur, et qui tombent rarement ; II. les *météorites pierreux,* qui ne renferment que des grains de fer disséminés dans une pâte pierreuse, qui sont les plus communs, et qui tombent actuellement sur tous les points de la terre ; III. enfin les *météo-*

rites charbonneux, dont on n'a qu'un seul exemple jusqu'à présent.

I. *Météorites métalliques*. Ils sont presqu'en totalité composés de fer métallique, plus ductile que le fer fabriqué, plus blanc, et qui est constamment allié à une proportion variable de nickel qui s'élève quelquefois jusqu'à 16,6 pour cent. Il possède d'ailleurs toutes les autres propriétés du fer; mais la présence du nickel est si constante, qu'elle suffit pour décider si telle ou telle masse de fer trouvée isolée est un météorite. C'est à ce genre qu'on doit rapporter toutes les masses considérables de fer que l'on trouve dans un grand nombre de pays (aux environs de Durango, Nouvelle-Biscaye, masse estimée, d'après M. de Humboldt, à 400 quintaux; Saint-Yago, dans le Tucuman, masse de 30,000 livres; à Galam, vers le haut du fleuve Sénégal; dans plusieurs parties du Mexique; sur les bords de la rivière Rouge, dans la Louisiane; au cap de Bonne-Espérance; au mont Kémir, en Sibérie, masse de 1400 livres, etc., etc.). Assez ordinairement le fer de ces météorites est caverneux et comme spongieux : tel est surtout celui du mont Kémir, dont les cavités sont remplies par une substance vitreuse, que l'on compare avec raison au péridot volcanique, ou plutôt à une de ses variétés, l'*olivine,* et qui est parfaitement cristallisée, suivant M. Rose de Berlin. Assez souvent aussi sa surface est couverte d'un vernis qui le garantit de la rouille. Les météorites métalliques sont plus rares que les suivans, mais bien plus volumineux.

II. *Météorites pierreux*. Ceux-ci sont sans formes régulières; leur surface offre des arètes ou angles arrondis ou émoussés; elle est couverte en entier d'une croûte noire très mince, le plus souvent semblable à un enduit superficiel, et en partie vitrifiée. L'intérieur, d'un gris cendré, se couvre de taches de rouille par l'exposition à l'air. Leur cassure est matte, terreuse, à grain grossier; ils sont rudes au toucher, faciles à briser, quelquefois très friables : ils raient le verre, et la croûte étincelle sous le choc de l'acier. Leur pesanteur spécifique varie de 3,3 à 4,3, suivant que le fer abonde plus ou moins. Le fer nickelifère que tous contiennent s'y trouve mélangé et disséminé sous la forme de grains plus ou moins fins, quelquefois imperceptibles à l'œil nu, souvent sous celle de paillettes, de filets ou de petits lingots, qui se croisent en formant des figures anguleuses.

M. Leman a rassemblé le résultat de vingt-huit analyses faites sur vingt et un météorites différens ; et il en résulte que tous contiennent :

1°. De la silice dans des proportions qui varient de 21 à 56 pour cent ;

2°. De 20 à 47 de fer métallique ;

3°. Que le nickel y manque quelquefois, mais qu'il s'y trouve aussi jusque dans les proportions de 6 pour eent ;

4°. Que la magnésie, qui n'a manqué que deux fois dans ces vingt-huit analyses, y entre jusqu'à 25 à 30 pour cent ;

5°. Que le soufre, qui est assez constant, s'y est rencontré jusqu'à 9 pour cent ;

6°. Enfin, que l'on peut regarder comme principes additionnels ou accidentels :

L'alumine, dont on a cependant trouvé jusqu'à 17 pour cent, mais qui a manqué vingt fois ;

La chaux, qui s'y est trouvée jusqu'à 12 pour cent, mais qui a manqué dix-huit fois ;

Le carbone, le manganèse, le chrôme et le cobalt, qui ne se sont jamais trouvés qu'à très petites doses et dans quelques météorites seulement. Suivant M. Laugier, le chrôme (probablement oxidé) se trouverait dans tous.

III. *Météorites charbonneux*. On ne connaît encore qu'un seul exemple de ce genre ; c'est le météorite tombé à Saint-Étienne de Holm, près d'Alais, département du Gard : il est noir dans toutes ses parties, et présente absolument l'aspect du charbon de terre ; exposé à l'air, il ne tarde pas à s'effleurir et à se couvrir d'aiguilles contournées de sulfate de fer. Outre tous les principes cités plus haut, il renferme 2,50 de carbone sur cent.

Ce n'est que depuis fort peu de temps qu'on a la certitude que les météorites pierreux tombent de l'atmosphère ; leurs chutes, qui sont assez fréquentes, ont toujours lieu avec des phénomènes très apparens, tels que vive inflammation, détonnation plus ou moins forte et prolongée, odeur sulfureuse ou de poudre à canon au moment de la chute, etc. Le phénomène se présente sous toutes les latitudes, même en pleine mer, dans toutes les saisons, et il paraît être tout-à-fait indépendant de l'état météorologique de l'atmosphère ; on remarque seulement qu'il se montre rarement pendant la nuit. La grande analogie qu'offrent les météorites métalliques avec les premiers a fait penser avec raison qu'ils avaient la même origine. On peut voir, dans la *Lithologie atmosphérique* de M. Izarn, les *Annales de Chimie*, les *Annales de Chimie et de Physique*, et le *Catologue chronologique des chutes de pierres*, par M. Bigot de Morogues, la liste des pierres météoriques dont la chute est bien avérée.

Quelle a pu être l'origine des aérolithes? dans quelles régions de l'espace, et de quelle manière ont-elles été produites? quelles sont les causes qui ont déterminé leur chute vers la terre? Ces questions sont trop importantes pour que nous puissions les discuter ici ; nous dirons seulement que l'opinion la plus généralement admise maintenant consiste à les regarder comme provenant d'explosions des volcans lunaires. On peut consulter d'ailleurs la dissertation intéressante de M. Haüy sur le phénomène des pierres tombées du ciel (*Traité de Minéralogie*, t. III, p. 542), les *Annales de Chimie* et les *Annales de Chimie et de Physique*.

2e ESPÈCE. *FER SULFURÉ.*

(Vulgairement *pyrite martiale.*)

523. Le fer sulfuré, dans l'état actuel de la science, comprend deux sous-espèces aussi distinctes l'une de l'autre que le sont le calcaire rhomboïdal et l'arragonite. Leur composition chimique est la même, mais leurs formes cristallines ne sont pas compatibles entre elles. Ces deux sous-espèces sont : le *fer sulfuré jaune* et le *fer sulfuré blanc* d'Haüy, qu'il est préférable d'appeler avec M. Brongniart, *fer pyriteux cubique* et *fer pyriteux prismatique.*

Leur composition $= FeS^4$.

1re sous-espèce. *Fer pyriteux cubique.* (*Fer sulfuré jaune*, Haüy ; *quadri-sulfure cubique,* Beudant.)

524. *Caractères physiques.* Il est d'un jaune de bronze ou de laiton ; son éclat est métallique ; il étincelle sous le choc du briquet, en répandant une odeur sulfureuse ; il raie le verre, a une texture dense, grenue, jamais laminaire, une cassure vitreuse et éclatante lorsqu'elle est fraîche, raboteuse, quelquefois cependant conchoïde à petites évasures. Sa poussière est d'un noir légèrement olivâtre : il est susceptible de recevoir un assez beau poli.

Sa pesanteur spécifique est de 4,1 à 4,8.

Caractères chimiques. Exposé au chalumeau, il répand l'odeur de soufre, s'en dépouille entièrement et finit par se convertir, mais difficilement, en un globule roux et attirable à l'aimant. Sa dissolution nitrique donne un précipité bleu abondant par l'hydro-ferro-cyanate de potasse.

Caractères cristallographiques Sa forme primitive est le *cube,* suivant Haüy. On pourrait aussi bien admettre l'octaèdre. Les formes de ses cristaux sont très multipliées ; les plus communes sont : le cube, le cube allongé, le cubo-octaèdre et le dodécaèdre à plans pentagones non réguliers. L'icosaèdre et l'octaèdre régulier sont plus rares. Quelquefois les faces du cube sont striées dans trois sens perpendiculaires l'un à l'autre. C'est à cette variété qu'Haüy donne le nom de *triglyphe*, et qui s'observe surtout dans les pyrites aurifères.

Les variétés de structure sont peu nombreuses ; on remarque surtout les suivantes :

Fer pyriteux cubique concrétionné; en stalactites fusiformes, cylindriques, globuleuses ou simplement mamelonnées, dont l'extérieur est couvert de lames carrées brillantes et imbriquées, et dont l'intérieur est fibreux.

dendroïde; en arborisations ou dendrites, renfermées, pour l'ordinaire, entre les feuillets des pierres schisteuses et fissiles.

pseudo-morphique; moulé sur des corps organiques, tels que des cornes d'ammon, des oursins, des bois, des coquilles, des crabes, etc. On trouve de ces dernières à l'île de Cheppey, à l'embouchure de la Tamise.

disséminé. On réunit sous ce nom le fer sulfuré disséminé dans une roche quelconque en petits points microscopiques, dont on ne peut soupçonner l'existence que par la décomposition spontanée des roches qui le renferment, ou par les efflorescences dont elles se couvrent. Tels sont les schistes alumineux ou *ampellites*, certains psammites des houillères, et quelques roches felspathiques.

A la suite de ces variétés de forme et de structure, nous devons placer celles qui proviennent du mélange de certains métaux, comme l'or, l'arsenic, etc.

525. *Fer pyriteux aurifère*. Il est plus brillant, moins jaune, et s'altère moins au contact de l'air que le fer sulfuré pur; ses cristaux sont presque toujours striés. Se trouve en Transylvanie, en Hongrie, en Sibérie, dans le Valais, dans le nord de l'Italie, et surtout au Brésil et au Pérou; il est exploité comme mine d'or. C'est du Pérou, où il est toujours très bien cristallisé, qu'est venu le cristal compliqué auquel Haüy a donné le nom de *parallélique*; il est composé de 128 facettes additionnelles groupées tout à l'entour des 6 faces primitives du cube; et cet ensemble de 134 facettes est le résultat de sept lois de décroissemens qui ont agi ensemble sans se confondre.

526. *Fer pyriteux argentifère*. Cette variété renferme de petites portions d'argent natif à l'état de simple mélange. On la trouve en Saxe, dans les veines d'argent rouge et d'argent sulfuré, et dans la Nouvelle-Espagne.

527. *Fer pyriteux arsenifère*. Se reconnaît facilement à l'o-

deur d'ail qu'il exhale, soit par la percussion, soit par la chaleur. Les faces de ses cristaux sont toujours bombées et semblent conduire au *prisme à bases rhombes*. Il passe par des nuances insensibles au *mispickel* (fer sulfuré et arseniuré). Se trouve à Obergebirge, en Saxe.

On cite encore des variétés *cuprifère, sélénifère, titanifère*; mais elles sont très rares et mal connues.

528. *Épigénie.* Le fer sulfuré jaune est sujet à une altération bien remarquable dont les causes sont encore inconnues. Le soufre qu'il renferme disparaît, se trouve remplacé par de l'oxigène, de telle sorte que le sulfure se convertit en une masse d'oxide hydraté qui conserve la forme du sulfure. Dans ce cas le brillant métallique a disparu, et la couleur a passé au brun ou au noirâtre; la pesanteur et la dureté sont sensiblement diminuées. Cette altération a lieu du dehors au dedans, car on trouve souvent dans l'intérieur des cristaux dont la surface est d'un beau rouge, un noyau qui est encore intact et qui présente la couleur jaune et l'éclat métallique. M. Haüy donne à ce résultat le nom de *fer oxidé épigène*, vulgairement *fer hépatique*. Les pyrites aurifères de Sibérie (mines de Bérésof) offrent souvent ce genre d'altération; et alors les parties d'or, confondues en premier lieu par la couleur avec celles du sulfure, apparaissent avec tout leur éclat lorsque le minerai a été converti en une masse brune.

529. *Caractères d'élimination.* On distingue le fer pyriteux cubique du *cuivre pyriteux* en masse, en ce que ce dernier a une couleur d'un jaune d'or, est souvent irisé à sa surface, et n'étincelle que fort rarement sous le choc du briquet; en outre, ses cristaux présentent toujours le tétraèdre plus ou moins modifié. On le distingue encore de l'*or natif*, en ce que celui-ci ne répand pas d'odeur sulfureuse par la chaleur, et du *fer arsenical*, en ce que ce dernier exhale des vapeurs alliacées par l'action du chalumeau.

530. *Gisement*. Répandu avec une grande profusion dans la nature, le fer pyriteux cubique appartient à tous les terrains, depuis les plus anciens jusqu'aux plus modernes. Seul, il constitue quelquefois des roches subordonnées au gneis, au mica schistoïde et à l'amphibole schistoïde ; mais plus généralement il se trouve en couches, lits ou filons. On le rencontre engagé accidentellement dans des roches plus ou moins anciennes, telles que la diorite, la dolomie du Saint-Gothard, l'argile schisteuse qui recouvre les houilles, ainsi que dans les houilles elles-mêmes. Les schistes tégulaires (ardoises) en contiennent fréquemment des cristaux cubiques. Il se trouve également dans les filons et amas métallifères de toute espèce, et c'est de là que viennent les plus beaux groupes de cristaux ; il est souvent associé au fer spathique et au cuivre pyriteux.

Les terrains primitifs, intermédiaires, et les parties inférieures des terrains secondaires, en renferment beaucoup plus que les autres. Le silex meulière, le calcaire grossier et le gypse sont peut-être, parmi les substances qui se présentent en masses un peu volumineuses, les seules qui n'en contiennent pas. Ce qu'il y a de remarquable, c'est que les terrains volcaniques n'en renferment que de très petites quantités, quoique d'ailleurs on attribue souvent à la décomposition du sulfure de fer les éruptions volcaniques.

Une observation non moins curieuse, c'est que généralement il accompagne les débris organiques, et qu'il est d'autant plus abondant dans une localité, que ceux-ci s'y trouvent aussi en plus grande quantité. Ce fait tendrait à faire croire que ces débris organiques ne sont peut-être pas étrangers à sa formation.

531. *Usages*. Le fer sulfuré jaune est exploité non comme minerai de fer, mais pour servir à l'extraction du soufre (80) et à la préparation du sulfate de fer, comme nous le dirons plus bas (555). On s'en est servi long-temps comme de pierre à

fusil, aussi portait-il le nom de *pierre de carabine*. Ce qu'on appelle *marcassite* dans le commerce n'est autre chose que du fer sulfuré uni à une petite quantité de cuivre, dont on fait des chatons de bague, des boutons, etc. Ce que les antiquaires nomment *miroirs des Incas* sont des plaques de fer sulfuré polies, susceptibles de faire fonction de surfaces réfléchissantes. On en a trouvé fréquemment dans les tombeaux des princes péruviens, qui s'en servaient comme de miroirs.

2e sous-espèce. *Fer pyriteux prismatique.* (*Fer sulfuré blanc*, Haüy; *quadri-sulfure prismatique*, Beudant.)

532. *Caractères physiques.* Il a une couleur d'un jaune pâle tirant sur le verdâtre ou sur le grisâtre; son éclat est métallique; sa cassure récente est raboteuse et d'une couleur beaucoup plus blanche que celle de sa surface; mais l'action de l'air la fait bientôt passer au jaune de bronze. Sa poussière est d'un noir verdâtre; il étincelle par le choc du briquet en répandant une odeur sulfureuse. Il possède tous les autres caractères du *fer pyriteux cubique*.

Sa pesanteur spécifique est de 4,7.

Caractères cristallographiques. Sa forme primitive est, suivant M. Haüy, un *prisme droit rhomboïdal* de 106°2′ et 73°58′. Il se présente en prismes rhomboïdaux simples et à sommets dièdres, ou en octaèdres surbaissés à base rectangle et à base rhombe. Ses cristaux ont une grande tendance à former des groupemens réguliers par la réunion de plusieurs fragmens d'une même variété autour d'un centre commun. Il est singulier de voir le fer pyriteux prismatique qui, par son identité de nature avec le fer pyriteux cubique, semble être, parmi les métaux, l'analogue de l'arragonite, se rapprocher encore de cette dernière substance par le petit nombre de formes simples que présentent ses cristaux et la multitude des formes composées qui résultent de leurs groupemens. (Delafosse.) Ces cristaux offrent quelquefois une espèce de dentelure composée d'une série d'angles aigus appartenant à autant de prismes rhomboïdaux primitifs qui semblent se pénétrer : cette variété est connue vulgairement sous le nom de *pyrites en crètes de coq ;* c'est le *fer sulfuré blanc primitif dentelé* d'Haüy.

Ses variétés de structure, peu nombreuses, sont :

Fer pyriteux prismatique radié. Il se présente en petites masses arrondies qui atteignent quelquefois la grosseur de la tête, et dont la surface est toute hérissée de pointes mousses, dues à des angles solides de quelques variétés de forme régulière. Ces parties saillantes se prolongent à l'intérieur sous forme de rayons convergens qui aboutissent au centre de la masse.

pseudo - morphique. Ainsi que la sous - espèce précédente, celui-ci se présente aussi sous la figure des corps organisés dont il a pris la place. La plupart des bois *pyritisés* lui appartiennent.

concrétionné compacte. Se trouve assez souvent dans les filons.

533. *Altération.* Le fer pyriteux prismatique passe très facile-

ment, avec le contact de l'air, à l'état de sulfate soluble. Cette altération a lieu, non-seulement dans la nature, mais aussi dans les collections minéralogiques; elle est surtout sensible sur les masses imparfaitement cristallisées. M. Berzélius attribue ce phénomène à l'interposition de quelques particules de fer sulfuré magnétique. Quoi qu'il en soit, cette altération commence par le centre et suit la route inverse de celle qui fait passer les sulfures à l'état d'hydroxides, dont la marche s'effectue de l'extérieur à l'intérieur. Cette propriété n'est pas particulière à cette espèce, mais elle s'y montre avec plus d'apparence et d'intensité que dans le sulfure jaune; aussi c'est elle que l'on traite ordinairement en grand pour en extraire le sulfate.

534. *Gisement.* Il paraît que le fer sulfuré blanc est moins abondamment répandu que l'autre espèce ou fer sulfuré jaune. Quoi qu'il en soit, il se trouve dans les mêmes positions géologiques que lui : seulement on remarque qu'il se rencontre plus fréquemment dans les terrains primitifs et supérieurs, tels que ceux de craie, que dans les terrains intermédiaires. Celui qui se présente en masses arrondies et radiées à l'intérieur se trouve ordinairement engagé dans des bancs argilo-marneux, dans les schistes bitumineux, la craie, etc. Comme le sulfure jaune, il est aussi associé, dans plusieurs endroits, à la formation accidentelle des filons, et il provient surtout des mines de Cornwal et du Derbyshire (Angleterre), de Joachimsthal (Bohême), de Saxe, etc. Ses cristaux sont infiniment plus rares que ceux du précédent, et c'est presque toujours avec eux qu'ils se trouvent associés. Il forme rarement des couches puissantes, si ce n'est aux environs d'Alais (dans un terrain secondaire) et dans quelques autres localités.

Il est très difficile de savoir à laquelle des deux sous-espèces on doit rapporter les masses concrétionnées, stalactiformes, pseudo-morphiques, qui se trouvent dans les glaises et ailleurs.

535. *Usages*. Ses usages sont les mêmes que ceux du fer pyriteux cubique; il est plus particulièrement employé à la préparation du sulfate de fer dans les arts (555).

3ᵉ ESPÈCE. *FER SULFURÉ MAGNÉTIQUE.*

(*Pyrite magnétique*, Brongniart; *sulfure de fer magnétique*, Beudant.)

536. *Caractères physiques*. Il est d'un jaune de bronze mêlé de brunâtre; son éclat est métallique : il a une cassure raboteuse, une structure très sensiblement laminaire, une dureté moyenne. Son caractère distinctif est d'attirer l'aiguille aimantée à la manière du fer; quelquefois son magnétisme est polaire.

Sa pesanteur spécifique est de 4,5.

Caractères chimiques. Ils sont les mêmes que ceux de l'espèce précédente; il donne, en outre, un dégagement de gaz hydrogène sulfuré par l'acide sulfurique étendu d'eau.

Composition. Suivant M. Berzélius, c'est une combinaison de 1 atome de quadri-sulfure de fer et de 6 atomes de bi-sulfure $= FeS^4 + 6FeS^2$. Peut-être existe-t-il encore dans la nature quelques combinaisons de ces deux sulfures dans d'autres rapports. Quelques analyses de fer sulfuré magnétique semblent conduire à cette idée.

Caractères cristallographiques. La forme primitive n'est pas encore bien déterminée. Le clivage conduit à un *prisme droit rhomboïdal*, divisible dans le sens de la petite diagonale, suivant M. Haüy. M. de Bournon admet pour forme primitive le *prisme hexaèdre régulier*. Il est rarement cristallisé; on a observé des tables hexagonales qui paraissent une aglomération de cubes.

Ses variétés de structure se réduisent aux trois suivantes :

Fer sulfuré magnétique laminaire. Il est en lames très éclatantes.

lamellaire.

massif. En masses plus ou moins compactes.

537. *Gisement.* Le fer sulfuré magnétique est assez rare ; il appartient exclusivement aux terrains primitifs, et surtout au gneis et au micaschiste, où il se rencontre en petits amas dans les couches et filons. On le cite principalement à Bodemnais en Bavière, à Andréasberg au Hartz, à Schmolnitz en Hongrie, dans le Tyrol, le Cornouailles, près de Nantes en France et au Balm d'Oris, en Oisans. Il est souvent accompagné de zinc sulfuré et de fer phosphaté.

Usages. On l'exploite, comme les autres pyrites, quand on le trouve en assez grande quantité pour en retirer du soufre et former du sulfate de fer.

4e ESPÈCE. *FER CARBURÉ.*

(*Graphite, plombagine* ou *crayon noir.*)

538. *Caractères physiques.* Il est d'un gris noirâtre avec le brillant métallique, tache le papier ou les doigts en gris métallique plombé, est très facile à entamer avec le couteau, a une surface grasse et onctueuse; sa texture est tantôt compacte, tantôt grenue, tantôt laminaire. Isolé et frotté, il acquiert l'électricité résineuse, mais n'électrise point la cire d'Espagne par le frottement.

Sa pesanteur spécifique est de 2,08 à 2,45.

Caractères chimiques. Il est infusible, inattaquable par les flux. Il fuse avec le nitrate de potasse, et donne un très petit résidu d'oxide de fer et de carbonate de potasse. Il cède à l'acide nitrique une très petite portion de fer, dont la présence est indiquée par l'hydro-ferro-cyanate de potasse.

Composition. Encore mal connue = FeC^x. Il est presque toujours mélangé d'argile, d'oxide de fer et de pyrite.

Caractères cristallographiques. Il présente quelquefois des indications de cristaux, de petites lames hexagonales (?) qui semblent conduire à un *prisme hexaèdre régulier* dont les dimensions sont inconnues.

Ses variétés de structure sont peu nombreuses; ce sont :

Fer carburé feuilleté ou *écailleux*. Il est en petites lames d'un blanc d'étain. Norwége, Calabre.

Compacte.

539. *Caractères d'élimination.* Il se distingue du *molybdène sulfuré* en ce que celui-ci forme sur la porcelaine des traits verdâtres, et qu'il communique à la cire d'Espagne l'électricité vitrée au moyen du frottement.

540. *Gisement.* Le fer carburé paraît appartenir exclusivement aux terrains d'ancienne formation, tels que les primitifs et les intermédiaires. Dans les premiers, il est disséminé ou se trouve en amas et filons dans diverses roches, telles que le gneis, le calcaire, le micaschiste, les schistes argileux (Passaw en Bavière; vallées de Stura et de Lucarna en Piémont; montagnes de Labourd, dans les Pyrénées, etc.). Dans les seconds, il se rencontre aussi dans les schistes, tantôt disséminé dans toute la roche à laquelle il communique sa couleur, tantôt sous forme d'amas plus ou moins volumineux (Borowdale, dans le Cumberland, en Angleterre; c'est la mine la plus estimée, à cause de la pureté du minerai et de son étendue). On l'indique dans les siénites (New-Yorck), dans les calcaires de transition, dans le grès houiller, mais toujours en petite quantité. Enfin, il accompagne quelquefois l'anthracite, comme au mont Saint-Bernard.

541. *Usages.* Le fer carburé n'est employé que dans les

arts. Il sert à couvrir le fer travaillé, afin de le préserver de la rouille. On le mêle avec de la graisse pour adoucir le frottement des pièces de métal des machines à rouage. Pétri avec de l'argile, il sert à faire des creusets très réfractaires employés par les fondeurs. Mais son principal usage est de pouvoir être employé sous forme de crayons. Les meilleurs crayons sont ceux faits avec la plombagine du Cumberland, qui est très douce, fine et pure ; viennent ensuite ceux de Passaw en Bavière. Ceux de France sont bien moins estimés.

5e ESPÈCE. *FER ARSENICAL.*

(*Pyrite arsenicale; fer arsenical sulfuré; mispickel; sulfo-arseniure de fer,* Beudant.)

542. *Caractères physiques.* Sa couleur est le blanc tirant sur celui de l'étain ; son aspect est métalloïde ; il raie l'acier, et fait feu sous le choc du briquet, en répandant une odeur d'ail très sensible. Sa cassure est granulaire, à grain fin et peu brillante.

Sa pesanteur spécifique est de 6,5.

Caractères chimiques. Présenté à la simple flamme d'une bougie, il donne une fumée épaisse accompagnée de l'odeur alliacée ; au chalumeau, il se fond en un globule noir.

Composition. Formé de 1 atome de bi-arseniure de fer et de 1 atome de quadri-sulfure $= FeAs^2 + FeS^4$. Quelquefois il paraît ne renfermer que du fer et de l'arsenic.

Caractères cristallographiques. Sa forme primitive est un *prisme droit rhomboïdal,* dont la hauteur est à peu près égale au côté de la base, et dont les faces latérales font entre elles un angle de 111° 18'. Les formes de ses cristaux sont extrêmement simples et peu variées ; elles n'offrent guère que des modifications, par une seule face, sur les angles aigus des deux bases : on y trouve des octaèdres ou des prismes à sommets dièdres. On remarque que ses cristaux, généralement petits, sont striés.

Ses variétés de structure sont peu nombreuses; on ne cite que les trois suivantes :

Fer arsenical bacillaire,
aciculaire,
compacte.

543. On connaît une variété de mélange, c'est le *fer arsenical argentifère* d'Haüy, dans lequel la proportion d'argent varie de 1 à 15 pour cent. Il renferme quelquefois un peu d'antimoine; il est toujours sensiblement jaune, et se présente sous la forme de grains engagés dans le quarz à Braunsdorf en Saxe. Il est exploité comme mine d'argent.

544. *Caractères d'élimination.* On peut souvent confondre le fer arsenical avec le *cobalt arsenical*, le *cobalt gris*, le *fer sulfuré* et l'*argent antimonial*. Nous avons déjà indiqué les caractères distinctifs (460, 466, 529, 267).

545. *Gisement.* Le fer arsenical paraît appartenir exclusivement aux terrains primordiaux ; il entre accidentellement dans la composition de plusieurs roches, telles que des granites, des serpentines, des schistes (Boston, États-Unis ; Reichenstein en Silésie); ou bien il est disséminé dans les filons de quarz qui les traversent (Flaviac, Ardèche). On le trouve encore associé à la formation accidentelle de certains filons occupés par des métaux plus abondans, et qui sont exploités : c'est ainsi qu'il accompagne l'étain oxidé à Schlackenwald, Zinwald en Bohême, à Geyer, Altenberg en Saxe; le cuivre oxidulé en Angleterre; le plomb sulfuré et le cuivre pyriteux mêlé de fer sulfuré près de Freyberg en Saxe; plus rarement les mines d'argent à Braunsdorf en Saxe, Schemnitz en Hongrie, au Chili. Enfin, il s'associe quelquefois au schéélin ferrugineux, au zinc sulfuré et à l'émeraude.

Il est sans usages.

6e ESPÈCE. *FER OXIDULÉ.*

(*Fer magnétique*, Beudant ; *oxidum ferroso-ferricum*, Berzélius.)

546. *Caractères physiques.* Sa couleur est le gris sombre joint à l'éclat métallique ; celle de sa poussière est le noir. Il n'est point ductile, cède facilement à la percussion ; sa cassure est conchoïde ; sa texture lamelleuse ou grenue. C'est une des mines de fer le plus magnétiques.

Sa pesanteur spécifique est de 4,24 à 4,94?

Caractères chimiques. Traité au chalumeau avec le borax, il donne au feu de réduction un verre d'une couleur vert bouteille. Il est insoluble dans l'acide nitrique.

Composition. Formé, suivant M. Berzélius, de 1 atome de bi-oxide de fer et de 2 atomes de tri-oxide $= \ddot{F}e + 2\dddot{F}e$. C'est un ferrate de fer. Il est quelquefois mélangé de titane ou plutôt de titaniate de fer.

Caractères cristallographiques. Sa forme primitive est l'*octaèdre régulier*. Ses formes dominantes sont : l'octaèdre primitif, souvent cunéiforme, quelquefois transposé ; l'octaèdre émarginé, c'est-à-dire modifié légèrement par une seule facette sur chaque bord ; le dodécaèdre rhomboïdal, provenant de la même modification qui a atteint sa limite. L'octaèdre de la forme primitive est strié suivant sa grande diagonale ; il se divise assez nettement, parallèlement à ses faces.

Ses variétés de structure sont :

Fer oxidulé laminaire.

granuleux. Il est mélangé mécaniquement avec le fer oligiste en masse. Il est associé au talc et au corindon.

compacte. Sa couleur est le gris d'acier, quelquefois blanchâtre quand il contient du quarz. C'est principalement à cette variété qu'appartient l'*aimant naturel;* ce sont ses morceaux qu'on taille pour les armer, et qu'on débite dans le commerce sous le nom de *pierres d'aimant.*

Fer oxidulé terreux. D'un brun noirâtre, possédant souvent un magnétisme polaire très énergique.

fuligineux. Très friable, d'un noir bleuâtre, tachant les doigts comme de la suie.

547. *Caractères d'élimination.* On distingue le fer oxidulé du *fer oligiste* en ce que celui-ci est peu ou point attirable à l'aimant, et que sa poussière est rouge.

548. *Gisement.* Le fer oxidulé forme des dépôts très considérables dans les terrains anciens, tels que les primitifs et les intermédiaires : ainsi on le trouve dans le gneis et le micaschiste, et surtout dans les roches schisteuses et amphiboliques qui font partie de ces terrains. Il s'y rencontre disséminé en cristaux ou en nids, mais le plus ordinairement il est en amas souvent assez volumineux pour former à eux seuls des montagnes entières, comme à Taberg en Suède, dans la province de Smolande, ou bien en bancs puissans qui souvent se répètent plusieurs fois dans l'étendue en hauteur d'une même montagne, comme en Suède, en Norwège, en Hongrie, dans le Piémont, les monts Ourals, les monts Altaï, aux États-Unis, etc.

Nous rapportons au fer titané tout ce que l'on a nommé *fer oxidulé arénacé,* dont les dépôts, qu'on rencontre çà et là dans les ruisseaux, les rivières, sur le bord des mers, proviennent de la destruction des diverses roches des terrains volcaniques, telles que les tufs basaltiques, les basaltes, les trachytes, etc.

549. *Annotations.* L'aimant est, comme nous l'avons dit plus haut, une variété de fer oxidulé qui a la propriété d'attirer le fer et de supporter quelquefois même des poids assez considérables. C'est à cette propriété qu'on a donné le nom de *magnétisme,* du mot grec et latin *magnes,* qui signifie *aimant.* Les parties pierreuses qui se trouvent mélangées avec ce minéral ne contribuent en rien à l'effet qu'il produit sur le fer; il réside entièrement dans les particules agglomérées de l'oxidule de fer (oxidum ferroso-ferricum). Un fragment détaché au hasard se trouve pourvu de ses deux pôles, dont l'un est appelé *nord* ou *boréal,* et l'autre *sud* ou *austral.* Suspendu à un fil délié, il dirige son axe magnétique parallèlement à la ligne nord-sud, non pas directement, car il y a un écart qui, pour Paris, est maintenant de 22° 20′, en allant du nord à l'ouest : c'est ce qu'on nomme la *déclinaison de l'aiguille aimantée.* Comme nous n'avons pas pour objet d'exposer les phénomènes curieux que présente l'*aimant* ou l'*aiguille aimantée,* nous renverrons aux ouvrages de Physique, et nous nous contenterons d'indiquer les usages auxquels il est employé dans les arts. Le plus important est, sans contredit, de servir à la construction de la *boussole,* instrument précieux avec lequel on lève les plans et l'on se dirige sur les mers ou dans les lieux souterrains. On se sert en outre de l'aimant pour retirer des goupilles d'acier ou des brins de fer mêlés à de la limaille de cuivre, d'argent, etc.; mais un de ses emplois les plus ordinaires, c'est de lui faire indiquer la présence du fer, et par là de servir à faire reconnaître certaines espèces minérales qui en contiennent, tels que les grenats, le péridot, l'hyacinthe, etc. En effet, il suffit d'apporter un corps quelconque à côté du pôle d'une aiguille aimantée librement sus-

pendue ; si celui-ci contient du fer, l'aiguille s'y portera sur-le-champ. Cependant quand ce métal n'y est qu'en très petite quantité, comme l'action du globe terrestre pour retenir l'aiguille dans l'axe magnétique est très forte, relativement à celle qu'exerce la particule de fer qu'on lui présente, on n'observe plus aucun effet. Il faut alors avoir recours à un moyen très délicat, imaginé par M. Haüy, qui l'appelle la *méthode du double magnétisme*. (Voy. son *Traité de Minéralog.*, t. I, page 213, 2e édition.)

7e ESPÈCE. *FER OLIGISTE.*

550. *Caractères physiques.* Sa couleur est le gris d'acier, son éclat est métallique, sa poussière est brune ou rouge ; sa cassure est raboteuse, et parfois vitreuse, ce qui dépend, dans ce dernier cas, de la finesse de ses parties et de leur densité ; sa texture est généralement dense. Il se brise aisément, est assez dur pour rayer le verre et la chaux phosphatée ; il agit très faiblement sur les aiguilles aimantées, mais n'enlève jamais la limaille de fer.

Sa pesanteur spécifique est de 5,2 à 5,10.

Caractères chimiques. Traité au chalumeau avec le borax, il le colore en vert sombre.

Composition. N'est pas encore bien connue; quelques-uns admettent $\dddot{Fe}$; d'autres, d'après une analyse de M. Vauquelin, le regardent comme une combinaison de 1 atome de bi-oxide et de 3 atomes de tri-oxide $= \ddot{Fe} + 3\dddot{Fe}$, ce qui cependant n'est point encore bien prouvé.

Caractères cristallographiques. Sa forme primitive est un *rhomboèdre obtus* de 86° 10′ et 93° 50′. Celui du corindon est de 86° 4′ et 90° 56′, en sorte que ces deux espèces offrent une cristallisation pour ainsi dire identique. Il en est ici du peroxide d'aluminium et du peroxide de fer, comme de la chaux carbonatée avec la chaux carbonatée magnésifère, comme des sulfates de baryte et de strontiane et du sulfate de plomb. Ce fait pourrait expliquer la substitution de l'oxide de fer à l'alumine dans beaucoup de minéraux dont la forme n'est pas changée; mais il faudrait peut-être aussi dans ces cas prouver qu'un oxide conserve sa forme en se combinant.

Les formes cristallines secondaires sont très nombreuses et assez compliquées; elles résultent des modifications que le rhomboèdre primitif éprouve sur ses angles: ainsi on trouve le rhomboèdre basé, le dodécaèdre triangulaire isocèle tronqué, le prisme hexaèdre régulier, le rhomboïde très obtus, etc. La forme la plus ordinaire des cristaux de l'île d'Elbe est celle qu'Haüy a nommée *bino-ternaire*, qui résulte de la combinaison du prisme hexaèdre régulier avec le rhomboèdre primitif et le rhomboèdre très obtus.

Les variétés de structure sont:

Fer oligiste lenticulaire. Il provient de la variété cristallisée en rhomboïde très obtus, dont les faces ont subi des arrondissemens.

granulaire. Il forme des couches puissantes en divers endroits dans les terrains primitifs. Au Brésil, où il est mélangé de quarz, il porte le nom d'*itabyrite.*

laminaire.

compacte.

Ces deux dernières variétés ne diffèrent que par leur forme. Toutes deux sont en cristaux solides, durs, très brillans, offrant une série de diverses couleurs, souvent irisées, qui proviennent de plusieurs causes d'altérations que subit le minéral. Elles forment les cristaux de l'île d'Elbe et de Framont, dans les Vosges. Elles se trouvent en grande masse, et constituent même des montagnes entières. C'est dans les fissures et les cavités que se trouvent les cristaux réguliers.

Fer oligiste spéculaire ou *vitreux* (*lamelliforme* d'Haüy).

Il se présente en petits cristaux tabulaires minces, fragiles, gris et brillans comme l'acier le mieux poli; leur surface est miroitante, et leur cassure est vitreuse. Ils se présentent ordinairement comme des lames minces de forme hexagonale, dont les facettes latérales s'inclinent sur les bases alternativement dans un sens et dans l'autre; ils constituent alors une sous-variété du fer oligiste basé, qu'Haüy désigne par l'épithète de *segminiforme*. On n'a encore trouvé cette jolie variété que dans les pays volcaniques: c'est le fer olgiste des volcans. Les cristaux sont implantés sur les parois des fissures de laves du Stromboli, du Puy-de-Dôme, du Mont-d'Or et de Volvic. Une remarque singulière à laquelle ils ont donné lieu, c'est qu'ils se trouvent surtout dans les terrains volcaniques à base de pyroxène et de péridot, et qu'ils sont moins abondans dans ceux d'amphibole et de felspath. Il n'y a pas de doute qu'ils n'aient été sublimés à l'aide de la chaleur. Les plus grandes lames hexagonales ont été rapportées de la Guadeloupe.

Fer oligiste écailleux (*fer micacé*).

Cette variété renferme les minerais de fer qui s'attachent aux doigts quand on les touche, et qui se divisent par le plus léger frottement en paillettes brillantes et douces au toucher. Ces paillettes, au lieu d'être implantées sur une gangue comme la variété précédente, sont posées à plat, et appliquées les unes sur les autres en forme d'écailles plus ou moins étendues et curvilignes. Leur couleur tire plus sur le noir que sur le gris d'acier; leur poussière est d'un rouge vif. Elles se trouvent surtout parmi le fer oligiste compacte. On en cite à la surface de certaines houilles, ce qui prouve que cette variété n'appartient pas exclusivement aux terrains primitifs. Les Arabes en récoltent au-dessus des cataractes du Nil, et l'apportent aux Égyptiens, qui l'emploient pour les maladies des yeux. Elle est exploitée comme une mine très riche: elle renferme quelquefois de l'or disséminé, comme au Brésil.

Fer oligiste pseudo-morphique. Il se montre sous la forme de chaux carbonatée métastatique, aux environs de Dusseldorf en Westphalie.

551. *Gisement.* Les gisemens du fer oligiste sont absolument les mêmes que ceux du fer oxidulé; ainsi, comme lui, il appartient essentiellement aux terrains primitifs et intermédiaires. Il y forme quelquefois des assises étendues, des montagnes entières, comme à Gellivara en Laponie; Itacolumi, au Brésil, côte de Coromandel, etc.; ou des amas et des filons puissans, comme en Suède, à l'île d'Elbe, à Framont dans les Vosges, etc.; ou bien simplement des rognons plus ou moins volumineux, et des veines disséminées dans les diverses roches de ces terrains. On le trouve quelquefois dans les terrains secondaires. Il est rare que le fer oligiste soit absolument pur dans ces vastes amas que nous venons d'indiquer; il est ordinairement mélangé de fer oxidulé, comme dans presque toutes les mines de Suède, ou de fer oxidé rouge, comme dans les mines de Laponie, du Brésil, etc. Les substances minérales qui l'accompagnent sont le quarz, le mica, le talc, le pyroxène (cocolithe et sahlite), l'amphibole, le felspath, et en plus petite quantité le fer sulfuré, le cuivre pyriteux et le cuivre carbonaté. Plus rarement il est associé à l'or natif (Brésil), et au titane oxidé rouge (au Saint-Gothard).

Enfin il existe, mais en très petite portion, dans les terrains pyrogènes, soit anciens, soit modernes, où il est un produit du feu des volcans. Ainsi on le trouve dans les fentes des roches trachytiques (Mont-d'Or, département du Puy-de-Dôme); dans les laves en coulées distinctes, à Volvic, même département; dans les scories qui bordent les cratères des volcans anciens, au Puy-de-la-Vache, au Puy-Pariou, même département; et dans les laves des volcans en activité, comme au Stromboli, l'une des îles Lipari.

Usages. Il n'a d'autre usage que de servir à l'extraction de son métal.

8e ESPÈCE. *FER OXIDÉ ROUGE.*

(*Mine de fer rouge; peroxide de fer,* Beudant.)

552. *Caractères essentiels.* Cette espèce offre presque tous les caractères de l'espèce précédente, si ce n'est qu'elle ne possède jamais, ou du moins très rarement, l'éclat métallique, que sa texture est ordinairement terreuse et grenue, et que sa poussière est d'une couleur rouge foncée. Elle n'est jamais magnétique, noircit sans se fondre au chalumeau, et colore le borax en vert olive jaunâtre.

Sa pesanteur spécifique est de 3,5 à 5,005?

M. Beudant a cru remarquer qu'elle se présentait quelquefois sous la forme de l'octaèdre régulier et du cube, comme le fer oxidulé; mais il est douteux que ces cristaux appartiennent à cette espèce.

Composition. C'est le tri-oxide de fer de Berzélius $= \dddot{F}e$. Il est rarement pur dans la nature.

Variétés de structure. C'est à cette espèce qu'il faut rapporter toutes les variétés terreuses ou hématitiformes qu'Haüy avait décrites dans la première édition de son traité, sous le nom de fer oxidé, et qu'il a cru devoir faire rentrer depuis dans l'espèce du fer oligiste. On peut en distinguer quatre variétés distinctes.

Fer oxidé rouge concrétionné, vulgairement *hématite rouge.*

L'hématite rouge est compacte, très dure, et offre un aspect fibreux, quelquefois cristallin. Sa surface se lime, se polit, et peut même acquérir un éclat presque métallique. Elle est ordinairement d'un rouge brun; son éclat est vitreux, légèrement soyeux, et sa poussière est rouge. Elle pèse de 4,8 à 5. Sa fracture produit des fragmens qui ressemblent assez à des éclats de bois. La surface extérieure des masses est toujours concrétionnée, mamelonnée, et présente souvent des sections de sphère ou des cylindres accolés.

Elle renferme presque toujours un peu de silice et d'eau, en sorte qu'on peut facilement la confondre avec l'*hématite brune,* variété du fer hydraté. Mais on pourra la distinguer à ce que la poussière de cette dernière est jaune au lieu d'être rouge.

L'hématite rouge se trouve dans les terrains primitifs; elle forme des stalactites, et tapisse les fissures et les cavités dans les filons des autres mines de fer. C'est un minerai très riche.

C'est à cette variété qu'appartient ce qu'on appelle *pierre à brunir,* et dont on se sert pour polir certains corps, et en particulier les métaux.

Fer oxidé rouge compacte.

D'un rouge brun assez foncé, quelquefois très vif; cassure unie ou largement conchoïde; sa texture, qui n'est jamais fibreuse, le distingue de l'*hématite concrétionnée.* Il forme des filons, des couches ou des masses considérables qui se divisent quelquefois en prismes à 4 ou 5 pans, probablement par un retrait que la matière aura subi en se refroidissant ou en se desséchant. On trouve de pareilles masses à Saarbruck (Meurthe) et sur les bords du Rhône, dans le département de l'Ardèche. Cette variété rend jusqu'à 70 $\frac{1}{3}$ pour cent de fonte.

Fer oxidé rouge ocreux ou *terreux*. (Ocre de fer rouge; fer oxidé rouge argilifère, W. et Hauy.)

Se distingue des variétés précédentes par son rouge vif, son aspect terne et terreux et par son toucher, qui est doux sans être onctueux. Il s'écrase facilement, mais ne contient pas assez de matière terreuse pour que cette addition puisse changer les caractères distinctifs; c'est cette seule considération qui fait distinguer le fer oxidé ocreux des ocres ferrugineux rouges. Il accompagne presque toujours l'hématite, et se trouve dans les terrains primitifs. On ne l'exploite pas comme mine de fer, mais on l'emploie dans la peinture; ce que l'on appelle communément *sanguine* et *crayon rouge des dessinateurs*, n'est autre chose que cette variété plus ou moins mêlée d'argile; c'est le *rhœthel* de Werner.

Fer oxidé rouge luisant. (Fer rouge écailleux, écume de fer.)

En masses d'un rouge sombre, ayant un aspect luisant, et laissant sur les doigts un enduit gras de leur couleur. Elles sont ou granulaires ou compactes: quelquefois les grains sont semblables à de petites fèves. C'est alors la variété *cyamoïde* d'Haüy. Cette variété est assez rare; on la trouve avec les autres minerais de fer en Allemagne, en Hongrie et en Angleterre.

553. *Gisement*. Le fer oxidé rouge constitue quelquefois à lui seul des gîtes plus ou moins considérables, tantôt en filons, tantôt en couches, dans les terrains primitifs (La Voulte, Ardèche; Somorostro en Biscaye; Minas-Geraes, au Brésil) ou dans les terrains intermédiaires (Elbingerode, Lauterberg, Altenau, Zorge, Leerbach, au Hartz). Il forme aussi de petits filons ou nids dans ces derniers (Moutier en Tarentaise; Gomor, en Hongrie), et se trouve dans un grand nombre de lieux avec les divers minerais de fer, tantôt en grande quantité (île d'Elbe, Framont), tantôt seulement en petits amas, en

stalactites (dans les dépôts intermédiaires d'hydroxide). On le connaît en veines, dans les détritus des roches ignées (Musay en Hongrie, Tolfa dans les états romains), en cristaux dans les fissures des trachytes (Puy-de-Dôme, où il est en octaèdre, en cubes?). Il colore les argiles qui proviennent de la décomposition des laves (Auvergne, Vivarais, etc.), ou celles qu'on trouve dans quelques parties des terrains secondaires. (Beudant.) Les substances minérales qui lui sont le plus ordinairement associées sont le quartz, la baryte sulfatée, le calcaire, la lithomarge.

9e ESPÈCE. *FER SULFATÉ.*

(*Sulfate de fer* des chimistes; *hydro-sulfate de fer,* Beudant; *couperose, vitriol de fer.*)

554. *Caractères essentiels.* Substance saline, verdâtre, soluble, d'une saveur astringente, dégageant de l'eau lorsqu'on la chauffe dans le matras, et de l'acide sulfureux lorsqu'on la fait rougir. Sa dissolution dans l'eau précipite abondamment en vert bleuâtre par l'hydro-ferro-cyanate de potasse, et en noir foncé par la teinture de noix de galle.

Sa pesanteur spécifique est de 1,84.

Composition. C'est un tri-sulfate de bi-oxide de fer, contenant 12 atomes d'eau $= \ddot{F}e\dot{\ddot{S}}^{2} + 12Aq$.

554 *bis. Caractères d'élimination.* On distingue le fer sulfaté fibreux du *zinc sulfaté* en filets capillaires, en ce que celui-ci, exposé au feu, donne des flocons blancs accompagnés d'une flamme brillante, et que sa dissolution ne précipite pas en noir par la teinture de noix de galle.

554 *ter. Gisement.* Le fer sulfaté se trouve dans la nature sous forme de concrétions et de filamens libres ou adhérens, d'un blanc jaunâtre, qui deviennent verts quand ils acquièrent une certaine épaisseur, à la surface de certaines roches schisteuses : il pro-

vient surtout de la décomposition du fer sulfuré blanc radié ou de celui qui est disséminé en grains microscopiques dans les schistes alumineux. On le trouve rarement cristallisé. Celui que l'on obtient artificiellement sous cet état offre des cristaux qui dérivent d'un *prisme oblique rhomboïdal*, peu différent d'un rhomboèdre aigu, dans lequel les inclinaisons des faces situées vers l'angle supérieur sont de 80°37′ et 82°20′, d'après les mesures prises avec le goniomètre à réflexion. Ces cristaux offrent la double réfraction. Ils s'effleurissent à l'air, en absorbant l'oxigène, mais seulement à leur surface, et se couvrent peu à peu de taches ocreuses.

555. *Préparation*. La fabrication du sulfate de fer se fait très en grand dans les arts, en imitant le procédé à l'aide duquel le fer sulfaté se forme dans la nature, c'est-à-dire en exposant les pyrites ou les schistes argileux qui en contiennent à l'air humide. Ce procédé s'exécute en France, dans les départemens de l'Oise, de l'Aisne et de l'Aveyron. Comme le sulfure de fer y existe mêlé avec l'argile, on s'y prend de telle manière qu'on obtient tout-à-la-fois de l'alun et du sulfate de fer. On expose le sulfure à l'air, sous des hangars, en tas plus ou moins longs et plus ou moins larges, et dont l'épaisseur est d'environ trois pieds : on les humecte légèrement, et on les remue quelquefois pour renouveler les surfaces. Peu à peu le sulfure de fer absorbe l'oxigène de l'air et se convertit en sulfate qui vient s'effleurir à la surface des tas, et qui est très reconnaissable à sa saveur d'encre. Mais à mesure que le soufre se brûle, une portion d'acide sulfurique se combine avec l'alumine qui fait partie du sulfure employé, en sorte qu'il en résulte également du sulfate d'alumine. Au bout d'un an environ, on lessive la matière; on dissout ainsi les deux sulfates, et on concentre convenablement la liqueur dans des chaudières de plomb : le sulfate de fer cristallise presque tout entier, tandis que le sulfate d'alumine, qui est déliquescent,

resté dans les eaux mères. On décante celles-ci, on lave le sulfate de fer avec une petite quantité d'eau ; on le fait égoutter et sécher, et on le livre ainsi au commerce. Mais ce sel ainsi obtenu n'est pas pur, il contient toujours une quantité variable de sulfate de cuivre, par la raison que les pyrites exploitées renferment constamment du sulfure de cuivre. Dans plusieurs fabriques, avant de livrer la couperose verte au commerce, on la dissout dans l'eau, et on plonge dans la liqueur des lames de fer ou de la ferraille, qui précipitent en totalité l'oxide de cuivre, de sorte qu'en décantant et faisant cristalliser, on obtient du sulfate de fer parfaitement pur.

Quant aux eaux mères du sulfate de fer, qui renferment le sulfate d'alumine, on s'en sert pour faire de l'alun qui est un sulfate d'alumine et de potasse ou d'ammoniaque. (*Voir* préparation de l'alun 824.) Lorsque les pyrites que l'on exploite s'effleurissent mal, ce qui arrive quelquefois, ou qu'elles sont trop mélangées de terre, ce que présentent les résidus qu'on obtient après avoir déjà exposé le minerai à l'air et l'avoir lessivé, comme dans ce cas la *vitriolisation* serait trop longue, et qu'alors il y a plus d'avantage à obtenir de l'alun, on s'y prend de manière à n'obtenir pour ainsi dire que du sulfate d'alumine. Pour cela, on met le feu au sulfure, après l'avoir disposé toutefois de telle sorte que la combustion puisse se propager. L'acide sulfurique provenant du grillage de la pyrite se porte, à cette température, presqu'en totalité sur l'alumine. Après 8 ou 9 mois d'exposition à l'air, on lessive, on concentre les liqueurs, et on les transforme en alun, à la manière ordinaire, c'est-à-dire en y ajoutant une proportion convenable de sulfate d'ammoniaque.

556. On distingue dans le commerce plusieurs sortes de couperose verte diversement estimées suivant leur pureté : la couperose d'*Angleterre*, celle de *Beauvais* et celle d'*Allemagne*.

La couperose d'Angleterre, dont il n'entre que très peu en

France, est la plus estimée, parce qu'elle contient peu de cuivre.

La couperose de Beauvais, colorée légèrement en noir avec de la noix de galle avant d'être livrée au commerce, est loin d'être pure; non seulement elle renferme une assez grande quantité de cuivre, mais encore de l'alun en proportion assez forte, ce qui est dû au mode de préparation qu'on emploie. On l'extrait d'une terre tourbeuse et pyriteuse très abondante dans toute la Picardie, et qui s'effleurit aisément.

La couperose d'Allemagne cristallisée en prismes rhomboïdaux assez volumineux et bien formés, contient une grande quantité de sulfate de cuivre; aussi est-elle d'un bleu assez foncé. C'est la moins estimée de toutes, et avec juste raison.

On a préparé autrefois la couperose, en la fabricant de toute pièce, par la réaction de l'acide sulfurique étendu sur le fer: on en obtenait aussi en faisant rapprocher et cristalliser la solution de sulfate de fer qui résulte de l'action de l'acide sulfurique sur la ferraille dans la préparation de l'hydrogène dont on emplit les ballons: mais aujourd'hui la couperose que les grandes fabriques d'alun recueillent dans leurs opérations est versée dans le commerce à si bas prix que toute cette fabrication devient trop coûteuse.

Nous avons dit plus haut que les cristaux de sulfate de fer exposés à l'action de l'air humide, ne tardent pas à se couvrir d'une pellicule jaune ocreuse, qui n'est autre chose qu'un sous-trito-sulfate; dans cet état, ils sont souvent refusés dans le commerce. Pour éviter que la couperose ne prenne cette apparence aussi vite, on plonge les cristaux dans une solution chargée de mélasse; il se forme une sorte de vernis à la surface, qui contribue à la défendre de l'action de l'air atmosphérique.

557. *Usages.* Le sulfate de fer est très employé dans les arts: on s'en sert dans la fabrication du bleu de Prusse, dans la composition des teintures en noir et en gris, dans la prépa-

ration de l'encre, et dans celle de la *poudre à rasoir.* Sa dissolution, versée dans celle de l'hydrochlorate d'or, sert à obtenir l'or très divisé qu'on emploie pour dorer la porcelaine. En Pharmacie, on en prépare le *colchotar* ou le tritoxide de fer, et le sous-carbonate de fer. On le prescrit aussi en nature comme astringent

10e ESPÈCE. *FER SOUS-SULFATÉ TERREUX.*

(*Ocre de vitriol, fer sulfaté ocreux,* Berzélius; *hydro-sulfate bi-ferrugineux,* Beudant; *pittizite.*)

558. *Caractères essentiels.* Substance jaune ou brunâtre, résinoïde ou terreuse, insoluble dans l'eau, présentant tous les autres caractères de l'espèce précédente.

Composition. C'est un sous-sulfate de tri-oxide de fer contenant 6 atomes d'eau $= \dddot{Fe}^{2}\dddot{S} + 6Aq$.

On la trouve sous forme de mamelons, de stalactites, d'incrustations ou de poussière à la surface de diverses substances et accompagnant les minerais de fer, principalement les sulfures.

559. *Annotations.* M. Berzélius cite un *fer sulfaté rouge*, provenant d'un puits de la mine de Fahlun nommé *Insjo,* et qui paraît être, d'après son analyse, un mélange ou une combinaison de 1 atome de sulfate de bi-oxide de fer, de 6 atomes de sulfate de tri-oxide, et 72 d'eau $= \ddot{Fe}^{3}\dddot{S}^{4} + 6\dddot{Fe}\dddot{S}^{2} + 72 Aq$. Il est probable qu'il doit exister dans les mines d'autres mélanges analogues, mais en proportions variables.

11e ESPÈCE. *FER PHOSPHATÉ.*

(*Fer azuré,* Brongniart; *hydrophosphate de fer,* Beudant; *vivianite.*)

560. *Caractères essentiels.* A l'état de pureté et cristallisé, il est transparent et d'une couleur verdâtre; opaque, il est d'un

bleu très foncé. Sa poussière est d'un bleu pâle et tache le papier. Il est fragile, raie le gypse ; il prend au chalumeau une couleur rouillée, et se réduit ensuite en un bouton magnétique qui a l'aspect métallique ; il se dissout complètement et sans effervescence dans l'acide nitrique étendu, ainsi que dans l'ammoniaque, mais il ne leur communique pas sa couleur. L'huile le colore en noir, ce qui sert à le distinguer du *cuivre carbonaté bleu* qui ne jouit pas de cette propriété.

Sa pesanteur spécifique est de 2,6.

Composition. C'est un phosphate de bi-oxide de fer contenant de l'eau en proportions variables.

Caractères cristallographiques. Sa forme primitive est un *prisme rectangulaire oblique*, dont la base est inclinée d'environ 100° sur la face correspondante. Les joints parallèles aux faces de ce prisme sont très sensibles, mais ils n'ont pas tous le même éclat.

Nous partageons cette espèce en trois variétés principales.

I. *Fer phosphaté cristallisé.* On trouve quelques petits cristaux de cette variété qui ont la forme de prismes octogones, terminés, les uns, par des pyramides dièdres, les autres par des sommets trièdres ; mais il est plus ordinaire de le trouver en petites masses composées de lames radiées, ou en aiguilles tantôt libres, tantôt radiées. Cette variété se rencontre à l'Ile-de-France, aux États-Unis, en Sibérie, à Sainte-Agnès dans le Cornwal, à Bodemnais en Bavière, au Groënland, et parmi les produits de la houillère embrasée de la Bouiche en Bourbonnais. On a trouvé, dans cette dernière localité, des vertèbres fossiles dont l'intérieur était tapissé de cristaux de cette substance. La formule indiquée par M. Berzélius serait $= \ddot{F}e^4 \overset{\cdot\cdot\cdot\cdot\cdot}{P}{}^3 + 16Aq.$

II. *Fer phosphaté terreux* ou *pulvérulent.* Sa couleur, d'abord d'un blanc grisâtre, passe au bleu d'indigo ou au bleu de smalt par le contact de l'air. Il est tantôt compacte et en masses composées de particules terreuses sans éclat, tantôt sous la forme d'une poussière fine. On le trouve, sous ces états, dans trois gisemens différens : 1°. dans les terrains pyrogènes, disséminé dans les roches basaltiques, comme à l'île de Bourbon ; 2°. dans les terrains d'alluvion moderne, formant de petits nids dans des dépôts d'argile ou de fer limoneux, ou dans les tourbières et autres terrains marécageux. C'est ainsi qu'il existe à Alleyras (département de la Haute-Loire), dans la vallée de Vignet, près Mauriac, sur les bords du canal de Caen, et en Saxe, en Pologne, en Bavière, en Sibérie. On le rencontre fort souvent sur les racines des végétaux encore vivans qui se trouvent dans ces sortes de terrains; il tapisse aussi quelquefois l'intérieur de certaines coquilles, ou en revêt l'extérieur sous forme de belles taches bleues, comme sur quelques coquilles de Grignon, près Versailles. 3°. Dans les terrains primitifs, disséminé dans la masse même des divers phosphates de fer, de manganèse, trouvés par M. Alluaud aîné dans le granite à grandes parties des carrières de Hureaux, du département de la Haute-Vienne. Quoique, dans ce dernier gisement, ce minéral ait le plus souvent un aspect pulvérulent, on reconnaît à la loupe qu'il n'a rien de terreux comme celui des terrains supérieurs, et qu'il forme de petits mamelons concrétionnés et cristallins.

M. Berzélius admet pour cette variété une autre formule de composition, calculée d'après une analyse de Klaproth, $=\ddot{F}e^{3}\overset{\therefore}{P}^{2}+12\,Aq$. Cette anomalie de composition, entre deux variétés qui offrent à peu près les mêmes caractères, disparaîtrait probablement devant une nouvelle analyse. C'est à cette variété qu'on a donné autrefois le nom de *bleu de Prusse natif*, sa couleur l'ayant fait prendre pour cette substance artificielle.

III. *Turquoise*. On appelle ainsi des fragmens d'ivoire fossile, des dents ou autres parties de divers animaux pénétrés de fer phosphaté qui leur communique une couleur bleue. Cette couleur les a fait comparer aux *turquoises orientales*, dites de *vieille roche*, qui sont des substances pierreuses colorées par de l'oxide de cuivre et susceptibles de recevoir un beau poli ; ces dernières sont très estimées dans le commerce des bijoux, et diffèrent encore des fausses *turquoises* en ce qu'elles ne changent pas de couleur à la lumière des bougies, comme font ces dernières. On prétend que certains ivoires fossiles sont susceptibles de devenir d'un beau bleu par une chaleur douce et prolongée.

Les fausses turquoises, dites *de la nouvelle roche*, sont employées dans la bijouterie : elles ne sont pas d'une grande valeur. Une belle turquoise de cette espèce, bleu de ciel, de 4 lignes ½ sur 4, a été vendue 121 francs.

561. *Gisement*. Nous n'avons presque rien à ajouter, sur le gisement de cette espèce, à ce que nous avons dit sur les gisemens des variétés en particulier : seulement nous dirons que le phosphate cristallisé se trouve surtout dans les terrains primitifs, généralement implanté sur le fer sulfuré magnétique.

12e ESPÈCE. *FER CARBONATÉ*.

(Vulgairement *fer spathique*, *mine de fer blanche*, *mine d'acier*, *chaux carbonatée ferro-manganésifère*.)

562. *Caractères physiques*. Ce minéral est naturellement d'une couleur blanche; mais l'action continue de l'air lui fait subir des altérations qui changent sa couleur, en sorte qu'elle passe par diverses teintes de brunâtre et de noirâtre. Il raie le calcaire et est rayé par le fluor. Sa structure est laminaire.

Sa pesanteur spécifique est de 3,6 à 3,8.

Caractères chimiques. Il se dissout à chaud avec effervescence dans l'acide nitrique. Au chalumeau, il devient brun et attirable à l'aimant.

Composition. Formée de 1 atome de bi-oxide de fer et de 2 atomes d'acide carbonique = $\ddot{F}e\ddot{C}^2$.

Caractères cristallographiques. Sa forme primitive est un *rhomboïde obtus* de 107° et 73°. (Wollaston.) Il se divise parallèlement aux faces de ce rhomboïde avec la même facilité que le carbonate calcaire. Du reste, on trouve à peu près les mêmes formes dominantes; les plus communes sont celles qu'Haüy a nommées *équiaxe, contrastante, basée, prismatique.* On rencontre fréquemment le rhomboïde primitif; ses faces ont souvent beaucoup d'éclat. Presque tous les cristaux sont mélangés de chaux carbonatée. Dans quelques échantillons mêlés de manganèse carbonaté, les faces présentent des courbures et des inflexions; mais dans l'état de pureté elles sont parfaitement planes.

Ses variétés de structure sont les suivantes :

Fer carbonaté laminaire. Il est grisâtre, quelquefois rougeâtre, par suite d'un commencement d'altération.

lamellaire. Il est jaune-brun ou blanchâtre.

lenticulaire.

concrétionné mamelonné. Sur le basalte.

pseudo-morphique. Moulé sur des morceaux de chaux carbonatée métastatique; sous forme de plantes qui se rapprochent des fougères, des licopodiacées, des équisétacées.

lithoïde ou *compacte.* (Fer oxidé rubigineux cloisonné, Haüy; fer argileux commun, Jameson.)

Cette variété n'a, pour ainsi dire, aucun rapport avec les précédentes, tant à cause de son état de mélange que de ses caractères. Sa couleur est souvent le brun jaunâtre, le gris roussâtre ou le rouge de brique sale; sa cassure est grenue et serrée. Elle se laisse aisément rayer, et sa poussière est d'un brun jaunâtre; elle happe à la langue, a une odeur légèrement argileuse, ne fait effervescence avec aucun acide, noircit au chalumeau sans s'y fondre, et devient attirable à l'aimant par le plus léger grillage. Pèse 3,4 au plus.

Presque toujours mélangée de matière terreuse et sableuse, de bitume, etc., elle forme en grande partie les fers terreux argileux, et particulièrement celui qui se trouve en masses sphéroïdales aplaties dans les terrains houillers, et dont la grosseur est variable (fer oolitique des houillères). Ces sphéroides sont pleins et compactes; mais on remarque qu'ils sont composés d'une croûte testacée formée par la réunion de plusieurs couches enveloppantes qui se séparent en calottes creuses; au premier choc, le noyau, plus dur pour l'ordinaire, est souvent divisé, dans son épaisseur, par des fissures croisées qui produisent des prismes triangulaires ou carrés. Ordinairement ces fissures, qui sont produites par retrait, sont vides; mais elles sont aussi remplies par du quarz, de la chaux carbonatée, et même de la baryte sulfatée. Ces masses renferment parfois des *ichtyolites*. Enfin, cette variété offre souvent des ludus, comme la chaux carbonatée. (Brongniart.)

563. *Annotations*. Nous avons dit plus haut que la plupart du temps les cristaux de fer spathique étaient mélangés de carbonate de chaux; il est présumable que dans ce cas c'est une véritable combinaison en proportions définies; ce serait donc un carbonate double de fer et de chaux. Peut-être pourrait-on en dire autant du fer spathique mélangé de carbonate de manganèse.

564. *Gisement.* Le fer carbonaté est un des minerais de fer le plus abondamment répandus; mais il offre deux manières d'être géologiques, suivant sa nature, et sous ce rapport on peut très bien le séparer en deux sous-espèces, savoir : le fer spathique ou cristallisé, et le fer compacte ou lithoïde. Le premier existe en filons ou en amas dans les terrains primitifs et intermédiaires; il forme dans le granite des dépôts peu étendus, et s'associe aux matières qui composent les filons de ces terrains. C'est dans cette espèce de gisement qu'on le trouve à Baigorry, Vic-Dessos, etc., dans les Pyrénées; à Allevart, en Dauphiné, en Savoie, en Styrie, en Carinthie, au pays de Siégen, en Espagne, en Angleterre, etc. Le second, ou le carbonate lithoïde, appartient aux terrains secondaires, et particulièrement au grès houiller; c'est au milieu de l'argile schistoïde de ces terrains qu'il se trouve disséminé en sphéroïdes aplatis (désignés sous le nom de *sphærosiderite*), disposés sur des plans parallèles à la stratification. Tantôt il forme des couches plus ou moins étendues dans le grès même, comme en Hongrie et en Galicie, dans la partie orientale des Karpathes, etc.; tantôt il se trouve avec la houille même, comme aux environs de Saint-Etienne, à Aubin (Aveyron), à Anzin (Nord), en Silésie, et dans la plupart des mines d'Angleterre. Cette variété est un des minerais les plus faciles à exploiter; il donne de très bon fer, dans la proportion de 30 à 40 pour cent.

APPENDICE.

565. Le fer carbonaté change de couleur, comme nous l'avons déjà dit, par l'action continuée de l'air; mais ce n'est pas la seule altération qu'il y subit : il perd peu à peu de sa dureté, et se décompose totalement; il abandonne son acide en partie, et le fer s'oxide davantage. Il se présente alors sous forme de masses terreuses ou sous des formes empruntées; il conserve

souvent celle du bi-carbonate dont il provient, et quelquefois en partie sa structure. C'est alors un véritable carbonate de tri-oxide de fer, dont la formule $=\dddot{F}e\ddot{C}^3$.

13e ESPÈCE. *FER ARSENIATÉ SCORODITE.*

(*Scorodite* ou *skorodite; hydrarseniate de protoxide de fer*, Beudant.)

566. *Caractères essentiels*. Il est d'un bleu légèrement verdâtre; chauffé dans un matras, il dégage de l'eau et devient ensuite d'un gris blanchâtre ou jaunâtre : plongé dans la flamme d'une bougie, il s'y fond à l'instant en un globule qui présente à sa surface le brillant métallique. Exposé à une chaleur intense, il répand des vapeurs arsenicales.

Sa pesanteur spécifique est de 3,2.

Il se présente en petits cristaux assez compliqués, que l'on rapporte à des *prismes rhomboïdaux* d'environ 60° et 120°, à sommets tétraèdres?

Composition. C'est un arseniate de bi-oxide de fer contenant de l'eau en quantité inconnue, $= \ddot{F}e\dot{\ddot{A}}s + xAq$.

567. *Gisement*. Se trouve dans les terrains primitifs avec l'espèce suivante, accompagnant les mines de cobalt et d'étain; à Graul, près Schwartzemberg.

14e ESPÈCE. *FER ARSENIATÉ CUBIQUE.*

(*Hydrarseniate cubique*, Beudant; *mine cubique; würfelerz.*)

568. *Caractères essentiels*. Il est d'un vert plus ou moins foncé, devenant souvent d'un brun rougeâtre à l'air; il raie le calcaire, a une cassure inégale et un peu grasse. Chauffé dans un matras, il dégage de l'eau et devient rouge; au chalumeau, il donne peu ou point de vapeurs arsenicales, se boursouffle un peu, et finit par se fondre.

Sa pesanteur spécifique est de 3.

Il se présente ordinairement sous la forme de petits cubes bien nets ou de cubo-octaèdres. On le trouve aussi en stalactites d'un jaune verdâtre, et quelquefois d'un jaune d'ocre, lorsqu'il a été en partie décomposé. Il est probable que les cristaux bruns sont entièrement à l'état d'arseniate de peroxide. (Beudant.)

Composition. C'est une combinaison, suivant M. Berzélius, d'arseniate de bi-oxide de fer et d'arseniate de tri-oxide, plus de l'eau $= \overset{\cdot\cdot}{Fe}^3 \overset{\cdot\cdot\cdot\cdot\cdot}{As}^2 + 2\overset{\cdot\cdot\cdot}{Fe}^3 \overset{\cdot\cdot\cdot\cdot\cdot}{As}^2 + 36Aq$.

569. *Gisement.* Il a été découvert dans les mines d'étain de Carrarach, de Muttrel, et dans le comté de Cornouailles en Angleterre; il a été depuis retrouvé à Saint-Léonhard, près Limoges (département de la Haute-Vienne). M. Proust l'indique à l'état pulvérulent à Viana en Galice, dans la Manche, en Espagne et au Chili. Il paraît qu'il accompagne les mines d'argent, et qu'il existe de même à Allemont avec l'arseniate de cobalt et celui de nickel, dans le dépôt connu sous le nom d'*argent merde d'oie.* (Beudant.) Cette espèce semble appartenir exclusivement aux terrains granitiques.

15e ESPÈCE. *FER RÉSINITE.*

(*Fer sous-sulfaté, fer résinite;* Berzélius; *fer oxidé résinite,* Haüy; *mine de fer poissée,* Jameson.)

570. *Caractères essentiels.* Il est d'un brun roussâtre, avec une cassure et un éclat résineux; il est très fragile, et s'écrase facilement par la pression de l'ongle. Chauffé dans le matras, il donne une très grande quantité d'eau; à une chaleur assez forte, il dégage de l'acide sulfureux; sur le charbon, il exhale une odeur d'ail; plongé dans l'eau, il devient rouge, transparent et vitreux, et se divise en petits grains sans se dissoudre.

Sa pesanteur spécifique est de 2,4.

Composition. Elle n'est pas encore très bien connue. On l'avait pris d'abord pour un fer sous-sulfaté de la formule $\dot{\dot{F}}e^4\dot{\dot{S}} + 12Aq$, d'après l'analyse de Klaproth; mais d'après celles de MM. Stromeyer et Laugier, il paraîtrait que c'est un mélange d'arseniate et de sulfate de peroxide de fer, plus de l'eau. La formule chimique n'en a point encore été calculée.

571. *Gisement.* Ce minéral n'a encore été trouvé qu'à l'état amorphe, sous forme de croûtes, dans deux positions géologiques assez différentes : 1°. dans les mines de plomb de Bretagne et les filons pyriteux de Freyberg; 2°. dans des terrains houillers en Sibérie et dans les Vosges. Il accompagne plusieurs autres minerais de fer.

16e ESPÈCE. *FER CHROMÉ.*

572. *Caractères essentiels.* Il est d'un gris noirâtre; son éclat est vitro-métallique; sa poussière est d'un gris foncé; il est rude au toucher, assez dur pour rayer le verre, et se casse sous le marteau; sa cassure est raboteuse. Il n'agit pas sur le barreau aimanté, est absolument infusible sans addition; mais, mêlé avec du borax, il se fond en un verre vert. Il est insoluble dans l'acide nitrique.

Sa pesanteur spécifique est de 4,31.

Il se trouve presque toujours sous forme de masses, dont la texture est tantôt lamellaire, tantôt granulaire, tantôt compacte; plus rarement, il est cristallisé en petits octaèdres réguliers.

Composition. On n'est point encore d'accord sur la véritable composition de ce minéral : les uns le regardent comme un composé d'oxide de chrome et de peroxide de fer, et veulent qu'on l'appelle *fer chromé* (Laugier); d'autres le considèrent comme un composé d'oxide de chrome, de peroxide de fer, d'alumine et de silice, ou plutôt comme un sel double du à l'union du chromite de fer et du sous-silicate d'alumine. (Berthier, *Annales des mines*, t. VI, p. 573.) M. Beudant pense que l'alumine et la silice sont accidentelles et proviennent de la gangue; mais il est plus probable qu'elles font parties intégrantes du composé; car M. Berthier les a trouvées dans toutes les variétés de fer chromé, même dans celles qui, vues à la loupe, ne présentaient aucune partie hétérogène. D'après les analyses des diverses variétés du fer chromé, on serait conduit à établir deux espèces distinctes, l'une du minerai du Var et des sables de Saint-Domingue; l'autre du minerai de Baltimore, de celui de Chestercoutz et de celui de Sibérie.

572 *bis*. *Caractères d'élimination*. On distingue le fer chromé du *zinc sulfuré noirâtre* en ce que ce dernier ne colore pas le borax en vert.

573. *Gisement*. Le fer chromé appartient exclusivement aux terrains primitifs : il se trouve surtout dans des roches de serpentine subordonnées au micaschite. Il est tantôt en amas plus ou moins considérables, disséminés dans la roche même; tel est celui de Baltimore, dans le Maryland (États-Unis), de Chestercoutz dans la Pensylvanie, de Bastide-la-Carrade, département du Var; tantôt il forme de très petits nids, comme en Silésie, en Styrie, en Sibérie, sur les bords du Wiasga, dans les monts Ourals, etc. C'est surtout à Baltimore qu'on le rencontre cristallisé en octaèdres. Enfin, il existe encore sous la forme de sables, comme l'oxide magnétique; tel est le fer chromé de Saint-Domingue.

574. *Usages*. Le fer chromé sert à préparer dans les arts le chromate de potasse à l'aide duquel on obtient des chromates métalliques insolubles, dont les couleurs sont vives et dont on se sert en peinture et en teinture; tels sont principalement ceux de plomb et de mercure. Depuis que la mine de fer chromé du département du Var est épuisée, on a recours à celui de Baltimore, qui arrive par la voie du commerce. C'est en

le traitant par le nitre que l'on prépare le chromate de potasse; mais avant il faut le débarrasser de sa gangue autant que possible, ce qui n'est pas toujours aisé, à cause de la similitude de nuance et de la manière dont ils sont enchâssés l'un dans l'autre : cependant on reconnaît la serpentine à son tissu feuilleté et à cette espèce d'onctuosité qu'elle présente au toucher. On mélange ensuite le chromite pulvérisé avec la moitié de son poids environ de nitrate de potasse, et on l'introduit dans un creuset de terre qu'on garnit de son couvercle. On soumet le tout à une chaleur rouge pendant un temps plus ou moins long, suivant la quantité sur laquelle on opère. La calcination achevée, on enlève la matière des creusets et on la jette, encore chaude, dans l'eau. Cette matière, d'un jaune verdâtre, est très poreuse; elle s'imbibe facilement, et on obtient une première lessive très chargée. On fait bouillir et on réitère les lavages jusqu'à épuisement; mais les derniers sont mis de côté pour lessiver de nouveau chromate. Si l'opération a été bien conduite et les matériaux bien choisis, l'alcali se trouve complètement saturé par l'acide, et l'on s'en aperçoit facilement à la saveur. Si la chaleur n'a point été suffisante, il reste encore beaucoup de nitre qui cristallise après le chromate neutre. Lorsque la proportion de nitre a été trop considérable, alors la lessive contient beaucoup d'alumine et de silice, surtout si le chromite employé n'est pas pur : on est obligé, dans ce cas, de saturer l'excès d'alcali avec la moindre quantité possible d'acide nitrique. On voit se former un magma jaune assez considérable, qu'on sépare de la liqueur en la filtrant. Cette lessive, ainsi disposée, est propre à obtenir, par double décomposition, tous les chromates insolubles. Si l'on destine cette lessive à faire du chromate de potasse cristallisé, il suffit de l'évaporer. Ce sel est jaune, et affecte la forme de petits prismes rhomboïdaux. (Voir pour plus de détails le *Dictionnaire technologique*, t. V, p. 259.)

17e ESPÈCE. *FER TITANIATÉ.*

(*Fer oxidulé titanifère,* Haüy; *titaniate de fer,* Beudant; *nigrine, ménakanite, isérine, fer volcanique.*)

575. *Caractères essentiels.* Sa couleur est d'un noir foncé, métallique, quelquefois bleuâtre; il est assez dur. Sa cassure est conchoïde; sa texture est très grenue. Il est infusible et inaltérable au chalumeau, sans addition : avec le sel de phosphore, il donne, au feu de réduction, un verre qui est jaune à chaud et d'un beau violet à froid; il est d'un rouge sanguin s'il y a du fer. L'addition de l'étain au globule détruit l'influence de l'oxide de fer, et le bouton devient vert ou bleu. Il n'est pas attirable à l'aimant.

Sa pesanteur spécifique varie de 3,9 à 4,6.

On le trouve cristallisé en très petits octaèdres réguliers, en dodécaèdres, et plus souvent en petits grains arénacés, constituant des sables mélangés de diverses substances pierreuses.

Composition. Oxide de titane et bi-oxide de fer dont les proportions ne sont pas encore bien déterminées; c'est peut-être un bi-titaniate de fer $= \dot{F}e\ddot{T}i$. M. Henri Rose indique, pour l'*isérine,* la formule suivante, $= \dot{F}e^4\ddot{T}i^3$; mais parce qu'il est vraisemblable, d'après M. Berzélius, que tous les minéraux d'une couleur noire, et qui doivent cette couleur au fer, contiennent non-seulement du protoxide, mais aussi du peroxide de fer, il est de même vraisemblable que l'isérine contient aussi du peroxide de fer. (*Ann. de Ch. et de Phys.*, t. XXIX, p. 134.)

576. *Gisement.* Le fer titaniaté se rencontre toujours, sous forme de sables, dans le voisinage des volcans; et M. Cordier a reconnu que ces sables ferrugineux provenaient du détritus de certaines laves et autres produits ignés, tels que des tra-

chites, des basaltes ou tufs basaltiques. Ces sables se trouvent dans une foule de rivières, de ruisseaux, sur les bords des mers ; on cite surtout les localités suivantes : ruisseau d'Expailly, près du Puy (Haute-Loire); Saint-Quay en Bretagne; rivière d'*Iser* dans la Bohême (d'où le nom d'*isérine*), fleuve du Don dans l'Aberdeenshire, Saxe, Hongrie, Angleterre, Sicile, Albano, Ischia, Frascati, Martinique, Guadeloupe, etc. La variété appelée *ménakanite* fut découverte par Gregor dans la vallée de Ménakan dans le Cornouailles. On l'a trouvée depuis dans l'île de la Providence, à Botany-Bay et dans les montagnes de schiste micacé, près de Gènes. La *nigrine* se rencontre dans l'île de Ceylan, la Sibérie, la Transylvanie, etc. Dans certains endroits, comme dans le ruisseau d'Expailly, le fer titaniaté existe en petits cristaux ou en grains d'un volume plus ou moins sensible, et il est entremêlé de zircons, de grenats et de corindons. (Haüy.)

18ᵉ ESPÈCE. *CRAITONITE.*

(*Crichtonite*, de Bourn. ; *fer oxidulé titané*, Haüy.)

577. *Caractères essentiels.* Sa couleur est le noir violâtre, joint à un éclat vitro-métalloïde très vif; la couleur de sa poussière est le noir foncé; elle raye la chaux fluatée, et est rayée par le verre. Sa cassure est conchoïde et éclatante. Elle a tous les caractères chimiques de l'espèce précédente.

Composition. Elle est formée, comme le précédent, d'oxide de titane et d'oxide de fer, mais dans des proportions qui sont encore inconnues.

La craitonite se trouve toujours cristallisée; elle se présente en rhomboèdres très aigus, tronqués aux sommets jusqu'aux diagonales, et en rhomboèdres très surbaissés, également tronqués aux sommets et donnant des lames hexagonales. Ces diverses formes dérivent d'un *rhomboèdre aigu* de 61°20′ et 118°40′

Gisement. Cette espèce est fort rare ; elle appartient, comme l'anatase, au granite alpin : elle s'y trouve dans des veines remplies de felspath, quarz, chlorite, accompagnant l'anatase et le fer oligiste en cristaux prismatiques. On l'indique seulement à Oisans, département de l'Isère. C'est M. de Bournon qui l'a fait connaître.

19e ESPÈCE. *FER SILICÉO-CALCAIRE.*

(*Fer calcaréo-siliceux,* Haüy ; *lievrite,* Wern. ; *ilvaïte, yenite.*)

578. *Caractères essentiels.* Sa couleur est le noir tirant sur le vert foncé ou sur le brun ; son éclat est métalloïde, quelquefois légèrement résineux ; il a une structure rayonnée, une cassure inégale et d'un éclat gras ; une dureté qui lui permet de rayer le verre, et d'étinceler sous le choc du briquet. Il est toujours opaque, se fond au chalumeau en un émail brun-rougeâtre très obscur, et devient magnétique. Il est soluble en gelée dans les acides ; sa dissolution précipite abondamment par l'oxalate d'ammoniaque.

Sa pesanteur spécifique est de 3,8 à 4,06.

Sa forme primitive est, suivant M. Cordier, un *prisme droit rhomboïdal* dont les angles sont d'environ 111° 30′ et 68° 30′. Ses formes secondaires, qui sont peu nombreuses, résultent de modifications très simples sur les arètes de la base et sur les angles aigus ou obtus. Elles portent presque toutes l'empreinte du prisme rhomboïdal primitif. Les sommets des cristaux se font remarquer souvent par un chatoiement particulier.

Ses variétés de structure sont celles que M. Haüy désigne sous les noms de *bacillaire, aciculaire, sublamellaire* et *compacte.*

Composition. C'est un double silicate de fer et de chaux $= \dot{C}a^{3}\dot{\ddot{S}}i^{2} + 4\,\dot{F}e^{3}\dot{\ddot{S}}i^{2}$.

579. *Gisement.* Le plus souvent on trouve cette espèce en petites aiguilles réunies ou isolées, implantées sur les parois des roches de pyroxène granuleux, subordonnées au terrain de micaschiste, et accompagnées de fer oxidulé magnétique, quelquefois d'amphibole, de grenat, d'épidote. C'est ainsi qu'elle existe en trois endroits différens de l'île d'Elbe, à Rio la Marina, Punta la Cera, Capo Calamita. On l'indique aussi dans les mines de fer ou dans leur voisinage, comme à Skeen en Norwège, à Serdapol, gouvernement d'Olonez, en Russie. Enfin, on la rencontre encore dans le nord du Groenland, aux États-Unis d'Amérique. Elle n'est pas exploitée, à cause de sa rareté. Elle est très riche en fer, puisqu'elle renferme jusqu'à 56 pour cent d'oxide de fer.

20ᵉ ESPÈCE. *FER HYDROXIDÉ.*

(*Fer oxidé hydraté*, Haüy ; *fer hydraté; fer oxidé brun.*)

580. *Caractères essentiels.* Cette espèce s'offre avec une couleur jaune brunâtre; mais elle passe au brun de bistre et au noir de velours à mesure que sa densité augmente et que sa contexture s'éloigne de la structure terreuse; elle a d'ailleurs un aspect lithoïde, rarement métallique. Sa poussière est jaune sans aucune nuance de rouge. Elle est moins dure que le fer oligiste et plus dure que le fluor. Au chalumeau, elle brunit, diminue de poids, donne de l'eau, devient magnétique, et laisse pour résidu de l'oxide rouge de fer.

Sa pesanteur spécifique est de 3,37 à l'état de pureté.

Composition. Formée de 2 atomes de tri-oxide de fer et de 3 atomes d'eau $= \overset{\cdots}{Fe}{}^2Aq^3$. Rarement pure, presque toujours mélangée de matière argileuse.

Caractères cristallographiques. Sa forme primitive est, suivant M. Haüy, le *cube*. Cette espèce se présente en cristaux cubiques, en octaèdres, en dodécaèdres, d'un brun foncé, et qui ne paraissent pas être des épigénies de cristaux de fer sulfuré ni des pseudo-morphoses. M. de Bournon les considère comme dérivant d'un *prisme tétraèdre rectangulaire à base carrée.* Quoi qu'il en soit, ces cristaux sont assez rares, et leurs faces ne sont jamais bien nettes.

Ses variétés de structure sont au nombre de 9.

I. *Fer hydroxidé apiciforme.* Sous forme de petites houppes chatoyantes, d'un brun assez pur, avec un éclat assez vif, implantées ou engagées dans des cristaux de quarz hyalin qui tapissent l'intérieur de géodes ferrugineuses. On les trouve surtout dans l'île de Volkostroff, en Russie. Cette variété est fort rare.

II. *Fer hydroxidé concrétionné* ou *fibreux; hématite,* Haüy; vulgairement *hématite brune* ou *noirâtre.* Elle est ordinairement en masses stalactitiques mamelonnées à leur surface, et dont la cassure transversale présente souvent un tissu fibreux très serré, qui est d'un noir soyeux ou d'un brun doré velouté. Quelquefois la surface des masses est recouverte d'une espèce de vernis luisant et noir; d'autres fois elle offre les plus belles couleurs de l'iris. On la distingue facilement de l'*hématite rouge*, à la couleur de sa poussière.

Cette variété est très fusible, facile à traiter, et rend 40 à 50 pour cent de fonte. Elle renferme le plus souvent du manganèse et de la silice. Elle appartient principalement aux terrains primitifs, quelquefois aux terrains secondaires; elle est souvent accompagnée de fer carbonaté. Dans les arts, on ne lui donne jamais le nom d'*hématite.*

III. *Fer hydroxidé compacte* (stilnopsiderit). Sa texture est compacte; elle se présente souvent en grandes masses, et forme la base de quelques pétrifications; accompagne souvent la variété fibreuse, et par conséquent le fer carbonaté. Comme cette dernière, elle n'appartient pas exclusivement aux terrains primitifs. Elle fournit de très bon fer.

IV. *Fer hydroxidé géodique;* vulgairement *œtite, pierre d'aigle.* Cette variété comprend tous les minerais à poussière jaune qui se présentent en masses globuliformes, creuses ou pulvérulentes au centre, et qui offrent quelquefois la figure d'un parallélépipède dont les angles et les arètes sont arrondies. (Brongniart.) Ces sphéroïdes, dont la surface est rude, brillante et comme chagrinée, sont composés de couches concentriques dont la dureté est d'autant plus faible qu'elles approchent plus près du centre, qui est tantôt entièrement rempli, tantôt absolument vide, tantôt enfin contenant une matière pulvérulente, ou bien un noyau mobile, ou quelquefois seulement une petite quantité d'eau. Ce sont ces géodes que les anciens portaient comme amulettes, et qu'ils croyaient douées de la vertu d'écarter les voleurs et de favoriser l'accouchement. Il est vrai qu'il fallait qu'elles eussent été trouvées dans le nid d'un aigle!

Cette variété se trouve en abondance, et souvent même en couches continues, dans les montagnes secondaires et dans les couches argileuses de quelques terrains de même formation. Il ne faut pas confondre ces masses géodiques avec les masses ovoïdes de fer carbonaté, qui ne se rencontrent ordinairement que dans les terrains houillers.

V. *Fer hydroxidé globuliforme; fer hydroxidé granuleux,* Brongniart; *fer argileux pisiforme.* Cette variété se trouve en sphéroïdes dont le volume varie, suivant les différens lieux, depuis celui d'un grain de millet jusqu'à la grosseur d'un pois; de là les noms de *pisiforme,* d'*oolithe,* etc., donnés à ces diverses espèces de globules. Ils sont tantôt complètement massifs, tantôt composés de couches concentriques, avec un noyau à l'intérieur, comme les *pisolithes.* Ce n'est, à proprement parler, qu'une modification de la variété *géodique* précédente. Ces globules sont tantôt libres, tantôt réunis par un ciment calcaire, et plus souvent argileux, quelquefois non encore endurci.

Cette variété, qui constitue une grande partie des minerais qu'on exploite en France (Berry, Bourgogne, Normandie, Nivernois, etc.) pour obtenir le fer forgé, ne se trouve que dans les terrains secondaires, en couches qui sont peu éloignées de la surface de la terre; d'autres fois elle emplit des filons et des cavités, et forme de vastes amas, principalement dans les terrains calcaires. Elle est presque constamment accompagnée de débris organiques, de coquilles, parmi lesquelles on rencontre des *térébratules*, qui sont entièrement remplies de ces globules ferrugineux. On ne trouve de coquilles que dans la variété à grains de millet. C'est à cause de la présence de ces corps organisés que le fer qu'elle fournit contient du phosphore et est cassant à froid; aussi est-il moins estimé que tout autre.

VI. *Fer hydroxidé limoneux*, Brongniart. Cette variété est très impure, et paraît n'être qu'un assemblage des variétés précédentes; elle est en outre mêlée avec beaucoup de phosphate calcaire, du phosphate de fer, de l'argile et des débris organiques. Sa couleur est le jaunâtre, quelquefois le rouge brun; souvent elle est entièrement terreuse et friable, mais quelquefois aussi sa texture est compacte, et même luisante: elle se présente encore en masses, dont l'intérieur est criblé de cavités sinueuses et irrégulières, remplies de fer ocreux d'un jaune clair. Elle appartient à la formation la plus nouvelle, et l'on croit pouvoir attribuer son origine au dépôt journalier de l'eau dans les terrains marécageux. On la trouve, en effet, dans les prairies, au fond de lacs, de marais, de lieux bourbeux, etc. C'est le *fer des marais*, le *fer de gazon*, le *fer des prairies* des minéralogistes allemands.

Elle fournit un fer de très mauvaise qualité; on l'exploite en Saxe. Elle est plus abondamment répandue dans le nord que dans le midi.

VII. *Fer hydroxidé sablonneux*. Cette variété renferme une grande quantité de sable, qui lui communique une partie de ses propriétés ; ou plutôt c'est un sable quarzeux agglutiné et coloré par de l'oxide de fer. Elle a une formation toute nouvelle, car elle appartient au sommet des montagnes des environs de Paris, dans le sable qui recouvre le gypse. Souvent ce fer sablonneux s'est moulé en incrustations autour de corps organisés, dont il a pris la forme, et a formé la variété appelée par Haüy *fistulaire*. On le retrouve dans les terrains analogues à ceux des environs de Paris.

VIII. *Fer hydroxidé brun ocreux,* Brongn. ; *terreux,* Haüy. Il est d'un jaune verdâtre ou plus ou moins brun ; il est très tendre, pulvérulent et assez pur. Il se trouve en petite quantité dans les filons de fer carbonaté ; il est d'ailleurs peu important.

IX. *Fer hydroxidé pseudo-morphique.* Il se trouve en cristaux cubiques, en octaèdres, etc., en boules hérissées de cristaux provenant de la décomposition du fer sulfuré jaune, en cristaux dodécaèdres à triangles scalènes, par incrustation sur du carbonate de chaux ; modelé en coquilles, madrépores, etc. Il est peu abondant. Quelquefois le fer hydroxidé se présente en masses polyédriques, qui ont été produites par retrait en se desséchant.

581. *Gisement.* Le fer hydroxidé est un des minerais les plus abondans de la famille. On le trouve à peu près dans toutes les formations, à commencer des derniers dépôts primitifs (schistes argileux) jusqu'aux terrains les plus modernes. Ainsi il forme des amas puissans, des couches et des filons dans les terrains primitifs ; il existe en couches et en filons dans les terrains intermédiaires ; mais c'est surtout dans les terrains secondaires qu'on le trouve plus particulièrement et en plus grande abondance, au milieu des masses de calcaire compacte et oolitique semblable à celui du Jura. La variété *globuliforme* ou *oolitique* y constitue des assises considérables. Dans les terrains tertiaires, il forme de petits dépôts dans la molasse, et se retrouve dans les grès supérieurs. Enfin, cette

espèce se rencontre encore dans les dépôts d'alluvion, et paraît se former tous les jours. C'est surtout dans ce dernier gisement qu'existent les minerais limoneux dont les dépôts sont souvent très puissans et très étendus.

APPENDICE.

582. « Il paraît qu'il existe une autre espèce d'hydroxide de fer, de couleur rouge, quelquefois en petites lames cristallines d'une teinte très vive. Cette substance est ordinairement rangée avec le tri-oxide ou peroxide de fer; mais elle paraît avoir des formes particulières : elle donne de l'eau par calcination, et elle en renferme moins que l'hydrate précédent. » (Beudant, *Traité de Minéralogie*, page 503.)

Gisement général des minerais de fer.

583. Le fer existe dans tous les terrains, quelle que soit l'époque de leur formation, en masses puissantes, en couches, en amas; quelquefois il remplit complètement des filons, quelquefois il y existe mêlé à d'autres minerais.

A. Les terrains primitifs et de transition cristallins offrent les minerais de fer en bancs, en lits, en roches et en montagnes. Les espèces qui appartiennent à ces terrains sont :

Le *fer oxidulé*, constituant des montagnes à lui seul;
chromé, d'une époque un peu plus nouvelle ;
oligiste, dans le gneis, etc. ;
pyriteux cubique et magnétique, en nodules ou en masses ;
carbonaté spathique, en filons, en amas ;

arsenical, *pyriteux prismatique*, *oxidé rouge concrétionné*, *hydroxidé concrétionné*, *arseniaté*, *phosphaté*.	Implantés ou disséminés dans des filons, mais n'en formant jamais à eux seuls.

B. Les terrains de transition non cristallins offrent peu d'espèces :

Les *fers pyriteux*, en lits puissans, en couches;
Le *fer oligiste compacte*, en lits, en amas puissans, en nodules rassemblés avec régularité ;
carburé, en lits interrompus ; il appartient presque exclusivement à ces terrains.

C. Les terrains secondaires présentent des minerais de fer différens dans leurs assises inférieures et supérieures. Ainsi dans les premières, on trouve :

Les *fers pyriteux*, *cubique* et *prismatique ;*
Le *fer carbonaté lithoïde*, près des houillères ;
sulfaté, en enduits dans les terrains houillers.

Généralement ces minerais s'offrent dans cette espèce de terrain, en bancs, en amas, plutôt qu'en filons.

Dans les assises supérieures, on trouve :

Les *fers pyriteux*, surtout le prismatique, dans les dépôts de marne calcaire, avec des débris organiques, et surtout dans la craie ;
Le *fer hydroxidé*, surtout les variétés *géodique* et *globuliforme*. Elles appartiennent exclusivement à la partie moyenne de ces terrains.
phosphaté, douteux.

D. Les terrains tertiaires n'offrent généralement que des minerais pauvres et en petite quantité, en amas, en petites masses oviformes, disséminés tantôt régulièrement, tantôt avec irrégularité. On trouve dans les parties les plus inférieures (l'argile plastique et le lignite),

Le *fer pyriteux prismatique*, dans les argiles;
hydroxidé limoneux, dans les parties moyennes et les plus supérieures, le grès ou le sable;
oxalaté (Voyez 907);
phosphaté pulvérulent, en enduits.

E. Les terrains pyrogènes, volcaniques et trappéens offrent:

Le *fer titaniaté*;
oligiste spéculaire; en cristaux sublimés dans les cavités des roches;
phosphaté cristallin et *pulvérulent*.

Traitement métallurgique des minerais de fer.

584. Les minerais de fer que l'on exploite pour l'extraction du métal sont peu nombreux; ce sont:

1. Le *fer oxidulé*. Il donne du fer de bonne qualité. Pur, il contient 71 pour cent de fer. Il est exploité à Taberg en Suède, en Norwège et dans la vallée d'Aost, en Piémont.
2. *oligiste*. Il contient 69 pour cent de fer; mais il ne donne souvent que 20 pour cent; exploité en Suède et en Norwège.
3. *oxidé rouge*. C'est surtout l'*hématite rouge* que l'on traite dans les mêmes pays que les précédens. Lorsqu'elle n'est pas mélangée de terre, elle contient 94 pour cent d'oxide.

4. Le *fer carbonaté spathique*. Pur, il contient 44 pour cent de fer. Rarement il est assez pur pour donner cette proportion de fer ; il est souvent associé avec des carbonates de magnésie, de manganèse et de chaux. Il est exploité dans presque tous les pays de montagnes anciennes. On le traite en France.

5. *carbonaté compacte*, ou *des terrains houillers*. C'est lui qui alimente presque exclusivement les forges d'Angleterre. Sa richesse varie beaucoup ; quelquefois il contient 30 pour cent de fer ; mais il est fondu encore avec avantage lorsqu'il ne contient que 24 pour cent. C'est lui qu'on exploite à Saint-Étienne en France.

6. *hydroxidé concrétionné*. Lorsqu'il est pur, il contient 80 pour cent d'oxide. Il est exploité en France.

7. *hydroxidé limoneux*. Il forme ce qu'on appelle les *mines de fer en roche et en grains*. Elles sont souvent fort pauvres ; quelquefois aussi elles rendent jusqu'à 40 pour cent de fonte, après avoir perdu 25 à 28 pour cent d'eau et d'acide carbonique par le grillage. On les fond très souvent en Suède, et elles forment la presque totalité des exploitations de fer en France.

Les minerais les plus avantageux à exploiter sont sans contredit l'oxide magnétique et le fer oligiste; mais on est souvent obligé d'employer d'autres minerais à défaut de ceux-ci. Ces divers minerais sont la plupart du temps mélangés de plusieurs substances qui en rendent le traitement plus ou moins difficile. Dans les mines de fer en roche et en grains employées en France, il en est qui renferment de l'acide phosphorique (phosphate de fer ou *siderite*), provenant des débris organiques enfouis dans les terrains où ils se trouvent, et qui communique de mauvaises qualités au fer: malheureusement on ne peut guère les distinguer par des caractères extérieurs. Le carbonate spathique, comme nous l'avons dit plus haut, est toujours associé à des carbonates de magnésie, de manganèse et de chaux. La première de ces substances étrangères rend le minerai plus réfractaire, et influe singulièrement sur la bonté du métal qu'on en obtient; toutes les variétés n'en renferment pas en même proportion: celles qui ont éprouvé une altération par l'action long-temps continuée de l'air sont plus faciles à fondre; aussi sont-elles connues en Dauphiné sous le nom de *mine douce*. Le carbonate de manganèse a la propriété de donner à la fonte une grande facilité à se transformer en *acier naturel*, circonstance qui a fait donner au minerai le nom de *mine d'acier*. Le fer qu'on en obtient est toujours aciéreux, et par conséquent dur. Il paraît que la présence du manganèse est très avantageuse dans les minerais de fer qui renferment du sulfate de baryte ou du sulfure de fer, et que, pour les traiter avec succès, il convient d'ajouter des minerais manganésifères, lorsqu'il ne s'en trouve pas naturellement. (Beudant.)

585. Le traitement qu'on fait subir aux différens minerais dont nous venons de parler est à peu près le même pour tous: il n'y a que les préparations préliminaires qui varient suivant la nature de ces minerais et les pays où l'extraction se fait. Les préparations mécaniques auxquelles on soumet les minerais avant d'en opérer la fonte consistent dans le *cassage*, le *bocardage*, le *lavage* et le *grillage*. La plupart des minerais n'ont

besoin que d'être brisés en petits morceaux ; quelquefois on les fait passer, pour abréger, sous les pilons du bocard en même temps qu'on y fait arriver un courant d'eau qui enlève, en un seul temps, l'argile qui nuirait à leur fusion. Si l'on en grille quelques espèces avant de les porter au fourneau, c'est dans le but d'oxigéner les minerais à un plus haut degré, d'en chasser le soufre ou l'arsenic qu'ils peuvent contenir, mais plus souvent pour les désagréger ou en diminuer la cohésion : c'est donc particulièrement les minerais en roche que l'on grille. Quelques-uns cependant, comme les carbonates spathiques magnésifères, sont toujours grillés, puis abandonnés pendant long-temps à l'air ; ce qui paraît donner lieu à la séparation de la magnésie (*).

Les minerais de fer en grains ne sont jamais grillés ; on se contente de les laver pour les débarrasser en partie des terres argileuses ou calcaires qui les enveloppent. Il n'y a qu'eux qui subissent le lavage.

586. Les minerais ainsi préparés et toujours réduits à l'état d'oxides, peuvent être purs ou souillés encore de matières étrangères. S'ils sont parfaitement purs, on n'a besoin que de les fondre avec une quantité convenable de matières charbonneuses qui doivent en opérer la réduction et la fusion. S'ils sont mélangés de matières terreuses que les lavages ne peuvent enlever, ce qui a lieu pour les fers hydroxidés et carbonatés (plus rarement), matières qui les rendent ou trop réfractaires

---

(*) En grillant ces mines, on en dégage de l'acide carbonique, de l'eau de cristallisation ; l'oxide de fer qui s'y trouve absorbe en même temps l'oxigène de l'air, et elles perdent de leur compacité. Si elles contiennent à la fois du soufre à l'état de pyrite et de la magnésie, il se produit du sulfate de cette base. Descotils prétend que l'exposition de ces mines à l'air, après le grillage, a pour objet d'en séparer la magnésie ; que celle-ci est entraînée par les eaux pluviales, soit à l'éta sulfate, soit à l'état de carbonate.

ou trop fusibles, il faut, lorsqu'on en connaît la nature et la quantité, y remédier par une addition convenable d'un fondant argileux ou calcaire: argileux, si les minerais sont trop calcaires, et calcaire, s'ils sont trop argileux ou siliceux; ce qui arrive plus fréquemment. L'argile prend le nom d'*erbue*, le carbonate de chaux celui de *castine*. Il est important de les bien choisir. Lorsque ces minerais renferment de l'acide phosphorique, on règle la proportion de chaux en conséquence, et l'on ajoute parfois un peu de potasse, à une époque quelconque de la fusion. Quelquefois on est obligé de traiter à la fois plusieurs espèces de minerais; dans ce cas, on doit les assortir de manière à ce qu'ils se corrigent mutuellement, et que la fusion soit régulière et la plus avantageuse possible. On a remarqué qu'il résultait souvent du mélange des minerais une amélioration sensible dans la qualité du fer obtenu; aussi plusieurs maîtres de forge sont-ils dans l'habitude d'employer ce moyen.

Ce n'est qu'après des essais variés, faits en petit dans des creusets, ou mieux encore après des analyses exactes des matériaux que l'on doit fondre ensemble dans les fourneaux, qu'on peut disposer les minerais et les mélanger avec les divers fondans, comme nous venons de le dire. Ainsi choisis, préparés ou mêlés convenablement, il ne s'agit plus que de procéder à la fusion. On peut réunir en deux classes distinctes les procédés employés pour obtenir le fer directement des minerais. Dans la première, ils sont soumis à une véritable fusion, et le produit est, non du fer pur, mais de la *fonte* mélangée de fer malléable, qu'on est obligé de soumettre à une seconde opération pour la convertir entièrement en *fer pur*. Cette méthode, pratiquée seulement dans le nord de l'Europe, en Carniole, en Carinthie, en Suède et en Norwège, s'appelle *traitement par les hauts fourneaux;* elle commence à être abandonnée. La seconde espèce de procédé, pratiquée principalement dans les Pyrénées, dans quelques autres parties de la France (Isère), en Italie, en Corse, en Prusse et en Norwège, porte le nom de *méthode française* ou *catalane*. Elle diffère essentiellement de la précédente, en ce que les minerais, indépendamment du grillage, sont fortement torréfiés avant d'entrer en fusion. Ces deux opérations se suivent sans interruption. Mais on ne peut traiter par cette méthode que des minerais très fusibles et très riches, tels que les fers oxidulés, hématites et certains fers spathiques. Nous allons décrire succinctement ces deux procédés.

587. § I. *Fusion dans les hauts fourneaux*. Le procédé par lequel on réduit les minerais de fer en fonte s'exécute dans des fourneaux que l'on appelle *hauts fourneaux*, à cause de leur grande hauteur comparée à leur largeur. Ils sont composés, à partir de leurs fondations, d'un pilotis ou d'un double grillage en charpente, sur lequel on établit le massif qui est percé de canaux croisés qui doivent donner issue à l'humidité: sur ce massif s'élève le corps du fourneau, au milieu duquel on réserve un grand vide, qui doit être doublé d'une chemise de briques réfractaires. Quand ce dernier travail est achevé, l'intérieur du fourneau dans lequel doit s'opérer la fonte a généralement la forme de deux cônes tronqués, opposés base à base, dont l'inférieur n'a que le tiers de celui qui s'élève jusqu'à l'orifice terminal, qu'on nomme *gueulard*. Au-dessous du cône inférieur, la cavité se prolonge ordinairement sous la forme cylindrique; et c'est dans cette cavité, nommée le *creuset*, que doit s'assembler le métal fondu. On y remarque trois trous, qui viennent aboutir au dehors du fourneau. L'un donne entrée à l'air destiné à exciter le feu, et qui provient des machines soufflantes qui sont les appendices nécessaires de la fonderie, et dont la puissance est telle qu'elles injectent quelquefois jusqu'à 3,000 pieds cubes d'air par minute; un autre, placé sur le bord supérieur du creuset, doit donner issue aux laitiers ou scories qui surnagent à la surface

du bain de métal ; et enfin un troisième, qui est placé tout-à-fait au fond du creuset, est destiné à laisser sortir la fonte quand on le débouche : c'est le trou de *perce* ou de *coulée* qui, pendant tout le temps que le creuset met à se remplir, reste bouché avec une pelote de brasque.

Le fourneau ainsi préparé et séché par un feu de charbon est prêt à recevoir sa charge ; on la lui donne au moyen d'un mélange calculé et raisonné de minerai, de fondant et de charbon. On fait agir aussitôt les soufflets, dont le vent traverse toute la colonne, et projette la flamme à plusieurs mètres en l'air au-dessus du gueulard.

La hauteur totale des hauts fourneaux dépend des usages du pays, et surtout des combustibles que l'on y emploie. Lorsqu'on fond au charbon de bois, ils n'ont quelquefois que 15 à 20 pieds ; mais quand c'est à la houille carbonisée ou *coak*, ils en ont jusqu'à 45.

A mesure que le charbon se consume, que la mine et ses mélanges terreux se fondent, la masse qui est dans le fourneau s'affaisse ; les laitiers sortent par-dessus le bord du creuset, et s'écoulent sur une plaque de fonte qu'on nomme *dame*. Le métal, spécifiquement plus lourd, se rend dans le fond du creuset, finit par l'emplir, et dès qu'on s'en aperçoit, on se prépare à la coulée. On trace dans le sable du sol de la fonderie un sillon triangulaire qui doit recevoir la fonte, ou bien on conduit cette matière fondue dans de grands moules enterrés dans la fosse qui est toujours vis-à-vis du fourneau ; ou bien encore on la verse avec de grandes poches dans des moules en bois remplis de sable, qui ne sont destinés qu'à la fabrication des petites pièces, telles que des marmites, des boulets, des biscaïens, etc.

On continue à fondre ainsi pendant plusieurs mois dans les mêmes fourneaux, et c'est cette durée qu'on nomme *fondage*. On fait ordinairement deux ou trois coulées par 24 heures.

La mine de fer, introduite par le gueulard dans un fourneau de 15 mètres de haut, met de 60 à 72 heures pour descendre dans le creuset. Presque jusqu'au moment où elle arrive vis-à-vis de la tuyère du fourneau, elle se trouve précisément dans le même cas que si elle était chauffée dans une cornue; car l'oxigène de l'air qui sort de la tuyère se portant sur le carbone, l'air se trouve bientôt changé en un mélange d'acide carbonique, d'oxide de carbone et d'azote, qui ne peut exercer aucune action comburante sur le fer; conséquemment la réduction de l'oxide de fer, et, suivant M. Berzélius, celle d'un peu de silice, doivent avoir lieu comme dans un appareil clos. Lorsque la matière arrive devant la tuyère, elle présente un mélange de laitier et de fer, dont une partie est à l'état de carbure et d'oxide noir. Ces matières ne restant qu'un instant exposées au vent du soufflet, ne peuvent guère éprouver l'action de l'oxigène, d'autant plus qu'il y a toujours un grand excès de charbon : alors elles se déposent dans le creuset. Le laitier, plus léger que le fer réduit, le surnage pour la plus grande partie; cependant le fer en retient toujours une portion.

588. Le laitier est une masse de verre opaque, formée de chaux, de silice, d'alumine, d'un peu d'oxide de fer, et quelquefois d'un peu d'oxide de manganèse. La fonte paraît être essentiellement composée de fer uni à quelques centièmes de charbon; elle contient en outre un peu de silicium, de calcium et d'aluminium, et le plus souvent des traces de manganèse, de cuivre, de phosphore, de chrome et de soufre, lorsqu'on agit sur des mines de fer terreuses qui, suivant l'observation de M. Vauquelin, renferment presque toujours de l'oxide de manganèse, des acides phosphorique et chromique, et des pyrites cuivreuses. C'est la présence de ces matières dans le fer qui lui donne la propriété de casser, soit à froid, soit à chaud. La conversion de la fonte en fer malléable, ou l'*affinage*,

a donc pour but d'en isoler ce métal. Mais avant de parler de l'affinage, exposons les observations chimiques auxquelles la fonte a donné lieu.

589. *De la fonte.* On distingue généralement deux espèces principales de fonte, la *blanche* et la *grise*.

La *fonte blanche* a une cassure indistinctement lamelleuse, quelquefois cependant assez prononcée pour qu'on puisse en mesurer les angles; le plus ordinairement elle est fibreuse rayonnée. Toujours brillante, sa couleur est d'un gris blanchâtre. Elle est fragile, très cassante, entre plus tôt en fusion que la fonte grise, mais acquiert beaucoup moins de fluidité que celle-ci; s'oxide très facilement à une température élevée, perd une grande partie de son carbone, et produit le meilleur acier naturel, mais plus difficilement du fer doux. On peut cependant la transformer en fer malléable, en y ajoutant un enduit; le laitier qu'elle donne est très ferrugineux, très fluide et d'un vert brun.

La *fonte grise,* également brillante, d'un gris plus ou moins foncé, a une structure grenue et non lamelleuse; elle est très tenace, très difficile à casser, et se laisse limer; propriété dont ne jouit pas la précédente. A une température élevée, elle se fond sans se couvrir d'oxide, reste long-temps liquide sans changer de nature, si ce n'est toutefois qu'elle finit par perdre toute espèce de ténacité; mais elle se convertit en fer avec bien plus de difficulté que la fonte blanche, et elle exige de très forts courans d'air. Le laitier qui en provient est blanc, pâteux et lamelleux. Si, après l'avoir fait fondre, on la refroidit subitement, soit en la projetant sur une plaque froide, soit en la granulant dans l'eau, on la transforme en fonte blanche.

La *fonte blanche* peut avoir trois origines : ou elle provient de mines qui contiennent du soufre, du phosphore, de l'arsenic, du chrome, en un mot des substances qui donnent de la fusibilité à la mine; ou elle provient des mines de fer carbonaté, ou des fontes grises. La *fonte grise* provient généralement de mines de fer peu fusibles.

On connaît sous le nom de *fonte truitée* ou *mêlée* une espèce de fonte résultant d'une agrégation de fonte blanche et de fonte grise, dont les parties de chacune d'elles sont assez considérables pour être distinguées à la vue simple.

Enfin, sous le nom de *fonte noire*, on distingue une quatrième espèce de fonte qui réellement n'est que de la fonte très grise, obtenue par le travail à la houille ; sa couleur est plus foncée que celle de la fonte grise obtenue par le charbon de bois ; elle est également plus douce, plus malléable, et jouit d'une plus grande valeur commerciale.

Les deux espèces principales de fonte, dont nous venons de tracer les caractères les plus saillans, ne diffèrent l'une de l'autre que par la proportion relative de charbon qu'elles admettent dans leur composition, et par la manière dont ce corps combustible s'y trouve en combinaison. M. Karsten a conclu de ses expériences sur l'analyse des fontes : 1°. que la fonte blanche lamelleuse contient le maximum de carbone que le fer puisse absorber à l'état liquide ; que ce carbone s'y *trouve combiné avec toute la masse du fer ;* enfin qu'elle constitue un composé qui serait formé de 2 atomes de fer et de 1 de carbone, ou en poids de 94,7 parties de métal et de 5,3 de carbone, ce qui équivaut à un véritable sous-carbure dont le signe chimique Fe^2C est la représentation exacte ; 2°. que c'est une erreur de croire que la fonte grise contienne plus de carbone que la fonte blanche, et que c'est à cet excès qu'elle doit la ténacité et la malléabilité dont elle jouit ; qu'au contraire les différentes fontes grises en possèdent bien moins (celle qui en contient la plus grande proportion n'a donné que 4,60, tandis que d'autres n'en renferment que 3,15), et que ce corps paraît ne pas y être en combinaison comme dans la fonte blanche, mais disséminé à l'état de graphite et de mélange. Un fait qui tend à confirmer cette dernière assertion, c'est qu'on sait qu'à l'aide de certaines circonstances, on peut faire passer la fonte blanche à l'état de fonte grise, *et vice versâ.*

La fonte grise est presque exclusivement employée pour la confection des objets moulés, par la raison qu'elle se liquéfie bien mieux que la fonte blanche, qu'elle éprouve peu d'action de la part de l'air, qu'elle se fige moins vite, remplit plus parfaitement les moules et jouit d'une grande ténacité. La fonte blanche est spécialement réservée pour la préparation du fer et de l'acier.

590. *Affinage.* Amener à l'état métallique l'oxide de fer qui se trouve dans la fonte, séparer du fer les corps qui en altèrent la ductilité : tel est l'objet de l'affinage. Les substances qu'on sépare du fer par cette opération sont à l'état de laitier, crasses et scories, et à l'état de sublimé.

L'affinage de la fonte se pratique ordinairement dans un fourneau qu'on appelle *feu* ou *foyer d'affinerie, renardière,* etc. Il consiste principalement en une cavité carrée d'environ 6 décimètres de côté et 5 à 6 décimètres de profondeur, revêtue intérieurement de plaques de fonte très épaisses, dont l'une est percée pour le passage du laitier. La cavité est pratiquée dans un massif de briques, et recouverte d'une cheminée en hotte liée d'un côté au massif par un mur, ce qui donne au fourneau l'aspect d'une forge de serrurier.

Lorsqu'on veut commencer l'affinage, on remplit cette cavité de poussière de charbon bien battue, nommée *brasque légère.* On creuse dans la brasque une cavité hémisphérique que l'on appelle *creuset,* et l'on place dans le creuset des morceaux de fonte que l'on entoure de charbon de bois. De forts soufflets portent de l'air à travers le charbon sur la fonte. Bientôt la température est très élevée ; la fonte entre en fusion. Il se forme des scories à la surface du bain ; un ouvrier les écarte, et remue sans cesse le bain avec un ringard. Cette manipulation a pour objet de favoriser l'accès de l'air, de brûler le carbone de la fonte et de mettre le fer en liberté. A mesure que cet effet a lieu, le fer se sépare et prend la forme de grumeaux. L'ouvrier rassemble ces grumeaux en une seule masse, que l'on appelle *loupe* ou *renard*. Lorsque cette masse est assez volumineuse, il la saisit avec une pince, il la tire hors du creuset, et la traîne sur une plaque de fer dont est garni le sol de l'atelier. Au même instant plusieurs ouvriers en font suinter de toutes parts le laitier, en la frappant avec de forts marteaux et lui donnant une forme sensiblement sphérique; on la porte ensuite sous le *martinet* pour la comprimer plus fortement: c'est ce qu'on appelle *cingler la loupe*, opération qui a pour objet d'en faire sortir le laitier et d'en bien souder toutes les parties, afin d'obtenir une masse homogène et bien unie, ce qui est très important relativement à la qualité du fer.

La loupe ne peut pas prendre, au premier cinglage, la forme de barre qu'elle doit avoir par la suite; on est obligé de la reporter dans le fourneau; et, lorsqu'elle est convenablement chaude, on la replace sur le martinet pour la forger de nouveau. Ce n'est qu'au quatrième feu ou *chauffe* que la loupe est entièrement forgée en barres, et qu'elle peut être livrée au commerce.

Les scories varient singulièrement, suivant la nature des mines. Dans celles qui contiennent le plus de substances étrangères, on trouve beaucoup de fer métallique, du titane métallique ordinairement cristallisé en cubes, de l'oxide de manganèse, de la silice, de l'alumine, de la chaux, de l'acide phosphorique et du chrome à l'état d'oxide ou d'acide. On trouve à peu près les mêmes substances que celles des scories dans le fer plus ou moins oxidé, qui se condense dans les cheminées du fourneau d'affinage. Il est vraisemblable que la plus grande partie de ces matières est plutôt entraînée mécaniquement par le courant d'air, que réduite à l'état gazeux par la force expansive de la chaleur.

Le fer affiné contient presque toujours de petites quantités de carbone, de silice ou de laitier, et quelquefois du phosphure de fer.

591. § II. *Fusion à la catalane.* Ce procédé a cela d'avantageux, qu'il n'exige que des établissemens peu dispendieux. Les fourneaux que l'on emploie sont absolument semblables au fourneau d'affinage de la fonte; leurs proportions varient suivant les lieux : on distingue le foyer *catalan*, le *navarrais* et le *biscaïen*. Le premier est plus généralement employé; ses dimensions sont $0^m,54$ de largeur, $0^m,47$ de largeur au fond du creuset et $0^m,43$ de profondeur. Après que le minerai a été grillé et criblé (on met de côté la poussière appelée *greillade*, qui doit servir pendant le courant de l'opération), on le place dans le fourneau où on l'entasse en forme de dos d'âne contre une de ses faces; il occupe le tiers du creuset; dans l'espace restant, on met le charbon; pour solidifier la masse de minerai, on la recouvre avec du fraisil humecté et mélangé d'argile. On conduit le feu lentement pendant les deux premières heures : un ouvrier est occupé continuellement à faire descendre les charbons à mesure qu'ils se consument, afin de remplir les vides, et empêcher le minerai d'ébouler. En ne donnant que peu de vent dans le commencement de l'opération, on a pour but de bien calciner le minerai, et de le réduire en partie. Au bout de deux heures, on donne le vent tout entier : c'est à ce moment que commence la fusion. On est averti si la torréfaction est assez avancée, par l'aspect de la flamme et par celui des minerais qui deviennent caverneux. Pour exécuter la fusion, l'ouvrier détache les morceaux de minerai placés à la partie inférieure, et les présente devant la tuyère du soufflet, qui la détermine. Il continue ainsi jusqu'à ce que tout le minerai soit placé au centre de la chaleur.

Lorsqu'on jette la *greillade* dans le fourneau, on a soin de l'arroser pour que le vent ne puisse l'enlever, et de la répandre uniformément sur toute la surface du combustible. Elle augmente la quantité de produit, et donne aux scories la fusibilité convenable. Lorsque les scories sont visqueuses, on diminue la quantité de greillade; le contraire a lieu lorsqu'elles sont trop liquides. On fait de temps en temps écouler ces scories, en ouvrant le trou du *chio*.

Le travail dure entre 5 et 6 heures: on retire la masse pâteuse appelée *massé*, qui se trouve au fond du creuset, et on la porte sous le marteau pour la couper en *massoques* et la cingler, comme ci-dessus. Chaque *massé* présente des mélanges très variés de fer et d'acier: mais on peut à volonté augmenter la quantité de l'un ou de l'autre. Pour obtenir beaucoup de fer, on emploie une grande quantité de greillade, et on incline la tuyère fortement vers le fond du creuset: quand au contraire l'opération est conduite avec lenteur, que l'on n'ajoute que peu de greillade et que la tuyère est relevée, la quantité d'acier produite est plus considérable. On peut obtenir par la méthode catalane jusqu'à 50 pour 100 de fer: mais il est rare d'en obtenir plus de 35 pour 100. (*Voir* pour plus de détails le *Dictionnaire des Sciences naturelles* et le *Dictionnaire technologique*.)

592. Il paraît que l'on commence à introduire en France le procédé pratiqué en Angleterre pour fabriquer le fer avec de la fonte au moyen de la houille. Il est sensiblement le même que le premier que nous avons indiqué; seulement au lieu de battre le fer sous un martinet, on le fait passer, au sortir du fourneau d'affinage, entre deux cylindres qui présentent des échancrures dans lesquelles la masse est fortement comprimée: on la fait passer successivement par des échancrures dont les largeurs vont en diminuant. On lui donne ensuite la forme de barres de toute espèce, en la chauffant de nouveau

dans un four à réverbère, et la faisant passer entre des cylindres cannelés qui lui font prendre très promptement cette forme. Ce procédé est remarquable, en ce qu'on n'emploie que de la houille, et que la fabrication est extrêmement rapide.

593. On peut estimer à environ 16 millions de quintaux la quantité de fonte et de fer forgé fabriqués dans les diverses contrées du monde sur lesquelles on a des renseignemens; et ces produits peuvent être évalués à 450 millions de francs. Le tableau suivant indique les proportions respectives fournies par les différens états ci-mentionnés :

Angleterre.	5,000,000 quintaux.
France	2,750,000
Russie	2,000,000
Suède.	1,500,000
Empire d'Autriche (Styrie et Carinthie).	1,100,000
Prusse.	800,000
Norwège.	150,000
Saxe.	80,000
Bavière.	130,000
Hartz, Hesse, rive droite du Rhin.	600,000
Pays-Bas.	480,000
Savoie.	24,000
Piémont.	200,000
Ile d'Elbe, Côtes d'Italie. . . .	280,000
Espagne.	180,000
États-Unis d'Amérique.	500,000
Total.	15,774,000 quintaux.

594. *Usages du fer.* Nous ne rapporterons pas ici les nombreux usages du fer dans les arts; ils sont assez connus. Nous

dirons seulement que la Médecine en fait un emploi assez fréquent, et qu'elle lui emprunte une foule de préparations, telles que sa limaille, son deutoxide connu sous le nom d'*éthiops martial;* son tritoxide ou *colcothar;* son trito-carbonate ou *safran de mars astringent et apéritif* (*); son sulfate, son chlorure ammoniacal ou *fleurs martiales de sel ammoniac;* un tartrate de potasse et de fer ou *teinture de mars tartarisée;* enfin il entre dans les boules de Nancy, la teinture de Bestuchef, la teinture alcaline de Stahl, etc.

XVIe FAMILLE. *MANGANÈSE.*

595. Les minerais de cette famille se reconnaissent en ce qu'ils colorent en violet le verre de borax au feu d'oxidation, soit seuls, soit par l'addition d'un peu de nitre destiné à favoriser l'oxidation du métal dans les échantillons où il ne l'est pas. Ceux qui renferment le manganèse à l'état d'oxide brunissent presque toujours par l'action du feu ou de l'air. Fondus sur la feuille de platine avec le sel de soude, ils lui communiquent une couleur verte qui devient vert bleuâtre par le refroidissement. Enfin, dissous dans les acides, ils précipitent en blanc par l'hydro-ferro-cyanate de potasse.

Cette famille renferme onze espèces.

1re ESPÈCE. *MANGANÈSE SULFURÉ.*

596. *Caractères essentiels.* Ce minéral à texture terreuse et compacte, à cassure à peine métallique, est d'un gris noirâtre

---

(*) Le carbonate de fer du commerce n'est autre chose que de l'hydrate de tritoxide de fer; ce qui provient de ce que dans la préparation de ce composé on opère avec le contact de l'air. En effet, à mesure que l'oxide de fer se suroxide, l'acide carbonique, dont l'affinité devient de plus en plus faible, se dégage, et il ne reste plus que du tritoxide de fer combiné à une certaine quantité d'eau. (Robiquet.)

lorsqu'il a été exposé à l'air pendant un certain temps; mais il passe au gris métallique par l'action de la lime. La couleur de sa poussière est d'un vert obscur. Il est tendre, facile à entamer par le couteau, en s'égrenant; chauffé au chalumeau, il répand l'odeur d'acide sulfureux, et est sensiblement infusible; mis en contact avec l'acide sulfurique, il dégage de l'hydrogène sulfuré.

Sa pesanteur spécifique est de 3,98 à 4.

Composition. Elle est mal connue; il paraît être un bi-sulfure $= MnS^2$.

On ne l'a encore trouvé qu'en petites masses ou en petites lamelles noirâtres dont le clivage conduit, suivant M. Brongniart, à un *prisme rhomboïdal.*

597. *Gisement.* Le manganèse sulfuré est fort rare dans la nature; on ne l'a jusqu'à présent cité qu'en Cornouailles, à Nagyag en Transylvanie, au Mexique dans la province de Mixes; il accompagne toujours le manganèse carbonaté rose qui sert de gangue au tellure.

2e ESPÈCE. *MANGANÈSE OXIDÉ.*

(*Manganèse sur-oxidé,* Berzélius; *peroxide de manganèse,* Beudant; *manganèse métalloïde,* vulgairement *pierre de Périgueux.*)

598. *Caractères essentiels.* Il offre une couleur d'un gris noirâtre, accompagnée fréquemment de l'éclat métallique; il donne une poussière noire; il tache le papier, a peu de ténacité, est tendre et même friable. Exposé au feu, il donne de l'oxigène dans le rapport de 10 pour cent. En contact avec l'acide hydrochlorique, il en dégage du chlore. Il colore le borax en violet sans addition, et ne donne pas sensiblement d'eau par la calcination, lorsqu'il est pur.

Sa pesanteur spécifique est de 3,5 à 3,8.

Composition. C'est un tétro-oxide = $\ddot{\dot{M}}n$. A l'état de stalactite ou de masse compacte, il renferme presque toujours une petite quantité d'hydroxide (Beudant); aussi donne-t-il de l'eau par la calcination. Il renferme aussi très souvent une assez grande proportion de fer.

Caractères cristallographiques. Il se présente cristallisé en prismes rhomboïdaux, qui sont souvent modifiés sur les arètes latérales, ou qui ont quelquefois des sommets dièdres ou tétraèdres: ils dérivent tous d'un *prisme rhomboïdal droit* de 100° et 80°. Ses cristaux sont assez difficiles à déterminer, à cause des cannelures qui les altèrent.

Ses variétés de structure plus nombreuses et plus communes sont :

Manganèse oxidé aciculaire. En petites aiguilles divergentes qui tantôt se groupent régulièrement autour d'un centre commun, et tantôt se croisent dans toutes les directions.

fibreux.

stalactitique.

mamelonné. Il recouvre ordinairement les hématites et les fers carbonatés, et offre souvent un aspect métallique argentin. (Huttenberg en Carinthie.)

compacte.

terreux.

599. *Caractères d'élimination.* On pourrait confondre le manganèse oxidé aciculaire métalloïde avec l'*antimoine sulfuré;* mais celui-ci se fond à la simple flamme d'une bougie, et

ne colore pas le borax en violet ; en outre, la trace qu'il laisse sur un corps dur offre le brillant métallique ; celle du manganèse est terne et matte.

Gisement. Voyez *Manganèse hydraté* (618).

600. *Usages*. Dans les arts, il est employé dans les verreries pour blanchir le verre ; aussi porte-t-il le nom de *savon de sverriers*. Il paraît qu'il agit en se désoxidant et brûlant les matières carbonisées qui colorent la matière ; mais on doit l'employer avec précaution, et toujours en petite quantité ; car un léger excès colorerait le verre en violet. Dans les laboratoires, il sert à l'extraction de son métal, à la préparation du chlore, et à celle du gaz oxigène. Il n'est point, du reste, usité en Médecine et en Pharmacie.

3e ESPÈCE, ou plutôt GROUPE D'ESPÈCES. *MANGANÈSE ET FER PHOSPHATÉS*

(Doubles phosphates de fer et de manganèse.)

601. Il existe au moins trois espèces différentes et bien caractérisées que l'on peut réunir sous ce nom, savoir : un sous-phosphate de fer et de manganèse, un phosphate de fer et de manganèse anhydre et un phosphate de fer et de manganèse hydraté. Ces trois espèces tendent à passer de l'une à l'autre, et leurs relations géologiques et leur composition indiquent assez qu'elles proviennent originairement d'une seule et même espèce. Quoi qu'il en soit, nous allons donner séparément les principaux caractères de chacune d'elles.

602. *Sous-phosphate de fer et de manganèse* (*manganèse phosphaté ferrifère*, Berzélius ; *manganèse phosphaté*, Haüy ; *triplite*). Substance opaque, dont les couleurs varient du vert obscur plus ou moins foncé au vert jaunâtre et au brun châtain : la couleur des poussières est semblable ; son éclat est submétallique ou résineux, souvent terne ; sa texture est ou

compacte ou fibreuse ; elle raie légèrement le verre, est très facile à broyer. Isolée et frottée, elle acquiert l'électricité résineuse, est très fusible, et donne au chalumeau un globule noir d'un éclat vitreux ou submétalloïde plus ou moins prononcé ; se dissout entièrement dans l'acide nitrique.

Sa pesanteur spécifique est de 3,2, 3,9 à 4.

Elle se présente sous forme de masses radiées irrégulières et groupées confusément, dont les aiguilles ont rarement plus d'un centimètre de longueur, et assez ordinairement en masses géodiques, à surfaces mamelonnées. Ses aiguilles indiquent des joints naturels parallèles aux faces d'un prisme à 4 pans, qui paraît être oblique et en même temps rectangulaire.

Sa composition, d'après l'analyse d'un échantillon du Hureaux, par M. Vauquelin, serait représentée par la formule

$$\left.\begin{matrix}\dddot{Fe}^2\\ \dddot{Mn}^2\end{matrix}\right\}\overset{\cdot\cdot}{\dddot{P}} + 3Aq.$$

Cette espèce est disséminée par petites masses irrégulières dans le granite à grandes parties des carrières de Chanteloube et du Hureaux, aux environs de Limoges, département de la Haute-Vienne. Elle adhère au quarz gris et à un felspath laminaire rose, qu'elle pénètre et colore : elle est associée au mica, au fer sous-phosphaté bleu hydraté, au manganèse oxidé, à l'hétérozite et à l'hureaulite. Elle est très rare.

602 *bis*. *Phosphate de fer et de manganèse anhydre* (*hétérozite*, Alluau). Cette espèce ne s'est point encore offerte sous des formes régulières : sa structure est lamelleuse, et son clivage assez difficile à déterminer ; mais à la flamme d'une bougie il est très sensible dans deux directions à angles droits. Sa forme primitive, donnée par l'inspection des sens du clivage, paraît être la même que celle du fer sous-phosphaté (560), c'est-à-dire un *prisme rectangulaire oblique*, dont la base est inclinée d'environ 100° sur la face correspondante. Ses couleurs

varient du violet foncé au brun violet et au brun verdâtre, et du gris bleuâtre au blanc grisâtre. Cette dernière variété est translucide sur les bords; les autres sont opaques. Elle se brise aisément : sa cassure transversale au clivage est terne, inégale et raboteuse, se laisse rayer par un poinçon d'acier et raie la chaux fluatée. Elle agit à peine sur l'aiguille aimantée; mais, isolée et frottée, elle acquiert à un haut degré l'électricité résineuse; se fond au chalumeau avec bouillonnement, et donne un globule scoriforme irrégulier, submétalloïde, et dont quelques parties sont comme enduites d'un émail noir. Ce globule est tantôt attirable par la méthode du double magnétisme, et tantôt sans aucune action sur l'aiguille.

La pesanteur spécifique de ce minéral est de 3,27.

Sa composition, d'après M. Vauquelin $= \left.\begin{matrix}\dot{\ddot{\mathrm{F}}}\mathrm{e}^5 \\ \dot{\ddot{\mathrm{M}}}\mathrm{n}^5\end{matrix}\right\} \overset{\cdot\cdot\cdot\cdot\cdot}{\mathrm{P}}{}^6$.

L'hétérozite appartient au gisement de l'espèce précédente : il en est quelquefois tellement pénétré, que les nuances de leur couleur se confondent, et que la structure lamelleuse de l'un est modifiée par la contexture fibreuse de l'autre. Tantôt il s'y trouve disséminé par petites masses irrégulières, laminaires, sublaminaires et subcompactes; et tantôt il adhère au quarz gris et au mica blanc. Trouvé par M. Alluau aîné dans la carrière du Hureaux, commune de Saint-Sylvestre (Haute-Vienne). Très rare.

602 *ter. Phosphate de fer et de manganèse hydraté* (*hureaulite*, Alluau). Cette espèce se trouve en petites masses amorphes, géodiques, et en petits cristaux groupés recouvrant la surface de celles-ci. Les parties amorphes sont ou terreuses ou compactes, d'un brun rougeâtre. Les cristaux sont très petits, et tellement groupés qu'il est impossible de les mesurer; ils présentent des prismes quadrangulaires et octogones surmontés par des sommets dièdres, qui paraissent bien évi-

demment dériver du *prisme oblique rectangulaire* du fer sous-phosphaté (560). Les pans des prismes sont striés parallèlement à l'axe. L'hureaulite cristallisé est transparent, d'un brun rougeâtre plus prononcé que celui des masses amorphes ; il réfléchit vivement la lumière : sa cassure est grasse et vitreuse ; il raie la chaux carbonatée et se laisse rayer par le fluor. Isolé et frotté, il acquiert à un faible degré l'électricité résineuse ; plongé brusquement dans la flamme d'une bougie, il décrépite ; au chalumeau, il se boursouffle, fond et présente à la surface du globule des aspérités mamelonnées ; plus fortement chauffé, il répand, pendant l'incandescence, une scintillation phosphorescente, et donne un globule noir, vitreux et sensiblement polyédrique.

Sa pesanteur spécifique est de 1,9?

Sa composition, suivant M. Vauquelin $= \left.\begin{array}{l}\dddot{Fe}^5 \\ \dddot{Mn}^5\end{array}\right\} \overset{\cdot\cdot\cdot\cdot\cdot}{P}^4 + 20Aq.$

Ce minéral accompagne également le fer sous-phosphaté manganésifère (602), ainsi que les divers phosphates qui se rencontrent avec celui-ci. On l'a trouvé dans la carrière du Hureaux pour la première fois. Il paraît qu'il existe avec lui une variété concrétionnée squammiforme, dont les caractères et la composition semblent un peu différens. Il est très rare.

Ces diverses espèces sont une acquisition nouvelle pour la science ; c'est à M. Alluau aîné qu'on en doit la découverte et la description, ainsi que de plusieurs autres minéraux du département de la Haute-Vienne. (*Voir* pour plus de détails les *Annales des sciences naturelles*, t. VIII, p. 334.)

4e ESPÈCE. *MANGANÈSE CARBONATÉ.*

(*Dialogite, rhodocrozite.*)

603. *Caractères essentiels.* Ce minéral, d'un blanc rosâtre ou jaunâtre, est quelquefois brun, souvent nacré ; sa pous-

sière est d'un blanc rougeâtre ; il raie la chaux carbonatée et fluatée et est rayé par la chaux phosphatée ; il se dissout à chaud dans l'acide nitrique avec effervescence ; il passe au brun noirâtre par l'action du feu.

Sa pesanteur spécifique est de 3,2 ?

On le trouve quelquefois cristallisé ; il se présente alors en cristaux rhomboèdriques déformés et groupés irrégulièrement ; plus souvent il est en masses et en concrétions compactes ou lamellaires.

Composition. C'est un carbonate de manganèse toujours mélangé de carbonate de chaux, de carbonate de fer ; aussi M. Berzélius donne-t-il la formule suivante $= \dot{\dot{M}}n\ddot{C}^2 + \dot{\dot{F}}e\ddot{C}^2 + \dot{\dot{C}}a\ddot{C}^2$. Renferme quelquefois de la silice.

604. *Gisement.* Cette espèce, presque aussi rare que la précédente, se trouve dans quelques filons, à Nagyag en Transylvanie, où il sert de gangue au tellure et au manganèse sulfuré ; à Kapnick (même province), où il est accompagné de cuivre gris, d'antimoine sulfuré et de zinc sulfuré phosphorescent ; à Orlez en Sibérie, à Freyberg en Saxe.

5ᵉ ESPÈCE. *MANGANÈSE TUNGSTATÉ.*

(*Wolfram, schéélin ferruginé,* Haüy ; *tungstate de fer et manganèse,* Beudant ; *schéélin ferruginé manganésifère,* Brongniart.)

605. *Caractères essentiels.* Il est d'un noir brunâtre avec un éclat faiblement métallique. Sa poussière est d'un brun rougeâtre et tache le papier de la même couleur ; sa cassure transversale est raboteuse ; sa structure est laminaire, et il se sépare aisément en lames par la percussion. Il est tendre, aigre et médiocrement électrique par communication. Seul, dans le matras, il décrépite parfois un peu, et rend une petite

quantité d'eau (*); sur le charbon, il se résout, à l'aide d'un bon feu, en une boule dont la surface offre un amas de cristaux assez grands, lamelleux, gris de fer, ayant l'éclat métallique.

Sa pesanteur spécifique est de 7,3.

Sa forme primitive est, suivant M. Haüy, un *prisme droit rectangulaire*. Il se présente sous la forme primitive; mais, dans beaucoup de cas, elle est modifiée sur ses angles solides et ses arètes par des troncatures.

On le trouve en masses, en concrétions distinctes testacées, en lames quelquefois tellement serrées les unes contre les autres, que leur ensemble, vu de côté, présente l'aspect d'un tissu strié.

Composition. Il est formé de 1 atome de tri-tungstate de manganèse et de 3 atomes de tri-tungstate de fer $= \ddot{Mn}\dddot{Tu}^2 + 3\ddot{Fe}\dddot{Tu}^2$. Mais comme le manganèse est variable et en remplacement du bi-oxide de fer, on pourrait le représenter, suivant M. Beudant, par $\left.\begin{matrix}\ddot{Fe}\\ \ddot{Mn}\end{matrix}\right\}\dddot{Tu}^2$.

Suivant M. Vauquelin, le rapport de 1 à 3 entre l'oxigène des bases et celui de l'acide tungstique ne serait pas exact. Il pense qu'il n'y a à peu près que la moitié du fer contenu dans le wolfram qui soit à l'état de protoxide. (*Annales de Chimie* et de *Physique*, t. XXX, p. 194.) Ce sujet demanderait donc de nouvelles recherches.

(*) Quelquefois le wolfram a la propriété de décrépiter très fortement, et de se diviser en feuilles minces. Dans ce cas, il est ordinairement recouvert d'une couche jaune, terreuse et un peu dure au toucher. Cet enduit, que l'on pourrait aisément prendre pour de l'acide tungstique, est de l'arseniate de fer; et le wolfram, traité au feu de réduction, dégage lui-même une forte odeur d'arsenic. (Berzélius, *Traité du Chalumeau*, page 240.)

606. *Caractères d'élimination.* On distingue le wolfram de l'*étain oxidé* en ce que celui-ci étincelle sous le choc du briquet, que son tissu est moins lamelleux et qu'il tache la lime en blanc grisâtre; du *fer oxidulé* et du *fer oligiste*, en ce que ceux-ci font mouvoir le barreau aimanté, que leur éclat métallique est très prononcé, et que leur densité est inférieure, au moins dans le rapport de 5 à 7.

607. *Gisement.* Ce minéral, d'une formation aussi ancienne que l'étain, est particulier aux dépôts stannifères; car on le trouve associé à ce métal dans les mines de plusieurs pays, surtout dans celles de Saxe et de Bohême, celle de Poldice en Angleterre, en Espagne, celle des montagnes de Blon en France. Il se rencontre quelquefois isolément dans le granite graphique (gîte ordinaire de l'étain), et y forme des dépôts plus ou moins forts, comme à la montagne d'Odontchelon et près du lac Achtaragda, en Sibérie, en Suède, à Saint-Léonhard (Haute-Vienne); il y accompagne les émeraudes dites *béryls.* On l'indique aussi dans le gneis, à l'île de Ronce, une des Hébrides, et dans les roches alpines, comme au Saint-Gothard, dans le glacier du Rhône. Enfin il se trouve, avec la chaux tungstatée, dans quelques dépôts bismuthifères, à Hutting-town dans le Connecticut.

608. *Usages.* Le fer tungstaté est employé pour obtenir l'acide tungstique, et par suite le tungstène. La préparation de l'acide se fait en traitant le minéral pulvérisé et séparé de sa gangue, par cinq à six fois son poids d'acide hydrochlorique que l'on fait bouillir sur lui pendant une demi-heure environ; cet acide dissout en totalité l'oxide de fer et celui de manganèse, et laisse, sous forme de poudre jaune, l'acide tungstique mêlé seulement avec la portion de gangue siliceuse qu'on n'a pu enlever. Pour l'avoir pur, on le lave et on le traite ensuite, à chaud, par un léger excès d'ammoniaque liquide; on filtre, on verse dans la liqueur un grand

excès d'acide nitrique, et on fait bouillir pendant quelque temps. Il se précipite d'abord une poudre blanche composée d'acide tungstique, d'ammoniaque et d'acide nitrique; mais peu à peu cette poudre devient d'un beau jaune, et n'est plus que de l'acide tungstique, qu'il suffit simplement de laver pour l'avoir pur. C'est avec cet acide, séché convenablement, qu'on se procure le tungstène, en s'y prenant de la manière que nous avons déjà indiquée pour le molybdène, le chrome, etc. (145).

6e ESPÈCE. *TANTALITE.*

(*Tantale oxidé ferro-manganésifère,* Haüy; *tantalate de fer et manganèse,* Beudant; *columbite* de Hatchett.)

609. *Caractères essentiels.* Cette substance, d'un brun noirâtre, présente tantôt un aspect légèrement métallique, peu apparent, tantôt un gris métallique, apparent, semblable à celui du fer : elle donne une poussière d'un gris brunâtre; elle étincelle par le choc du briquet et raie le verre; elle a une cassure inégale, offrant des indices de lames lorsqu'on l'expose à une vive lumière; elle donne une fritte verte par la fusion avec le carbonate de soude, et le résidu de la solution, dissous dans l'acide nitrique, précipite en bleu par l'hydro-ferro-cyanate de potasse.

Sa pesanteur spécifique est de 6,46 à 8.

Le tantalite s'offre rarement cristallisé; ses cristaux sont des prismes rectangulaires modifiés sur les arêtes ou sur les angles; mais ils sont mal connus. On le trouve en petites masses ou nids engagés dans des roches granitiques.

Composition. Voici les formules indiquées par M. Berzélius pour plusieurs tantalites de diverses localités.

α. Tantalite de Kimito. . . . . . . $\ddot{Mn}\,\dddot{Ta}^2 + \ddot{Fe}\,\dddot{Ta}^2$.

β. Tantalite de Finbo. . . . . $\left.\begin{matrix}\ddot{Mn}\\ \ddot{Fe}\end{matrix}\right\}\left\{\begin{matrix}\dddot{Ta}^2.\\ \ddddot{Sn}.\end{matrix}\right.$

γ. Tantalite de Broddbo. . . . . . $\left.\begin{matrix}\ddot{Mn}\\ \ddot{Fe}\\ \dot{Ca}\end{matrix}\right\}\left\{\begin{matrix}\dddot{Ta}^2\\ \dddot{Tu}^2.\\ \ddot{Sn}.\end{matrix}\right.$

δ. Tantalite de Bayern. . . . . . . $\ddot{Mn}^3\dddot{Ta}^4 + 4\dot{Fe}^3\dddot{Ta}^4$.

ε. Tantal. de Kimito à *poudre-cannelle* d'Ékeberg $\left\{\begin{matrix}\ddot{Mn}\\ \ddot{Fe}\end{matrix}\right\}\dddot{Ta}^2$.

(*Annales de Chimie* et de *Physique*, t. XXXI, p. 26.)

D'après le principe de l'isomorphisme, les variations dans la base des tantalites ne doit pas surprendre, et au lieu de faire autant d'espèces distinctes que de localités, on peut considérer ces divers tantalites (si différens au premier aperçu) comme des tantalates doubles de fer et de manganèse (ou de chaux) à diverses proportions, mélangés quelquefois de tungstates et de stannates des mêmes bases, ou de tungstates et d'oxide d'étain.

610. *Gisement.* C'est dans le granite graphique qu'est le gîte du tantalite; sa gangue est un felspath laminaire rougeâtre. C'est ainsi qu'on le trouve à Haddam, dans le Connecticut, associé à la cymophane; à Kimito en Finlande, à Finbo, Broddbo, près de Fahlun en Suède. Il se trouve aussi dans le micaschiste, comme à Bodenmais en Bavière, où il est accompagné de béryl, de cordiérite et d'urane oxidé.

611. *Usages.* Le tantalite n'a d'autre usage que de servir à la préparation de son acide, appelé *acide columbique* par les chimistes, et par suite à l'extraction de son métal appelé indifféremment *tantale* et *columbium*. Pour se procurer l'acide columbique, on pulvérise le minerai et on le fond dans un creuset d'argent avec deux parties de potasse; on traite le produit par l'eau bouillante, on filtre la liqueur, et on y verse un excès d'acide hydrochlorique. Par la potasse et l'eau, on a

dissous l'acide columbique avec de l'étain ; et par l'acide hydrochlorique, on le précipite. Pour l'avoir pur, il ne s'agit plus que de le laver et le sécher. C'est en traitant cet acide par le charbon ou l'hydrogène qu'on parvient à obtenir le métal pur. (*Voir* l'extraction du chrome, etc. (145).)

7e ESPÈCE. *MANGANÈSE HYDRO-SILICATÉ.*

(*Manganèse oxidé silicifère noir; allagite; photizite; rhodonite.*)

612. *Caractères essentiels.* Cette espèce est noire, non cristallisée ; elle donne de l'eau par la calcination, fusible avec le sel de phosphore en un verre incolore qui prend, à la flamme extérieure, la couleur de l'améthyste, et donne pour résidu un squelette de silice.

Composition. C'est un silicate combiné à 6 atomes d'eau, $= \dot{M}n^3 \ddot{S}i^2 + 6 Aq.$

Il est mêlé avec les espèces suivantes. On l'indique à Klapperud près Dal.

8e ESPÈCE. *MANGANÈSE BI-SILICATÉ.*

(*Manganèse oxidé silicifère rouge; manganèse lithoïde,* Brongniart.)

613. *Caractères essentiels.* Sa couleur est le rouge de rose, mais elle passe au brun; sa texture est compacte, sa cassure lamelleuse; il donne des étincelles avec l'acier et raie le verre; ne donne pas d'eau par la calcination. Il se fond en émail rose au feu de réduction, en noir au feu d'oxidation.

Sa pesanteur spécifique est de 3,2.

Il se trouve en masses. M. H. Rose en a cité avec une forme analogue à celle du pyroxène.

Composition. C'est un bi-silicate $= \dot{M}n^3 \ddot{S}i^4$. Il est souvent mélangé avec le carbonate de manganèse et un peu de carbonate de chaux.

Il appartient aux terrains anciens; se trouve à Longbanshytta en Wärmelande (Suède), en Sibérie, en Hongrie et en Transylvanie. Il sert de gangue au tellure aurifère de Nagyag, et s'associe parfois au grenat et à la diallage verte.

9e ESPÈCE. *MANGANÈSE SOUS-SILICATÉ.*

(*Silicate tri-manganésien,* Beudant.)

614. *Caractères essentiels.* Il se présente en petites masses compactes noires, ou bien, mais plus rarement, en cristaux octaèdres à base carrée. Il ne donne point d'eau par la calcination; sur le charbon, fond sur les bords à un très bon feu, et conserve sa couleur gris noir. Il donne, par la fusion avec la soude, une fritte d'un vert très décidé; il se dissout dans l'acide hydrochlorique en dégageant du chlore et en laissant de la silice en grande partie gélatinée.

Sa pesanteur spécifique est de 3,8.

Composition. Formé de 3 atomes de tri-oxide et de 1 atome de silice $= \dot{\dot{M}}n^3 \dot{\dot{S}}i$. Se trouve dans les terrains anciens, à Saint-Marcel en Piémont, accompagné probablement de manganèse hydro-silicaté.

10e ESPÈCE. *BUSTAMITE.*

(*Manganèse* et *chaux bi-silicatés.*)

614 *bis. Caractères essentiels.* Cette substance se présente en nodules dont la structure est rayonnée, presque bacillaire et laminaire dans le sens des rayons, la texture compacte dans le sens transversal, la cassure presque conchoïde, et la couleur le gris pâle légèrement verdâtre et rosâtre. Son éclat est un peu soyeux, mais faible. Elle est presque opaque, et seulement translucide dans ses parties minces; elle est assez te-

nace, et raie le felspath. Au chalumeau, elle se fond en un verre opaque d'un brun très foncé dans le feu d'oxidation, et en verre transparent au feu de réduction. Elle communique au borax une couleur améthyste très prononcée au feu d'oxidation, couleur qui disparaît au feu de réduction ; enfin, elle se dissout avec une légère effervescence dans le sel de phosphore, et laisse un résidu siliceux opaque et très blanc.

Sa pesanteur spécifique est de 3,12 à 3,23.

On ne l'a pas encore trouvée en cristaux.

Composition. Suivant M. Dumas, sa composition peut être représentée par la formule $\dot{C}a^3\dddot{S}i^4 + 2\dot{M}n^3\dddot{S}i^4$.

Gisement. Cette espèce, nouvellement créée par M. Bustamente de Mexico, n'a encore été trouvée qu'à Réal de Neinas de Fetela, de Jonotla dans l'intendance de Puebla au Mexique. Ses morceaux sphéroïdaux sont recouverts de petits cristaux de quarz hyalin, et contiennent dans leur centre du manganèse métalloïde en petits grains. (*Annales des Sciences naturelles,* tome VIII, page 411.)

11e ESPÈCE. *MANGANÈSE HYDRATÉ.*

(*Manganèse oxidé hydraté,* Haüy ; *manganèse terne,* Brongn. ; *hydroxide de manganèse,* Beudant.)

615. *Caractères essentiels.* Il est d'un noir brunâtre ; son aspect est généralement terreux, quelquefois métalloïde ; il donne une poussière brune tachante ; il est presque toujours friable ; il raie la chaux fluatée et est rayé par le quarz ; il est infusible au chalumeau ; il donne d'abord 10 pour cent d'eau, et ensuite, à une chaleur blanche, 3 pour cent d'oxigène, en laissant pour résidu un oxide brun marron.

Sa pesanteur spécifique est de 3,82.

Quelquefois il est si poreux, qu'il surnage presque l'eau.

Composition. C'est un tri-oxide combiné à l'eau $= \dddot{\mathrm{Mn}} + \mathrm{Aq}$. Mais il est presque toujours mélangé d'une plus ou moins grande quantité de manganèse suroxidé, de fer hydroxidé et d'argile.

Il est rarement cristallisé; on l'indique en cristaux octaèdres et prismatiques.

Ses variétés de structure sont :

Manganèse hydraté concrétionné. En concrétions mamelonnées dures et pesantes, qui imitent de très près celles du fer hématite.

fibreux.

globulaire ou *testacé.* Composé de couches concentriques dont le tissu est fibreux.

ramuleux ou *dendritique.* Ordinairement sur le quarz agate. Il paraît que la plupart des dendrites sont dues plutôt au manganèse qu'au fer.

pseudo-morphique ou *prismatique.* En petites masses légères, très tendres, qui se présentent sous la forme de petits prismes à 4, 5 ou 6 pans, mais toujours mal prononcés, dus au retrait que la matière du manganèse a éprouvé en se desséchant, comme cela a lieu, par rapport

à certaines argiles (Haüy).
A Saint-Jean-de-Gordonenque dans les Cévennes.

Manganèse hydraté pulvérulent ou *terreux.*

616. *Caractères d'élimination.* On distingue le manganèse hydraté du *manganèse suroxidé* par la couleur de leur poussière; celle du premier est brune, et celle du second est noire. On trouve cependant fort souvent l'hydrate mêlé avec le peroxide cristallisé, ce qui paraît devoir être attribué à une espèce d'épigénie par laquelle un atome d'oxigène du peroxide s'est combiné avec de l'hydrogène, et a formé alors la quantité juste d'eau qui sature l'oxide ainsi privé de l'un de ses atomes d'oxigène. Dans ce cas, la poudre est d'un noir moins parfait, souvent tirant au brun; et lorsqu'on chauffe l'oxide dans un tube de baromètre, on voit l'eau qui se condense dans la partie froide du tube. Il est bien évident que, sous un point de vue économique, il n'est point indifférent d'employer l'une ou l'autre de ces deux espèces d'oxide. Pour ceux qui emploient le manganèse dans les verreries, les deux espèces paraissent également bonnes; mais pour les pharmaciens et ceux qui s'occupent des préparations propres au blanchîment, le peroxide doit être préféré, puisqu'il donne trois fois autant d'oxigène que l'hydrate. Il doit en être de même pour les chimistes qui veulent s'en servir pour la préparation du gaz oxigène. (Berzélius, *Nouveau système de Minéral.*, page 276.)

APPENDICE.

617. *Manganèse hydraté noirâtre barytifère.* Substance noire, métalloïde, à tissu fibreux, fin et serré, souvent formée de petites stalactites entremêlées; quelquefois assez dure pour rayer le verre. Il paraît que c'est une combinaison de tri-

oxide de manganèse qui ferait fonction d'acide, par rapport à la baryte. M. Beudant croit que c'est le peroxide qui entre dans ce composé. Se trouve à Romanèche, près de Mâcon (*).

Il paraîtrait qu'il existe un oxide intermédiaire entre le tri-oxide et le bi-oxide de manganèse, qui se rapporterait à la formule $\ddot{M}n + \dddot{M}n^2$: ce serait un *manganate de manganèse* analogue au *ferrate de fer*. On l'indique en octaèdres réguliers renfermés dans une gangue d'oxide de fer. Il est noir, d'un éclat vitro-métallique. (Beudant.)

M. Berzélius indique, dans son *Traité du Chalumeau*, un minéral venant de Schlackenwalde, dont la formule serait $\dddot{M}nAq$, mélangé ou combiné avec $\ddot{C}u$. Il est à peine connu.

618. *Gisement du manganèse oxidé et hydraté.* Parmi les espèces de la famille du manganèse, il n'y a que ces deux qui se présentent en grandes masses dans la nature. Elles se trouvent dans les terrains les plus anciens comme dans les plus nouveaux; elles font partie de quelques roches, et s'y rencontrent plutôt en amas irréguliers qu'en couches ou filons. Elles sont plus communes dans les terrains primitifs, un peu moins dans ceux de transition et dans les secondaires, moins encore dans les terrains tertiaires, bien qu'on l'y trouve, comme par exemple, à Montmartre, dans les assises supérieures formées par le gypse. On rencontre enfin le manganèse oxidé dans les terrains volcaniques modernes, comme à la Guadeloupe.

Cet oxide semble avoir, pour ainsi dire, une affinité géologique pour deux substances minérales, le fer hydroxidé et la

(*) M. Vauquelin vient d'analyser une variété de manganèse de la Romanèche, qu'il a trouvée composée, 1°. de tungstate de manganèse; 2°. d'arseniate de fer; 3°. de sulfate de baryte; 4°. de sable; 5°. de baryte en grande quantité, ainsi qu'il l'a déjà fait connaître il y a long-temps. Cette mine contient aussi des traces de cuivre. (*Journal de Chimie médicale*, tome II, p. 409.)

baryte sulfatée; il a encore pour association la chaux sulfatée, la chaux fluatée, la chaux carbonatée, le fer spathique, etc. On le rencontre dans beaucoup de pays, en Bohême, au Hartz, en Piémont, en Écosse, et dans plusieurs endroits de la France, dont les principaux sont : Romanèche (Saône-et-Loire), Thiviers près Périgueux (Dordogne), Saint-Diez (Vosges), Saint-Jean-de-Gordonenque dans les Cévennes, etc., etc. Il est fréquemment mélangé des divers silicates de manganèse; et suivant M. Berthier, il renferme des quantités très notables d'autres oxides de manganèse qui ne sont point au *summum* d'oxidation.

Extraction du manganèse.

619. Le manganèse, en raison de sa grande affinité pour l'oxigène, ne se trouve point à l'état métallique dans la nature, quoique cependant il ait été annoncé à cet état dans la mine de Sem, vallée de Vic-Dessos dans les Pyrénées. Comme il est sans usage dans les arts, on ne l'obtient que dans les laboratoires. C'est du peroxide qu'on l'extrait, en calcinant celui-ci avec du charbon ou en le désoxidant par l'hydrogène lorsqu'on veut l'avoir pur (145.)

XVIIe FAMILLE. *CÉRIUM.*

620. Les minerais de cette famille sont caractérisés par la couleur rouge qu'ils acquièrent à l'aide de la chaleur par la suroxigénation de leur oxide. Leur dissolution dans l'acide nitrique est rouge. Chauffés avec le borax, ils donnent un verre rougeâtre lorsqu'on agit avec la flamme oxidante, un verre incolore avec la flamme désoxidante.

Cette famille comprend trois espèces. Elles sont encore peu connues.

1re ESPÈCE. *CÉRIUM FLUATÉ.*

(*Phtorure de cérium*, Beud.)

621. *Caractères essentiels.* Ce minéral se présente en prismes hexaèdres réguliers dont les arètes situées au contour des bases sont remplacées par de légères facettes; ils ont une teinte rougeâtre ou brunâtre; ils sont attaquables par l'acide nitrique à chaud; la solution donne par l'oxalate de potasse un précipité blanc qui devient brun par calcination; ils sont infusibles sur le charbon, seulement leur couleur devient plus sombre; dans le matras ils donnent un peu d'eau qui colore en jaune le papier de Fernambouc.

Composition. Il existe plusieurs genres de combinaisons; M. Berzélius admet un fluate neutre et un sous-fluate. Le premier est un fluate de tri-oxide de cérium $= \dddot{C}e^2 \dddot{F}^3$. Le sous-fluate a pour formule $= \dddot{C}e^4 \dddot{F}^3 + 3\acute{A}q$.

622. *Gisement.* Ces minéraux se trouvent dans le granite graphique; ils ont pour gangue un quarz qui renferme aussi de l'yttro-cérite, de l'yttro-tantalite, de la gadolinite, etc. On les rencontre à Finbo, Broddbo et Bastnaës en Suède. Ils sont très rares.

2e ESPÈCE. *CÉRITE.*

(*Cérium oxidé siliceux rouge,* Haüy; *cérium silicaté*, Brongn.; *cérérite,* Kirw.)

623. *Caractères essentiels.* C'est une substance d'un brun rougeâtre ou violâtre, à aspect lithoïde, sans structure cristalline, à texture grenue; elle est presque opaque ou à peine translucide; elle raie légèrement le verre, est assez facile à broyer; sa poussière est grise; elle devient électro-négative par le frottement; elle est infusible au chalumeau, sans addition. Elle donne de l'eau par la calcination, en perdant 12 pour

cent de son poids; sa dissolution nitrique neutre est sucrée, et elle précipite en blanc par l'hydro-ferro-cyanate de potasse et l'oxalate d'ammoniaque.

Sa pesanteur spécifique est de 4,9.

Composition. C'est un silicate de cérium, plus de l'eau $= \dot{C}e^3 \dddot{S}i^2 + 6Aq$. Elle contient du fer, dont la quantité s'élève quelquefois jusqu'à 22 pour cent; de la chaux, en petite proportion, et rarement de l'acide carbonique, uni sans doute à cette dernière.

624. *Gisement.* Le cérite n'a encore été trouvé jusqu'ici qu'à l'état amorphe, et dans les seules mines de Bastnaës, près de Riddarhytta dans le Westmelande en Suède, où il est accompagné de cuivre pyriteux, d'amphibole, de molybdène sulfuré et de bismuth sulfuré.

3e ESPÈCE. *ALLANITE.*

(*Cérium oxidé siliceux noir*, Haüy; *cérine*, Hising.; *allanite*, Jameson, Beud., Brongn.)

625. *Caractères essentiels.* Ce minéral a un éclat vitro-métalloïde, une couleur noire ou d'un brun jaunâtre; il est opaque; sa poussière est d'un gris verdâtre; sa cassure est inégale, sa structure un peu laminaire; il raie le verre, mais a une cohésion faible; il est électro-négatif par le frottement; au chalumeau, il devient écumeux, et se fond imparfaitement en une scorie noire; il est soluble en gelée dans les acides: sa dissolution précipite abondamment par l'oxalate de potasse, puis en bleu par l'hydrocyanate.

Sa pesanteur spécifique est de 3,5 à 4.

Composition. Suivant M. Beudant, c'est un double silicate de cérium et de fer $= \ddot{C}e^3 \dddot{S}i^2 + \dot{F}e^3 \dddot{S}i^2$, renfermant des quantités plus ou moins considérables de silicate de chaux et d'alumine.

L'allanite se présente cristallisé en prismes à bases carrées avec pyramides octogones; mais le plus souvent il est en masse ou petits nids irréguliers.

626. *Gisement.* On trouve l'allanite dans une roche de granite graphique, où il a pour gangue un felspath, au Groenland, à Riddarhytta en Suède, en Norwège. Il est fort rare.

APPENDICE.

627. A l'exemple de MM. Haüy et Beudant, nous avons considéré la cérine et l'allanite comme des échantillons d'une même espèce, quoique M. Berzélius en fasse deux espèces distinctes dans sa méthode, et nous considérons comme de simples variétés de cette espèce les minéraux désignés sous les noms d'*orthite* et de *pyrorthite*.

1. *Orthite.* (Berzélius.) Elle s'offre en longs prismes droits, rayonnés, noirâtres, d'un aspect vitro-résineux, à cassure terne et sale, assez fusibles. Sa composition est la même que celle de l'allanite, seulement elle renferme à l'état de mélange une bien plus grande quantité de silicate de chaux et d'alumine. Se trouve à Finbo et à Gottliebsgong en Suède.

2. *Pyrorthyte.* (Berzélius.) Celle-ci est probablement la même substance que l'orthite, mais plus mélangée des mêmes silicates et de silicate d'yttria; elle contient en outre à peu près le tiers de son poids en charbon et un quart en eau. Elle se trouve engagée dans le felspath d'un granite, à Korarf, près de Fahlun en Suède.

Extraction du cérium.

628. Le cérium, sans aucun usage dans les arts et la Médecine, n'est extrait dans les laboratoires que pour en étudier les propriétés. C'est du protoxide, convenablement purifié, qu'on se le procure en suivant la marche déjà indiquée plusieurs fois (145). Mais disons comment on obtient cet oxide de cérium. C'est le *cérite* qu'on traite à cet effet. Ce minerai

est formé de beaucoup d'oxide de cérium, de silice, de quelques centièmes de chaux, de fer, et de 12 p. d'eau. On le fait bouillir, réduit en poudre, avec un grand excès d'acide hydrochlorique, de manière à dissoudre tous ses principes, à l'exception de la silice. On évapore presque en totalité la liqueur pour en chasser l'excès d'acide; on l'étend d'eau, on la filtre, puis l'on y verse de l'ammoniaque: on précipite ainsi les oxides de fer et de cérium, qu'on recueille sur un filtre pour les laver, et on les traite à chaud, d'après M. Laugier, par une dissolution d'acide oxalique. Il en résulte de l'oxalate de cérium tout-à-fait insoluble, et de l'oxalate acide de fer qui reste entièrement dans la liqueur. On lave bien le sel de cérium, on le sèche et on le calcine jusqu'au rouge dans un creuset; on obtient ainsi du deutoxide pur de cérium. En faisant bouillir celui-ci avec de l'acide hydrochlorique, on le fait passer à l'état de protoxide, qui reste en combinaison avec l'excès d'acide hydrochlorique non décomposé, et en traitant cet hydrochlorate par de la potasse ou de la soude en proportion convenable, on précipite le protoxide de cérium, qu'il ne s'agit plus que de sécher pour l'avoir propre à être réduit par le charbon ou l'hydrogène.

FIN DU PREMIER VOLUME.

Errata du premier volume.

Page 66, St., dans le tableau des signes, *lisez* Sb.
134, ligne 2, oxidé, *lisez* oxidés
259, 6, fragile, *lisez* est fragile
264, 11, Sainte-Marie-aux-Mines (Vosges), *lisez* Sainte-Marie-aux-Mines (Haut-Rhin)
267, 10, nickel oxidé, *lisez* nickel arseniaté
289, 23, Sainte-Marie-aux-Mines (Vosges), *lisez* Sainte-Marie-aux-Mines (Haut-Rhin)
345, 5, sulfate cuivre, *lisez* sulfate de cuivre
454, 13, olgiste, *lisez* oligiste
457, 30, Meurthe, *lisez* Moselle

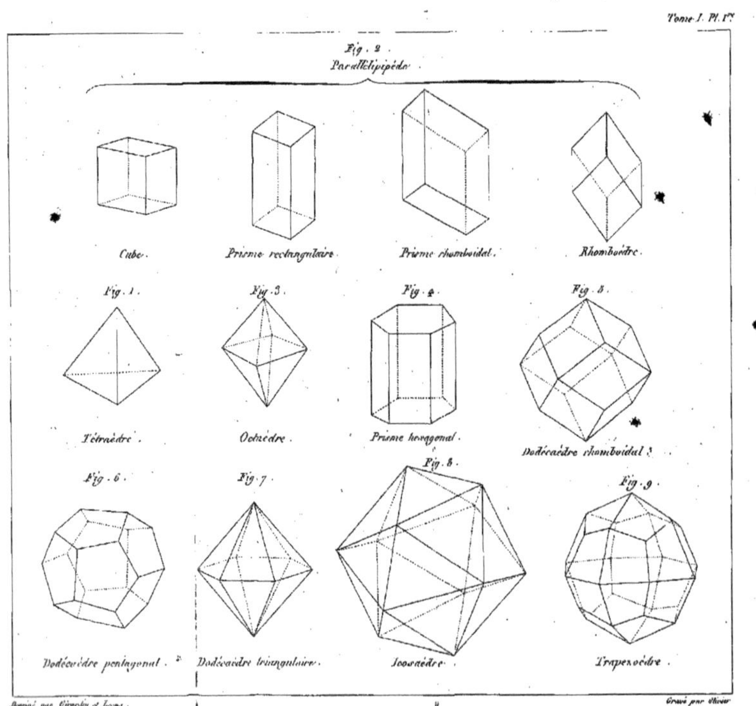
Tome I. Pl. 1re
Fig. 2.
Parallélipipède.
Cube.
Prisme rectangulaire.
Prisme rhomboïdal.
Rhomboèdre.
Fig. 1.
Tétraèdre.
Fig. 3.
Octaèdre.
Fig. 4.
Prisme hexagonal.
Fig. 5.
Dodécaèdre rhomboïdal.
Fig. 6.
Dodécaèdre pentagonal.
Fig. 7.
Dodécaèdre triangulaire.
Fig. 8.
Icosaèdre.
Fig. 9.
Trapezoèdre.
Gravé par Olivier

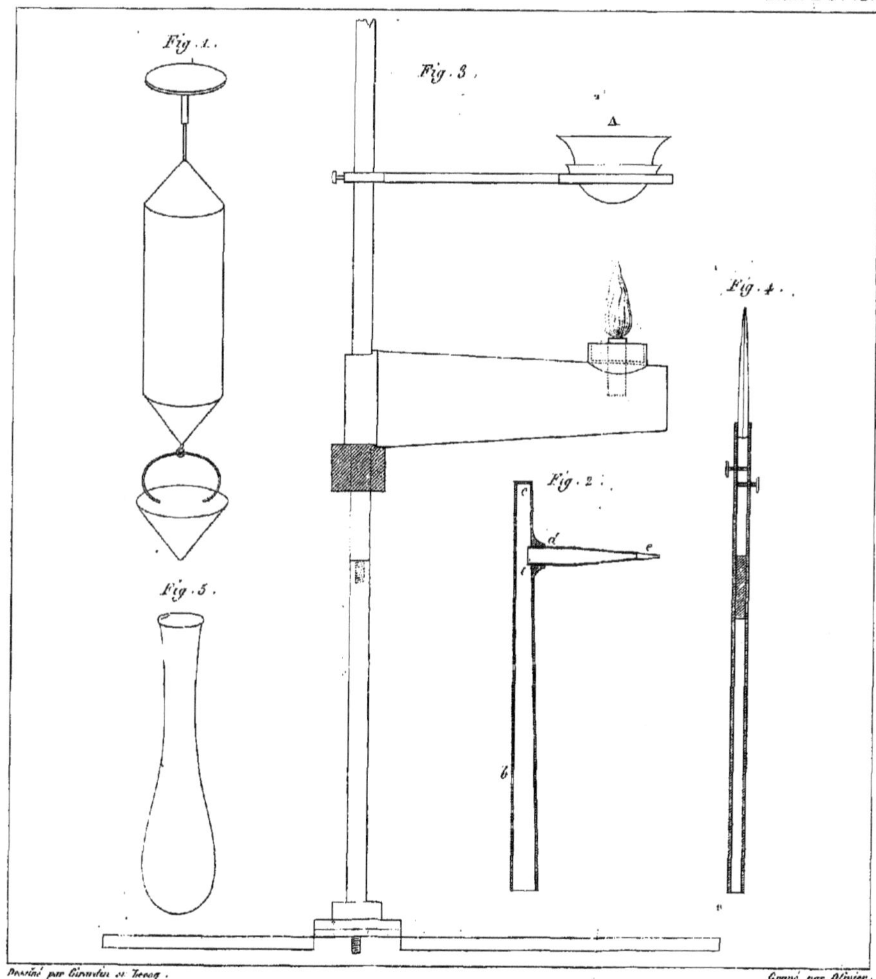

Dessiné par Girardin et Lecocq.

Gravé par Olivier.

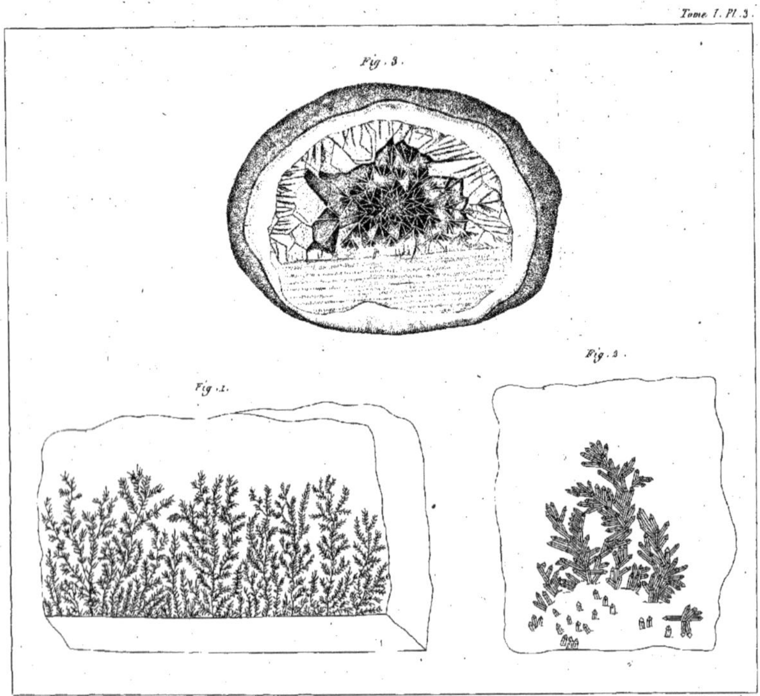

Dessiné par Girardin et Lecoq. Gravé par Olivier.

www.ingramcontent.com/pod-product-compliance
Ingram Content Group UK Ltd.
Pitfield, Milton Keynes, MK11 3LW, UK
UKHW020255230726
13925UKWH00001B/60